普通高等教育力学类"十四五"系列教材

工程力学

GONGCHENG LIXUE

主编 李建宝 陈艳霞

U0282344

西安交通大学出版社
XI'AN JIAOTONG UNIVERSITY PRESS

图书在版编目(CIP)数据

工程力学 / 李建宝,陈艳霞主编. — 西安 : 西安交通大学
出版社,2024.7
普通高等教育力学类"十四五"系列教材
ISBN 978 - 7 - 5693 - 3768 - 6

Ⅰ. ①工… Ⅱ. ①李…②陈… Ⅲ. ①工程力学－高等学校－
教材 Ⅳ. ①TB12

中国国家版本馆 CIP 数据核字(2024)第 093458 号

书　　名	工程力学
	GONGCHENG LIXUE
主　　编	李建宝　　陈艳霞
责任编辑	郭鹏飞
责任校对	李　佳
封面设计	任加盟
出版发行	西安交通大学出版社
	(西安市兴庆南路 1 号　邮政编码 710048)
网　　址	http://www.xjtupress.com
电　　话	(029)82668357　82667874(市场营销中心)
	(029)82668315(总编办)
传　　真	(029)82668280
印　　刷	陕西博文印务有限责任公司

开　　本	787 mm×1092 mm　1/16　**印张**　25.5　**字数**　639 千字
版次印次	2024 年 7 月第 1 版　　2024 年 7 月第 1 次印刷
书　　号	ISBN 978 - 7 - 5693 - 3768 - 6
定　　价	69.00 元

如发现印装质量问题,请与本社市场营销中心联系。

订购热线:(029)82665248　(029)82667874

投稿热线:(029)82668818　QQ:21645470

读者信箱:21648470@qq.com

前　言

工程力学是高等院校工科专业必修的一门技术基础课,在基础课和专业课之间起着桥梁和纽带的作用。通过工程力学课程的学习,可为后续专业课的应用和拓展奠定理论基础,也可为大学生和工程技术类人员在实际工作中正确分析和解决生产中相关的力学问题提供知识上的保证。

本教材是编者结合多年来的教学经验,在教学改革研究与教学实践的基础上精心编写而成的,符合高等院校工科专业"工程力学"课程的教学大纲。本教材具有以下特点。

(1)力学基本理论力求内容通俗易懂,简明扼要,由浅入深,本书选择示例与习题注重结合工程实例,这便于学生理解与掌握。

(2)融入了微视频这一创新元素。我们本着结合网络信息化、纸质与网络互补的新理念,针对一些重点和难点内容制作了微视频,以"图、文、声"并茂的形式,帮助学生更直观地理解教材内容。

(3)设置了"课前导读""本章思维导图""本章小结"等栏目,旨在帮助学生进行有效的课前预习和课后复习。

(4)教材还通过"知识拓展"和"拓展阅读"的方式,为学生提供更为丰富的学习资源和思考空间。这些扩展内容旨在深化学生对力学知识的理解,拓宽他们的知识视野,并激发他们的学习兴趣和探索精神。同时,这些内容还可潜移默化地培养学生的价值观念、思维方式和行为习惯。

本教材的编写团队汇聚了太原科技大学工程力学课程教学团队的主要成员。主编由李建宝和陈艳霞担任,副主编由杨雪霞和李兴莉担任,他们负责本教材的结构设计与内容审阅工作。具体分工:绪论、第1章由杨雪霞编写,第2章由樊艳红编写,第3章由张柱编写,第4章由程珩编写,第5章由陈艳霞编写,第6章由杨雪霞编写,第7章由陈艳霞编写,第8章由常超编写,第9章由李兴莉编写,第10章由赵明伟编写,第11章由李建宝编写,第12章由贾有编写,第13章由张俊婷编写,第14章由林保金编写,第15章由王则编写,第16章由黄睿编写,附录Ⅰ由王向宇编写,附录Ⅱ由郝鑫编写。

在编写过程中,编者参考了大量工程力学、理论力学、材料力学课程的教材和资料,借鉴了其中的精华和创新之处,以期为本教材的编写提供有益的参考和借鉴。由于水平有限,我们诚挚地希望广大读者和同行专家能够提出宝贵的意见和建议,以便我们在今后的修订中不断改进和提高。同时,我们也欢迎广大师生在使用过程中随时向我们反馈问题和建议,以便我们更好地完善教材内容和服务于广大师生。我们将认真听取各方面的意见和建议,不断完善和提高教材的质量和水平。

编 者

2024 年 7 月

目　录

第0章 绪　论

课前导读

　　工程力学是工科院校大类专业必修的一门重要的技术基础课程。在学完高等数学、普通物理后,再学习这门课程,就可为有关后续课程的学习和相关岗位的工作打下坚实的基础。工程力学主要研究机械和工程结构中构件的受力、平衡、变形,构件的强度、刚度和稳定性计算,为解决工程设计和使用过程中的实际问题提供基本的力学理论知识和实用的计算方法。

本章思维导图

0.1　工程力学的研究对象和任务

1. 研究对象

　　各种各样的机械或工程结构都由许多不同的构件所组成。常见的构件类型有杆、板、块、壳,工程力学主要研究杆件结构。当机械或工程结构工作时,这些构件都将受到力的作用,运用工程力学的基础知识有助于解决机械或工程结构的设计、制造及使用等过程中的力学问题。因此,工程力学的研究对象是工程实际中的机械或工程结构中的各类构件。由于工程实际构件比较复杂,为研究方便,我们常常略去次要因素,画出构件的计算简图,这个过程就是建立力学模型的过程,计算简图称为力学模型。

2. 任　务

　　本书的主要内容分为两部分:一是静力学,当机械或工程结构工作时,这些构件将受到力的作用,主要研究构件的平衡规律,讨论其静力分析的基本理论、各种力系作用下的平衡条件及其在工程上的应用。二是材料力学,为保证机械或工程结构的安全,每一个构件都应有足够的能力,担负起所应承受的载荷。主要研究构件在保证正常工作条件下的强度、刚度和稳定性的基本概念和计算公式。

　　工程力学的任务:为简单机械或工程结构的静力分析,强度、刚度和稳定性问题提供最基本的力学理论基础和计算方法。

　　构件因外力作用而产生的变形量远远小于其原始尺寸时,属于微小变形的情况。工程力学所研究的问题大部分只限于这种情况。这样在研究平衡问题时,就可忽略构件的变形,看成是刚体,按其原始尺寸进行分析,使计算得以简化。必须指出,对构件作强度、刚度和稳定性研究及对大变形平衡问题分析时就不能忽略构件的变形。

3. 构件变形的基本形式

　　在外力作用下,构件会发生不同的变形,分为基本变形和组合变形两大类。

　　根据构件受力特点和变形特点的不同,基本变形主要包括四种:轴向拉伸(压缩)变形、剪切和挤压变形、扭转变形和弯曲变形。

组合变形是指当构件同时发生两种或者两种以上基本变形,常见的组合变形包括:拉伸和弯曲组合变形及弯曲和扭转组合变形等。

0.2 工程力学研究的内容

工程力学包含着极其广泛的内容,人们对工程力学的理解也不尽相同。本书分为5章静力学和11章材料力学两部分内容。

其中静力学部分研究物体的受力与平衡规律,根据所研究的物体及其周围物体之间的联系,确定作用在物体上有哪些力及这些力之间的相互关系,即静力学是研究物体在平衡状态下的外部受力问题。材料力学部分研究物体在外力作用下的内效应,包括计算构件的内力、应力、应变等,以及构件的强度、刚度和稳定性的计算。即在保证结构在外载荷作用时安全正常工作的前提下,为设计既安全又经济的构件提供必要的理论基础和计算方法。

对于一个工程设计,往往需要综合应用上述两部分的理论和方法,工程力学是分析和解决工程问题的基础。例如图0.1所示的单梁吊车,在整个设计中,首先应用静力学理论和方法分析在确定的起吊重量下,各构件单梁、减速箱、传动轴、吊钩、拉索等受力(包括主动力和约束力)情况;然后应用材料力学的理论与方法求解各零部件内部截面上的内力,零部件内部各点的应力,以及应力的分布规律及最大值,进行强度计算;同时计算各零件将发生怎样的变形,进行刚度计算。

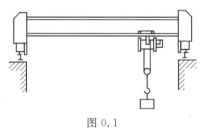

图 0.1

上述例子中的问题,不单纯属于工程力学,而是与不同的工程设计都有关系。但是学习工程力学将为分析和解决这些工程问题打下必要的基础。

0.3 工程力学的研究方法

工程力学和其他学科一样,就其研究方法而言,都不可能离开人们认识过程的客观规律。即从实践出发或通过实验观察,经过抽象、综合、归纳,建立公理或提出基本假设,再用数学演绎和逻辑推理得到定理和结论,然后通过实践来证实理论的正确性。

首先,通过观察生活和生产实践中的各种现象,必要时还要进行多次的科学实验,通过对观察现象和实验结果的分析、综合和归纳,总结出力学最基本的概念和规律。例如,"力"和"力矩"等基本概念,以及"二力平衡""杠杆原理""力的平行四边形法则"和"万有引力"等力学基本定律,都是通过上述方法得到的。

其次,在对生活和生产实践中的客观现象进行观察和科学实验的基础上,从影响客观事物的诸多复杂因素中,抓住起决定性作用的主要因素,忽略次要的、局部的和偶然性的因素,深入现象的本质,明确事物间的内部联系,用抽象化的方法建立数学模型,使研究的问题大为简化并能更深刻地反映事物的本质。例如,在研究物体的静平衡问题时,忽略了受力产生的变形,得到刚体的模型;在研究物体的机械运动时,忽略了物体的几何形状和尺寸,得到质点的模型;在研究物体的内力、变形及失效规律时,物体的变形则成为主要因素,得到变形固体的模型等。对不同的问题,采用不同的力学模型,是工程力学研究问题的重要方法。如图 0.2(a)所示为发动机原理图,如图 0.2(b)所示为建立的力学模型。

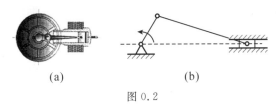

(a)　　　　　　　　(b)

图 0.2

最后,在建立数学模型的基础上,根据公理、定律和基本假设,使用数学工具,通过演绎、推理的方法,考虑到问题的具体条件,得到各种形式的正确的具有物理意义和实用价值的定理和结论。

需要指出的是,人们对事物的认识来自实践,由此得出的理论也必须在实践中应用、验证和发展。

0.4　工程力学的学习目的

(1)工程力学为其他科学领域提供一定的理论和计算基础。工程力学研究工程中最普遍、最基本的规律,在基础课和专业课之间起桥梁作用,在工科各专业的教学计划中有重要的地位,可为后续很多工程专业课程(如机械原理、机械零件、结构力学、飞行力学、振动力学、断裂力学以及其他课程等)的学习提供必要的理论基础和分析计算方法。同时随着现代科学技术的发展,力学的研究内容已渗入其他各学科领域。

(2)工程力学可为解决工程实际问题,培养高等技能型人才打下一定的理论基础。工程力学是各工科类专业一门重要的技术基础课,有些简单的工程实际问题可以直接应用工程力学的基本理论去解决,有些比较复杂的工程实际问题,就需要用工程力学基本理论和计算与其他专业知识结合共同解决。

(3)工程力学有助于培养学习者正确的世界观和方法论。工程力学的研究是从实践中来到实践中去,遵循客观规律,有助于培养学生的辩证唯物主义世界观以及正确分析问题和解决问题的能力,培养学生的观察力、想象力和创新能力,培养学生的“大国工匠精神”,为培养社会主义接班人打下坚实的基础。

0.5　学习工程力学的注意事项

工程力学是一门理论性、方法性、应用性都很强的学科,研究的工程实际问题具有普遍性、复杂性、多变性,是“观察—实验—分析—计算”的过程。所以应注意以下事项:

（1）注重培养辩证唯物主义世界观。研究实际中结构或机械中构件问题的复杂多样,需要对同一个研究对象,为了不同的研究目的,进行多次实验,反复观察,仔细分析,抓住问题的主要因素,略去次要因素,做出正确的假设,把机械或结构中的实际物体抽象为力学模型。这就要求我们要增强大局意识、团结共事、构建和谐社会。

（2）始终保持严肃认真的态度。学习静力学的过程是绘制受力图,建立坐标系,到列平衡方程计算解出结果,这个过程说明平衡问题的计算一直要求我们要正确分析物体的受力,严格按照平衡条件写出相应的平衡方程,认真对待公式中繁杂的每一个数字。在我们的生活和学习中,应该遵循客观规律,按照规章制度办事,遵纪守法,以法治推动和保障"法治中国梦"的实现。

（3）强化工程安全意识,培养职业责任感。在进行平衡问题计算、承载能力求解的教学过程中会遇到准则、理论,应强调这些标准、准则的严谨和威严。工程中的事故屡见不鲜,比如加拿大魁北克大桥历经两次倒塌,1907 年第一次由于设计的跨度过度增大,引起桥梁在建筑过程中因自重作用发生下弦杆突然被压溃导致的桥梁坍塌,重新建造后第二次在吊装预制桥梁中央段时,大桥再次倒塌,所以设计者必须具有高度的责任感去设计既经济又安全、牢固的结构。

（4）注重发展现代设计理念,培养创新精神。随着力学研究的蓬勃发展,人们创立了许多新的理论,同时也解决了工程技术中大量的关键性问题,如航空工程中的声障问题和航天工程中的热障问题等。所以在应用强度准则、刚度准则设计工程构件过程中必须强化现代设计理念,培养学习者的创新意识、创新能力和创新技能。

（5）增强民族自豪感,培养学生的"大国工匠精神"。力学在建造桥梁上广泛应用。隋朝赵州桥坚固美观,独特的设计,可以减轻桥身 15％ 的自身重力;南京长江大桥是我国自主设计创建的公铁两用双层式桥梁,桥梁结构钢生产全部实现国产化,首次使用高强度螺栓代替铆钉,桥梁跨越了"天堑"。

知识拓展

公元 591—599 年建筑的赵州桥（安济桥),不但外形设计独特,而且经历近 1500 年风雨变迁,仍然屹立完好。它吸引了众多国内外专家学者研究,无可争议地被誉为"天下第一桥"。赵州桥的设计,就是巧妙利用了石材适合受压的力学性能,使其三向应力均为受压状态,表明在我国历史上很早就有人发现并利用了石材良好的抗压性能。

第1章 静力学公理和物体的受力分析

课前导读

静力学公理及物体的受力分析是研究静力学及后续力学课程的基础。本章将介绍力与刚体的概念、静力学的 5 个公理与 2 个推理、约束与约束力的概念;在此基础上,重点介绍如何进行物体的受力分析与受力图的画法。

本章思维导图

1.1 基本概念

1.力的概念

力(Force)是指物体间的相互机械作用,这种作用使物体运动状态改变,或使物体产生变形。前者称为力的运动效应或外效应,后者称为力的变形效应或内效应。静力学篇只研究力的外效应,不考虑力的内效应。在静力学篇基础上,材料力学篇将研究力的内效应。

力对物体的作用效应取决于力的大小、方向和作用点,通常称之为力的三要素。国际通用的力的计量单位是牛顿(N),或千牛顿(kN)。力的三要素可用一个矢量来表示,如图 1.1 所示。矢量长度表示力的大小,矢量方向表示力的方向,矢量始端(或末端)表示力的作用点,如图 1.1 中的 A、B 两点。在书写中,通常用普通大写字母加上箭头作为力的矢量符号。在本书中,用黑体字 F 表示力矢量,而用普通字母 F 表示力的大小。

根据力的作用范围可将力分为两类,一类是集中力,即将力的作用范围抽象化为一个点;另一类是分布力,即分布于物体某一范围内的力,分布力用载荷集度 q 表示。体分布力单位用 N/m³,面分布力单位用 N/m²。工程设计中,常将体、面分布力简化为连续分布在某一段长度上的力,称为线分布力,单位为N/m。如图1.2(a)所示起吊重物通过小车作用在桥式起重机

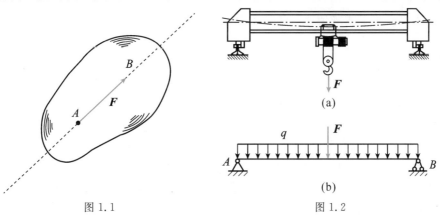

图 1.1

图 1.2

横梁上的力,因为车轮与梁面的接触面积很小,所以可看作是集中力,而起重机横梁的自重可看作是沿着横梁长度方向均匀连续分布的分布力,如图 1.2(b)所示。

2.刚体的概念

刚体是指在任何情况下都不发生变形的物体。事实上,任何物体在力的作用下,或多或少都要产生变形。因此,刚体是一种理想状态,只是在分析问题时,我们抓住主要矛盾,研究物体的外效应,对物体进行受力分析,忽略其次要矛盾,不考虑力的内效应,不考虑物体的变形。

将物体抽象看作刚体是有一定条件的,如果研究问题时,刚体的变形为主要因素时,将不能把物体抽象为刚体,应按照变形体进行分析,采用材料力学篇的知识进行求解。

在静力学篇,研究力的外效应,研究的物体均可以抽象为刚体,因此,静力学又称为刚体静力学。而对于力学问题,静力学研究了力的外效应,将物体所受到的外力分析清楚,材料力学篇根据物体受到的外力可进一步研究力的内效应,即内力、变形等问题。因此,研究一切变形体的平衡问题,都是以静力学理论为基础的,只需补充相应的条件即可。

1.2　静力学公理

静力学公理是人们在长期的生活和生产实践中积累的经验总结,又经过实践反复检验其正确性,不需要再加证明的基本命题。静力学公理是静力学以及后续力学课程的基础。

公理 1　二力平衡条件

作用在刚体上的两个力,使刚体保持平衡的必要和充分条件:这两个力的大小相等,方向相反,且作用线在同一直线上。此公理给出最简单力系平衡时,所必须满足的条件。此公理只适用于刚体,对于变形体而言,它只是必要条件,而不是充分条件。例如,绳子受两个拉力作用处于平衡,则两力一定等值、反向、共线;但当绳子受两个等值、反向、共线的压力作用时,显然不能平衡。

只在两点受力且保持平衡的构件,称为二力构件(或二力杆),二力构件在工程中经常遇到的情况:不计自重(或不需要考虑自重),两端是铰链约束。其特点是两点受力,各点受力的合力必定沿两力作用点的连线,且等值、反向。根据二力构件的受力特点可以确定相应的约束力的方位,在后续绘制受力图时,具有重要的应用。

公理 2　加减平衡力系原理

在已知力系上加上或减去任意的平衡力系,并不改变原力系对刚体的作用效果。这个公理是研究力系等效替换的重要依据。

根据上述公理可以导出下列推论。

推理 1　力的可传性

作用于刚体上某点的力,可以沿其作用线移到刚体内任意一点,并不改变该力对刚体的作用效果。

证明:设力 F 作用在刚体上的点 A,如图 1.3(a)所示。根据加减平衡力系原理,可在力的作用线上任取一点 B,并加上两个相互平衡的力 F_1 和 F_2,且取 $F=F_2=-F_1$,如图 1.3(b)所示。由于力 F 和 F_1 也是一个平衡力系,由公理 2,可以去掉这个平衡力系。这样只剩下力 F_2,如图 1.3(c)所示,即相当于将原来的力 F 沿其作用线移到了点 B。

根据力的可传性,对于刚体来说,力的作用点可用力的作用线代替。因此,作用于刚体上

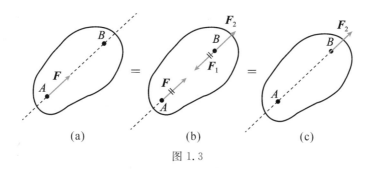

图 1.3

的力可以沿其作用线滑移,这种矢量称为滑移矢量。

公理 3   力的平行四边形法则

作用在物体上同一点的两个力,可以合成为一个合力。合力的作用点也在该点,合力的大小和方向,由这两个力为边构成的平行四边形的对角线确定。或者说,合力矢等于两个分力矢的几何和,即

$$F_R = F_1 + F_2$$

取平行四边形的一半作为二力合成的法则,称为力的三角形法则。这个公理给出了最简单力系合成或分解的方法。

推理 2   三力平衡汇交定理

作用于刚体上三个相互平衡的力,若其中两个力的作用线汇交于一点,则此三力必在同一平面内,且第三个力的作用线也通过汇交点。

证明:如图 1.4 所示,在刚体的 A、B、C 三点上,分别作用三个相互平衡的力 F_1、F_2、F_3。根据力的可传性,将力 F_1 和 F_2 沿其作用线滑移到汇交点 O,根据力的平行四边形法则得合力 F_{12}。刚体在 F_3 和 F_{12} 的作用下处于平衡,故有 F_3 和 F_{12} 必等值、反向、共线,所以力 F_3 必定与力 F_1 和 F_2 共面,且通过力 F_1 和 F_2 的交点。

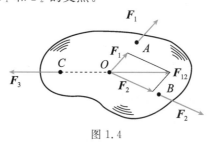

图 1.4

公理 4   作用与反作用定律

两个物体间的相互作用力总是大小相等、方向相反,沿着同一直线,分别作用在两个物体上。这个公理阐明了物体间相互作用的关系,表明作用力和反作用力总是成对出现的。无论物体处于平衡状态还是运动状态,此公理都普遍适用。由于作用力与反作用力分别作用在两个物体上,因此,不能视作平衡力系。

公理 5   刚化原理

变形体在某一力系作用下处于平衡,若将此变形体刚化为刚体,其平衡状态保持不变。此公理表明,处于平衡状态的变形体,完全可以视为刚体来研究,该公理为进一步研究变形体的

平衡问题提供了依据。应当注意,刚体的平衡条件是变形体平衡的必要条件,而非充要条件。例如,绳子在等值、反向、共线的两个拉力作用下处于平衡,如将绳子刚化为刚体,其平衡状态保持不变。反之就不一定成立,如在两个等值、反向、共线的压力作用下刚体能处于平衡,而绳子就不能平衡。

这一公理在力学研究中具有重要的意义。它为研究物体系平衡提供了基础,也是刚体静力学过渡到变形体静力学的桥梁。

1.3 约束和约束力

物体按照运动所受限制条件可以分为两类。如果物体在空间的位移(或运动)不受任何限制,这些物体称为自由体。例如飞行的飞机、炮弹和火箭等。如果物体在空间的位移(或运动)受到周围物体对它一定的限制,使它沿某些方向的运动成为不可能,这些物体称为非自由体。如火车车轮受铁轨限制,只能沿铁轨运动;活塞受汽缸壁的限制,只能在汽缸中作往复运动。对非自由体的某些位移起限制作用的周围物体称为该非自由体的约束。例如铁轨是火车车轮的约束,汽缸壁是活塞的约束。

受约束物体所受力可分为两类:一类力主动使物体产生运动或使物体有运动趋势,称为主动力,如重力、牵引力、风力等。主动力一般已知,又称为荷载,它是设计计算的基础数据。另一类力是约束作用于物体的力,称为约束力。当物体沿着约束所能阻碍的运动方向有运动趋势时,约束对它就有改变其运动状态的作用。约束力的方向总是与约束所能阻碍的物体位移的方向相反,这是确定约束力方向的准则。约束力的作用点是约束物体与约束的接触点,作用点有时作了等效简化。约束力的大小一般未知,求约束力是静力学重要的研究内容。

知识拓展

"无规矩不成方圆",作为当代大学生,我们应在今后的学习生活中,注重增强法律意识,加强普法学习,同时更要加强内在约束力——提升道德修养。也不能总是依赖外力约束,也要寻求内在升华。公民法律素养的高低,是衡量一个国家、一个民族、一个社会文明程度的标准之一。

将工程实际中常见的约束抽象化,根据其特征可分为若干典型约束。下面介绍工程中常见的几种约束类型,并详细说明确定约束力方向(或方位)的方法。

1. 柔性约束

绳索、链条、皮带等柔性物体所形成的约束称为柔性约束。这类柔性体只能承受拉力,其约束特征是只能限制被约束物体沿其中心线伸长方向的运动,而无法阻止物体沿其他方向的运动。因此柔性约束产生的约束力总是通过接触点、沿着柔性体中心线而背离被约束的物体,通常用 F 或 F_T 表示这类约束力。如图 1.5(a)所示灯绳对吊灯的约束为柔性约束,其简图如图 1.5(b)所示,其约束力如图 1.5(c)所示。胶带或链条绕在轮子上时,对轮子的约束力沿轮缘的切线方向,如图 1.6 所示。

2. 光滑接触面约束

两个物体表面接触,摩擦力相对其他力小很多,不考虑接触处的摩擦,认为接触面是光滑的,则构成光滑接触面约束。其约束特征为约束限制被约束物体沿着接触处公法线而趋向约

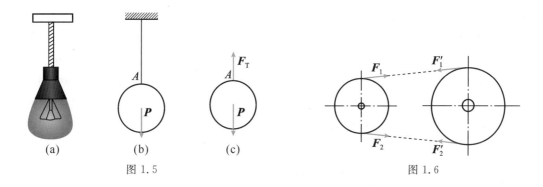

图 1.5　　　　　　　　　　　　　　　图 1.6

束物体的位移。故约束力总是作用在接触点处,方向沿着接触表面的公法线,并指向被约束的物体,称为法向约束力,通常用 F_N 表示。例如地面对物体的约束、光滑曲槽对 AD 杆的约束均属于光滑接触面约束,其受力图如图 1.7(a)、(b)所示。

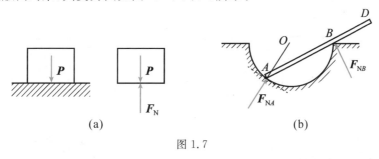

图 1.7

如图 1.8(a)所示为凸轮曲面对顶杆的约束力、图 1.8(b)所示为齿轮啮合时齿面间的约束力,各接触点处均为光滑接触。

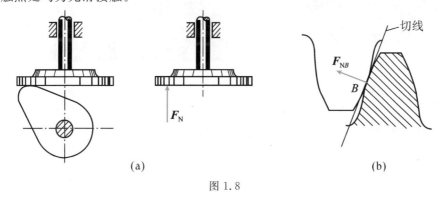

图 1.8

3. 光滑铰链约束

光滑铰链约束是工程结构和机器中连接构件或零、部件的常见约束。这类约束可细分为光滑圆柱铰链、固定铰支座、滚动铰支座和光滑球铰链等。

1)光滑圆柱铰链

如图 1.9(a)所示结构中 C 处,用光滑圆柱销钉 C 将两个钻有同样大小圆柱孔的构件 A、B 连接起来,连接后如图 1.9(b)所示,这种约束称为圆柱铰链约束,简称铰链。构件 A 的受力简图如图 1.9(c)所示。这类约束的特点是只能限制两物体沿销钉的任意径向移动,不能限制物体绕销钉轴线的相对转动及沿圆柱轴线的移动。当销钉与圆柱孔光滑接触时,销钉对物体的约束力作用在接触点,沿公法线(即接触点到销钉中心的连线)指向物体,且垂直于销钉轴线。但是,由于物体所受的主动力不同,销钉与圆柱孔的接触点的位置也随之不同。然而,无论约束力方向如何,它的作用线必垂直于销钉轴线并通过销钉中心。通常可用通过销钉中心的两个大小未知的正交分力 F_{Ax}、F_{Ay} 来表示,如图 1.9(c)所示。如门窗合页是典型的圆柱铰链,工程中的挖掘机中含有多个圆柱铰链,如图 1.10 所示。

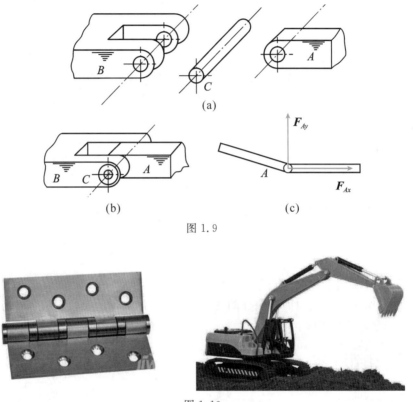

图 1.9

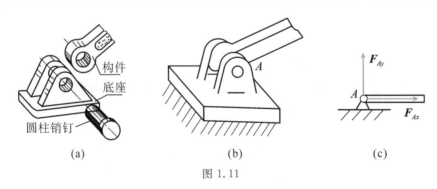

图 1.10

2)固定铰支座

如果铰链连接中有一个物体固定在地面或机架上作为支座,则这种约束称为固定铰链支座,简称固定铰支座,如图 1.11(a)、(b)所示,其简图如图 1.11(c)所示。固定铰支座的约束力

图 1.11

也是通过销钉中心的一个力,一般情况下,用位于销钉径向平面且过销钉中心的两个大小未知的正交分力表示,如图 1.11(c)所示。

3)滚动铰支座(辊轴支座)

如果固定铰链支座与光滑支撑面之间安装几个辊轴(滚柱)而构成的约束,称为滚动柱铰链支座,简称滚动铰支座或可动铰支链,有时候也称为辊轴支座,如图 1.12(a)所示,其简图如图1.12(b)所示。这类约束不能限制物体在光滑支撑面(二维平面)内的运动,只能限制物体沿支撑面法线方向的位移,类似于光滑面约束。滚动铰链支座约束的约束力必垂直于支撑面,且通过铰链中心。通常用 F_N 表示,如图 1.12(c)所示。

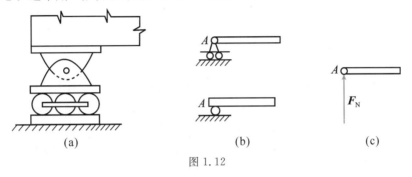

图 1.12

4)光滑球铰链

两构件通过球壳和圆球连接在一起的约束称为光滑球铰链,简称球铰链。如图 1.13(a)所示,它使构件的球心不能有任何的位移,但构件可绕球心任意转动。若忽略摩擦,其约束力必通过接触点与球心,由于接触点位置随载荷而变化,故约束力的方向不能预先确定。因此,通常球铰链的约束力画在球心,用三个大小未知的正交分力 F_{Ax}、F_{Ay}、F_{Az} 表示,下标 A 表示是铰链 A 的约束力。其简图及约束力如图 1.13(b)所示。

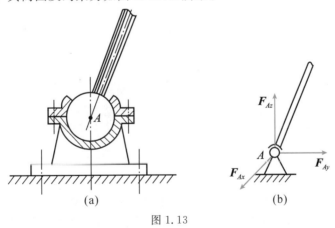

图 1.13

4. 轴承约束

1)向心轴承(径向轴承)

向心轴承限制转轴的径向位移,不限制轴的轴向位移是绕轴转动。如图 1.14(a)、(b)所示为轴承装置,其简图如图 1.14(c)所示。向心轴承与铰链具有同样的约束性质,即约束力的作用线不能预先确定,但约束力垂直于轴线并通过轴心,故可用两个大小未知的正交分力表示,如图 1.14(b)或(c)所示,F_{Ax}、F_{Ay} 的指向暂可任意假定。

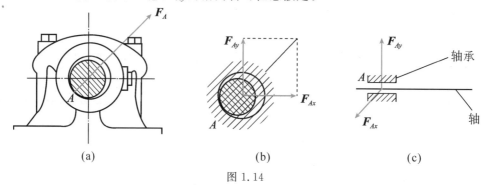

(a)　　　　　　　　　(b)　　　　　　　　　(c)

图 1.14

2)止推轴承

止推轴承限制转轴的径向位移和轴向位移,不限制绕轴转动。如图 1.15(a)、(b)所示 B 端约束,轴只能绕着自身的轴线发生转动,径向位移和轴向位移均被限制。其简图如图 1.15(c)所示。这类约束相当于径向轴承[如图 1.15(a)、(b)所示 B 端约束]加上一个轴向约束。因此,该约束除了在轴径向平面内的一对正交约束力外,还提供一个沿轴向的约束力。

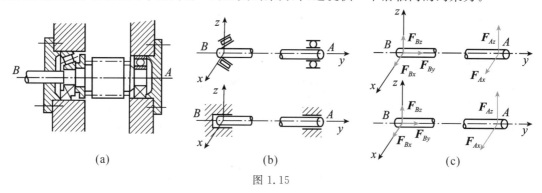

(a)　　　　　　　　　(b)　　　　　　　　　(c)

图 1.15

知识拓展

古建筑中的木门,门轴上部采用轴承约束,允许门自由转动;下部则使用止推轴承约束,防止门的竖直方向移动。这种设计体现了古人的智慧和对力学原理的深刻理解。古建筑中少见铁钉,而是大量采用木结构约束,如榫卯、斗拱等,它们根据约束的性质,可归类为活动约束、固定约束等。这些约束不仅美观,更在受力分析中展现了卓越的稳定性。

以上只介绍了几种工程中常见的约束类型,在工程实际中约束的形式往往比较复杂,各种各样。在解决实际问题时,不仅要仔细观察结构的形式组成特点,还需认真思考约束的性质和约束力的方位,从而进行简化处理。

约束的工程实例

1.4　物体的受力分析　受力图

在工程实际中,可应用平衡条件求解未知的约束力。为此,需要确定构件受几个力作用,以及每个力的作用位置和方向,这个过程称为物体的受力分析。

作用在物体上的力可分为两类:一类是主动力,例如物体的重力、风力、气体压力等,一般是已知的;另一类是约束对物体的约束力,为未知的被动力。

为了分析某个构件的受力,必须将所研究对象(受力体)从周围的物体(施力体)中分离出来,单独画出它的受力简图,这一过程称为取研究对象或取分离体。然后,把施力物体对研究对象的作用力(包括主动力和约束力)全部画出来。这种表示物体受力状态的简明图形称为受力图。

下面举例说明画受力图的方法和步骤。

例 1.1　用力 F 拉动碾子以压平路面,重为 G 的碾子受到一石块的阻碍,如图 1.16(a)所示。不计摩擦,试画出碾子的受力图。

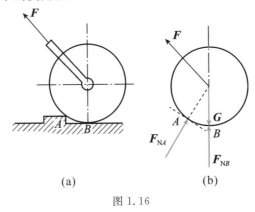

图 1.16

解　碾子在 A 和 B 两处受到石块和地面的约束,均为光滑接触面约束,约束力垂直于接触面或者接触点的切线,指向圆心。

(1)取碾子为研究对象(即取分离体),并单独画其简图。

(2)画主动力。有地球的引力 G 和对碾子中心的拉力 F。

(3)画约束力。在 A 处受到石块的法向力 F_{NA} 的作用,在 B 处受地面的法向力 F_{NB} 的作用。碾子的受力图如图 1.16(b)所示。

例 1.2　如图 1.17(a)所示的三铰拱桥,由左、右两拱铰接而成。设各拱自重及各处摩擦不计,在拱 AC 上作用有载荷 P。试分别画出拱 AC 和 CB 的受力图。

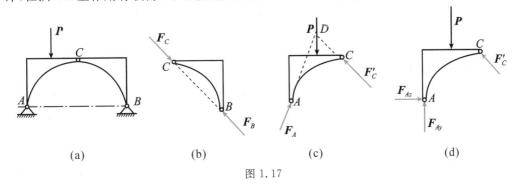

图 1.17

解　(1)取拱 CB 为研究对象。依题意知拱 BC 为二力构件,只在铰链中心 C、B 处分别受

到约束力 F_C 和 F_B 的作用,且 $F_B = -F_C$。如图 1.17(b)所示。

(2)取拱 AC 为研究对象。由于不计自重,因此主动力只有载荷 P,拱在铰链 C 处受有拱 CB 给它的约束力 F'_C 的作用,且 $F'_C = -F_C$。由于拱 AC 在 P、F'_C 和 F_A 三个力作用下处于平衡,故可根据三力平衡汇交定理,确定铰链 A 处约束力 F_A 的方位,如图 1.17(d)所示。一般没有特殊要求时,A 处的约束力可用两个大小未知的正交分力 F_{Ax} 和 F_{Ay} 代替,如图 1.17(c)所示。

例 **1.3** 支架结构如图 1.18(a)所示,图中 A、B、C 三点处为铰链连接,悬挂物的重量为 G,横梁 AD 和斜杆 BC 的质量不计。试分别画出横梁 AD 和斜杆 BC 的受力图。

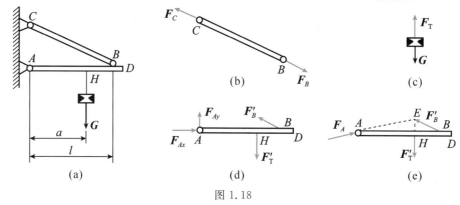

图 1.18

解 (1)画斜杆 BC 的受力图。依题意知 BC 杆为二力杆,且假设其为拉杆,受力如图 1.18(b)所示。

(2)画横梁 AD 的受力图。先取出悬挂物和绳索为研究对象,受力分析如图 1.18(c)所示,且 $F_T = -G$。再取横梁 AD 为研究对象,根据作用与反作用定律,分别画出 B、H 两点处的约束力 F'_B 和 F'_T,且 $F'_B = -F_B$、$F'_T = -F_T$。A 处固定铰支座,可以用一对正交的分力 F_{Ax} 和 F_{Ay} 表示。则横梁 AD 受力如图 1.18(d)所示。

由于横梁 AD 在 A、B、H 三点受三个力作用处于平衡状态,则根据三力平衡汇交定理,固定铰支座 A 处的约束力方位可唯一确定,其受力如图 1.18(e)所示。

例 **1.4** 如图 1.19(a)所示,各杆及滑轮自重不计,各接触处光滑,试画出杆 AB、杆 BC、杆 CD、滑轮及整体的受力图。

解 (1)画杆 BC 的受力图。依题意知 BC 杆为二力杆,且假设其为拉杆,受力如图 1.19(b)所示。

(2)画滑轮 D 的受力图。滑轮 D 受三个力作用处于平衡状态,根据三力平衡汇交定理即可确定铰链 D 处的约束力方位,受力如图 1.19(c)所示。

(3)画竖杆 CD 的受力图。对杆 CD,根据作用和反作用定律,铰链 C 和 D 处的约束力方位可唯一确定,再根据三力平衡汇交定理,确定铰链 K 处的约束力方位,受力如图 1.19(d)所示。

(4)画水平杆 AB 的受力图。根据作用和反作用定律,可确定铰链 B 和 K 处的约束力方位,E 处为滚动铰支座,可唯一确定约束力方位。A 为固定铰支座,用两个正交分力来表示其约束力,力如图 1.19(e)所示。

(5)画整体受力图。整体受力图只需要画出 A、E、H 三点处的约束力即可,画图时一定要

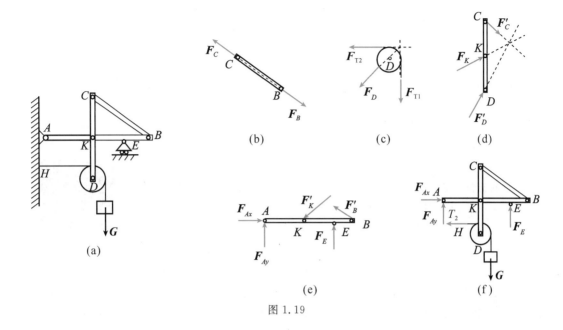

图 1.19

遵循整体和局部保持一致的原则,其整体受力图如 1.19(f)所示。

例 1.5　如图 1.20(a)所示,各杆及滑轮自重不计,各接触处光滑,试画出杆 AC、杆 BC、重物及滑轮的受力图。

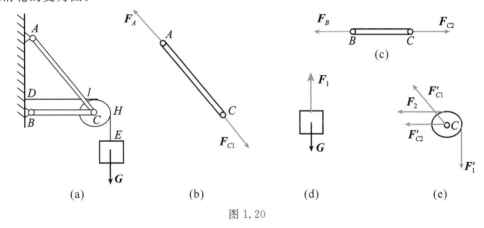

图 1.20

解　(1)画杆 AC 和杆 BC 的受力图。依题意知杆 AC、杆 BC 均为二力杆,故假设它们均为拉杆,受力如图 1.20(b)、(c)所示。

(2)画重物的受力图。重物受有主动力 G 的作用,在点 E 受绳子对它的拉力 F_1 作用,受力如图 1.20(d)所示。

(3)画滑轮的受力图。画滑轮的受力图时一定要明确研究对象是否包括销钉 C。

若包括销钉 C,在 I 处受到绳子 DG 对它的拉力 F_2,在 H 处受到绳子 HE 对它的拉力 F_1',F_1' 与 F_1 的大小相等。需要注意的是 F_1' 与 F_1 不是作用力与反作用力的关系。在铰链 C 处,受杆 AC 对销钉的约束力 F_{C1}',F_{C1}' 是 F_{C1} 的反作用力,同时还受到杆 BC 对销钉的约束力 F_{C2}',F_{C2}' 是 F_{C2} 的反作用力,受力如图 1.20(e)所示。

若不包括销钉,则 C 处的力应为销钉作用在滑轮上的力,用一对正交分力表示(读者可自行绘制)。

注意:本例中销钉 C 连接 3 个物体,画受力图时,一定要明确研究对象是否包括销钉。

正确画出物体的受力图,是分析解决力学问题的基础与关键。画受力图一般按照以下步骤进行:

(1)确定研究对象。根据题意确定研究对象,画出分离体图。

(2)在分离体图上画出主动力。

(3)在分离体图上正确画出约束力。应根据约束本身的性质来确定其约束力的方向(或方位),不能主观臆测。对于每一个力,应明确它是哪个物体施加给研究对象的,不能凭空产生,同时,也不能漏画力。需要注意,结构中有二力构件和三力汇交平衡构件时,优先考虑其约束力方位。

铰链的受力分析举例

(4)最后检查,尤其注意作用力与反作用力的关系。若作用力的方向一经确定,则反作用力的方向应与之相反。当画某个系统的受力图时,由于内力成对出现,因此不必画出,只需画出全部外力,而且应注意部分受力图与整体受力图的一致性。

本章小结

1. 力和刚体的概念

2. 静力学公理

公理 1　二力平衡条件

只在两个力作用下保持平衡的构件,称为二力构件(或二力杆)。

公理 2　加减平衡力系原理

公理 3　力的平行四边形法则

推理 1　力的可传性

推理 2　三力平衡汇交定理

公理 4　作用与反作用定律

公理 5　刚化原理

3. 约束及约束力

(1)柔性约束。

(2)光滑接触面约束。

(3)光滑铰链约束。

光滑圆柱铰链、固定铰支座、滚动铰支座(辊轴支座)、光滑球铰链。

(4)轴承约束。

向心轴承(径向轴承)、止推轴承。

4. 物体受力分析　受力图

(1)确定研究对象。

(2)在分离体图上画出主动力。

(3)在分离体图上正确画出约束力。

（4）最后检查，尤其注意作用力与反作用力的关系。

思考题

1.为什么说二力平衡条件、加减平衡力系原理和力的可传性都只适用于刚体？

2.在图 1.21 的 5 种情况中，力 F 对同一小车的效应是否相同？为什么？

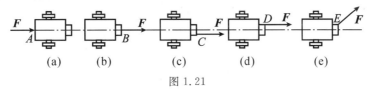

(a)　　　(b)　　　(c)　　　(d)　　　(e)

图 1.21

3.说明下列式子的意义与区别：(1)$F_1 = F_2$，(2)$F_1 = F_2$，(3)力 F_1 等效于力 F_2。

4.一刚体只受两力 F_1、F_2 的作用，且 $F_1 + F_2 = 0$，则此刚体一定平衡吗？作用在刚体的三个力的作用线汇交于一点，则此刚体一定平衡吗？

5."分力一定小于合力"，对不对？为什么？试举例说明。

6.已知一合力的大小和方向，能否确定其分力的大小和方向？为什么？

7.物体受汇交于一点的三力作用而处于平衡，此三力是否一定共面？为什么？

8.什么叫二力构件？二力构件的受力有何特点？分析二力构件受力时与构件的形状有无关系？

9.如图 1.22 所示，在分析固定铰支 A 处约束力时，可否将作用在 AC 上的力 F 沿其作用线滑移至 D 点？为什么？

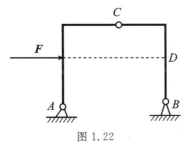

图 1.22

10.图 1.23 中力 F 作用在销钉 C 上，试问销钉 C 对杆 AC 的力与销钉 C 对杆 BC 的力是否等值、反向、共线？为什么？

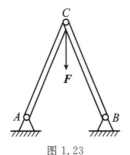

图 1.23

11. 图 1.24 中各物体处于平衡,凡未标出者,均不计物体质量及摩擦。试判断各个受力图是否正确? 说明理由并更正错误的受力图。

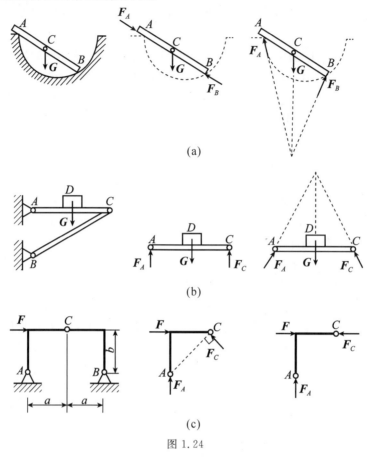

(a)

(b)

(c)

图 1.24

习　题

一、填空题

1. 二力平衡公理适用于(　　　　);力的平行四边形法适用于(　　　　);加减平衡力系公理适用于(　　　　);作用与反作用定律适用于(　　　　)。(选择填空 A.刚体,B.变形体,C.刚体和变形体)

2. 图示 1.25 所示,矿井巷道支护的三铰拱,不计重力。其中(　　　　)杆是二力杆。

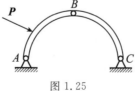

图 1.25

二、判断题

1. 力可以沿其作用线任意移动而不改变对刚体的作用效果。（　　）

2. 力的三要素包括大小、方向和作用线。（　　）

3. 柔索约束的约束力为拉力,方向沿着柔索的中心线背离被约束的物体。（　　）

4. 光滑接触面约束的约束力方向沿着接触面的公法线背离被约束的物体。（　　）

5. 固定端约束力一般用两个正交分力来表示。（　　）

三、选择题

1. 若刚体在两个力作用下处于平衡,则此二力必（　　）。

　A. 大小相等,方向相反,作用在同一直线

　B. 大小相等,作用在同一直线

　C. 方向相反,作用在同一直线

　D. 大小相等

2. 一个力对某点的力矩不为零的条件是（　　）。

　A. 作用力不等于零　　　　　　　　　B. 力的作用线不通过矩心

　C. 作用力和力臂均不为零　　　　　　D. 力臂不等于零

3. 将作用于物体上 A 点的力平移到物体上另一个点 A' 而不改变其作用效果,对于附加的力偶矩说法正确的是（　　）。

　A. 大小和正负号与 A' 点无关　　　　B. 大小和正负号与 A' 点有关

　C. 大小与 A' 点有关,正负号与 A' 无关　D. 大小与 A' 点无关,正负号与 A' 有关

4. 画出图 1.26 中标注字符的各物体的受力图。未画重力的各物体的自重不计,所有接触处均为光滑接触。

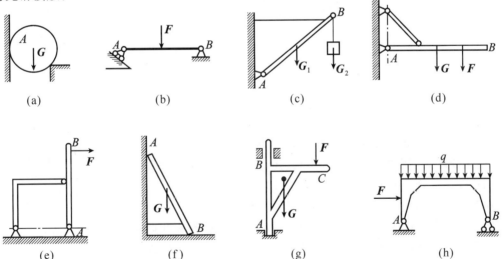

图 1.26

5. 画出图 1.27 中每个标注字符的物体(不包含销钉与支座)的受力图与系统整体的受力图。题图中未画重力的各物体的自重不计,所有接触处均为光滑接触。

6. 如图 1.28 所示,试分别画出整个系统以及杆 BE、AB(带滑轮 C、重物 D 和一段绳索)的受力图。

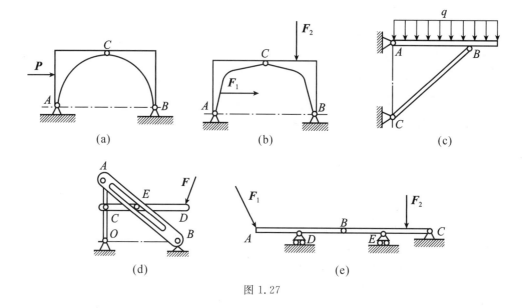

图 1.27

7. 构架如图 1.29 所示，试分别画出杆 HED、杆 BDC 及杆 AEC 的受力图。

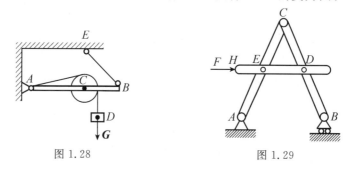

图 1.28   图 1.29

榫卯的智慧①②③

古代故宫的修建没有使用一颗钉子，但却可以抵抗 10 级地震。世界最高的木塔应县木塔经千年四季变化、风霜侵袭和多达十几次的地震，至今屹立不倒的，全塔纯木结构、无钉无铆。其实，这都源于我们的祖先天人合一的千年技艺——榫卯结构，如图 1 所示。

何为榫？何为卯？据《集韻》记载，榫，剡木入窍也。榫卯，是在两个木构件上所采用的一种凹凸结合的连接方式，包括榫头和卯眼，凸出部分叫榫或榫头，凹进去部分叫卯或榫眼，是我国古代建筑、家具及其他木制器械的主要结构方式。

凸出的榫头和凹进去的榫眼通过凹凸扣合，便紧紧咬合在一起。为了保证接口不会在木

图 1

① 唐可.榫卯结构在产品设计中的应用[D].北京工业大学硕士学位论文,2017.
② 袁毅.中国嵌插式玩具研究与再开发[D].苏州大学硕士学位论文,2016.
③ 万千.实木家具中榫卯结构的再设计研究[D].北京理工大学硕士学位论文,2015.

头长期热胀冷缩的过程中松动,工匠们会从不同的角度、方位让一根木头和其他木头通过榫卯结构相连接,这样接口处木头涨缩的作用力就会相互抵消。此外,一些家具的外部造型设计还会进一步保证它在使用中的力学合理性。以如图 2 所示半叶梅花凳为例,凳面设计采用自然中的梅花叶瓣,三根腿柱明榫相接,从上到下由细变粗。三角形的腿柱在设计中,和其他形状相比,可以降低重心,提高稳定性。有趣之处在于连接腿部的三根横杖,每根横杖端头与腿柱明榫相交,而端尾与另一根横杖 2/3 处明榫相交,三根横杖环环相套,在腿部重心形成三角形支点图案,不仅视觉上美观大方,在力学上也非常科学合理。此外,等边三角形各内角为 60°,这种结构使凳子受到压力时,力均匀地从腿柱分散到横杖上,横杖对腿柱又起到支撑作用。

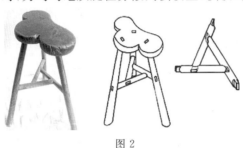

图 2

大型建筑中采用更复杂的榫卯组合连接结构,使得结构之间力的相互作用更为平衡与和谐。从图 3(a)佛光寺大殿的半剖模型照片可以看出,它采用的是地上立柱、柱上架梁枋,梁枋上建屋顶的结构,顶部重量由梁枋传到柱,再由柱传到地面,因此建筑中的墙壁只是起到隔断作用而不承重。由于木结构各个构件之间的榫卯连接富有韧性,所以即便墙倒也能"屋不塌"。图 3(b)为上海世博会中国馆——"东方之冠",其设计中使用了传统建筑斗拱榫卯连接结构。图 3(c)中国科技馆新馆也是榫卯连接结构。新馆的建筑主体是一个外形酷似鲁班锁的单体正方形,借助榫卯连接把若干个积木般的不规则的立体相互连接、咬合在一起,使整个建筑呈现出一个巨大的鲁班锁造型。

(a)　　　　　　　　　　(b)　　　　　　　　　　(c)

图 3

榫卯连接在现代生活中的应用也很广泛。在技术方面榫卯的连接就是一个嵌插。作为益智类玩具,很重要的一点是能够分解,才能使玩家重复去拼装。大多数的益智玩具都采用了榫卯连接,例如图 4(a)所示乐高积木就是榫卯结构在现代玩具中的应用。"鲁班锁"也起源于榫卯结构,现代家居设计中也用到鲁班锁的榫卯连接,如图 4(b)所示。

榫卯连接的约束力如何? 常见的榫卯连接中,榫肩为细长杆件结构,插入的榫舌可以有一定的进出活动位移,图 5 为常见的榫卯结构,(a)为直插榫卯结构连接,(b)为带有尾销的榫卯连接,读者可以思考一下他们的约束特点是怎样的? 可以简化成哪种常见的约束类型? 图 2

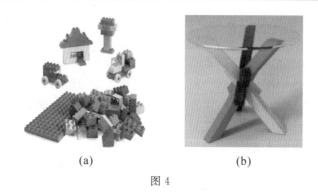

(a)　　　　　　　　　(b)

图 4

中横仗的两端都是直插榫卯连接。对于其他复杂的榫卯连接,也可以根据约束的性质对其进行简化处理。

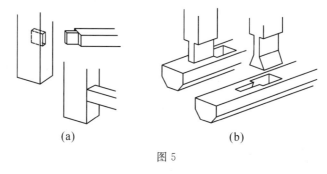

(a)　　　　　　　　　(b)

图 5

第 2 章　平面汇交力系和平面力偶系

课前导读

　　在静力学里我们将问题分成平面和空间两部分来研究,按照力系中各力的作用线是否在同一平面内来分,可将力系分为平面力系和空间力系两类。平面静力学的研究不但在实际问题中有广泛的应用,而且可以作为空间静力学的研究基础。只要作用于物体上的力主要分布在一个平面上,或物体的受力情形有一对称面,都可当作平面力系来处理。

本章思维导图

　　本章先研究两种平面特殊力系:平面汇交力系和平面力偶系。

2.1　平面汇交力系工程实例

　　工程中经常遇到平面汇交力系问题。例如,型钢 MN 上焊接三根角钢,受力情况如图 2.1 所示。F_1、F_2 和 F_3,三个力的作用线均通过 O 点,且在同一个平面内。这是一个平面汇交力系。又如当吊车起吊重为 G 的钢梁时(见图 2.2),钢梁受 F_{AT}、F_{BT} 和 G 三个力的作用,这三个力在同一平面内,且交于一点,也是平面汇交力系。所谓平面汇交力系(Coplanar Concurrent Force System),就是各力的作用线都在同一平面内,且汇交于一点的力系。

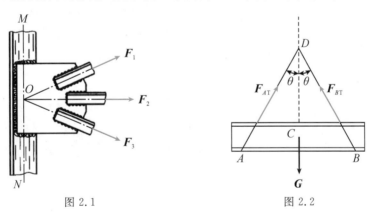

图 2.1　　　　　　　　　图 2.2

2.2　平面汇交力系的合成与平衡

　　本节用几何法(Geometric Method)与解析法(Analytical Method)讨论平面汇交力系的合成与平衡问题。所谓几何法就是几何画图的方法;解析法是建立坐标系,在坐标系里用矢量投影研究问题的方法。

1. 平面汇交力系合成与平衡的几何法

(1)平面汇交力系的合成。如图 2.3(a)所示,在刚体上点 A 作用两个力 F_1 和 F_2,由平行四边形公理,这两个力可以合成为一个力 F_R。实际上此两力的合力(Resultant Force)也可从任一点 O_1 或 O_2 画如图 2.3(b)、(c)所示的图而求出。这两个由力构成的三角形均称为力三角形。这两个三角形虽然有所不同,但若把力矢的起端称为首,箭头端称为尾,如图 2.3(d)所示,这两个三角形各分力矢在顶点处均为首尾相接,而合力矢是从初始的力矢首与末了的力矢尾相连。

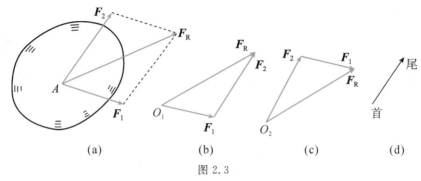

图 2.3

为合成此力系,根据上述方法,逐步两两合成各力,最后求得一个通过汇交点 A 的合力 F_R。任取一点 a,先作力三角形求出 F_1 和 F_2 的合力大小与方向 F_{R1},再作力三角形合成 F_{R1} 与 F_3 得 F_{R2},最后合成 F_{R2} 与 F_4 得 F_R,则 F_R 即为力系的合力,如图 2.4(b)所示。多边形 $abcde$ 称为此平面汇交力系的力多边形,此力多边形的矢序规则是,各分力矢量依次首尾相接。由此组成的力多边形 $abcde$ 有一缺口,故称为不封闭的力多边形。矢量 $\overline{ae}$ 即表示了此平面汇交力系的合力 F_R 的大小与方向。当然,合力的作用线仍通过原汇交点 A,如图 2.4(a)所示的 F_R。还可注意到,在作力多边形,即求力系的合力时,图 2.4(b)中的虚线不必画出。

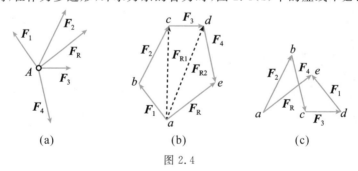

图 2.4

根据矢量相加的交换律,任意交换各分力矢的作图次序,可得形状不同的力多边形,但其合力矢不变,如图 2.4(c)所示。

总之,平面汇交力系可简化为一合力,其合力的大小与方向等于各分力(Components Force)的矢量和(几何和),合力的作用线通过汇交点,设平面汇交力系包含 n 个力,以 F_R 表示它们的合力矢,则有

$$F_R = F_1 + F_2 + \cdots + F_n = \sum_{i=1}^{n} F_i \tag{2.1}$$

（2）平衡的几何条件。由于平面汇交力系可用其合力来代替，显然，平面汇交力系平衡的必要和充分条件是该力系的合力等于零。用矢量式表示，即

$$F_R = \sum F_i = 0 \tag{2.2}$$

在平衡情形下，力多边形中最后一力的尾与第一力的首重合，称此时的力多边形为封闭的力多边形。于是，可得结论，平面汇交力系平衡的必要充分条件是该力系的力多边形自行封闭，这也就是平面汇交力系平衡的几何条件。

求解平面汇交力系的平衡问题时可用几何法，即按比例先画出封闭的力多边形，然后用尺子和量角器在图上量得所要求的未知量。对汇交一点的三个力来说，现在常常根据图形的几何关系，绘制出封闭力三角形，用三角公式计算出所要求的未知量。

例 2.1　平面结构如图 2.5（a）所示，习惯称之为梁的水平杆 AB 与斜杆 CD 在点 C 用铰链连接，并在 A、D 处用铰链连接在铅垂墙上。AC＝CB，角度如图 2.5（b）所示，不计各构件自重，在 B 处作用一铅垂力 F＝10 kN。求 CD 杆受力和铰支座 A 处的约束力。

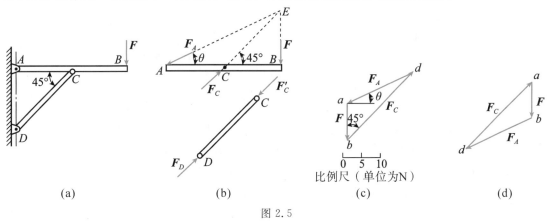

图 2.5

解　（1）选取研究对象。选横梁 AB 为研究对象。

（2）画受力图。横梁在 B 处受载荷 F 作用。DC 为二力杆，它对横梁 C 处的约束力 F_C 的作用线必沿两铰链 D、C 中心的连线。铰链 A 的约束力 F_A 的作用线可根据三力平衡汇交定理确定，即通过另两力的交点 E，如图 2.5（b）所示。

（3）作力的多边形。根据平面汇交力系平衡的几何条件，三个力应组成一封闭的力三角形。先画出已知力 $\overline{ab}＝F$，再由点 a 做直线平行于 AE，由点 b 做直线平行于 CE，这两直线相交于点 d，如图 2.5（c）所示。由力三角形 abd 封闭，可确定 F_C 和 F_A 的指向如图 2.5（d）所示。

（4）用几何法求约束力。在图 2.5（c）中，线段 bd 和 da 分别表示力 F_C 和 F_A 的大小，量出它们的长度，按比例换算即可得 F_C 与 F_A 的大小。但一般都是用三角公式计算，对图 2.5（c）所示力三角形，由正弦定理，有

$$\frac{F_C}{\sin(90°+\theta)} = \frac{F}{\sin(45°-\theta)}, \qquad \frac{F_A}{\sin 45°} = \frac{F}{\sin(45°-\theta)}$$

式中

$$\tan\theta = \frac{1}{2}, \quad \theta = 26.56°$$

解得

$$F_C = 28.28 \text{ kN}, \quad F_A = 22.36 \text{ kN}$$

讨论 根据作用力和反作用力的关系,可知杆 CD 受压力,如图 2.5(b)所示。也可画出封闭力三角形,如图 2.5(d)所示,可得同样结果。

例 2.2 简易绞车如图 2.6(a)所示,A、B 和 C 为铰链连接,钢丝绳绕过滑轮 A 将 $G =$ 20 kN 的重物吊起。不计摩擦及杆件 AB、AC 的质量。试计算两杆 AB、AC 所受的力。

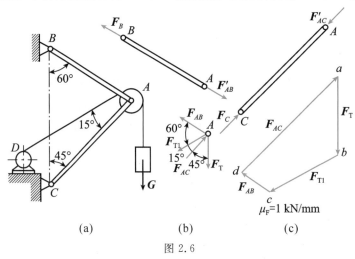

图 2.6

解 (1)选取研究对象。选滑轮 A(含轮上一段绳子)为研究对象[见图 2.6(b)]。

(2)画受力图。重物通过钢丝绳给滑轮 A 以向下的力 F_T;绞车 D 通过钢丝绳给滑轮 A 向左下方的力 F_{T1}。因为不计摩擦,所以这两个力均等于 G,$F_{T1} = F_T = G = 20$ kN。又因为杆 AB 在两端受力,是二力杆,所以力 F_{AB} 的方向沿直线 AB。同理,杆 AC 也是二力杆,它给滑轮 A 的约束力必沿 AC 方向,以 F_{AC} 表示。根据静力学公理,可将力 F_T 及 F_{T1} 作用在 A 点。所以这四个力是平面汇交力系。

(3)用几何法作力多边形,求未知量。选力比例尺 $\mu_F = 1$ kN/mm,然后任选一点 a,作 $\overline{ab}$ $= F_T$,$\overline{bc} = F_{T1}$,再从 a 和 c 分别作直线平行于力 F_{AC} 和 F_{AB},相交于 d,于是得到封闭的力多边形 $abcd$。根据力多边形法则,按诸力首尾相接的顺序,标出 cd 和 da 的指向,则矢量 $\overline{cd}$ 和 $\overline{da}$ 分别代表力 F_{AB} 和 F_{AC}。按比例尺量得

$$F_{AB} = cd = 9.3 \text{ kN}, \quad F_{AC} = da = 35.9 \text{ kN}$$

讨论 杆 AB 和 AC 所受的力分别与力 F_{AB} 和 F_{AC} 等值反向。可见杆 AB 受拉力,杆 AC 受压力[见图 2.6(b)]。

2. 平面汇交力系合成的解析法

(1)力在坐标轴上的投影。设力 $F = \overline{AB}$ 在 Oxy 平面内(见图 2.7)从力 F 的起点 A 和终点 B 作 Ox 轴的垂线 Aa 和 Bb,则线段 ab 称为力 F 在 x 轴上的投影。同理,从力 F 的起点 A 和终点 B 可作 Oy 轴的垂线 Aa' 和 Bb',则 $a'b'$ 称为力 F 在 y 轴上的投影。通常用 F_x 表示力在 x 轴上的投影,用 F_y 表示力在 y 轴上的投影。

设 α 和 β 表示力 F 与 x 轴和 y 轴正向间的夹角,则由图 2.7 可知

$$\left.\begin{array}{l} F_x = F\cos\alpha \\ F_y = F\cos\beta \end{array}\right\} \tag{2.3}$$

力的投影是代数量。

如已知力 F 在 x 轴和 y 轴上的投影为 F_x 和 F_y，由几何关系即可求出力 F 的大小和方向余弦为

$$
\left.\begin{array}{l}
F = \sqrt{F_x^2 + F_y^2} \\
\cos\alpha = \dfrac{F_x}{\sqrt{F_x^2 + F_y^2}}, \cos\beta = \dfrac{F_y}{\sqrt{F_x^2 + F_y^2}}
\end{array}\right\}
\tag{2.4}
$$

为了便于计算，通常采用力 F 与坐标轴所夹的锐角计算余弦，并且规定：当力的投影，从始端 a 到末端 b 的指向与坐标轴的正向相同时，投影值为正，反之为负。

(2)合力投影定理。合力投影定理(Resultant Force Projection Theorem)建立了合力的投影与各分力投影的关系。图 2.8 所示为由平面汇交力系 F_1、F_2、F_3 所组成的力多边形 AB-CD，$\overrightarrow{AD}$ 是封闭边，即合力 F_R。任选坐标轴 Oxy，将合力 F_R 和各分力 F_1、F_2、F_3 分别向 x 轴上投影，得

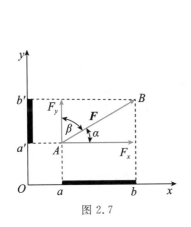

图 2.7

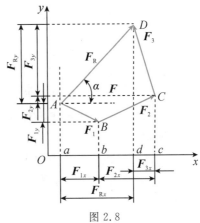

图 2.8

$$F_{Rx} = ad$$
$$F_{1x} = ab, \quad F_{2x} = bc, \quad F_{3x} = -cd$$

由图 2.8 可见

$$ad = ab + bc - cd$$

故得

$$F_{Rx} = F_{1x} + F_{2x} + F_{3x}$$

同理可得合力 F_R 在 y 轴上的投影：

$$F_{Ry} = F_{1y} + F_{2y} + F_{3y}$$

式中，F_{1y}、F_{2y}、F_{3y} 分别为力 F_1、F_2、F_3 在 y 轴上的投影。

若将上述合力投影与各分力投影的关系式推广到 n 个力组成的平面汇交力系中，可得到

$$
\left.\begin{array}{l}
F_{Rx} = F_{1x} + F_{2x} + \cdots + F_{nx} = \displaystyle\sum_{i=1}^{n} F_{ix} = \sum F_x \\
F_{Ry} = F_{1y} + F_{2y} + \cdots + F_{ny} = \displaystyle\sum_{i=1}^{n} F_{iy} = \sum F_y
\end{array}\right\}
\tag{2.5}
$$

即合力在任意轴上的投影，等于各分力在同一轴上投影的代数和，称为合力投影定理。

3. 合成的解析法

算出合力的投影 F_{Rx} 和 F_{Ry} 后，就可按式（2.4）求出合力 F_R 的大小和方向余弦为

$$F_R = \sqrt{F_{Rx}^2 + F_{Ry}^2} = \sqrt{\left(\sum F_x\right)^2 + \left(\sum F_y\right)^2} \left. \begin{array}{c} \\ \end{array} \right\}$$

$$\cos\alpha = \frac{\sum F_x}{\sqrt{\left(\sum F_x\right)^2 + \left(\sum F_y\right)^2}}, \quad \cos\beta = \frac{\sum F_y}{\sqrt{\left(\sum F_x\right)^2 + \left(\sum F_y\right)^2}} \quad (2.6)$$

式中，α 和 β 分别表示合力 F_R 与 x 轴和 y 轴正向间的夹角。

运用式（2.6）计算合力 F_R 的大小和方向，这种方法称为平面汇交力系合成的解析法。

由式（2.2）知，平面汇交力系平衡的必要和充分条件是该力系的合力 F_R 等于零。由式（2.6）则有

$$F_R = \sqrt{\left(\sum F_x\right)^2 + \left(\sum F_y\right)^2} = 0$$

所以

$$\left. \begin{array}{l} \sum F_x = 0 \\ \sum F_y = 0 \end{array} \right\} \quad (2.7)$$

即平面汇交力系平衡的解析条件是各力在 x 轴和 y 轴上投影的代数和分别等于零。式（2.7）称为平面汇交力系平衡方程。运用这两个平衡方程，可以求解两个未知量。

例 2.3　如图 2.9 所示，作用于吊环螺钉上的四个力 F_1、F_2、F_3 和 F_4 构成平面汇交力系。已知各力的大小和方向为 $F_1 = 360$ N，$\alpha_1 = 60°$；$F_2 = 550$ N，$\alpha_2 = 0°$；$F_3 = 380$ N，$\alpha_3 = 30°$；$F_4 = 300$ N，$\alpha_4 = 70°$。试用解析法求合力的大小和方向。

解　用解析法求合力选取坐标系 Oxy，如图 2.9 所示，根据式（2.3）可得诸力在 x 轴和 y 轴上的投影，见表 2.1。

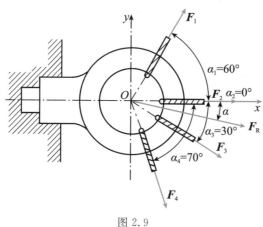

图 2.9

表 2.1　诸力在 x 轴和 y 轴上的投影列表

	F_1	F_2	F_3	F_4
F_{ix}	$F_1\cos\alpha_1$	$F_2\cos\alpha_2$	$F_3\cos\alpha_3$	$F_4\cos\alpha_4$
F_{iy}	$F_1\sin\alpha_1$	$F_2\sin\alpha_2$	$-F_3\sin\alpha_3$	$-F_4\sin\alpha_4$

从式(2.5)可得

$$F_{Rx} = F_{1x} + F_{2x} + F_{3x} + F_{4x}$$
$$= F_1\cos\alpha_1 + F_2\cos\alpha_2 + F_3\cos\alpha_3 + F_4\cos\alpha_4$$
$$= F_1\cos60° + F_2\cos0° + F_3\cos30° + F_4\cos70°$$
$$= 360\ \text{N}\times0.5 + 550\ \text{N}\times1 + 380\ \text{N}\times0.866 + 300\ \text{N}\times0.342$$
$$= 1162\ \text{N}$$

又

$$F_{Ry} = F_{1y} + F_{2y} + F_{3y} + F_{4y}$$
$$= F_1\sin\alpha_1 + F_2\sin\alpha_2 - F_3\sin\alpha_3 - F_4\sin\alpha_4$$
$$= F_1\sin60° + F_2\sin0° - F_3\sin30° - F_4\sin70°$$
$$= 360\ \text{N}\times0.866 + 0 - 380\ \text{N}\times0.5 - 300\ \text{N}\times0.94$$
$$= -160\ \text{N}$$

根据式(2.6)可得

$$F_R = \sqrt{F_{Rx}^2 + F_{Ry}^2} = \sqrt{1162^2 + (-160)^2}\ \text{N}$$
$$= 1173\ \text{N}$$

$$\cos\alpha = \frac{1162}{1173} = 0.9906, \cos\beta = \frac{-160}{1173} = -0.1364$$

可得

$$\alpha = -7°48'$$

合力 $\boldsymbol{F}_R$ 指向如图 2.9 所示。

例 2.4　刚架如图 2.10(a)所示，在 B 点受一水平力作用。设 $F=20$ kN，刚架的质量略去不计。求 A、D 处的约束力。

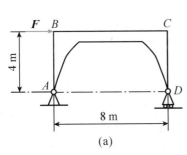 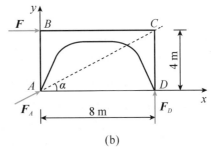

图 2.10

解　(1)选取研究对象。选刚架为研究对象。

(2)画受力图。应用三力平衡汇交定理，约束力 $\boldsymbol{F}_A$、$\boldsymbol{F}_D$ 的指向假设如图 2.10(b)所示。

(3)列平衡方程。选坐标轴如图所示。由式(2.7)有

$$\sum F_x = 0, \quad F + F_A\times\frac{8}{4\sqrt{5}} = 0 \tag{a}$$

$$\sum F_y = 0, \quad F_D + F_A\times\frac{4}{4\sqrt{5}} = 0 \tag{b}$$

(4)求未知量。由式(a)得

$$F_A = -\frac{\sqrt{5}}{2}F = -\frac{\sqrt{5}}{2} \times 20 \text{ kN} = -22.4 \text{ kN}$$

F_A 得负值,表示假设的指向与实际指向相反。

由式(b)得

$$F_D = -F_A \times \frac{1}{\sqrt{5}}$$

将 $F_A = -\frac{\sqrt{5}}{2}F$ 代入上式(必须按解出的负值代入),得

$$F_D = \frac{F}{2} = \frac{1}{2} \times 20 \text{ kN} = 10 \text{ kN}$$

例 2.5 简易压榨机如图 2.11(a)所示,活塞给水平推杆的力为 F,A、B、C 三点为铰链连接,托板与连杆的自重都不计,机构平衡。试求当连杆 AB、AC 与铅垂线成 α 角时,托板给被压物体的力。

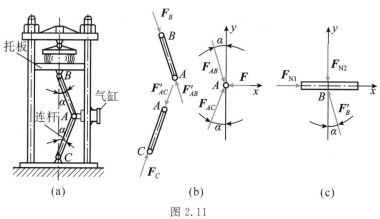

图 2.11

解 这是一个物体系统的平衡问题。如果首先取被压物或托板作为研究对象,它们上面没有已知力,就不能算出需求的力。因此,应先取销钉 A 为研究对象,求出连杆所受的力,然后取托板为研究对象,再求出托板给被压物体的力。

(1)选取研究对象。选销钉 A 为研究对象。

(2)画受力图。受力图如图 2.11(b)所示。活塞通过水平推杆,给销钉 A 的力 F 沿水平方向向左。连杆 AB、AC 为二力杆,所以力 F_{AB} 和 F_{AC} 分别沿连杆 AB、AC 轴线,指向暂先假设如图所示。

(3)列平衡方程。取坐标轴如图所示,列平衡方程:

$$\sum F_x = 0, \quad F_{AB}\sin\alpha + F_{AC}\sin\alpha - F = 0 \tag{a}$$

$$\sum F_y = 0, \quad -F_{AB}\cos\alpha + F_{AC}\cos\alpha = 0 \tag{b}$$

(4)求未知量。由式(b)得

$$F_{AB} = F_{AC}$$

代入式(a)得

$$F_{AB} = F_{AC} = \frac{F}{2\sin\alpha} \tag{c}$$

由于 $\alpha < 90°$，所以 F_{AB}、F_{AC} 为正值，表示 F_{AB}、F_{AC} 的假设指向与实际指向相同。连杆 AB、AC 受的力分别与力 F_{AB} 和 F_{AC} 等值反向，可见连杆 AB、AC 都受压力，如图 2.11(b)所示。

（5）再选托板为对象，受力分析。受力图如图 2.11(c)所示。被压物体给托板的力 F_{N2} 铅直向下，连杆 AB 给托板的力 F'_B，是力 F_B 的反作用力，立柱给托板的约束力 F_{N1} 水平向右。

（6）列平衡方程、求解。取坐标轴如图所示，这里只需列沿 y 轴方向的平衡方程。

$$\sum F_y = 0, \quad F'_B \cos\alpha - F_{N2} = 0 \tag{d}$$

由式(d)得

$$F_{N2} = F'_B \cos\alpha \tag{e}$$

而 $F'_B = F_{AB}$，将式(c)代入式(e)，则

$$F_{N2} = \frac{F}{2\sin\alpha} \cdot \cos\alpha = \frac{F}{2} \cot\alpha$$

设 $\alpha = 5°$，活塞给水平推杆的力 $F = 1$ kN，代入上式可得

$$F_{N2} = \frac{F}{2} \cot\alpha = 5.72 \text{ kN}$$

4. 求解平面汇交力系平衡问题的要点

（1）几何法。

①选取研究对象。按照题意，确定研究对象。对于复杂问题，要选取两个甚至更多的研究对象（如例 2.5）。

②画受力图。先画已知力，在画约束力时，先画出方向或方位已知的力，如柔性体约束、光滑面约束和辊轴约束等的约束力。然后再依据二力平衡条件或三力平衡汇交定理，确定某些约束力的方位（如例 2.1）。要注意相互作用力应该是等值、反向且共线的，但是，它们分别作用在两个相互作用的物体上。

③适当选择长度比例尺，画出研究对象的轮廓图。适当选择力的比例尺，画力系的封闭多边形，图形大小适宜，避免误差偏大。作图时先从已知力开始，按照各分力首尾相接的规则和力多边形封闭的特点，确定未知力的方向。

④求未知量。用比例尺和量角器量出未知力的大小和方向，或者按照几何关系，运用三角公式计算未知力的大小和方向（如例 2.1）。

（2）解析法。

①选取研究对象。与几何法相同。

②画受力图。与几何法相同。

③恰当地选择坐标系，列平衡方程。尽量选择坐标轴与较多未知力垂直，避免解联立方程。

④求解方程。解得力的绝对值，表示力的大小，答案中的正号表示力的指向与假设一致，负号表示相反（参见例 2.4 及例 2.5）。

2.3　平面力对点之矩　平面力偶

力对刚体的作用效应使刚体的运动状态发生改变，包括移动与转动，力对刚体的移动效应可用力矢来度量，而力对刚体的转动效应可用力对点的矩[简称力矩（Moment of Force）]来度

量,即力矩是度量力对刚体转动效应的物理量。

1. 力矩

经验告诉我们:用扳手转动螺母时(见图 2.12),作用于扳手一端的力 $\boldsymbol{F}$ 使扳手绕 O 点转动的效应,不仅与力 $\boldsymbol{F}$ 的大小有关,而且与 O 点到力 $\boldsymbol{F}$ 作用线的垂直距离 h 有关。因此,在力学上以乘积 $F \cdot h$ 作为量度力 $\boldsymbol{F}$ 使物体绕 O 点转动效应的物理量,这个量称为力 $\boldsymbol{F}$ 对 O 点之矩,简称力矩,以符号 $M_O(\boldsymbol{F})$ 表示,即

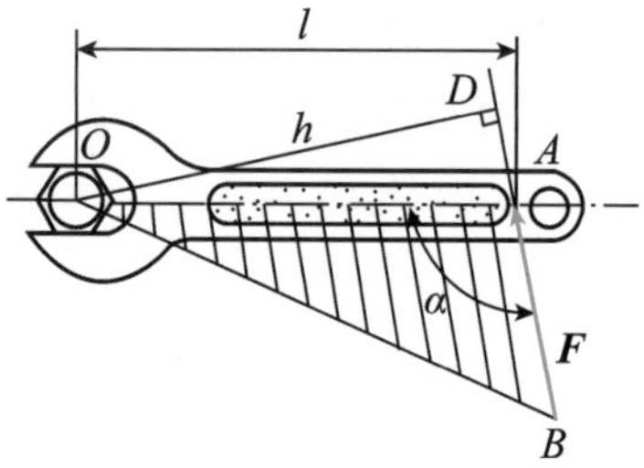

$$M_O(\boldsymbol{F}) = \pm Fh \qquad (2.8)$$

图 2.12

O 点称为力矩中心(简称矩心)(Center of Moment);O 点到力 $\boldsymbol{F}$ 作用线的垂直距离 h,称为力臂(Moment Arm of Force)。通常规定:力使物体绕矩心作逆时针方向转动时,力矩取正号;作顺时针方向转动时,取负号。根据以上情况,平面内力对点之矩,只取决于力矩的大小及旋转方向,因此平面内力对点之矩是一个代数量。

在图 2.12 中,力 $\boldsymbol{F}$ 对 O 点之矩的大小可由 $\triangle OAB$ 面积的 2 倍来表示,即

$$M_O(\boldsymbol{F}) = \pm 2A_{\triangle OAB} \qquad (2.9)$$

力矩的单位是 N·m 或 kN·m

由力矩的定义知:

(1)力 $\boldsymbol{F}$ 对 O 点之矩不仅取决于力 $\boldsymbol{F}$ 的大小,同时还与矩心的位置有关;

(2)力 $\boldsymbol{F}$ 对任一点之矩,不会因该力沿其作用线移动而改变,因为此时力和力臂的大小均未改变;

(3)力的作用线通过矩心时,力矩等于零;

(4)成平衡的二力对同一点之矩的代数和等于零。

例 2.6 图 2.12 中扳手所受的力 $F = 200 \text{ kN}$,$l = 0.4 \text{ m}$,$\alpha = 120°$,试求力 $\boldsymbol{F}$ 对 O 点之矩。

解 根据式(2.8)

$$M_O(\boldsymbol{F}) = F \cdot h = Fl\sin\alpha = 200 \times 10^3 \text{ N} \times 0.4 \text{ m} \times 0.866 = 69.2 \text{ N·m}$$

正号表示扳手绕 O 点作逆时针方向转动。应该注意,力臂是 OD(自矩心 O 至力作用线的垂直距离),而不是 OA。

例 2.7 图 2.13(a)中两齿轮啮合传动,已知大齿轮的节圆半径为 r_2、直径为 D_2,小齿轮作用在大齿轮上的压力为 $\boldsymbol{F}$,如图 2.13(b)所示,压力角为 α_0。试求压力 $\boldsymbol{F}$ 对大齿轮转动中心 O_2 点之矩。

解 计算力 $\boldsymbol{F}$ 对点 O_2 的矩,可直接按力矩的定义求得[见图 2.13(b)],即

$$M_{O_2}(\boldsymbol{F}) = -F \cdot h$$

从图 2.13(b)中的几何关系得

$$h = r_2\cos\alpha_0 = \frac{D_2}{2}\cos\alpha_0$$

故

$$M_{O_2}(\boldsymbol{F}) = -F \cdot \frac{D_2}{2}\cos\alpha_0$$

负号表示力 $\boldsymbol{F}$ 使大齿轮绕 O_2 点作顺时针方向转动。

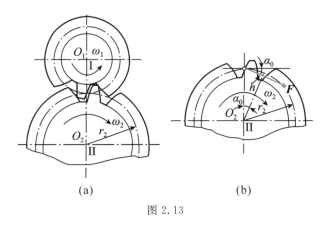

(a)　　　　　　　　　　(b)

图 2.13

2. 力偶与力偶矩

在生活和生产实践中,常见物体同时受到大小相等、方向相反、作用线互相平行的两个力的作用。例如图 2.14(a)所示的拧水龙头、图 2.14(b)所示转动方向盘、图 2.14(c)所示的用丝锥攻丝等。在水龙头、方向盘、丝锥等物体上,都作用了成对的等值、反向且不共线的平行力。等值、反向平行力的矢量和等于零,但是由于它们不共线而不能相互平衡,它们能使物体改变转动状态。这种由两个大小相等、方向相反且不共线的平行力组成的力系,称为力偶(Force Couple),如图 2.15 所示,记作(F,F')。称力偶的两力之间的垂直距离 d 为力偶臂(Arm of Couple),力偶所在的平面为力偶的作用面。

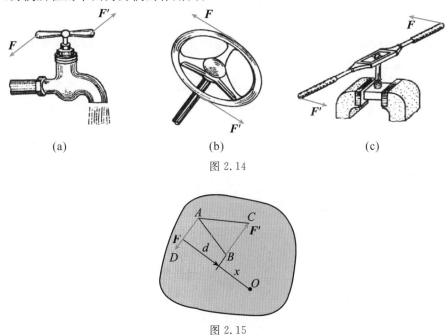

(a)　　　　　　　　(b)　　　　　　　　(c)

图 2.14

图 2.15

知识拓展

在用丝锥攻螺纹时,为什么要用双手,而不能用单手? 如果用单手攻丝,可能出现什么情况?

力偶是由两个力组成的特殊力系,它的作用只改变物体的转动状态。与平面中力对点的矩类似,在力偶作用面内力偶使物体转动的效果,也取决于两个要素:

(1)力偶中力的大小 F 与力偶臂 d 的乘积;

(2)力偶在作用面内转动的方向。

为此,在平面中,有力偶矩的定义:在力偶作用面内,力偶矩是一个代数量,其绝对值等于力的大小与力偶臂的乘积,其转向用正负号确定,按下法规定,力偶使物体逆时针转向为正,反之为负。以公式表示为

$$M = \pm F \cdot d = \pm 2A_{\triangle ABC} \tag{2.10}$$

力偶矩的单位和力矩的单位相同。力偶矩也可以用 $\triangle ABC$ 的面积 $A_{\triangle ABC}$ 表示,如图 2.15 所示。

3.力偶的性质

(1)力偶对任意点取力矩都等于力偶矩,不因矩心的改变而改变。

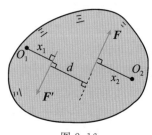

如图 2.16 所示,该力偶的力偶矩为 Fd,在力偶所在平面内任取一点 O_1,把力偶中两力对此点取力矩,有

$$M_{O_1}(\boldsymbol{F}) + M_{O_1}(\boldsymbol{F}') = F \cdot (d + x_1) - F' \cdot x_1 = Fd$$

对点 O_2 取力矩,有

$$M_{O_2}(\boldsymbol{F}) + M_{O_2}(\boldsymbol{F}') = -F \cdot x_2 + F' \cdot (d + x_2) = Fd$$

图 2.16

可见力偶对任何点取矩都等于力偶矩,不因矩心的改变而改变。这就证明了力偶的这一条性质。

(2)只要保持力偶矩不变,力偶可在其作用面内任意移转,且可以同时改变力偶中力的大小与力偶臂的长短,对刚体的作用效果不变。

如图 2.17(a)所示,刚体上有一力偶$(\boldsymbol{F}_1, \boldsymbol{F}_1')$作用,其力偶矩为 $F_1 d$,根据加减平衡力系公理,在 A、B 两点加一平衡力系 $\boldsymbol{F}_2 = -\boldsymbol{F}_2'$,如图 2.17(b)所示,再根据平行四边形公理,把 A、B 两点的力合成得力 $\boldsymbol{F}_R$、$\boldsymbol{F}_R'$,显然此两力构成一力偶$(\boldsymbol{F}_R, \boldsymbol{F}_R')$,其力偶矩为 $F_R d_1$,再根据力的可传性,把力 $\boldsymbol{F}_R$、$\boldsymbol{F}_R'$ 传递,如图 2.17(c)所示,很明显,力偶$(\boldsymbol{F}_1, \boldsymbol{F}_1')$和$(\boldsymbol{F}_R, \boldsymbol{F}_R')$中力的大小、力偶臂的长短、力的作用点、力的方向均已改变,但两力偶等效。而力偶$(\boldsymbol{F}_1, \boldsymbol{F}_1')$的力偶矩为 $Fd = 2A_{\triangle ABC}$,力偶$(\boldsymbol{F}_R, \boldsymbol{F}_R')$的力偶矩为 $F_R d_1 = 2A_{\triangle ABD}$,显然,直角三角形 ABC 与斜三角形 ABD 的面积相等,所以两力偶的力偶矩相等,此性质得证。

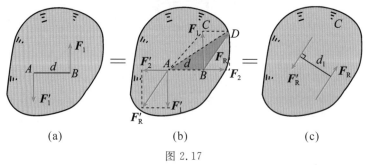

图 2.17

由于力偶具有这样的性质,同时也为画图方便计,以后常用图 2.18 所示符号表示力偶与

力偶矩。

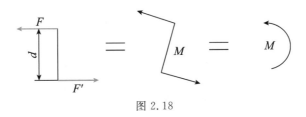

图 2.18

图 2.19 所示为驾驶员给方向盘的三种施力方式，图中 $F_1 = F_1' = F_2 = F_2'$，即是说明此性质的一个实例。

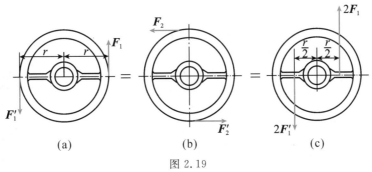

(a)　　　　　　　(b)　　　　　　　(c)

图 2.19

4. 平面力偶系的合成与平衡

由作用在同一平面内的一群力偶组成的力系称为平面力偶系。力偶系能否用一个简单力系等效替换，若平衡，应满足什么条件？这就是下面要讨论的平面力偶系的合成与平衡问题。

1）平面力偶系的合成

设在同一平面内的两个力偶(F_1, F_1')和(F_2, F_2')，它们的力偶臂各为 d_1 和 d_2[见图 2.20(a)]，其力偶矩分别为 M_1 和 M_2，求其合成结果。

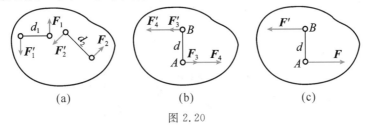

(a)　　　　　　　(b)　　　　　　　(c)

图 2.20

在力偶的作用面内任取一线段 $AB = d$，在不改变力偶矩的条件下将各力偶的臂都化为 d，于是得到与原力偶等效的两个力偶(F_3, F_3')和(F_4, F_4')，F_3 和 F_4 的大小可由下列等式算出：

$$M_1 = F_3 \cdot d, \quad M_2 = F_4 \cdot d$$

然后转移各力偶使它们的臂都与 AB 重合，如图 2.20(b)所示。再将作用于 A 点的各力合成，这些力沿同一直线作用，合成为力 F，其大小为

$$F = F_3 + F_4$$

同样，可将作用于 B 点的各力合成为力，它与力 F 大小相等方向相反且不在同一直线上。

因此力 $\boldsymbol{F}$ 和 $\boldsymbol{F}'$ 组成一个力偶 $(\boldsymbol{F},\boldsymbol{F}')$ [见图 2.20(c)]，这就是两个已知偶的合力偶（Resultant Couple），其力偶矩为

$$M = Fd = (F_3 + F_4)d$$
$$= F_3 d + F_4 d$$
$$= M_1 + M_2$$

若作用在同一平面内有 n 个力偶，则其合力偶矩应为

$$M = M_1 + M_2 + \cdots + M_n$$

或写成

$$M = \sum_{i=1}^{n} M_i \qquad (2.11)$$

由上可知，平面力偶系的合成结果为一合力偶，合力偶矩等于各已知力偶矩的代数和。

2）平面力偶系的平衡

平面力偶系的合成结果是一个合力偶，若平面力偶系平衡，则合力偶矩必须等于零，即

$$\sum_{i=1}^{n} M_i = 0 \qquad (2.12)$$

反之，若合力偶矩为零，则平面力偶系平衡。

确定约束力

由此可知，平面力偶系平衡的必要和充分条件：力偶系中各力偶矩的代数和等于零。

式(2.12)是解平面力偶系平衡问题的基本方程，运用这个平衡方程，可以求出一个未知量。

例 2.8 要在汽缸盖上钻四个相同的孔（见图 2.21），现估计钻每个孔的切削力偶矩 $M_1 = M_2 = M_3 = M_4 = M_0 = 15$ N·m，转向如图 2.21 所示，当用多轴钻床同时钻这四个孔时，问工件受到的总切削力偶矩是多大？

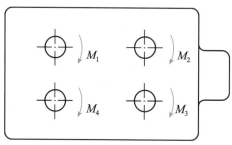

图 2.21

解 作用在汽缸盖上的力偶有四个，各力偶矩的大小相等，转向相同，又在同一平面内，因此这四个力偶的合力偶矩为

$$M = \sum M_i = -M_1 - M_2 - M_3 - M_4$$
$$= -4M_0$$
$$= -4 \times 15 \text{ N·m}$$
$$= -60 \text{ N·m}$$

负号表示合力偶矩顺时针方向转动。知道总切削力偶矩之后，就可考虑夹紧措施，设计夹具。

例 2.9　图 2.22 所示，电动机轴通过联轴器与工作轴相连接，联轴器上四个螺栓 A、B、C、D 的孔心均匀地分布在同一圆周上，此圆的直径 $AC=BD=150$ mm，电动机轴传给联轴器的力偶矩 $M_0=2.5$ kN·m，试求每个螺栓所受的力为多少？

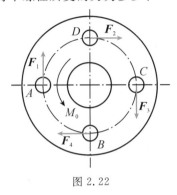

图 2.22

解　（1）选取研究对象。取联轴器为研究对象，作用于联轴器上的力有电动机传给联轴器的力偶、每个螺栓的约束力，受力图如图 2.22 所示。假设四个螺栓的受力均匀，即 $F_1=F_2=F_3=F_4=F$，则组成两个力偶并与电动机传给联轴器的力偶平衡。

（2）列平衡方程。由 $\sum M=0$，有

$$M_0-F \times AC-F \times BD=0$$

而

$$AC=BD$$

故

$$F=\frac{M_0}{2AC}=\frac{2.5 \text{ kN·m}}{2 \times 0.15 \text{ m}}=8.33 \text{ kN}$$

例 2.10　在框架上作用有一力偶，其力偶矩 M_0 大小为 40 N·m，转向如图 2.23 所示。A 为固定铰链，C、D 和 E 均为中间铰链，B 为光滑面。不计各杆质量。图中长度单位为 mm。试求平衡时，A、B、C、D 和 E 处的约束力。

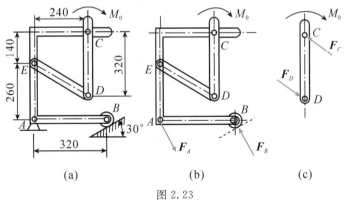

图 2.23

解　这是物体系统的平衡问题，应先选取整个系统为研究对象，求出 A 和 B 处约束力。

再选杆 CD 为研究对象,求出 C 和 D 处约束力。

(1)选取研究对象。先选取整个系统为研究对象。

(2)画受力图。系统受有力偶、光滑面 B 处约束力 F_B 和铰链 A 的约束力 F_A 的作用[见图 2.23(b)],按照平面力偶系平衡条件,F_A 必定与 F_B 构成一力偶,故 F_A 与 F_B 平行且反向。

(3)列平衡方程。列出平面力偶系平衡方程式:

$$\sum M = 0, \ -M_0 + F_A \cdot AB\cos 30° = 0 \tag{a}$$

得

$$F_A = \frac{M_0}{AB\cos 30°} = \frac{40 \text{ N} \cdot \text{m}}{0.32 \text{ m} \times 0.866} = 144 \text{ N}$$

故

$$F_B = F_A = 144 \text{ N}$$

(4)再选杆 CD 为研究对象。CD 所受的力:力偶、C 和 D 处铰链约束力。DE 为二力直杆,故 F_D 沿 ED 方向。按照平面力偶系平衡条件,F_C 必与 F_D 平行且反向,如图 2.23(c)所示。

列出平面力偶系平衡方程式:

$$\sum M = 0, \ -M_0 + F_C \times \frac{0.24}{\sqrt{(0.18)^2 + (0.24)^2}} \times CD = 0 \tag{b}$$

得

$$F_C = \frac{5M_0}{4 \times 0.32} = \frac{5 \times 40 \text{ N} \cdot \text{m}}{4 \times 0.32 \text{ m}} = 156 \text{ N}$$

故

$$F_D = F_E = F_C = 156 \text{ N}$$

注意:本例是由平衡力偶系平衡条件确定铰链约束力方位。

本章小结

1. 平面汇交力系的合成

(1)几何法:由力多边形法则,其合力矢量是各力矢量构成的力多边形的封闭边,合力作用线通过汇交点。

(2)解析法:合力矢为

$$F_R = \sum F_i = F_{Rx} \boldsymbol{i} + F_{Ry} \boldsymbol{j}$$

$$F_{Rx} = \sum F_{ix}, \quad F_{Ry} = \sum F_{iy}$$

由此可以求得合力的大小与方向。

2. 平面汇交力系的平衡条件

(1)平衡的几何条件:平面汇交力系的力多边形自行封闭。

(2)平衡的解析条件(平衡方程)

$$\sum F_x = 0, \quad \sum F_y = 0$$

3. 平面内的力对点 O 之矩是代数量,记为 $M_O(F)$

$$M_O(F) = \pm Fd$$

4. 力偶和力偶矩

力偶是由两个等值、反向、平行的力组成的特殊力系。力偶无合力,也不能用一个力来平衡。

平面力偶对物体的作用效应取决于力偶矩 M 的大小和转向,即

$$M = \pm Fd$$

力偶对平面内任一点的矩等于力偶矩,力偶矩与矩心的位置无关。

5. 同平面内力偶的等效定理

同平面内的两个力偶,如果力偶矩相等,则彼此等效。

6. 平面力偶系的合成与平衡

平面力偶系可以合成为一个合力偶,合力偶的力偶矩等于各力偶矩的代数和。

$$M = \sum M_i$$

平面力偶系的平衡条件为

$$\sum M_i = 0$$

思考题

1. 试指出图 2.24 所示各力多边形中,哪个是自行封闭的? 哪个不是自行封闭的? 如果不是自行封闭,哪个力是合力? 哪些力是分力?

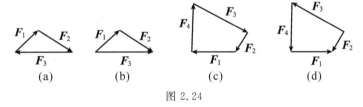

图 2.24

2. 试写出图 2.25 所示各力在 x 轴和 y 轴上投影的计算式。

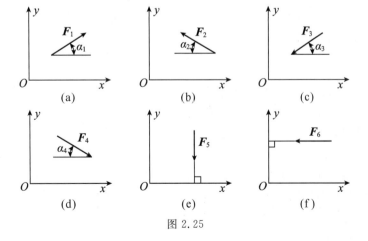

图 2.25

3. 试分别计算图 2.26 中力 F 在 x、y' 方向或 x、y 向上的分力和投影,并对比其区别。

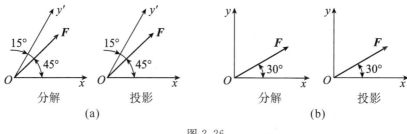

图 2.26

4. 图 2.27 中设 $AB=l$,在 A 点受四个大小均等于 F 的力 F_1、F_2、F_3 和 F_4 作用。试分别计算每个力对 B 点之矩。

5. 图 2.28 中力的单位为 N,长度单位为 mm。试分析图示 4 个力偶,哪些是等效的? 哪些是不等效的?

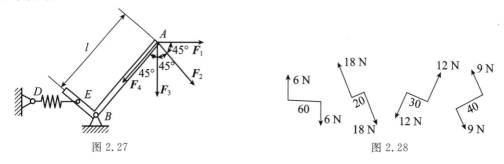

图 2.27   图 2.28

6. 图 2.29 中力的单位为 N,长度单位为 mm,物体处于平衡,试确定铰链 A 处约束力的方向。

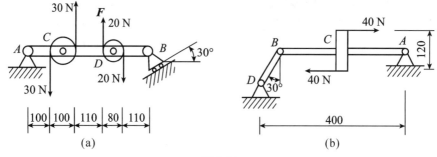

图 2.29

7. 司机操纵方向盘驾驶汽车时,可用双手对方向盘施加一个力偶,也可用单手对方向盘施加一个力,这两种方式能否得到同样的效果? 这是否说明一个力与一个力偶等效? 为什么?

8. 力 F_1、F_2、F_3 分别作用在物体上 A、B、C 三点,它们的大小正好和三点间的距离 AB、BC、CA 成正比(图 2.30),$\triangle ABC$ 表示由 F_1、F_2、F_3 组成的封闭的力三角形。试问此物体是否平衡?

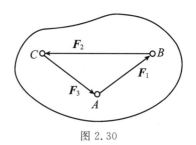

图 2.30

习　题

一、填空题

1. 刚体在三个力作用下处于平衡状态,其中两个力的作用线汇交于一点,则第三个力的作用线一定通过_____。

2. 若一个力的大小与该力在某一轴上的投影相等,则这个力与该轴的方位关系是_____。

3. 平面汇交力系有_____个独立平衡方程,可以求解_____个未知量。

二、判断题

1. 一平面汇交力系作用于刚体,所有力在力系平面内某一轴上投影的代数和为零,该刚体不一定平衡。(　　)

2. 合力投影定理指:合力在坐标轴上的投影代数和为零。(　　)

3. 一个平面汇交力系的力多边形画好后,最后一个力矢的终点,恰好与最初一个力矢的起点重合,表明此力系的合力一定等于零。(　　)

4. 应用力多边形法则求合力时,若按不同顺序画各分力矢,最后所形成的力多边形形状将是不同的。(　　)

三、选择题

1. 平面汇交力系平衡的必要和充分条件是该力系的(　　)为零。

   A. 合力　　　　　　B. 合力偶　　　　　　C. 主矢　　　　　　D. 主矢和主矩

2. 有作用于同一点的两个力,其大小分别为 6 N 和 4 N,今通过分析可知,无论两个力的方向如何,它们的合力大小都不可能是(　　)。

   A. 1 N　　　　　　B. 4 N　　　　　　C. 10 N　　　　　　D. 6 N

四、计算题

1. 铆接钢板如图 2.31 所示,在孔 A、B 和 C 处受三个力作用。已知 $F_1 = 100$ N,沿铅垂方向;$F_2 = 50$ N,沿 AB 方向;$F_3 = 50$ N,沿水平方向。求此力系的合力。

   [答:$F_R = 161.2$ N,$\angle(\boldsymbol{F}_R, \boldsymbol{F}_1) = 29°.44'$,$\angle(\boldsymbol{F}_R, \boldsymbol{F}_3) = 60°16'$]

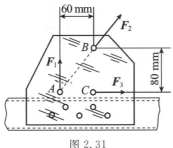

图 2.31

2. 图 2.32 所示梁在 A 端为固定铰支座,B 端为可动铰支座,$F = 20$ kN。试求两种情形下 A 和 B 处的约束力。

   [答:(a)$F_A = 15.8$ kN,$F_B = 7.07$ kN;(b)$F_A = 22.4$ kN,$F_B = 10$ kN]

3. 图 2.33 所示电动机重 $P = 5$ kN,放在水平梁 AC 的中间,A 和 B 为固定铰链,C 为中间铰链。试求 A 点约束力及杆 BC 所受的力。

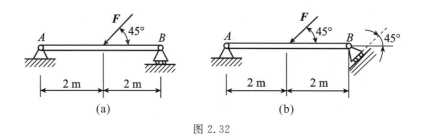

图 2.32

[答:$F_{BC}=5$ kN(压力);$F_A=5$ kN(方向与 x 轴正向夹角 $\theta=150°$)]

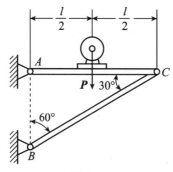

图 2.33

4. 试分别计算图 2.34 所示各种情况下力 F 对 O 点之矩。

[答:(a)$M_O(F)=Fl$;(b)$M_O(F)=0$;(c)$M_O(F)=Fl\sin\theta$;(d)$M_O(F)=-Fa$;(e)$M_O(F)=F(l+r)$;(f)$M_O(F)=F\sqrt{a^2+b^2}\sin\alpha$]

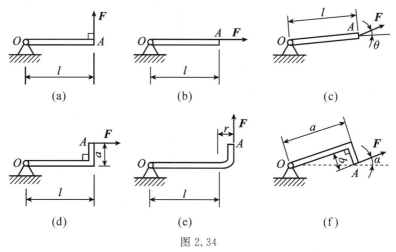

图 2.34

5. 已知 $F_1=F_2=F_3=F_5=60$ N,$F_4=F_6=40$ N,长度单位为 mm。求图 2.35 所示平面力偶系合成结果。

(答:$M=30$ N·m,转向沿顺时针)

6. 如图 2.36 所示,锻锤工作时,如工件给它的反作用力有偏心,则会使锻锤 C 发生偏斜,这将在导轨 AB 上产生很大的压力,从而加速导轨的磨损并影响锻件的精度。已知打击力 $F=1000$ kN,偏心距 $e=20$ mm,锻锤高度 $h=200$ mm。试求锻锤给导轨两侧的压力。

（答：$F_A=100\ \text{kN}；F_B=100\ \text{kN}$）

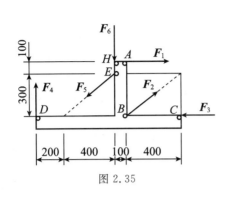
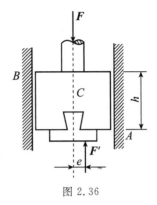

图 2.35　　　　　　　　图 2.36

7.已知 $M_1=3\ \text{kN}\cdot\text{m}，M_2=1\ \text{kN}\cdot\text{m}$，转向如图 2.37 所示。$a=1\ \text{m}$，试求图示刚架的 A 及 B 处约束力。

（答：$F_A=1\ \text{kN}；F_B=1\ \text{kN}$）

8.四连杆机构在图 2.38 所示位置时平衡，$\alpha=30°，\beta=90°$。试求平衡时 M_1/M_2 的值。

$\left(\text{答：}\dfrac{M_1}{M_2}=\dfrac{3}{8}\right)$

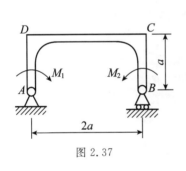
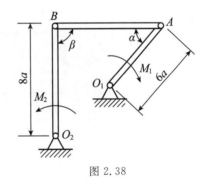

图 2.37　　　　　　　　图 2.38

知识拓展

1.预制构件品运应符合下列规定：

(1)应根据预制构件的形状、尺寸、重量和作业半径等要求选择吊具和起重设备，所采用的吊具和起重设备及其操作，应符合国家现行有关标准及产品应用技术手册的规定。

(2)吊点数量、位置应经计算确定，应保证吊具连接可靠应采取保证起重设备的主钩位置、吊具及构件重心在竖直方向上重合的措施。

(3)品索水平夹角不宜大于 $60°$，不应小于 $45°$。

(4)应采用慢起、稳升、缓放的操作方式，吊运过程，应保持稳定，不得偏斜、摇摆和扭转，严禁吊装构件长时间悬停在空中。

2.为了能够保证构件吊装的安全，我们每一位工程学子都应当对标规范，严控工程安全，做一名安全的"守护者"！

"泰坦尼克号"沉没之谜[1][2]

1912年4月14日晚上11时40分,"泰坦尼克号"在北大西洋与冰山相撞后3小时沉没,成为震撼世界的海难事件。该船采用当时最先进的技术和设计,拥有16个密封隔舱,被视为"永不沉没"的巨轮。然而,"泰坦尼克号"与冰山相撞后导致船体破裂进水。海水迅速涌入6个密封舱,船体倾斜并断裂成两截,最终沉入深海。探究这场悲剧的成因,可以归结为以下几个方面。

首先,恶劣的天气条件是造成事故的重要因素之一。据英国历史学家蒂姆·马尔廷的研究,"泰坦尼克号"在与冰山相撞之前,遭遇了特殊的海象和气象条件。这些条件导致海面光线发生了异常折射,使得冰山在视线中变得模糊不清,难以被及时发现。即使是有丰富经验的瞭望员,在这样的环境下也难以准确判断潜在的危险。

其次,船体结构的设计缺陷也为这场悲剧埋下了伏笔。专家在对"泰坦尼克号"沉船遗骸的分析中发现,该船所使用的钢材含硫量过高。这种高硫钢材虽然强度较高,但延展性和韧性却大打折扣,尤其是在低温环境下变得更脆。这种脆性的钢材在受到冰山撞击时,更容易发生断裂和破损。要是"泰坦尼克号"是用韧性很强的低硫钢材建造,那么在船体受到冲撞时通过钢板的弹性形变和弯曲来吸收和分散冲击力,可以大大减轻船体破裂程度,甚至避免破裂,悲剧也就不会发生。

除此之外,还有一个被忽视但却至关重要的因素——铆钉的质量问题。根据事故后的详细调查资料,冰山并没有直接正面撞击"泰坦尼克号",而是其尖端与船壳钢板发生了擦碰。然而,正是这种看似并不猛烈的擦碰,却在船壳钢板上产生了巨大的剪切与挤压应力。在这种极端应力作用下,船体钢板间的铆钉承受了前所未有的剪切力。不幸的是,这些铆钉在制造过程中存在内在质量问题,其材料力学性能试验数据也是在室温下获得的。然而,在实际的海上航行中,尤其是在冰冷的北大西洋海域,温度远低于零摄氏度。在这种低温环境下,铆钉的破坏应力远低于室温下的数值,这使得它们在高剪切应力的作用下极易发生断裂。由于铆钉的失

① 张小兵,崔海恩,唐彦东.危机管理[M].北京:应急管理出版社,2021.
② 王正品,李炳,要玉宏.工程材料[M].2版.北京:机械工业出版社,2021.

效,船体出现了长达 6 个船舱的裂缝,海水迅速涌入。按照原本的设计,如果海水仅进入 4 个船舱,船仍然有足够的浮力保持在水面上。然而,在 6 个船舱都进满水后,船体的头尾平衡被彻底打破,船体尾部翘起导致船体从中部弯曲断裂。最终,"泰坦尼克号"在短短几小时内便沉入了大西洋的深渊。

　　这场震惊世界的海难不仅夺去了数千名无辜乘客和船员的生命,也给世界航运史留下了深刻的教训。这起事件提醒我们,在追求速度和豪华的同时,绝不能忽视船舶建造中的每一个细节和每一个环节。即使一个看似微不足道的铆钉,也可能成为决定一艘巨轮命运的"阿喀琉斯之踵"。

第 3 章　平面一般力系

课前导读

平面一般力系是工程中最常见的力系,很多实际问题都能简化成平面一般力系问题处理。本章主要介绍了平面一般力系中的基本问题,如力的平移定理及平面一般力系的简化方法,平面一般力系的平衡条件及平衡方程式的应用,物体系统的平衡问题等。

本章思维导图

3.1　平面一般力系工程实例

平面一般力系是各力作用线分布在同一平面内但不全部汇交于一点且任意分布的力系。平面汇交力系和平面力偶系都是平面一般力系的特例。

在工程实际中,有些结构的厚度比其他两个方向的尺寸小得多,这种结构称为平面结构。在平面结构上作用的各力,一般都在同一平面内,组成平面一般力系。如图 3.1(a)所示屋架,如果考虑屋架整体,其受力则为平面一般力系。

不仅当作用在平面结构或机构上的力系分布在同一平面时可视为平面一般力系,而且当空间结构或机构具有对称面且作用在其上的力系关于对称面对称时,也可简化为作用在对称面内的平面一般力系来研究。例如,图 3.1(b)所示沿直线行驶的汽车,车受到的重力 G、空气阻力 F 及地面对左右轮的约束力的合力 F_1、F_2 可简化到汽车的对称面内,组成平面一般力系。

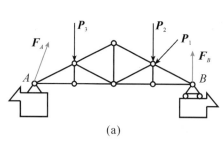

(a)　　　　　　　　　　　(b)

图 3.1

总之,在工程中,许多结构的受力,一般都可以简化为平面一般力系的问题来处理,因此,平面一般力系是工程中最常见的力系。所以,对于面一般力系的研究,具有很重要的实际意义。本章将讨论平面一般力系的简化、合成和平衡问题。

3.2　平面一般力系的合成与平衡

前面已经研究了平面汇交力系与平面力偶系的合成与平衡,为了将平面一般力系简化为这两种基本力系,首先必须解决力的作用线如何平行移动的问题。

1. 力的平移定理

定理　作用在刚体上的力 $\boldsymbol{F}$ 可以平行移动到刚体内任一点,但必须同时附加一个力偶,其力偶矩等于原力 $\boldsymbol{F}$ 对平移点之矩。

证明　设一力 $\boldsymbol{F}$ 作用于 A 点,如图 3.2(a)所示。在刚体上任取一点 B,在 B 点加上大小相等、方向相反且与力 $\boldsymbol{F}$ 平行的两个力 $\boldsymbol{F}'$ 和 $\boldsymbol{F}''$,并使 $F=F'=F''$,如图 3.2(b)所示。显然,力系 $(\boldsymbol{F},\boldsymbol{F}',\boldsymbol{F}'')$ 与力 $\boldsymbol{F}$ 是等效的。但力系 $(\boldsymbol{F},\boldsymbol{F}',\boldsymbol{F}'')$ 可看作是一个作用在 B 点的力 $\boldsymbol{F}'$ 和一个力偶 $(\boldsymbol{F},\boldsymbol{F}'')$。于是,原来作用在 A 点的力 $\boldsymbol{F}$,现在被一个作用在 B 点的力 $\boldsymbol{F}'$ 和一个力偶 $(\boldsymbol{F},\boldsymbol{F}'')$ 所代替,如图 3.2(c)所示。也就是说,可以把作用于 A 点的力 $\boldsymbol{F}$ 的作用线平移到 B 点,但必须同时附加一力偶,此附加力偶矩为

$$M=Fd$$

而乘积 Fd 又是原力 $\boldsymbol{F}$ 对于 B 点之矩,即

$$M_B(\boldsymbol{F})=Fd$$

得

$$M=M_B(\boldsymbol{F})$$

即力线向一点平移时所得附加力偶矩等于原力对平移点之矩。

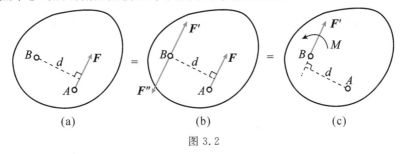

图 3.2

反过来,力的平移定理的逆定理也是存在的,即图 3.2(c)所示的一个力和一个力偶组成的力系可以简化成图 3.2(a)所示的一个力。

力的平移定理不仅是力系简化的依据,而且也是分析力对物体作用效应的一个重要方法。例如,图 3.3(a)中转轴上大齿轮受到圆周力 $\boldsymbol{F}$ 的作用。为了观察力 $\boldsymbol{F}$ 对转轴的效应,需将力 $\boldsymbol{F}$ 向轴心 O 点平移。根据力的平移定理,力 $\boldsymbol{F}$ 平移到轴心 O 点时,要附加一个力偶,如图 3.3(b)所示。设齿轮的节圆半径为 r,则附加力偶矩为

$$M=Fr$$

由此可见,力 $\boldsymbol{F}$ 对转轴的作用,相当于在轴上作用一个水平力 $\boldsymbol{F}'$ 和一个力偶。这力偶作用在垂直于轴线的平面内,它与轴端输入的力偶使轴产生"扭转",而力 $\boldsymbol{F}'$ 则使轴产生"弯曲",如图 3.3(c)、(d)所示。

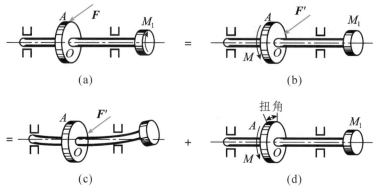

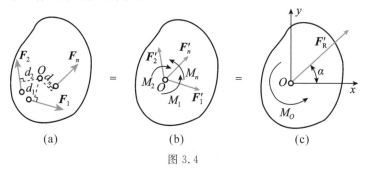

图 3.3

用力的平移定理可以解释生活或工作中常见到的一些力学现象。如打桌球时，职业球员用球杆击打母球(白球)时往往能控制母球的前进或后退，甚至能侧旋。这是因球员击打白球时，选择击打点偏离球心而使白球呈现不同的运动状态。由力的平移定理分析，即将打击力平移到球心，可见，在球上同时作用有使之移动的力和使之转动的附加力偶。于是出现白球在撞击到球后，既可向上旋转而前进，又可向下旋转而后退。

2. 平面一般力系向一点简化　主矢与主矩

设刚体上作用一平面力系 $F_1, F_2, \cdots, F_n$，如图 3.4(a)所示。在力系所在平面内任选一点 O，称为简化中心(Center of Reduction)。根据力的平移定理，将各力平移到 O 点。于是得到作用于 O 点的力 $F_1', F_2', \cdots, F_n'$，以及相应的附加力偶 $(F_1, F_1''), (F_2, F_2''), \cdots, (F_n, F_n'')$，它们的力偶矩分别是 $M_1 = F_1 d_1 = M_O(F_1), M_2 = -F_2 d_2 = M_O(F_2), \cdots, M_n = F_n d_n = M_O(F_n)$。这样，就把原来的平面力系分解为一个平面汇交力系和一个平面力偶系，如图 3.4(b)所示。显然，原力系与此二力系的作用效应是相同的。

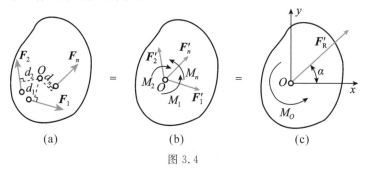

图 3.4

平面汇交力系 $F_1', F_2', \ldots, F_n'$ 可按力多边形法则合成为一个合力，作用于 O 点，其矢量 F_R' 等于各力 $F_1', F_2', \ldots, F_n'$ 的矢量和。因为 $F_1', F_2', \ldots, F_n'$ 各力分别与 $F_1, F_2, \ldots, F_n$ 各力大小相等、方向相同，所以

$$F_R' = F_1 + F_2 + \cdots + F_n = \sum F \tag{3.1}$$

矢量 F_R' 称为原力系的主矢(Principal Vector)，如图 3.4(c)所示。

平面力偶系 $(F_1, F_1''), (F_2, F_2''), \cdots, (F_n, F_n'')$ 可以合成为一个合力偶，这个合力偶矩 M_O 等

于各附加力偶矩的代数和。即

$$M_O = M_1 + M_2 + \cdots + M_n$$
$$= M_O(\boldsymbol{F}_1) + M_O(\boldsymbol{F}_2) + \cdots + \boldsymbol{M}_O(\boldsymbol{F}_n)$$
$$= \sum_{i=1}^{n} \boldsymbol{M}_O(\boldsymbol{F}_i) \tag{3.2}$$

M_O 称为原力系的主矩(Principal Moment),如图 3.4(c)所示。它等于原力系中各力对 O 点之矩的代数和。

综上所述,可得出如下结论:平面一般力系向作用面内任一点 O 简化,可得一个力和一个力偶。这个力作用于简化中心,其矢量等于该力系的主矢:

$$\boldsymbol{F}'_R = \sum \boldsymbol{F}$$

这个力偶矩等于该力系对点 O 的主矩:

$$M_O = \sum_{i=1}^{n} M_o(\boldsymbol{F}_i)$$

应该注意,力系的主矢 $\boldsymbol{F}'_R$ 只是原力系中各力的矢量和,所以它与简化中心的选择无关。而力系对于简化中心的主矩 M_O 显然与简化中心的选择有关,选择不同的点为简化中心时,各力的力臂一般将要改变,因而各力对简化中心之矩也将随之改变。

如果以简化中心为原点建立直角坐标系 Oxy,如图 3.4(c)所示,则力系的主矢可用解析式表示。根据合力投影定理,得到:

$$F'_{Rx} = F_{1x} + F_{2x} + \cdots + F_{nx} = \sum F_x$$
$$F'_{Ry} = F_{1y} + F_{2y} + \cdots + F_{ny} = \sum F_y$$

于是主矢 $\boldsymbol{F}'_R$ 的大小和方向可由下式确定:

$$\left. \begin{aligned} F'_R &= \sqrt{(F'_{Rx})^2 + (F'_{Ry})^2} = \sqrt{\left(\sum F_x\right)^2 + \left(\sum F_y\right)^2} \\ \cos\alpha &= \frac{\sum F_x}{\sqrt{\left(\sum F_x\right)^2 + \left(\sum F_y\right)^2}}, \quad \cos\beta = \frac{\sum F_y}{\sqrt{\left(\sum F_x\right)^2 + \left(\sum F_y\right)^2}} \end{aligned} \right\} \tag{3.3}$$

式中,α 和 β 分别表示主矢 $\boldsymbol{F}'_R$ 与 x 轴和 y 轴正向间夹角。

知识拓展

平面力系不管多么复杂,利用力的平移定理最终都可简化为一个主矢和一个主矩。简化过程需要严谨的科学思维。这种思维方式有助于我们形成客观、理性的世界观和方法论,更好地认识世界、改造世界。此外,生活与工作学习中,常常面临各种复杂问题。我们应该寻找问题的核心与关键,化繁为简。

在工程中,固定端约束(Fixed End Support)是一种常见的约束,物体受约束的一端既不能向任何方向移动,也不能转动。现利用力系向一点简化的方法,分析固定端支座的约束力。

固定端约束对物体的作用,是在接触面上作用了一群约束力。在平面问题中,这些力为平面一般力系,如图 3.5(a)所示。将这群力向作用平面内点 A 简化得到一个力和一个力偶,如图 3.5(b)所示。一般情况下,这个力的大小和方向均为未知量,可用两个未知分力来代替。因此,在平面力系情况下,固定端 A 处的约束作用可简化为两个约束力 $\boldsymbol{F}_{Ax}$、$\boldsymbol{F}_{Ay}$ 和一个力偶矩

为 M_A 的约束力偶,如图 3.5(c)所示。

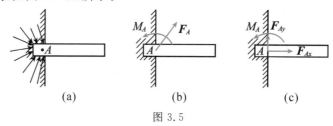

图 3.5

3. 简化结果的分析 合力矩定理

根据以上所述,平面力系向一点简化,可得一个主矢 F_R' 和一个主矩 M_O。

①若 $F_R'=0$,$M_O≠0$,则原力系简化为一个力偶,力偶矩等于原力系对于简化中心的主矩。在这种情况下,简化结果与简化中心的选择无关。这就是说,不论向哪一点简化都是这个力偶,而且力偶矩保持不变。

②若 $F_R'≠0$,$M_O=0$,则 F_R' 即为原力系的合力 F_R,通过简化中心。

③若 $F_R'≠0$,$M_O≠0$,如图 3.6(a)所示,则力系仍然可以简化为一个合力。为此,只要将简化所得的力偶(力偶矩等于主矩)加以改变,使其力的大小等于主矢 F_R' 的大小,力偶臂 $d=\dfrac{M_O}{F_R'}$,然后转移此力偶,使其中一力 F_R'' 作用在简化中心,并与主矢 F_R' 取相反方向,如图 3.6(b)所示,于是 F_R' 与 F_R'' 抵消,而只剩下作用在 O_1 点的力 F_R,这便是原力系的合力,如图 3.6(c)所示,合力 F_R 的大小和方向与主矢 F_R' 相同,而合力的作用线与简化中心 O 的距离为

$$d = \frac{M}{F_R'} = \frac{M_O}{F_R} \tag{3.4}$$

至于作用线在 O 点的哪一侧,可以由主矩 M_O 的符号决定。

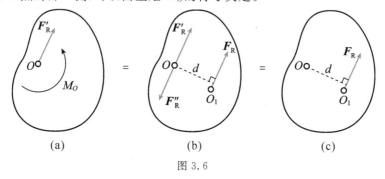

图 3.6

合力矩定理(Theorem of Moment of Resultant Force):当平面力系可以合成为一个合力时,则其合力对于作用面内任一点之矩,等于力系中各分力对于同一点之矩的代数和。

证明 由图 3.6(c)易见,合力 F_R 对 O 点之矩为

$$M_O(\mathbf{F}_R) = F_R d$$

又由 3.6(b)可见:

$$M_O = M(\mathbf{F}_R, \mathbf{F}_R'') = F_R d$$

故

$$M_O = M_O(\mathbf{F}_R)$$

根据式(3.2)有

$$M_O = \sum M_O(\boldsymbol{F})$$

故

$$M_O(\boldsymbol{F}_R) = \sum M_O(\boldsymbol{F}) \tag{3.5}$$

由于简化中心 O 是任选的,因此上述定理适用于任一力矩中心。利用这一定理可以求出合力作用线的位置,以及用分力矩来计算合力矩等。

例 3.1 水平梁 AB 受三角形分布载荷的作用,如图 3.7 所示,分布载荷的最大值为 $q(\mathrm{N/m})$,梁长 l。试求合力的大小及其作用线位置。

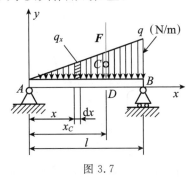

图 3.7

解 本题属于平面内同向平行力的合成问题,其合力 $\boldsymbol{F}$ 的方向与诸分力相同。

取梁的 A 端为原点,在 x 处取微分小段 $\mathrm{d}x$,作用在此段的分布力为 q_x,根据几何关系 $q_x = \dfrac{x}{l}q$,在 $\mathrm{d}x$ 长度上的合力的大小为 $q_x\mathrm{d}x$。故此分布力合力 $\boldsymbol{F}$ 的大小,可用以下积分求出:

$$F = \int_0^l q_x \mathrm{d}x = \int_0^l \frac{q}{l}x \mathrm{d}x = \frac{q}{l}\left[\frac{x^2}{2}\right]_0^l = \frac{ql}{2}$$

设合力 $\boldsymbol{F}$ 的作用线距 A 端的距离为 x_C,则合力 $\boldsymbol{F}$ 对 A 点之矩为

$$M_A(\boldsymbol{F}) = Fx_C$$

作用在微分小段 $\mathrm{d}x$ 上的合力对 A 点的力矩为 $xq_x\mathrm{d}x$。全部分布力对 A 点之矩的代数和可用如下积分求出:

$$\int_0^l q_x \cdot x \cdot \mathrm{d}x = \int_0^l \frac{q}{l}x^2\mathrm{d}x = \frac{q}{l}\left[\frac{x^3}{3}\right]_0^l = \frac{ql^2}{3}$$

根据合力矩定理得

$$Fx_C = \frac{1}{3}ql^2$$

故

$$x_C = \frac{ql^2}{3F}$$

以 $F = \dfrac{1}{2}ql$ 代入上式,则

$$x_C = \frac{ql^2}{3F} = \frac{ql^2}{3 \times \frac{1}{2}ql} = \frac{2}{3}l$$

由此可知：

(1)合力 F 的方向与分布力相同；

(2)合力 F 的大小等于由分布载荷组成的几何图形的面积；

(3)合力 F 的作用线通过由分布载荷组成的几何图形的形状中心(即形心)。

例 3.2　作用在物体上的力系如图 3.8(a)所示。已知 $F_1 = 1$ kN，$F_2 = 1$ kN，$F_3 = 2$ kN，$M = 4$ kN·m，$\theta = 30°$，图中长度单位为 m。试求力系向 O 点简化的初步结果以及力系最终简化结果。

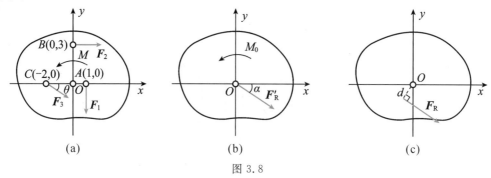

图 3.8

解　本题属于平面一般力系简化问题，其理论公式为式(3.2)、式(3.3)及式(3.4)。

(1)先求力系向 O 点简化的初步结果

$$\sum F_x = F_3 \cos\theta + F_2 = 2 \text{ kN} \times \frac{\sqrt{3}}{2} + 1 \text{ kN} = 2.73 \text{ kN}$$

$$\sum F_y = -F_1 - F_3 \sin\theta = -1 \text{ kN} - 2 \text{ kN} \times \frac{1}{2} = -2 \text{ kN}$$

故主矢 F'_R 的大小及方向为

$$F'_R = \sqrt{\left(\sum F_x\right)^2 + \left(\sum F_y\right)^2} = \sqrt{(2.73 \text{ kN})^2 + (-2 \text{ kN})^2} = 3.38 \text{ kN}$$

$$\cos\alpha = \frac{2.73}{3.38} \approx 0.808, \quad \cos\beta = \frac{-2}{3.38} \approx -0.592$$

$$\alpha = -36.1°$$

又主矩 M_O 为

$$M_O = \sum M_O(F)$$

$$= -1 \text{ m} \cdot F_1 - 3 \text{ m} \cdot F_2 + 2 \text{ m} \cdot \sin 30° \cdot F_3 + M$$

$$= -1 \text{ m} \times 1 \text{ kN} - 3 \text{ m} \times 1 \text{ kN} + 2 \text{ m} \times \frac{1}{2} \times 2 \text{ kN} + 4 \text{ kN} \cdot \text{m}$$

$$= 2 \text{ kN} \cdot \text{m}$$

结果如图 3.8(b)所示。

(2)再求力系最终简化结果

由于主矢 $F'_R \neq 0$，$M_O \neq 0$，故力系最终简化结果为一合力 F_R，F_R 的大小和方向与主矢 F'_R 相同。合力 F_R 的作用线距 O 点的距离为 d

$$d = \frac{M_O}{F_R} = \frac{2 \text{ kN} \cdot \text{m}}{3.38 \text{ kN}} = 0.59 \text{ m}$$

M_O 为正值,表示主矩逆时针转动,合力 $\boldsymbol{F}_R$ 的作用线如图 3.8(c)所示。

4. 平面一般力系的平衡条件与平衡方程

综上所述可知,当主矢 $\boldsymbol{F}'_R$ 和主矩 M_O 中任何一个不等于零时,力系是不平衡的。因此,要使平面一般力系平衡,就必有 $\boldsymbol{F}'_R=0,M_O=0$。反之,若 $\boldsymbol{F}'_R=0,M_O=0$,则力系必然平衡。所以物体在平面一般力系作用下平衡的必要和充分条件是力系的主矢 $\boldsymbol{F}'_R$ 和力系对于任一点的主矩 M_O 都等于零。即

$$F'_R=\sqrt{\left(\sum F_x\right)^2+\left(\sum F_y\right)^2}=0$$

$$M_O=\sum M_O(\boldsymbol{F}_i)=0$$

故

$$\left.\begin{array}{l}\sum F_x=0\\[2mm]\sum F_y=0\\[2mm]\sum M_O(\boldsymbol{F})=0\end{array}\right\} \tag{3.6}$$

即平面一般力系平衡的解析条件:力系中各力在两个任选的坐标轴中每一轴上的投影的代数和分别等于零,以及各力对于平面内任意一点之矩的代数和也等于零。式(3.6)称为平面一般力系的平衡方程,它是平衡方程的基本形式。

工程机械力系简化
为平面力系

在应用平衡方程解平衡问题时,为了使计算简化,通常将矩心选在两个未知力的交点上,而坐标轴则尽可能与该力系中多数未知力的作用线垂直。

例 3.3　水平外伸梁如图 3.9(a)所示。若均布载荷 $q=20\ \text{kN/m},F_1=20\ \text{kN}$,力偶矩 $M=16\ \text{kN·m},a=0.8\ \text{m}$,求 A、B 点的约束力。

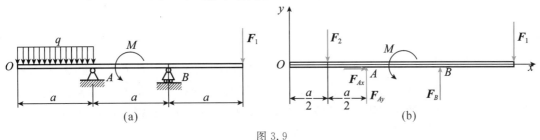

图 3.9

解　(1)选取研究对象。选梁为研究对象。

(2)画出受力图。作用于梁上的力有 $\boldsymbol{F}_1$,均布载荷 q 的合力 $\boldsymbol{F}_2(F_2=qa$,作用在分布载荷区段的中点)、矩为 M 的力偶和支座约束力 $\boldsymbol{F}_{Ax}$,$\boldsymbol{F}_{Ay}$ 和 $\boldsymbol{F}_B$,如图 3.9(b)所示。显然它们是一个平面力系。

(3)列方程。取坐标轴如图 3.9(b)所示。列平面一般力系平衡方程

$$\sum F_x=0,\quad F_{Ax}=0 \tag{a}$$

$$\sum F_y=0,-qa-F_1+F_{Ay}+F_B=0 \tag{b}$$

$$\sum M_A(\boldsymbol{F}) = 0, \quad M + qa \cdot \frac{a}{2} - F_1 \cdot 2a + F_B \cdot a = 0 \qquad\text{(c)}$$

（4）求解。由式（c）得

$$F_B = -\frac{M}{a} - \frac{qa}{2} + 2F_1$$

$$= -\frac{16 \text{ kN} \cdot \text{m}}{0.8 \text{ m}} - \frac{20 \text{ kN/m} \times 0.8 \text{ m}}{2} + 2 \times 20 \text{ kN}$$

$$= 12 \text{ kN}$$

将 F_B 值代入式（b）得

$$F_{Ay} = q \cdot a + F_1 - F_B$$

$$= 20 \text{ kN/m} \times 0.8 \text{ m} + 20 \text{ kN} - 12 \text{ kN}$$

$$= 24 \text{ kN}$$

例 3.4 悬臂吊车如图 3.10（a）所示。横梁 AB 长 $l=2.5$ m，重量 $G=1.2$ kN。拉杆 CB 倾斜角 $\alpha=30°$，质量不计。载荷 $F=7.5$ kN。求图 3.10（a）所示位置 $a=2$ m 时，拉杆的拉力和铰链 A 的约束力。

解 （1）选取研究对象。选横梁 AB 为研究对象。

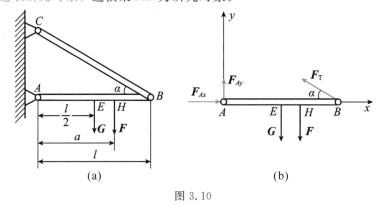

图 3.10

（2）画受力图。作用于横梁上的力有重力 $\boldsymbol{G}$（在横梁中点）、载荷 $\boldsymbol{F}$，拉杆的拉力 $\boldsymbol{F}_\text{T}$ 和铰链 A 的约束力 $\boldsymbol{F}_A$。因 CB 是二力杆，故拉力 $\boldsymbol{F}_\text{T}$ 沿 CB 连线；$\boldsymbol{F}_A$ 方向未知，故分解为两个分力 $\boldsymbol{F}_{Ax}$ 和 $\boldsymbol{F}_{Ay}$。显然各力的作用线分布在同一平面内，而且组成平衡力系如图 3.10（b）所示。

（3）列平衡方程。求未知量选坐标系如图 3.10（b）所示，运用平面力系的平衡方程，得

$$\sum F_x = 0, F_{Ax} - F_\text{T}\cos\alpha = 0 \qquad\text{(a)}$$

$$\sum F_y = 0, F_{Ay} - G - F + F_\text{T}\sin\alpha = 0 \qquad\text{(b)}$$

$$\sum M_A(\boldsymbol{F}) = 0, \boldsymbol{F}_\text{T}\sin\alpha \cdot l - G \cdot \frac{l}{2} - F \cdot a = 0 \qquad\text{(c)}$$

（4）求未知量。由式（c）解得

$$F_\text{T} = \frac{1}{l\sin\alpha}\left(G \cdot \frac{l}{2} + F \cdot a\right) = \frac{1.2 \text{ kN} \times 1.25 \text{ m} + 7.5 \text{ kN} \times 2 \text{ m}}{2.5 \text{ m} \cdot \sin 30°}$$

$$= 13.2 \text{ kN}$$

将 F_T 值代入式（a）得

$$F_{Ax} = F_{T}\cos\alpha = 13.2 \text{ kN} \times \frac{\sqrt{3}}{2} = 11.43 \text{ kN}$$

将 F_{T} 值代入式(b)得

$$F_{Ay} = G + F - F_{T}\sin\alpha$$
$$= 1.2 \text{ kN} + 7.5 \text{ kN} - 13.2 \text{ kN} \times 0.5$$
$$= 2.1 \text{ kN}$$

算得 F_{Ax}、F_{Ay} 皆为正值,表示假设的指向与实际的指向相同。

讨论　从上面的计算看出,杆 CB 所承受的拉力和铰链 A 的约束力,是随载荷的位置不同而改变的,因此应当根据这些力的最大值来进行设计,在本例中如写出对 A、B 两点的力矩方程和对 x 轴的投影方程,同样可以求解。即

$$\sum F_x = 0, F_{Ax} - F_{T}\cos\alpha = 0 \tag{d}$$

$$\sum M_A(\boldsymbol{F}) = 0, F_{T}\sin\alpha \cdot l - G \cdot \frac{l}{2} - F \cdot a = 0 \tag{e}$$

$$\sum M_B(\boldsymbol{F}) = 0, G \cdot \frac{l}{2} - F_{Ay} \cdot l + F \cdot (l - a) = 0 \tag{f}$$

由式(e)解得

$$F_{T} = 13.2 \text{ kN}$$

由式(f)解得

$$F_{Ay} = 2.1 \text{ kN}$$

由式(d)解得

$$F_{Ax} = 11.43 \text{ kN}$$

如写出对 A、B、C 三点的力矩方程,同样也可求解。即

$$\sum M_A(\boldsymbol{F}) = 0, F_{T}\sin\alpha \cdot l - G \cdot \frac{l}{2} - F \cdot a = 0 \tag{g}$$

$$\sum M_B(\boldsymbol{F}) = 0, G \cdot \frac{l}{2} - F_{Ay} \cdot l + F(l - a) = 0 \tag{h}$$

$$\sum M_C(\boldsymbol{F}) = 0, F_{Ax}\tan\alpha \cdot l - G \cdot \frac{l}{2} - F \cdot a = 0 \tag{i}$$

由式(g)解得

$$F_{T} = 13.2 \text{ kN}$$

由式(h)解得

$$F_{Ay} = 2.1 \text{ kN}$$

由式(i)解得

$$F_{Ax} = 11.43 \text{ kN}$$

从上面的分析可以看出,平面一般力系平衡方程除了前面所表示的基本形式外,还有其他形式,即还有二力矩式和三力矩式,其形式如下

$$\left.\begin{array}{l} \sum F_x = 0 \\ \sum M_A(\boldsymbol{F}) = 0 \\ \sum M_B(\boldsymbol{F}) = 0 \end{array}\right\} \tag{3.7}$$

其中 A、B 两点的连线不能与 x 轴(或 y 轴)垂直。

$$\left.\begin{array}{l} \sum M_A(\boldsymbol{F}) = 0 \\ \sum M_B(\boldsymbol{F}) = 0 \\ \sum M_C(\boldsymbol{F}) = 0 \end{array}\right\} \tag{3.8}$$

其中 A、B、C 三点不能选在同一直线上。

如不满足上述条件,则所列三个平衡方程将不都是独立的。

应该注意,不论选用哪一组形式的平衡方程,对于同一个平面力系来说,最多只能列出三个独立的方程,因而只能求出三个未知量。

例 3.5　高炉上料小车如图 3.11 所示。设 $\alpha = 60°$,$AB = 2400$ mm,$HC = 800$ mm,$AH = 1300$ mm,$G = 325$ kN,钢丝绳与轨道平行,不计车轮与轨道之间的摩擦,试求上料小车等速运行时钢丝绳的拉力 $\boldsymbol{F}_T$ 及轨道对车轮的约束力 $\boldsymbol{F}_A$ 和 $\boldsymbol{F}_B$。

解　(1)选取研究对象。选上料小车为研究对象。

(2)画出受力图。作用于车上的力有重力 $\boldsymbol{G}$、钢丝绳拉力 $\boldsymbol{F}_T$ 和约束力 $\boldsymbol{F}_A$、$\boldsymbol{F}_B$。$\boldsymbol{F}_T$ 的方向沿着钢丝绳,$\boldsymbol{F}_A$、$\boldsymbol{F}_B$ 垂直于斜面。

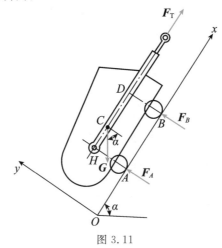

图 3.11

(3)选坐标轴如图所示,列平衡方程。

$$\sum F_x = 0,\ F_T - G\sin\alpha = 0 \tag{a}$$

$$\sum F_y = 0,\ F_A + F_B - G\cos\alpha = 0 \tag{b}$$

$$\sum M_H(\boldsymbol{F}) = 0,\ AB \cdot F_B - HC \cdot G\cos\alpha = 0 \tag{c}$$

式(c)中计算力 $\boldsymbol{G}$ 对 H 点之矩时,可以将力 $\boldsymbol{G}$ 分解成两个分力,然后应用合力矩定理,计算分力对 H 点之矩的代数和。

(4)求未知量。由式(a)得

$$F_T = G\sin\alpha = 325 \text{ kN} \times 0.866 = 282 \text{ kN}$$

由式(c)得

$$F_B = \frac{HC}{AB} \cdot G\cos\alpha = \frac{800 \text{ mm}}{2400 \text{ mm}} \times 325 \text{ kN} \times 0.5 = 54.2 \text{ kN}$$

将 F_B 值代入式(b)得

$$F_A = G\cos\alpha - F_B$$
$$= 325 \text{ kN} \times 0.5 - 54.2 \text{ kN}$$
$$= 108.3 \text{ kN}$$

例 3.6 一端固定的悬臂梁如图 3.12(a)所示。梁上作用均布载荷,载荷集度 q,在梁的自由端还受一集中力 P 和一力偶矩为 M 的力偶的作用。不计杆的重量,试求固定端 A 处的约束力。

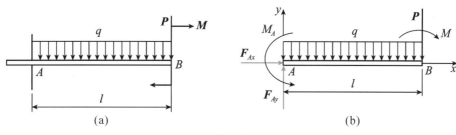

图 3.12

解 (1)选取研究对象。取梁 AB 为研究对象。

(2)画出受力图。AB 受主动力 P、分布载荷 q 和矩为 M 的力偶作用外,解除 A 处固定端约束后,还受约束力 F_{Ax}、F_{Ay} 和 M_A 的作用,如图 3.12(b)所示。

(3)选坐标系如图所示,列平衡方程:

$$\sum F_x = 0, \quad F_{Ax} = 0 \tag{a}$$

$$\sum F_y = 0, \quad F_{Ay} - ql - P = 0 \tag{b}$$

$$\sum M_A(\boldsymbol{F}) = 0, M_A - \frac{1}{2}ql^2 - Pl - M = 0 \tag{c}$$

(4)求未知量。解以上三式得,由式(a)解得

$$F_{Ax} = 0$$

由式(b)解得

$$F_{Ay} = ql + P$$

由式(c)解得

$$M_A = \frac{1}{2}ql^2 + Pl + M$$

注意 固定端约束的约束力同固定铰链支座的约束力相比,除了两个正交方向的分力外,还多一个力偶。因为它不仅限制了被约束物体在固定端处的移动,还限制了被约束物体在固定端处的转动。

5. 平面平行力系的平衡方程

在工程中还经常遇到平面平行力系问题。所谓平面平行力系,就是各力的作用线都在同一平面内且互相平行的力系。

平面平行力系是平面一般力系的一种特殊情况。设物体受平面平行力系 F_1,F_2,$\cdots$,F_n 的作用,如图 3.13 所示。若取 Ox 轴与诸力垂直,Oy 轴与诸力平行,则不论平面平行力系是否平衡,各力在 x 轴上的投影恒等于零,即 $\sum F_x \equiv 0$,因此平面平行力系的平衡方程为

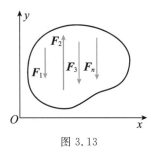

图 3.13

$$\left.\begin{array}{l} \sum F_y = 0 \\ \sum M_O(\boldsymbol{F}) = 0 \end{array}\right\} \tag{3.9}$$

物体在平面平行力系作用下平衡的必要和充分条件：力系中各力在不与力作用线垂直的坐标轴上投影的代数和等于零及各力对任一点之矩的代数和等于零。

平面平行力系的平衡方程也可用两个力矩方程的形式，即

$$\left.\begin{array}{l} \sum M_A(\boldsymbol{F}) = 0 \\ \sum M_B(\boldsymbol{F}) = 0 \end{array}\right\} \tag{3.10}$$

其中 A、B 两点连线不能与各力的作用线平行。

由此可见，平面平行力系只有两个独立平衡方程，因此最多只能求出两个未知量。

例 3.7　塔式起重机机架重为 $\boldsymbol{G}$，其作用线离右轨 B 的距离为 e，轨距为 b，最大载重 $\boldsymbol{G}_1$ 离右轨的最大距离为 l，平衡配重重力 $\boldsymbol{G}_2$ 的作用线离左轨 A 的距离为 a，如图 3.14(a)所示，欲使起重机满载及空载时均不翻倒，试求平衡配重的重量 G_2。

解　(1)选取研究对象。选择起重机为研究对象。

(2)先研究满载时的情况。此时，作用于起重机的力有机架重力 $\boldsymbol{G}$、重物重力 $\boldsymbol{G}_1$、平衡配重重力 $\boldsymbol{G}_2$，钢轨约束力 $\boldsymbol{F}_A$ 和 $\boldsymbol{F}_B$，如图 3.14(b)所示。若起重机在满载时翻倒，将绕 B 顺时针转动，而轮 A 离开钢轨，$\boldsymbol{F}_A$ 为零。若使起重机满载时不翻倒，必须 $\boldsymbol{F}_A \geqslant 0$。

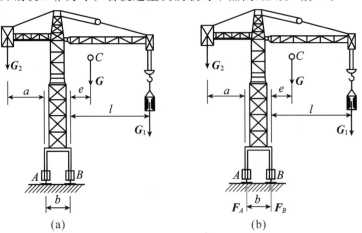

图 3.14

$$\sum M_B(\boldsymbol{F}) = 0, G_2(a+b) - G \cdot e - G_1 \cdot l - F_A \cdot b = 0 \tag{a}$$

得

$$F_A = \frac{1}{b}\left[G_2(a+b) - G \cdot e - G_1 \cdot l\right]$$

因

$$F_A \geqslant 0$$

故

$$\frac{1}{b}\left[G_2(a+b) - G \cdot e - G_1 \cdot l\right] \geqslant 0$$

得

$$G_2 \geqslant \frac{G \cdot e + G_1 \cdot l}{a+b}$$

此即起重机满载时不翻倒的条件。

（3）再研究空载时的情况。此时,作用于起重机的力有 G、G_2、F_A 和 F_B。若起重机在空载时翻倒,将绕 A 逆时针转动,而轮 B 离开钢轨,F_B 为零。若使起重机空载时不翻倒,必须 $F_B \geqslant 0$。

$$\sum M_A(\boldsymbol{F}) = 0, G_2 \cdot a - G(b+e) + F_B \cdot b = 0 \tag{b}$$

得

$$F_B = \frac{1}{b}\left[G(b+e) - G_2 \cdot a\right]$$

因

$$F_B \geqslant 0$$

故

$$\frac{1}{b}\left[G(b+e) - G_2 \cdot a\right] \geqslant 0$$

得

$$G_2 \leqslant \frac{G}{a}(b+e)$$

此即起重机空载时不翻倒的条件。

起重机不翻倒时,平衡配重 G_2 应满足的条件为

$$\frac{G \cdot e + G_1 \cdot l}{a+b} \leqslant G_2 \leqslant \frac{G}{a}(b+e)$$

求解物理平衡
位置问题

设计起重机时,确定了 G, G_1, l, b 和 e 的数据后,为了使起重机运行安全,应该选择合适的 a 值,相应确定允许的 G_2 值的范围。

试考虑在本例中如何确定 $\boldsymbol{F}_{A\max}$ 和 $\boldsymbol{F}_{B\max}$？

3.3　物体系的平衡　静定与静不定问题

在工程实际平衡问题中,会遇到由多个物体组成的系统的平衡问题,如组合构架、三角拱等结构,都是物体系平衡的例子。当整个物体系平衡时,组成该系统的每一个物体也必然处于平衡状态,因此对于每一个受平面一般力系作用的物体,均可列出 3 个独立的平衡方程。如果物体系由 n 个物体组成,则共有 $3n$ 个独立的平衡方程。如系统中有的物体受平面汇交力系或

其他力系作用时,则系统独立的平衡方程数目相应减少。当系统中未知量的数目等于独立平衡方程的数目时,可由平衡方程求得全部未知量。这类问题称为静定问题(Statically Determinate Problem)。显然前面所举的各例都是静定问题。在工程实际中,有时为了提高结构的坚固性和安全性,常常增加多余的约束,因而使这些结构的未知量多于独立平衡方程的数目,未知量就不能全部由平衡方程求得,这样的问题称为超静定问题或静不定问题(Statically Indeterminate Problem)。对于超静定问题,必须考虑物体因受力作用而产生的变形,找出其变形与作用力之间的关系,增加补充方程后才能使方程的数目等于未知量的数目而求解,这将在后面所介绍的材料力学中去研究。

下面举出一些静定和静不定问题的例子。

设用两根绳子悬挂一重物,如图 3.15(a)所示,未知的约束力有两个,而重物受平面汇交力系作用,共有两个平衡方程,此时重物是静定的。如用 3 根绳子悬挂重物,且力的作用线在平面内交于一点,如图 3.15(b)所示,则未知的约束力有 3 个,而平衡方程只有两个,此时重物是静不定的。

设用两个轴承支承一根轴,如图 3.15(c)所示,未知的约束力有两个,因轴受平面平行力系作用,共有两个平衡方程,此时轴是静定的。若用 3 个轴承支承,如图 3.15(d)所示,则未知的约束反力有 3 个,而平衡方程只有两个,此时轴是静不定的。

图 3.15(e)和(f)所示的平面一般力系,均有 3 个平衡方程,图 3.15(e)中有 3 个未知数,因此是静定的;而图 3.15(f)中有四个未知数,因此是静不定的。图 3.16 所示的梁由两部分铰接组成,每部分有 3 个平衡方程,共有 6 个平衡方程。未知量除了图中所画的 3 个支座约束力一个约束力偶外,尚有铰链 C 处的两个未知力,共计 6 个。因此,也是静定的。若将 B 处的滚动支座改为固定铰支座,则系统共有 7 个未知数,此时系统是静不定的。

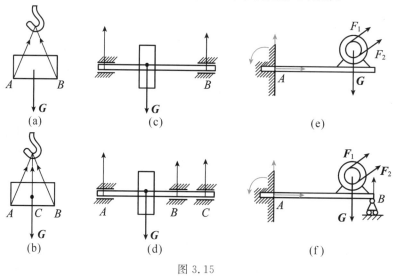

图 3.15

一般情况下,将物体系中所有单个物体的独立平衡方程数相加得到的物体系独立平衡方程的总数少于物体系未知量的总数时,属于超静定问题,等于物体系未知量总数时,属于静定问题。

在求解物体系的平衡问题时,由于系统结构和连接的复杂性,往往取一次研究对象不能解

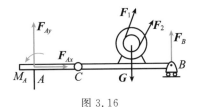

图 3.16

出所求的全部未知量。研究对象的选取不同,解题的繁简程度有时相差很大,因此,合理地选择研究对象,是求解物体系平衡问题的关键。选择的原则:先选取运用平衡方程能确定某些未知量的部分为研究对象。此外,在选择平衡方程时,应尽可能避免解联立方程。

下面举例说明物体系平衡问题的解法。

例 3.8 如图 3.17 所示构架,由直角弯杆 AEC 和直杆 CB 组成,不计各杆自重,载荷分布及尺寸如图 3.17(a)所示。已知 $q,a,F=\sqrt{2}qa,M=2qa^2$ 及 $\theta=45°$,试求固定端 A 的约束力及约束力偶。

解 (1)判断是否为静定系统。物体系统具有 6 个独立平衡方程及 6 个未知量,它是静定系统。

(2)选取研究对象。选取整个物体系,它有三个独立平衡方程,但有四个未知量,不能求出固定端 A 的全部未知力。为此,先选出杆 CB 为对象,求出 F_B。再选取物体系为对象,求出 A 处约束力。

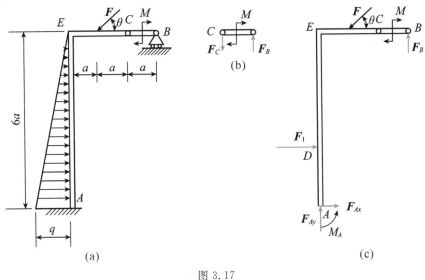

图 3.17

(3)画受力图。先研究杆 CB,杆 CB 受平面力偶系作用处于平衡,B 为辊轴约束,从而确定 F_B 和 F_C 的方向,如图 3.17(b)所示。

(4)列平衡方程。列平面力偶系平衡方程:

$$\sum M = 0, F_B \cdot a - M = 0 \tag{a}$$

由式(a)得

$$F_B = \frac{M}{a} = \frac{2qa^2}{a} = 2qa$$

(5)画系统受力图。再研究物体系作用在物体系上的主动力为 $\boldsymbol{F}$、分布载荷合力 $\boldsymbol{F}_1$ 及矩为 M 的力偶，约束力为辊轴 B 处 $\boldsymbol{F}_B$，固定端 A 处 $\boldsymbol{F}_{Ax}$、$\boldsymbol{F}_{Ay}$ 及矩为 M_A 的约束力偶，如图 3.17 (c)所示。

按照例 3.1 中的分析，分布载荷合力 $\boldsymbol{F}_1$ 方向与分布载荷相同，作用在 D 点，大小为三角形的面积。

$$F_1 = \frac{1}{2}q(6a) = 3qa$$

$$AD = \frac{1}{3}AE = \frac{1}{3}(6a) = 2a$$

列平面一般力系平衡方程：

$$\sum F_x = 0, F_{Ax} + F_1 - F\cos 45° = 0 \tag{b}$$

由式(b)得

$$F_{Ax} = -F_1 + F\cos45° = -3qa + \frac{\sqrt{2}}{\sqrt{2}}qa = -2qa$$

负号表示 $\boldsymbol{F}_{Ax}$ 的指向与原假设相反。

$$\sum F_y = 0, F_{Ay} + F_B - F\sin45° = 0 \tag{c}$$

由式(c)得

$$F_{Ay} = -F_B + F\sin45° = -2qa + \frac{\sqrt{2}}{\sqrt{2}}qa = -qa$$

负号表示 $\boldsymbol{F}_{Ay}$ 的指向与原假设相反。

$$\sum M_A(\boldsymbol{F}) = 0$$
$$M_A - M - F_1(2a) + F_B(3a) - F\sin\theta \cdot a + F\cos\theta(6a) = 0 \tag{d}$$

由式(d)得

$$M_A = M + 3qa(2a) - 2qa(3a) + \frac{\sqrt{2}}{\sqrt{2}}qa \cdot a - \frac{\sqrt{2}}{\sqrt{2}}qa(6a) = -3qa^2$$

负号表示 A 处约束力偶的转向与原假设相反。

讨论　要注意运用解题技巧。本例只求 A 处约束力，可以恰当地选取对象，尽量用较少的平衡方程求得所需求的未知力。

例 3.9　已知梁 AB 和 BC 在 B 点铰接，C 为固定端，如图 3.18(a)所示。若 $M=20$ kN $\cdot$ m，$q=15$ kN/m，试求 A、B、C 三点的约束力。

解　(1)判断系统是否为静定系统。梁 ABC 有 6 个未知量和 6 个独立平衡方程，系统静定。

(2)选取研究对象。如先选整个系统为研究对象，则未知量较多，不易求解。梁 AB 具有 3 个独立平衡方程，可以求出梁 AB 上的 3 个未知量。

(3)画受力图。画出梁 AB 的受力图，如图 3.18(b)所示，由平面平行力系平衡条件，可以确定 $\boldsymbol{F}_B$ 的方位。

(4)列平衡方程。

$$\sum M_A(\boldsymbol{F}) = 0, 3F_B - 2F_1 = 0 \tag{a}$$

$$\sum M_B(\boldsymbol{F}) = 0, -3F_A + F_1 = 0 \tag{b}$$

其中

$$F_1 = BE \cdot q = 2 \text{ m} \times 15 \text{ kN/m} = 30 \text{ kN}$$

由式(a)得

$$F_B = \frac{2}{3}F_1 = \frac{2}{3} \times 30 \text{ kN} = 20 \text{ kN}$$

由式(b)得

$$F_A = \frac{1}{3}F_1 = \frac{1}{3} \times 30 \text{ kN} = 10 \text{ kN}$$

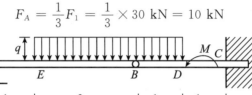

(a)

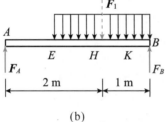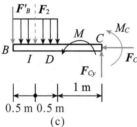

(b)　　　　　　　　(c)

图 3.18

(5)选取 BC 梁研究。画出梁 BC 的受力图,如图 3.18(c)所示。列平衡方程:

$$\sum M_C(\boldsymbol{F}) = 0, 2F'_B + 1.5F_2 + M + M_c = 0 \tag{c}$$

$$\sum M_B(\boldsymbol{F}) = 0, 2F_{Cy} - 0.5F_2 + M + M_c = 0 \tag{d}$$

$$\sum F_x = 0, F_{Cx} = 0 \tag{e}$$

而

$$F_2 = BD \cdot q = 1 \text{ m} \times 15 \text{ kN/m} = 15 \text{ kN}$$

由式(c)得

$$M_C = -2F'_B - M - 1.5F_2$$

$$= -2 \text{ m} \times 20 \text{ kN} - 20 \text{kN} \cdot \text{m} - 1.5 \text{ m} \times 15 \text{ kN} \cdot \text{m}$$

$$= -82.5 \text{ kN}$$

由式(d)得

$$F_{Cy} = \frac{1}{2}(0.5F_2 - M_C - M)$$

$$= \frac{1}{2 \text{ m}}[0.5 \text{ m} \times 15 \text{ kN} - (-82.5 \text{ kN} \cdot \text{m}) - 20 \text{ kN} \cdot \text{m}]$$

$$= 35 \text{ kN}$$

讨论　就整个系统而言,DBE 段的均布载荷的合力 $\boldsymbol{F}$ 作用在 DBE 段的中点,即梁 AB 的

K 点。

$$F = F_1 + F_2$$

假如,要求出全部约束力,梁 AB 及梁 BC 的受力图能否如图 3.19(a)、图 3.19(b)所示,再列平衡方程式,求出未知量? 并说明原因何在?

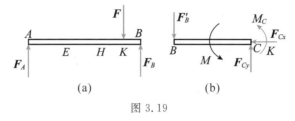

图 3.19

求解物体系平衡问题的要点如下:

1. 判断物体系是否属于静定系统

如果物体系的未知量的总数等于物体系独立平衡方程的总数时,物体系为静定系统。关键是要正确计算下面两种总数。

(1)将物体系拆成一个个单个物体,计算每个物体的未知量及独立平衡方程的数目,再求和。同一对象不得重复选取。

(2)对于铰链约束力一律视为两个未知量,固定端约束力一律视为三个未知量。不必用平衡条件(如二力平衡条件、三力平衡条件或力偶系平衡条件等),确定未知力的方位,从而减少未知量个数。因为这样做,会导致独立平衡方程式的数目也随之减少。这种做法对判断物体系是否静定不起作用。

物体系平衡问题

2. 恰当地选择研究对象

(1)以解题简便为原则,尽量选择受力情况较简单而且独立平衡方程的个数与未知量的个数相等的物体系或某些物体为研究对象(参见例 3.9)。

(2)如果物体系的约束力未知量的个数与独立平衡方程的个数相等或多一个,则可先选物体系为研究对象,求出此对象的全部或一部分未知量。从而再选其他对象,求出其余未知量。结构平衡问题中常出现这种情况。

(3)在分析机构平衡问题中主动力之间的关系时,通常按传动顺序将机构拆开,分别选为研究对象,通过求连接点的力,逐步求得主动力之间应满足的关系式(3.10)。

3. 受力分析

(1)首先从二力构件入手,可使受力图比较简单,有利于解题。

(2)解除约束时,要严格按照约束的性质,画出相应的约束力,切忌凭主观想象画力。

对于复杂铰,要明确所选对象中是否包括该销钉? 解除了哪些约束? 然后正确画出相应的约束力。

(3)画受力图时,关键在于正确画出铰链约束力,除二力构件外,通常用二分力表示铰链约束力。

(4)不画研究对象的内力。

(5)两物体间的相互作用力应该符合作用与反作用定律,即作用力与反作用力必定等值、反向和共线,但它们分别作用在两个相互作用的物体上。

4. 列平衡方程,求未知量

(1)在分析机构平衡问题中主动力之间的关系时,只需求出连接点的力,因此不必列出物系的全部平衡方程,而只需列出必要的平衡方程。

(2)列出恰当的平衡方程,尽量避免在方程中出现不需要求的未知量。为此,可恰当地运用力矩方程,适当选择两个未知力的交点为矩心,所选的坐标轴应与较多的未知力垂直。

(3)判断清楚每个研究对象所受的力系及其独立平衡方程的个数及物体系独立平衡方程的总数,避免列出不独立的平衡方程。

(4)解题时先从未知量最少的方程入手,尽量避免联立解。

(5)如果求得的约束力或约束力偶矩为负值,表示力的指向或力偶的转向与受力图中原假设相反。用它求解其他未知量时,应连同其负号一起代入其他平衡方程。

(6)校核。求出全部所需的未知量后,可再列一个平衡方程,将上述计算结果代入,若能满足方程,表示计算无误。否则,需检验计算过程,找出错误。

本章小结

本章主要讨论各种平面一般力系的简化与平衡问题,重点是利用平衡方程求解平衡问题。

1. 平面一般力系的简化

(1)简化的主要依据是力的平移定理:平移一力时必须附加一力偶,附加力偶矩等于原力对平移点之矩。

(2)简化过程:

$$
\begin{array}{l}
\dfrac{\text{平面一般力系}}{(\boldsymbol{F}_1,\ \boldsymbol{F}_2,\ \cdots,\ \boldsymbol{F}_n)} \\[2mm]
\text{向一点}O\text{平移}
\end{array}
\quad
\begin{cases}
\text{平面汇交力系}\ (\boldsymbol{F}_1',\ \boldsymbol{F}_2',\ \cdots,\ \boldsymbol{F}_n') \xrightarrow{\text{合成}} \text{主矢}\ \boldsymbol{F}_R' = \Sigma \boldsymbol{F}' = \Sigma \boldsymbol{F} \\[3mm]
\text{平面力偶系}\ (\boldsymbol{F}_1,\ \boldsymbol{F}_1''),\ (\boldsymbol{F}_2,\ \boldsymbol{F}_2''),\ (\boldsymbol{F}_n,\ \boldsymbol{F}_n'') \xrightarrow{\text{合成}} \text{主矩}\ M_O = \sum_{i=1}^{n} M_i = \sum_{i=1}^{n} M_O(\boldsymbol{F}_i)
\end{cases}
$$

主矢 $\boldsymbol{F}_R'$ 作用线通过简化中心,大小、方向与简化中心无关;主矩 $M_O = \sum_{i=1}^{n} M_O(\boldsymbol{F}_i)$,一般与简化中心有关。

(3)简化结果见表 3.1。

表 3.1　平面一般力系简化结果

主矢	主矩	合成结果	说明
$\boldsymbol{F}_R' \neq \boldsymbol{0}$	$M_O = 0$	合力	合力作用线通过简化中心
	$M_O \neq 0$	合力	简化中心至合力作用线的距离 $d = \dfrac{\lvert M_O \rvert}{F_R'}$
$\boldsymbol{F}_R' = \boldsymbol{0}$	$M_O \neq 0$	力偶	力偶矩等于主矩 M_O,与简化中心的位置无关
	$M_O = 0$	平衡	

2. 平面一般力系的平衡方程

(1)各种力系的平衡方程见表3.2。

表 3.2 各种力系的平衡方程

力系类别	平衡方程		使用条件	解未知量数
平面一般力系	(1)基本式：	$\sum F_x = 0$ $\sum F_y = 0$, $\sum M_O(\boldsymbol{F}) = 0$		3
	(2)二矩式：	$\sum F_x = 0\left(\sum F_y = 0\right)$ $\sum M_A(\boldsymbol{F}) = 0$, $\sum M_B(\boldsymbol{F}) = 0$	$A、B$ 连线不能与 $x(y)$ 轴垂直	3
	(3)三矩式：	$\sum M_A(\boldsymbol{F}) = 0$ $\sum M_B(\boldsymbol{F}) = 0$, $\sum M_C(\boldsymbol{F}) = 0$	$A、B、C$ 三点不共线	3
平行力系	(1) $\sum F_x = 0\left(\sum F_y = 0\right)$, $\sum M_O(\boldsymbol{F}) = 0$		$x(y)$ 轴不能与各力作用线垂直	2
	(2) $\sum M_A(\boldsymbol{F}) = 0$, $\sum M_B(\boldsymbol{F}) = 0$		$A、B$ 连线不能与各力作用线平行	2
汇交力系	$\sum F_x = 0$, $\sum F_y = 0$			2
力偶系	$\sum M_i = 0$			1

(2)平衡方程的应用。应用平面一般力系的平衡方程,可以求解单个物体及物体系统的平衡问题。求解时要分析题意,选择恰当的研究对象,正确画出受力图,选择合适的平衡方程形式,合适的矩心和投影轴,力求做到一个方程只含有一个未知量,尽量避免解联立方程,使计算简化。

3. 静定结构和静不定结构

在平衡问题中若未知量数目不超过所能建立的独立平衡方程数目,其对应结构称为静定结构,其平衡问题称为静定问题;否则,称为静不定结构和静不定问题。

思考题

1.将图 3.20(a)中力 $\boldsymbol{F}$ 向 B 点平移,其附加力偶如图 3.20(b)所示,对不对? 为什么?

2.组合梁如图 3.21 所示,解题时需选取梁 CD 为研究对象画受力图,试问应如何处理作用在销钉 C 上的力 $\boldsymbol{F}_2$?

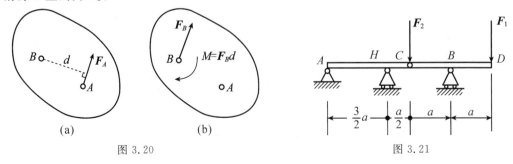

图 3.20   图 3.21

3.作用在正方形薄板上 A、B、C、D 和 E 点的四个力组成的力系如 3.22 所示,且 $F_1 = F_4 = \sqrt{2}F$,$F_2 = F_3 = F$。试问力系分别向 C 点和 H 点简化,结果是什么? 两者是否等效? 为什么?

4.某平面一般力系分别向 A、B 点简化(见图 3.23),若两个主矩相同($M_A = M_B$),试问该力系是否一定简化为一个力偶? 为什么?

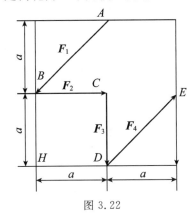

图 3.22

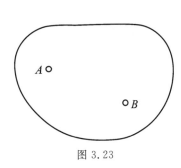

图 3.23

习 题

一、选择题

1.平面任意力系独立的平衡方程式有( )。

 A.1 个   B.2 个   C.3 个   D.4 个

2.在一般情况下,平面一般力系向任意一点简化可以得到( )。

 A. 主矢   B. 主矩

 C.一个主矢和一个主矩   D. 不确定

3.平面任意力系向一点简化,根据力的平移定理,将力系中各力平行移到简化中心,原力系简化为平面汇交力系和( )。

 A. 另一个平面汇交力系   B. 平面平行力系

 C. 平面力偶系   D. 一个新的平面任意力系

二、判断题

1.平面力系向某点简化之主矢为零,主矩不为零,则此力系可合成为一个合力偶,且此力系向任一点简化之主矩与简化中心的位置无关。( )

2.一般情况下,平面任意力系的简化结果与简化中心的位置无关。( )

3.平面任意力系的主矢由原来力系中各力的矢量和确定,和简化中心位置无关。( )

三、计算题

1.图 3.24 所示液压式夹紧机构,D 为固定铰,B、C、E 为中间铰。已知力 F 及几何尺寸,试求平衡时工件 H 所受的压紧力。

$$\left(答: F_H = \frac{F}{2\sin^2\alpha}\right)$$

2.图 3.25 所示为卷扬机简图,重物 M 放在小台车 C 上,小台车上装有 A 轮和 B 轮,可沿导轨

ED 上下运动。已知重物重量 $G=2$ kN,图中长度单位为 mm,试求导轨对 A 轮和 B 轮的约束力。

(答:$F_A=750$ N,$F_B=750$ N)

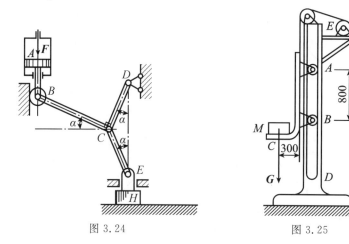

图 3.24   图 3.25

3. 已知 $F_1=60$ N,$F_2=80$ N,$F_3=150$ N,$M=100$ N·m,转向为逆时针,$\theta=30°$,图中距离单位为 m。试求图 3.26 中力系向 O 点简化结果及最终结果。

(答:$F_R'=52.1$ N,$\alpha=196°42'$,$M_O=280$ N·m,转向为顺时针;$F_R=52.1$ N,$d=5.37$ m,合力 F_R 的作用线在作用于 O 点的 F_R' 的右下侧)

4. 已知物体所受力系如图 3.27 所示,$F=10$ N,$M=20$ N·m,转向如图 3.27 所示。

(a) 若选择 x 轴上 B 点为简化中心,其主矩 $M_B=10$ N·m,转向为顺时针,试求 B 点的位置及主矢 F_R'。

(b) 若选择 CD 线上 E 点为简化中心,其主矩 $M_E=30$ N·m,转向为顺时针,$\alpha=45°$,试求位于 CD 直线上的 E 点的位置及主矢 F_R'。

[答:(a) $x_B=-1$ m,$F_R'=10$ N,方向与 y 轴正向一致;

(b) $x_E=1$ m,$y_E=1$ m,$F_R'=10$ N,方向与 y 轴正向一致]

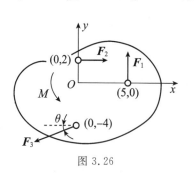   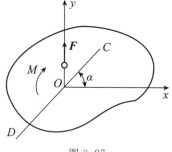

图 3.26   图 3.27

5. 试求图 3.28 中各梁的支座约束力。

[答:(a) $F_{Ax}=\dfrac{\sqrt{3}}{2}F_2$,$F_{Ay}=\dfrac{1}{6}(4F_1+F_2)$,$F_B=\dfrac{1}{3}(F_1+F_2)$;

(b) $F_{Ax}=\dfrac{1}{3\sqrt{3}}(F_1+2F_2)$,$F_{Ay}=\dfrac{1}{3}(2F_1+F_2)$,$F_B=\dfrac{2}{3\sqrt{3}}(F_1+2F_2)$;

$(c) F_{Ax}=0, F_{Ay}=\dfrac{1}{3}\left(2F+\dfrac{M}{a}\right), F_B=\dfrac{1}{3}\left(F-\dfrac{M}{a}\right);$

$(d) F_{Ax}=0, F_{Ay}=\dfrac{1}{2}\left(-F+\dfrac{M}{a}\right), F_B=\dfrac{1}{2}\left(3F-\dfrac{M}{a}\right)\Big]$

图 3.28

6. 高炉上料的斜桥,其支承情况可简化为如图 3.29 所示,设 A 和 B 为固定铰,D 为中间铰,料车对斜桥的总压力为 F,斜桥(连同轨道)重为 G,立柱 BD 质量不计,几何尺寸如图示,试求 A 和 B 的支座约束力。

$\left[答:F_{Ax}=F\sin\alpha, F_{Ay}=F\left(\cos\alpha-\dfrac{b}{a}\right)+G\left(1-\dfrac{l}{2a}\cos\alpha\right), F_B=\dfrac{1}{2a}\left(2Fb+Gl\cos\alpha\right)\right]$

7. 试求图 3.30 中各梁的支座约束力。

$\big[答:(a) F_{Ax}=0, F_{Ay}=0, M_A=M$ 转向为逆时针;

$(b) F_{Ax}=0, F_{Ay}=F+qa, M_A=Fa+\dfrac{qa^2}{2};$

$(c) F_{Ax}=F, F_{Ay}=\dfrac{1}{2}ql, M_A=Fa+\dfrac{1}{8}ql^2+M,$ 转向为逆时针;

$(d) F_{Ax}=0, F_{Ay}=2.1qa+\dfrac{M_1-M_2}{5a}, F_B=0.9qa+\dfrac{M_2-M_1}{5a}\big]$

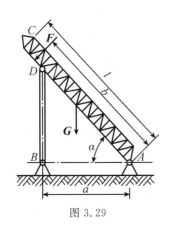

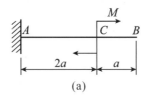

(a)

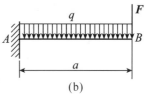

(b)

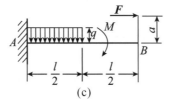

(c)

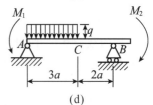

(d)

图 3.29

图 3.30

8. 汽车式起重机中,车重 $G_1=26$ kN,起重臂 CDE 重 $G_3=4.5$ kN,起重机旋转及固定部分重 $G_2=31$ kN,作用线通过 B 点,几何尺寸如图 3.31 所示。这时起重臂在该起重机对称面内。求最大起重量 G_{max}。

（答：$G_{max}=7.41$ kN）

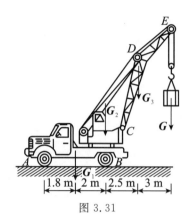

图 3.31

9. 已知 a,q 和 M 不计梁重。试求图 3.32 中所示各连续梁 A、B 和 C 处的约束力。

> 答：(a) $F_{Ax}=0$，$F_{Ay}=2qa$，$M_A=2qa^2$，转向为逆时针；$F_{Bx}=0$，$F_{By}=0$，$F_C=0$。
>
> (b) $F_{Ax}=0$，$F_{Ay}=2qa$，$M_A=3.5qa^2$，转向为逆时针；$F_{Bx}=0$，$F_{By}=qa$，$F_C=qa$。
>
> (c) $F_{Ax}=0$，$F_{Ay}=0$，$M_A=M$，转向为逆时针；$F_{Bx}=0$，$F_{By}=0$，$F_C=0$。
>
> (d) $F_{Ax}=0$，$F_{Ay}=\dfrac{M}{2a}$，$M_A=M$，转向为顺时针；$F_{Bx}=0$，$F_{By}=\dfrac{M}{2a}$，$F_C=\dfrac{M}{2a}$

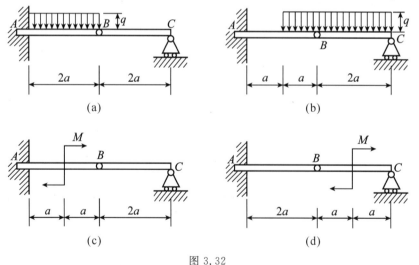

图 3.32

10. 构架的载荷和尺寸如图 3.33 所示,不计杆重,已知 $G=24$ kN,求铰链 A 和辊轴 B 的约束力及销钉 B 对杆 ADB 的约束力。

（答：铰链 A 约束力 $F_{Ax}=24$ kN；辊轴 B 约束力 $F_{Ay}=3$ kN；$F_B=21$ kN；销钉 B 对杆 ADB 的约束力 $F_{Bx}=24$ kN，$F_{By}=3$ kN）

11. 构架的载荷和尺寸如图 3.34 所示,不计杆重,已知 $G=40$ kN,$R=0.3$ m,求铰链 A 和 B

的约束力及销钉 C 对杆 ADC 的约束力。

（答：$F_{Ax}=43$ kN；$F_{Ay}=20$ kN；$F_{Bx}=43$ kN；$F_{By}=20$ kN；$F_{Cx}=3$ kN；$F_{Cy}=20$ kN）

12. 曲柄滑道机构如图所示，已知 $M=600$ N·m，$OA=0.6$ m，$BC=0.75$ m，力 F 平行于 OB，机构在图 3.35 所示位置处于平衡，$\alpha=30°$，$\beta=60°$。求平衡时的 F 值及铰链 O 和 B 的约束力。

（答：$F_O=1155$ N；$F=616$ N；$F_{Bx}=384$ N；$F_{By}=578$ N）

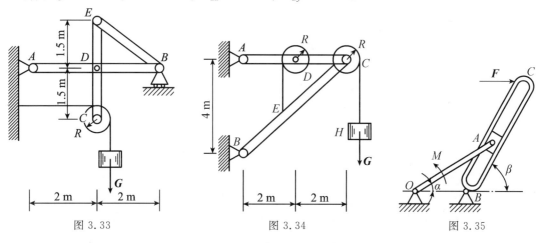

图 3.33　　　　　　　　　图 3.34　　　　　　　　　图 3.35

拓展阅读

举重要诀中的"近、快、低"①

　　世界上每一种文明几乎都有关于举重的诸多记载和传说。要想比试出谁是绝对的大力士，最公平、最过硬又最简易的办法莫过于找个沉重的物件高举过头了。1896 年第一届奥运会上，举重就荣列正式比赛项目，运动员不分体重级别，设有单手举和双手举。早期的举重器材简单、粗陋且重量固定。后来人们在横杠两头安上空心金属球，通过增减里面的铁砂可调节重量。因起落间会发出叮叮咣咣的摇铃之声，由此得名杠铃。1910 年法兰克福游戏展览会上首次出现的片杠铃，是举重史上重要的里程碑。

　　有人把举重的要诀归纳为"近、快、低"。从提铃到举起，都要求杠铃尽量贴"近"身体纵轴，否则便会因重力和惯性产生的力矩导致身体失去平衡。让杠铃的重力作用线通过或接近两脚形成的支撑面中心，有利于发力并减少无用和有害分力，并充分发挥身体的杠杆作用。杠铃重心上升的 S 形曲线应尽量靠近支撑面中心垂线，弧度越小越好。

　　"快"的价值在于以爆发力赋予杠铃足够的加速度和上升高度。优秀运动员提铃时，杠铃垂直上升速度约为 1.6 m/s，会出现"超重"现象，发力峰值要达到人铃重量之和的 1.5 倍以上。而迟缓的"生拉硬拽"必然导致事倍功半，是举重动作的大忌。

　　"低"的要领在于发力后体位迅速下降。由于提铃高度不可能与肩平齐，而只能拉到腰部，这时必须赶紧"放下身段""屈尊下就"，充分利用宝贵的零点几秒时间，抢在杠铃下落之前将胸部转入横杆之下并将它稳稳接住。人体重心下降速度之所以能够超过自由落体，是因为用力向上提肘时，反作用力能够使下蹲加快。剩下的事便是依靠强大的两腿和躯干力量站立起来。

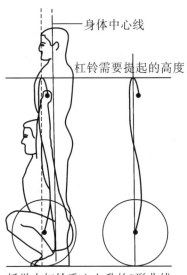

抓举中杠铃重心上升的S形曲线

身体重心降得越低,杠铃需要提起的高度就越低。20 世纪 60 年代中国运动员首创的"下蹲式"比"箭步式"更快、更能有效降低身体重心,因而能提拉起更重的杠铃,已经为各国选手争相效法。而杠铃的"下砸力"峰值相当于人铃总重量的 1.6 倍。优秀运动员都懂得应适度上抛杠铃,在确保动作完成的前提下,尽量减少回降距离。

和提铃动作不同,在完成"上挺"时杠铃重心更高,"下蹲挺"虽然动作简洁,手部撑铃点低,但深蹲后杠铃"下砸"惯性大,身体支撑面小,前后方向稳定性差,稍有偏差就可能掉铃。而"箭步挺"前后分腿形成较大的平衡角,容易通过调整力量完成起立支撑。这两种技术的选择也许应该因人而异吧。

举重选手最动人的姿态要数高高举起杠铃的瞬间了,如果说双臂形成的 V 字象征胜利,那么这种 V 型姿势确实和胜利大有关系。因为较宽的握距有利于减少需要举起的高度。这里服从的原则还是一个"低"字。

第4章 摩 擦

　　两个相互接触的物体产生相对运动或具有相对运动趋势时,彼此在接触处会产生一种阻碍相对运动的作用,即存在摩擦现象。摩擦是普遍存在的。如果在所研究的问题中,摩擦所起的作用不占主导地位,就可以忽略摩擦的影响,采用理想的光滑接触面约束模型;反之,则必须考虑摩擦的影响。

本章思维导图

　　摩擦是十分复杂的物理现象,涉及物体接触面的弹塑性变形,以及接触面材料的物理、化学性能和润滑等多种因素。本节仅介绍以库仑摩擦定律为基础的经典摩擦理论,用以解决一般工程问题。

4.1 工程中的摩擦问题

　　摩擦是一种普遍存在于机械运动中的自然现象,人行走、车行驶、机械运转无一不存在摩擦。但是前面几章所讨论的平衡问题均未考虑摩擦,即假定物体之间的接触都是绝对光滑的,这当然是对实际问题的一种理想化假设。这种理想化假设,在物体间接触面足够光滑或有较好的润滑时,所产生的误差并不大,这正是前几章假设接触面的约束力只有法向分量的依据。然而在工程实际中,摩擦力对物体的平衡与运动有着重要影响。例如:依靠摩擦人才能走路,车辆才能行驶,制动器才能刹车[图4.1(a)],皮带轮[图4.1(b)]、摩擦轮[图4.1(c)]才能转动等,这些例子都反映了摩擦有利的一面;另一方面,摩擦又会给各种机械带来多余的阻力,使机械发热,造成机件磨损,能量消耗,效率和使用寿命降低,这是它不利的一面。因此研究摩擦的目的就是要充分利用其有利的一面,克服不利的一面。

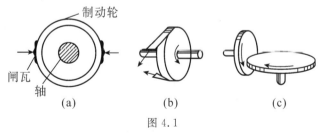

图 4.1

　　车辆制动系统是摩擦力应用的重要范例。刹车时,刹车片紧压车轮,两者间的摩擦力让车轮逐渐减速至停止。这种摩擦效果取决于刹车片与车轮的接触面积及材料特性。接触面积越大,摩擦力通常越强,制动效果越显著。同时,不同材料间的摩擦系数也会影响制动效果。因此,优化接触面积和材料选择是实现理想制动的关键。车辆制动系统的设计既体现了力学原理,也彰显了工程技术的巧妙应用。

<h2>4.2 滑动摩擦</h2>

1.静滑动摩擦定律

两个相互接触的物体,当它们之间产生了相对滑动或者相对滑动的趋势时,在其接触面之间就产生了彼此阻碍的力,这种阻力就称为滑动摩擦力。

设重量为 G 的物体放在粗糙的水平面上,该物体在重力 G 和法向约束力 F_N 的作用下处于静止状态,如图 4.2(a) 所示。如果力 F 的大小比较小,物体仅有相对滑动趋势,但仍保持静止,这是因为接触面还存在一个阻碍物体沿水平面向右滑动的切向约束力,此力即为静滑动摩擦力,简称静摩擦力,用 F_s 表示,此力的方向与两物体相对滑动趋势的方向相反,如图 4.2(b)所示,其大小可利用水平方向的平衡方程求得,由 $F - F_s = 0$,得 $F_s = F$。可见,静滑动摩擦力 F_s 将随水平力 F 的增加而增加,且可根据平衡条件确定它的大小和方向,与一般的约束力并无不同。

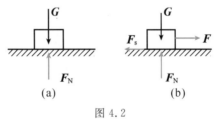

图 4.2

继续逐渐增加外力 F 的大小,在一定的范围内物体仍将保持静止,这表明在此范围内摩擦力 F_s 随着外力 F 的增大而不断增大。但进一步的试验表明,静摩擦力 F_s 不能随外力 F 的增加而无限增大。当外力 F 增加到一定数值时,物体处于将要滑动而尚未滑动的临界状态,这时摩擦力达到最大值称为最大静摩擦力以 F_{max} 表示。

静滑动摩擦定律:大量实验证明,最大静摩擦力的大小与两物体间的正压力(法向约束力)成正比,即

$$F_{max} = f_s F_N \tag{4.1}$$

式中,无量纲比例常数 f_s 称为静摩擦因数,它取决于接触物体的材质和表面的各种物理因素,如温度、湿度、光洁度等,而与接触面积的大小无关。常用材料的静摩擦因数 f_s 可从一般的工程手册中查到,表 4.1 列出了部分常用材料的静摩擦因数。

表 4.1 常用材料的摩擦因数

材料名称	摩擦因数			
	静摩擦因数(f_s)		动摩擦因数(f)	
	无润滑剂	有润滑剂	无润滑剂	有润滑剂
钢-钢	0.15	0.10~0.12	0.15	0.05~0.10
钢-铸铁	0.30		0.18	0.05~0.15

材料名称	摩擦因数			
	静摩擦因数(f_s)		动摩擦因数(f)	
	无润滑剂	有润滑剂	无润滑剂	有润滑剂
钢-青铜	0.15	0.10~0.15	0.15	0.10~0.15
铸铁-铸铁		0.18	0.15	0.07~0.12
铸铁-青铜			0.15~0.20	0.07~0.15
青铜-青铜		0.10	0.20	0.07~0.10
皮革-铸铁	0.30~0.50	0.15	0.60	0.15
橡皮-铸铁			0.80	0.50
木-木	0.40~0.60	0.10	0.20~0.50	0.07~0.15

注:此表摘自《机械设计手册》(化学工业出版社)。

因此,静摩擦力由平衡方程确定,其值可取从零到最大静摩擦力之间的任意值,即

$$0 \leqslant F_s \leqslant F_{max} \tag{4.2}$$

静摩擦力等于最大静摩擦力时的物体平衡状态,称为临界平衡状态。

2. 动滑动摩擦定律

当主动力沿接触面的切向分量超过最大静摩擦力时,这时最大静滑动摩擦力已不足以阻碍物体向前滑动,物体间有了相对滑动,物体相对滑动时出现的摩擦力,称为动滑动摩擦力(简称动摩擦力),以 F_d 表示,它的方向与两物体间相对速度的方向相反。通过实验也可得出与静滑动摩擦定律相似的动滑动摩擦定律,即

$$F_d = f F_N \tag{4.3}$$

式中,无量纲比例系数 f 称为动摩擦因数。它除了与接触面的材料、表面粗糙度、温度、湿度等有关以外,还与物体的滑动速度有关。实验证明,一般情况下,动摩擦因数 f 略小于静摩擦因数 f_s,所以 $F_d < F_{max}$。这正说明,使物体从静止开始滑动,要克服最大静摩擦力 F_{max} 比较费力,而一经滑动,要维持物体继续滑动只需克服动摩擦力 F_d,则比较省力。常用材料的动摩擦因数 f 见表4.1。

知识拓展

水平地面上有一只箱子,人用较小的力水平推箱子,箱子没有被推动。此时箱子和地面之间有相对运动趋势,存在静摩擦力,与受到的推力大小相等、方向相反。人逐渐增大推力的过程中,静摩擦力也随之增大两者仍保持平衡。直到推力超过最大静摩擦力,箱子开始滑动,静摩擦力变为滑动摩擦力。滑动摩擦力往往小于最大静摩擦力,这就是为什么推动物体比较费力,物体动起来以后继续推就不那么费力了。

4.3 考虑滑动摩擦的平衡问题

考虑具有滑动摩擦的平衡问题时,其求解步骤与前述无摩擦时的平衡问题基本相同。题目类型主要有以下三类。

1. 判断物体在已知条件下所处的状态,即判断物体处于静止、临界或是滑动情况中的哪一种

求解此类问题时,首先假定物体处于平衡状态,若摩擦力的方向未知,可以假设,利用平衡方程求出 F_s 和 F_N,然后利用公式 $F_{max} = f_s F_N$ 求出 F_{max};如果 $F_s \leq F_{max}$,则物体处于平衡状态;若 $F_s > F_{max}$ 则物体处于非平衡状态,这时物体受到的摩擦力应为动滑动摩擦力 $F_d = f F_N$。

2. 求解物体处于临界状态时的平衡问题

求解此类问题时,必须研究物体在临界平衡状态时的受力情况,静摩擦力的方向与相对滑动趋势的方向相反,必须画正确;在临界平衡状态,摩擦力达到最大值,满足静摩擦定律的关系式 $F_{max} = f_s F_N$,将该式作为平衡方程的补充方程联立求解。

3. 求解具有摩擦时物体能保持静止的条件

由于静摩擦力 F_s 的值可以随主动力而变化,即 $0 \leq F_s \leq F_{max}$,因此在考虑摩擦的平衡问题中,求出的值有一个变化范围。这类问题一般按临界平衡问题处理,求出临界值,然后按照经验或其他知识来确定摩擦力的取值范围。

例 4.1 物块重 $G = 1500$ N,放在倾角为 $30°$ 的斜面上,如图 4.3(a)所示,物块与斜面间的静摩擦因数 $f_s = 0.2$,动摩擦因数 $f = 0.18$。若水平推力 $F = 400$ N,求接触面间摩擦力的大小与方向。

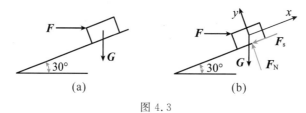

图 4.3

分析 本例为判断物体在已知条件下所处状态问题。首先假设物块处于平衡,因摩擦力方向未知,可以假设摩擦力的方向,然后利用平衡方程求出 F_s 和 F_N,再求出最大静摩擦力,通过比较得出结果。

解 (1)设物块平衡,根据平衡条件求出 F_s 和 F_N。设物块平衡,并假定有上滑趋势,物块受力与坐标系如图 4.3(b)所示,则

$$\sum F_x = 0 \quad F\cos30° - G\sin30° - F_s = 0$$

$$\sum F_y = 0 \quad -F\sin30° - G\cos30° + F_N = 0$$

解得

$$F_s = -403.6 \text{ N} \quad F_N = 1499 \text{ N}$$

(2)求最大静摩擦力。

$$F_{max} = f_s F_N = 299.8 \text{ N}$$

(3)比较 $|F_s|$ 与 F_{max}。

因

$$|F_s| > F_{max}$$

可知物块处于滑动状态,摩擦力 $F = f F_N = 269.8$ N,摩擦力方向沿斜面向上。

例 4.2 在一个可调整倾角的斜面上放一物体重为 W,接触面间的摩擦因数为 f_s,试求物体刚开始下滑时斜面的倾角 α。

分析 本例为求解物体处于临界状态时的平衡问题。

解　(1)选物体为研究对象,受力分析如图 4.4 所示。

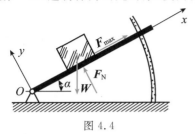

图 4.4

考虑滑动摩擦时的平衡问题求解

(2)列平衡方程、求未知量。根据题意此时摩擦力应为 F_{max}。选坐标系如图所示,列平衡方程:

$$\sum F_x = 0, \quad -W\sin\alpha + F_{max} = 0 \tag{a}$$

$$\sum F_y = 0, \quad -W\cos\alpha + F_N = 0 \tag{b}$$

$$F_{max} = f_s F_N \tag{c}$$

从式(a)中解出

$$F_{max} = W\sin\alpha$$

从式(b)中解出

$$F_N = W\cos\alpha$$

代入式(c)中,得到

$$W\sin\alpha = f_s W\cos\alpha$$

所以

$$\tan\alpha = f_s$$

或

$$\alpha = \arctan f_s$$

(3)分析讨论。倾角 α 仅仅与摩擦因数 f_s 有关,而与被测试物体的重量无关。如 $\alpha = 15°$,则 $f_s = 0.268$。这个例题提供了一种测定摩擦因数 f_s 的试验方法,将物体放在斜面上,改变斜面倾角,记录下物体刚刚开始下滑时(即临界平衡状态)的角度 α,那么 $\tan\alpha$ 就是物体与斜面间的摩擦因数。

例 4.3　如图 4.5(a)所示,由上例可知,当斜面的倾斜角 α 大于某一值时,物体将向下运动。此时如在物体上加有水平力 F,则能使物体在斜面上维持平衡,试求力 F 的值的范围。

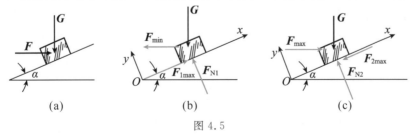

(a)　　　　　　　　　　(b)　　　　　　　　　　(c)

图 4.5

分析　本例为求解具有摩擦时物体能保持静止的条件。这类问题一般按临界平衡问题处理,求出临界值,然后按照经验或其他知识来确定摩擦力的取值范围。

解 由经验易知，如果力 **F** 太小，物体将下滑；但如力 **F** 太大，又将使物体上滑，因此力 **F** 应该在最小值和最大值之间变化。

首先求出使物体不致下滑时所需的力 **F** 的最小值 $F_{\min}$。由于物体有向下滑动的趋势，所以摩擦力应沿斜面向上。物体的受力分析如图 4.5(b)所示。

设物体处于临界平衡状态，于是根据平衡方程，列出：

$$\sum F_x = 0, \quad F_{\min}\cos\alpha + F_{1\max} - G\sin\alpha = 0 \tag{a}$$

$$\sum F_y = 0, \quad -F_{\min}\sin\alpha + F_{N1} - G\cos\alpha = 0 \tag{b}$$

此外，根据静滑动摩擦定律，还有一个补充方程

$$F_{1\max} = f_s F_{N1} \tag{c}$$

其次，求出物体不致上滑时所需的力 **F** 的最大值 $F_{\max}$。由于物体有向上滑动的趋势，所以摩擦力应沿斜面向下。物体的受力图如图 4.5(c)所示。同样根据平衡方程，可列出：

$$\sum F_x = 0, \quad F_{\max}\cos\alpha - F_{2\max} - G\sin\alpha = 0 \tag{d}$$

$$\sum F_y = 0, \quad -F_{\max}\sin\alpha + F_{N2} - G\cos\alpha = 0 \tag{e}$$

可解出

$$F_{\min} = \frac{\sin\alpha - f_s\cos\alpha}{\cos\alpha + f_s\sin\alpha}G$$

根据静滑动摩擦定律，还有一个补充方程

$$F_{2\max} = f_s F_{N2} \tag{f}$$

同理可解出

$$F_{\max} = \frac{\sin\alpha + f_s\cos\alpha}{\cos\alpha - f_s\sin\alpha}G$$

所以，要维持物体平衡时，水平主动力 **F** 的值应满足的条件是

$$\frac{\sin\alpha - f_s\cos\alpha}{\cos\alpha + f_s\sin\alpha}G \leqslant F \leqslant \frac{\sin\alpha + f_s\cos\alpha}{\cos\alpha - f_s\sin\alpha}G$$

这就是所求的平衡范围。

例 4.4 制动器的构造如图 4.6(a)所示，已知重物重 $G=500$ N，制动轮与制动块间的静摩擦因数 $f_s=0.6$。$R=250$ mm、$r=150$ mm、$a=1000$ mm、$b=300$ mm、$c=100$ mm，求制动鼓轮转动所必需的铅垂力 F 的大小。

分析 本例求制动鼓轮转动所必需的铅垂力 **F** 的大小。若铅垂力 **F** 达到某一值时正好制动鼓轮转动，则此时轮与制动块间的静摩擦达到最大值，增大 **F** 可以完全制动，所以上述所求 F 应为制动鼓轮转动的最小值。因此，此题为确定平衡范围的问题。分析时，按临界平衡状态处理，求出 F 的最小值，即可写出平衡范围。

解 (1)受力分析。先取鼓轮 O 为研究对象，受力分析如图 4.6(b)所示。在重物的作用下鼓轮将有逆时针转动趋势，由此可以判定闸块与鼓轮之间的摩擦力的正确方向，如图 4.6(b)、(c)所示。

(2)列平衡方程。对制动鼓轮为研究对象，列方程

$$\sum M_O(\boldsymbol{F}) = 0 \qquad Gr - F_s'R = 0$$

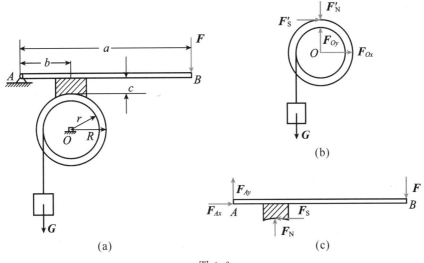

图 4.6

解得
$$F'_s = \frac{r}{R}G$$

对杆 AB（包括制动块）为研究对象，列方程
$$\sum M_A(\boldsymbol{F}) = 0 \qquad Fa + F_s c - F_N b = 0$$

得
$$F_N = \frac{Fa}{b} + \frac{F_s c}{b} = \frac{a}{b}F + \frac{rc}{Rb}G$$

（3）列补充方程。考虑平衡的临界状态，摩擦力达到最大值，由静摩擦定律有
$$F_s = F'_s, \qquad F_{max} = f_s F_N$$

于是得
$$\frac{r}{R}G = f_s\left(\frac{Fa}{b} + \frac{rc}{Rb}G\right)$$

$$F = \frac{rG}{Ra}\left(\frac{b}{f_s} - c\right)$$

代入数据，得所求 F 的最小值为
$$F = \frac{150 \times 500}{250 \times 1000}\left(\frac{300}{0.6} - 100\right) \text{ N} = 120 \text{ N}$$

故制动鼓轮转动所必需的铅垂力 F 的大小应满足 $F \geqslant 120$ N。

4.4 摩擦角与自锁现象

首先介绍摩擦角的概念。当考虑摩擦时，支撑面对物体的约束力除法向约束力 $\boldsymbol{F}_N$ 之外，还有静摩擦力 $\boldsymbol{F}_s$，即切向约束力，这两个约束力的合力 $\boldsymbol{F}_R$ 称为全约束力。此时全约束力的作用线不再沿法线方向，而与接触面的法线成某一角度 φ，如图 4.7(a) 所示。显然夹角 φ 将随着静摩擦力 $\boldsymbol{F}_s$ 的增加而增加，当物体处于将动而未动的临界平衡状态时，即静摩擦力 $\boldsymbol{F}_s$ 达到最大值 $\boldsymbol{F}_{max}$ 时，这时 φ 角也达到最大值 φ_f。全约束力 $\boldsymbol{F}_R$ 与法线间夹角的最大值 φ_f 称为摩擦角，如图 4.7(b) 所示。由图可知

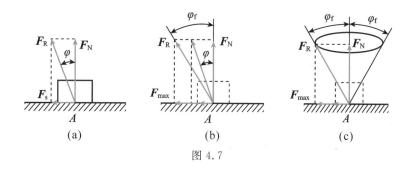

图 4.7

$$\tan\varphi_f = \frac{F_{max}}{F_N} = \frac{f_s F_N}{F_N} = f_s$$

即摩擦角的正切值等于静摩擦因数。因此,若给出了摩擦角 φ_f,也就等于给出了静摩擦因数 f_s。

改变主动力 F 在水平面内的方向,全约束力作用线的方位也随之改变;在临界状态下,全约束力 F_R 的极限位置形成以 A 为顶点的锥面,称为摩擦锥。若物块与支承面沿任何方向的静摩擦因数都相等,则摩擦锥是以 $2\varphi_f$ 为顶角、接触面法线为对称轴的正圆锥,如图 4.7(c) 所示。

下面研究自锁现象。

由于物体平衡时静摩擦力不一定达到最大值,可在零与最大值 F_{max} 之间变化,因此全约束力与法线间的夹角 φ 也在零与摩擦角 φ_f 之间变化,即

$$0 \leqslant \varphi \leqslant \varphi_f \tag{4.4}$$

即全约束力的作用线不可能超出摩擦角 φ_f 以外。可见,当作用在物体上的主动力的合力作用线位于摩擦角 φ_f 以内时,不论主动力的值如何增大,接触面必能产生一个等值反向的全约束力与其平衡,以保持物块处于静止状态。这种靠摩擦力维持物体平衡而与主动力的大小无关的现象,称为自锁现象。

由摩擦角的这一性质可知:如果作用于物体的主动力的合力 F 的作用线在摩擦角 φ_f 之内[图 4.8(a)],即 $\varphi \leqslant \varphi_f$,则无论这个力多么大,总有一个全约束力 F_R 与之平衡,物体保持静止;反之,如果主动力的合力 F 的作用线在摩擦角之外[图 4.8(b)],即 $\varphi > \varphi_f$,则无论这个力多么小,物体也不可能保持平衡。这种与力的大小无关而与摩擦角(或摩擦因数)有关的平衡条件称为自锁条件。

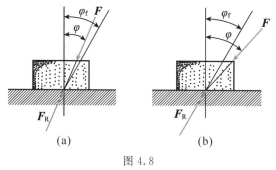

图 4.8

自锁被广泛地应用在工程上,如螺旋千斤顶在被升起的重物重量作用下,不会自动下降,

则千斤顶的螺旋升角必须小于摩擦角。又如轴上斜键的自锁以及机床上各种夹具的自锁等等,都是应用自锁的实例。但工程实际中有时也要避免自锁产生,例如,工作台在导轨中要求能顺利地滑动,不允许发生卡死现象(即自锁)。

例 4.5 已知摩擦角 φ_f,摩擦因数 f_s,用摩擦角的概念解例 4.3。

解 (1)选研究对象,画受力图。选滑块作为研究对象,当滑块具有下滑趋势时,其受力分析,如图 4.9(a)所示;当滑块具有上滑趋势时,其受力分析,如图 4.9(b)所示。其中力 $\boldsymbol{F}_1$ 和 $\boldsymbol{F}_2$ 为全约束力(即法向约束力 $\boldsymbol{F}_N$ 与摩擦力 $\boldsymbol{F}_{max}$ 的合力)。

利用摩擦角求解问题

(2)根据平衡条件,求出未知量。滑块受三个力作用平衡,利用几何法做出其相应的封闭力三角形。可用图解法,也可以根据力三角形的几何关系,计算出水平推力 $\boldsymbol{F}$ 的值。从图 4.9(a)的力三角形中得到

$$F_{min} = G\tan(\alpha - \varphi_f)$$

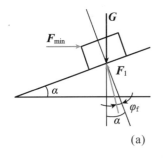 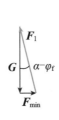 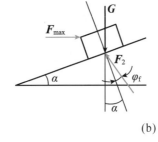

(a)   (b)

图 4.9

从图 4.9(b)的力三角形中得到

$$F_{max} = G\tan(\alpha + \varphi_f)$$

由此可得力 $\boldsymbol{F}$ 的取值范围:

$$G\tan(\alpha - \varphi_f) \leqslant F \leqslant G\tan(\alpha + \varphi_f)$$

如将 $\tan(\alpha - \varphi_f)$ 和 $\tan(\alpha + \varphi_f)$ 展开,并以 $\tan\varphi_f = f_s$ 代入,也可得

$$\frac{\sin\alpha - f_s\cos\alpha}{\cos\alpha + f_s\sin\alpha}G \leqslant F \leqslant \frac{\sin\alpha + f_s\cos\alpha}{\cos\alpha - f_s\sin\alpha}G$$

从上述例题中可以看出,利用摩擦角解题具有简便、明了的特点。

例 4.6 图 4.10(a)所示为一凸轮机构。已知推杆与滑道间的摩擦因数为 f_s,滑道宽度为 b。问 a 多大,推杆才不致被卡住。设凸轮与推杆接触处的摩擦忽略不计。

解 (1)选研究对象,画受力图。取推杆为研究对象,如图 4.10(b)所示。其上共有 5 个力作用:凸轮对推杆的约束力 $\boldsymbol{F}$;由于推杆与滑道间总是略有间隙,所以,在凸轮约束力 $\boldsymbol{F}$ 的作用下,可以认为推杆与滑道间在 A、B 两点接触,受到滑道法向约束力 $\boldsymbol{F}_{NA}$、$\boldsymbol{F}_{NB}$ 和摩擦力 $\boldsymbol{F}_A$、$\boldsymbol{F}_B$ 的作用。

(2)列平衡方程,求未知量。选坐标轴 Oxy。列平衡方程:

$$\sum F_x = 0, \quad F_{NA} - F_{NB} = 0$$

$$\sum F_y = 0, \quad -F_A - F_B + F = 0$$

$$\sum M_O(\boldsymbol{F}) = 0, \quad Fa - F_{NB} \cdot b - F_B\frac{d}{2} + F_A\frac{d}{2} = 0$$

考虑平衡的临界情况(即推杆将动而尚未动时),摩擦力达到最大值。根据静滑动摩擦定律,可列出:

$$F_A = f_s \cdot F_{NA}, \quad F_B = f_s F_{NB}$$

联立以上各式可解得

$$a = \frac{b}{2f_s}$$

要保证机构不致被卡住,必须使 $a < \dfrac{b}{2f_s}$。

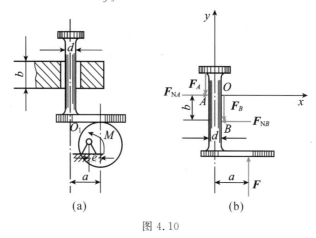

图 4.10

(3)分析讨论。从解得的结果中可以看到,机构会不会被卡住,不仅与尺寸 a 有关,还与尺寸 b 有关,如 b 太小,也容易被卡住。

通过本例题的讨论可知,在工程上遇到像顶杆在导轨中滑动、滑块在滑道中滑动等情况,都要注意是否会被卡住的问题。

知识拓展

在门窗闭合与螺纹连接装置中,摩擦力自锁原理发挥着重要作用。门窗关闭时,巧妙的设计和材料选择使得接触面产生足够的摩擦力,使门窗达到自锁状态,有效抵御外部力量,确保室内安全。同样,螺纹连接装置也利用这一原理,通过精确设计的螺纹和施加的力,使螺纹表面间产生摩擦力,实现稳固的自锁连接。这种连接方式在工业中广泛应用,如螺钉、螺母等,为各种设备和结构提供了可靠的安全性保障。

4.5 滚动摩擦的概念

1.滚动摩阻力偶

将半径为 R 的轮子放在水平的支承面上(见图 4.11),如假定轮子及支承面都是刚体,则接触处为一条直线,此时轮子受重力 G 与支承面法向约束力 F_N 的作用保持平衡,若在轮心 O 处加一水平力 F,并假定接触处有足够的滑动摩擦力 F_s 以阻止轮子滑动,则 $F = F_s$。从轮子的受力分析可以看出,假如约束力仅有 F_N 和 F_s,则轮子不可能保持静止,因为 F 和 F_s 构成了使轮子发生滚动的力偶。由图 4.11 经验得知,当水平力 F 较小时,轮子并不滚动,这就必然存在着一个阻止轮子滚动的力偶 M 与力偶 (F,F_s) 相平衡。这个阻止轮子滚动的力偶即称为滚动摩阻力偶。

滚动摩阻力偶的发生是由于实际的接触物体并不是刚体,所以当两物体压紧时,接触处发生变形,因此,接触面对滚子的约束力就不再像图 4.11 所示的那样,而是一个分布的阻力,如图 4.12(a)所示,随着水平力 F 的增加,分布的阻力不在对称点 A,而是向滚动方向有一偏移,在接触面上,物体受分布力的作用,这些力向点 A 简化,可得到一个力 F_R 和一个力偶矩为 M_f 的力偶,如图 4.12(b)所示,这个力 F_R 又可分解为静摩擦力 F_s 和法向约束力 F_N。这个矩为 M_f 且阻止轮子滚动的力偶称为滚动摩阻力偶,它与力偶 (F,F_s) 平衡,它的转向与滚动的趋势相反,如图 4.12(c)所示,正是此力偶阻碍轮子发生滚动。

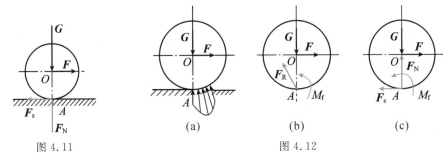

图 4.11   (a)   (b)   (c)

                 图 4.12

2. 滚动摩阻定律

与静滑动摩擦力相似,滚动摩阻力偶矩 M_f 随着主动力的增加而增大,当力 F 增大到某个值时,轮子处于将滚未滚的临界平衡状态,这时,滚动摩阻力偶达到最大值,称为最大滚动摩阻力偶矩,用 M_{max} 表示。如果力 F 再增大一点,轮子就开始滚动。

实验证明,最大滚动摩阻力偶矩 M_{max} 的大小与支撑面的正压力(法向约束力) F_N 的大小成正比,即

$$M_{max} = \delta F_N$$

式中,δ 称为滚动摩阻系数,它具有长度的量纲,单位一般用 mm 表示。滚动摩阻系数由实验测定,它与接触处两种材料的硬度和湿度等因素有关,表 4.2 给出了部分常用材料的滚动摩阻系数。

表 4.2   常见材料的滚动摩擦因数

材料名称	δ/mm	材料名称	δ/mm
铸铁与铸铁	0.5	软钢与钢	0.5
钢质车轮与钢轨	0.05	有滚珠轴承的料车与钢轨	0.09
木与钢	0.3~0.4	无滚珠轴承的料车与钢轨	0.21
木与木	0.5~0.8	钢质车轮与木面	1.5~2.5
软木与软木	1.5	轮胎与路面	2~10
淬火钢珠对钢	0.01		

轮子滚动后滚动摩阻力偶矩一般近似地认为等于 M_{max}。在考虑滚动摩阻时,也需要考虑滑动摩擦,但在滚动摩阻达到极限值 M_{max} 时,滑动摩擦力一般还未达到最大值 F_{max},因此轮子

将滚动而不滑动,这样的滚动称为纯滚动。因此轮子发生纯滚动的条件是

$$F_s \leqslant F_{max}$$
$$M > M_{max}$$

由于滚动摩阻系数较小,因此在大多数情况下,滚动摩阻是可以忽略不计的。由图 4.12(a) 可以分别计算轮子滚动和滑动时所需要的水平力 F 的大小。

由平衡方程 $\sum M_A(F) = 0$,可以求得

$$F_{滚} = \frac{M_{max}}{R} = \frac{\delta F_N}{R} = \frac{\delta}{R}G$$

由平衡方程 $\sum F_x = 0$,可以求得

$$F_{滑} = F_{max} = f_s F_N = f_s G$$

一般情况下,有 $\frac{\delta}{R} \ll f_s$。因此 $F_{滚} \leqslant F_{滑}$。这就是为什么使物体滚动比滑动省力的原因。 因此在机器上,一般都用滚动摩阻代替滑动摩擦,以减少因摩擦而产生的能量消耗。在工程中 广泛使用的滚珠轴承,就是利用了此原理,工人搬运重物时常在下面垫滚木也是利用滚动摩阻 代替滑动摩阻的现实案例。

例 4.7 轮胎半径为 $r = 40$ cm,载重 $W = 2000$ N,轴传来的推力为 F,设滑动摩擦因数 $f = 0.6$,滚动摩擦系数 $\delta = 0.24$ cm,试求推动此轮前进的力 F(见图 4.13)。

解 (1)选轮子为研究对象,画出轮子的受力图。轮子受力有载重 G,推力 F,法向约束力 F_N,静摩擦力 F_s,滚动摩阻力偶矩 M_f,这是一个平面任意力系。

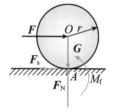

图 4.13

临界平衡状态分析法举例

(2)列平衡方程,求未知量。若想要轮子前进有两种可能:第一种是向前滚动,第二种是向 前滑动。下面分别进行研究。

首先分析向前滚动的情况,轮子刚刚开始向前滚动时,滚动摩阻力偶矩为

$$M_f = M_{max} = \delta F_N \tag{a}$$

列出平衡方程:

$$\sum F_x = 0, \qquad F - F_s = 0, \qquad F = F_s \tag{b}$$

$$\sum F_y = 0, \qquad F_N - W = 0, \qquad F_N = G \tag{c}$$

$$\sum M_A(F) = 0, \qquad M_f - Fr = 0, \qquad M_f = Fr \tag{d}$$

由式(d)和式(a)得到

$$Fr = \delta F_N$$

将式(c)代入上式,得

$$F = \frac{\delta}{r}G = \frac{0.24}{40} \times 2000 \text{ N} = 12 \text{ N}$$

可见只要 12 N 的力就可以使轮子向前滚动。

再分析滑动的情况，如果轮子刚开始滑动，则摩擦力 F_s 等于最大摩擦力。

$$F_s = F_{max} = fF_N \qquad\qquad (e)$$

将式(b)中的 F_s 和式(c)中的 F_N 代入式(e)，得到

$$F = fW = 0.6 \times 2000 \text{ N} = 1200 \text{ N}$$

这就是说，要使轮子向前滑动，需要加 1200 N 的力，但这是不可能的，因为当推力 $\boldsymbol{F}$ 达到 12 N 时，轮子就向前滚动了。

(3)分析讨论。此例说明滚动要比滑动省力很多。通常以滚动代替滑动，就是这个道理。

本 章 小 结

本章讨论了有关摩擦的基本理论以及具有摩擦的平衡问题的分析方法。其中着重分析了静滑动摩擦的情况。同时，介绍了摩擦角和自锁现象以及滚动摩擦的概念。

(1)静滑动摩擦力的方向与物体相对滑动趋势的方向相反，其大小是在一定范围内变化的：$0 \leqslant F_s \leqslant F_{max}$，具体的数值要由平衡条件确定。只有当物体处于临界平衡状态时，摩擦力才达到最大值 F_{max}。

(2)静滑动摩擦定律为 $F_{max} = f_s F_N$。

(3)考虑摩擦时物体平衡问题的解题特点为

①画受力图时，要注意分析摩擦力，其方向与物体相对滑动趋势的方向相反。

②当物体处于临界状态和求未知量的平衡范围时，除了要列出平衡方程以外，还要利用静滑动摩擦定律：$F_{max} = f_s F_N$。

③因为摩擦力的大小是变化的，所以在问题的答案中有一定的范围。

(4)题目的类型。

①物体平衡，但未达到临界平衡状态，需要利用平衡方程求解未知量。

②物体平衡且处于临界平衡状态，需要利用平衡方程和静滑动摩擦定律求解未知量。

③求物体的平衡范围。

以上是本章解题的主要类型。

④利用摩擦角解题。

⑤滚动摩擦问题。

(5)当摩擦力达到最大值 F_{max} 时，全约束力 $\boldsymbol{F}_R$ 与法线间的夹角 φ_f 称为摩擦角，引入摩擦角概念的目的在于说明工程上的自锁现象。如果作用于物体的主动力的合力作用线与接触面法线间的夹角小于或等于摩擦角 φ_f 时，则不论这个主动力合力有多大，物体总能保持原有的静止状态，这种现象称为自锁；反之，如果大于摩擦角，则物体必然处于滑动状态。也可以利用摩擦角的概念求解平衡问题。

摩擦角 φ_f 为全约束力与法线间夹角的最大值，且有

$$\tan\varphi_f = f_s$$

全约束力与法线间夹角的变化范围为

$$0 \leqslant \varphi \leqslant \varphi_f$$

(6)当物体滚动时，滚动摩擦为一力偶，称为滚动摩阻力偶。其力偶矩 M_f 的转向与相对

滚动方向相反,大小与滑动摩擦力类似,在零与最大值之间,即

$$0 \leqslant M_f \leqslant M_{max}$$

式中,最大滚动摩阻力偶矩 M_{max} 由下式确定:

$$M_{max} = \delta F_N$$

式中,δ 为滚动摩阻系数,具有长度的量纲,一般用 mm 表示。

思考题

1. 能否说只要受力物体是处于平衡状态,摩擦力的大小一定是静滑动摩擦力 $\boldsymbol{F}_s$? 为什么?

2. 正压力 $\boldsymbol{F}_N$ 是否一定等于物体的重力? 为什么?

3. 在静摩擦定律 $F_{max} = f_s F_N$ 中,$\boldsymbol{F}_N$ 代表什么? 在图 4.14 中,重量均为 G 的两个物体放在水平面上,静摩擦因数也相同,问是拉动省力? 还是推动省力? 为什么?

4. 在粗糙的斜面上放置重物,当重物下滑时,可敲打斜面板,重物就会下滑,试解释其原因。

5. 为什么骑自行车时,车胎气足省力,气不足费力?

6. 判断图 4.15 中的两物体能否平衡? 并确定这两个物体所受的摩擦力的大小和方向。已知:
(a)物体重 $G = 1000$ N,推力 $F = 200$ N,静摩擦因数 $f_s = 0.3$;(b)物体重 $G = 200$ N,压力 $F = 500$ N,静摩擦因数 $f_s = 0.3$。

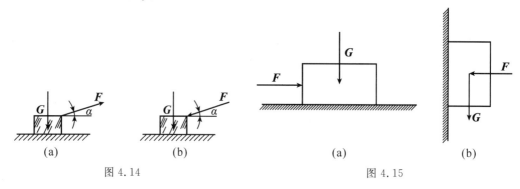

(a) (b)	(a) (b)
图 4.14	图 4.15

7. 如图 4.16 所示,物块重 G,一力 $\boldsymbol{F}$ 作用在摩擦角之外,已知 $\theta = 25°$,摩擦角 $\varphi_f = 20°$,$F = G$,问物块动不动? 为什么?

8. 如图 4.17 所示,砂石与胶带间的静摩擦因数 $f_s = 0.5$,试问输送带的最大倾角 θ 为多大?

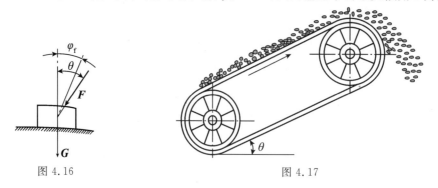

图 4.16   图 4.17

习　题

一、填空题

1. 当物体处于平衡时,静滑动摩擦力增大是有一定限度的,它只能在_____范围内变化,而动滑动摩擦力应该是_____。

2. 静滑动摩擦力等于最大静滑动摩擦力时物体的平衡状态,称为_____。

3. 对于作用于物体上的主动力,若其合力的作用线在摩擦角以内,则不论这个力有多大,物体一定保持平衡,这种现象称为_____。

4. 当摩擦力达到最大值时,支撑面全约束力与法线间的夹角为_____。

5. 重量为 G 的均质细杆 AB,与墙面的摩擦系数为 $f = 0.6$,如图4.18所示,则摩擦力为_____。

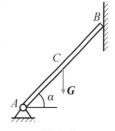

图 4.18

二、是非题

1. 静滑动摩擦力与最大静滑动摩擦力是相等的。(　　)

2. 最大静滑动摩擦力的方向总是与相对滑动趋势的方向相反。(　　)

3. 摩擦定律中的正压力(即法向约束力)是指接触面处物体的重力。(　　)

4. 当物体静止在支撑面上时,支撑面全约束力与法线间的偏角不小于摩擦角。(　　)

5. 斜面自锁的条件:斜面的倾角小于斜面间的摩擦角。(　　)

三、选择题

1. 如图4.19所示,重量为 G 的物块静止在倾角为 α 的斜面上,已知摩擦系数为 f_s,F_s 为摩擦力,则 F_s 的表达式为(　　);临界时,F_s 的表达式为(　　)。

   A. $F_s = f_s G\cos\alpha$ 　　　　　　　　　B. $F_s = G\sin\alpha$

   C. $F_s > f_s G\cos\alpha$ 　　　　　　　　　D. $F_s > G\sin\alpha$

2. 重量为 G 的物块放置在粗糙的水平面上,物块与水平面间的静滑动摩擦系数为 f_s,今在物块上作用水平推力 $\textbf{\textit{P}}$ 后物块仍处于静止状态,如图4.20所示,那么水平面的全约束力大小为(　　)。

   A. $F_R = f_s G$ 　　　　　　　　　　　B. $F_R = \sqrt{P^2 + (f_s G)^2}$

   C. $F_R = \sqrt{G^2 + P^2}$ 　　　　　　　　D. $F_R = \sqrt{G^2 + (f_s P)^2}$

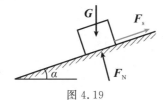

图 4.19

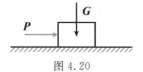

图 4.20

3. 重量分别为 G_A 和 G_B 的物体重叠地放置在粗糙的水平面上,水平力 $\textbf{\textit{F}}$ 作用于物体 A 上,如图4.21所示。设 A、B 间的摩擦力最大值为 F_{Amax},B 与水平面间的摩擦力的最大值为 F_{Bmax},若 A、B 能各自保持平衡,则各力之间的关系为(　　)。

A. $F > F_{Amax} > F_{Bmax}$ B. $F < F_{Amax} < F_{Bmax}$

C. $F_{Bmax} < F < F_{Amax}$ D. $F_{Amax} < F < F_{Bmax}$

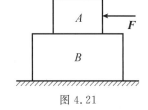

图 4.21

4. 当物体处于临界平衡状态时,静滑动摩擦力 F_s 的大小
（   ）。

A. 与物体的重量成正比

B. 与物体的重力在支撑面的法线方向的大小成正比

C. 与相互接触物体之间的正压力大小成正比

D. 由力系的平衡方程来确定

5. 已知物块 A 重 100 kN,物块 B 重 25 kN,物块 A 与地面间的滑
动摩擦系数为 0.2,滑轮处摩擦不计,如图 4.22 所示,则物体 A
与地面间的摩擦力的大小为（   ）。

A. 16 kN   B. 15 kN

C. 20 kN   D. 5 kN

四、计算题

1. 简易升降混凝土料斗装置如图 4.23 所示,混凝土和料斗共重
25 kN,料斗与滑道间的静、动擦因数均为 0.3。

(1)若绳子拉力分别为 22 kN 与 25 kN 时,料斗处于静止状态,求料斗与滑道间的摩擦力；

(2)求料斗匀速上升和下降时绳子的拉力。

[答:(1)$F_{s1} = 1.469$ kN,沿斜面向上。 $F_{s2} = 1.508$ kN,沿斜面向下。

(2)$F_{T1} = 26.06$ kN,$F_{T2} = 20.93$ kN]

2. 重为 G 的物体放在倾角为 β 的斜面上,物体与斜面间的摩擦角为 φ_f,如图 4.24 所示。在物
体上作用力 F,此力与斜面的交角为 θ。求拉动物体时力 F 的值,并问当角 θ 为何值时,此力
为极小?

$$\left[答:F_T = \frac{G\sin(\beta + \varphi_f)}{\cos(\theta - \varphi_f)};\theta = \varphi_f,F_{Tmin} = G\sin(\beta + \varphi_f)\right]$$

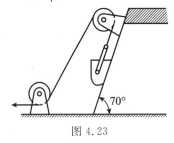

图 4.23

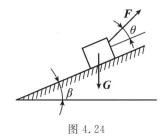

图 4.24

3. 如图 4.25 所示,两根相同的均质杆 AB 和 BC,在端点 B 用光滑铰链连接,A、C 两端放在非
光滑的水平面上。当 ABC 成等边三角形时,系统在铅锤面内处于临界平衡状态。求杆端
与水平面间的静摩擦因数。

$$\left(答:f_s = \frac{1}{2\sqrt{3}}\right)$$

4. 如图 4.26 所示,在轴上作用一个力偶,力偶矩 $M_O = 1$ kN·m。轴上固连着直径 $d = 0.5$ m
的制动轮,轮缘和制动块间的静摩擦因数 $f_s = 0.25$。问制动块应对制动轮施加多大压力

F,才能使轴不转动?

(答:$F \geqslant 8$ kN)

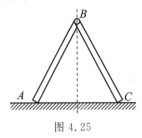

图 4.25

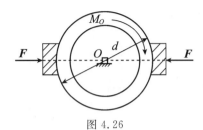

图 4.26

5. 由四根均质细长杆组成的矩形框架,靠套筒 A 与 B 的摩擦来保持在铅锤位置上的平衡,如图 4.27 所示,架与套筒 A 与 B 的静摩擦因数分别为 f_1 和 f_2,水平杆长度为 a。试求框架保持平衡时 A 与 B 之间的距离 d 的最大值。

$$\left[答:d=\frac{a}{2}(f_1+f_2)\right]$$

6. 如图 4.28 所示,边长 a 和 b 的均质物块放在斜面上,其间的静摩擦因数为 $f_s=0.4$,当斜面倾角 α 逐渐增大时物块在斜面上翻倒和滑动同时发生,求 a 与 b 之间的关系。

(答:$b=f_s a \geqslant 0.4a$)

7. 砖夹的宽度为 250 mm,曲杆 AIB 和 $ICED$ 在 G 点铰接,砖重为 G,提砖的合力 F 作用在砖夹的对称中心上,尺寸如图 4.29 所示,单位 mm,如砖夹和砖之间的静摩擦因数为 $f_s=0.5$,试问 b 应为多大才能把砖夹起(b 为 G 点到砖块上所受压力合力的距离)?

(答:$b \leqslant 11$ cm)

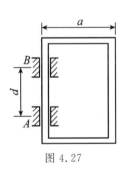

图 4.27

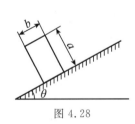

图 4.28

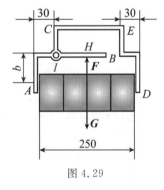

图 4.29

8. 有一绞车,它的鼓轮半径 $r=15$ cm,制动轮半径 $R-25$ cm,重物 $G-1000$ N、$a=100$ cm、$b=40$ cm、$c=50$ cm,如图 4.30 所示,制动轮与制动块间的静摩擦因数 $f_s=0.6$。试求当绞车吊着重物时,要刹住车使重物不致落下,加在杆上的力 F 至少应为多大?

(答:$F \geqslant 100$ N)

9. 梯子 AB 重为 $G=200$ N,靠在光滑墙上,如图 4.31 所示,梯子长为 l,已知梯子与地面间的静摩擦因数 $f_s=0.25$,今有一重为 650 N 的人沿梯子向上爬,试问人达到高点 A,而梯子仍能保持平衡的最小角度应为多少?

(答:$\alpha \geqslant 74°12'$)

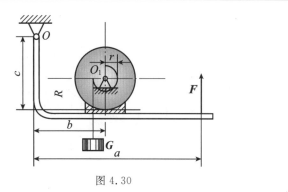

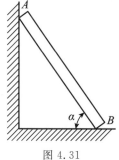

图 4.30   图 4.31

10. 如图 4.32 所示,钢管车间的钢管运转台架,依靠钢管自重缓慢无滑动地滚下,钢管直径为 50 mm,设钢管与台架间的滚动摩阻系数 $\delta=0.5$ mm。试确定台架的最小倾角 θ 应为多大?

（答:$\theta=1°9'$）

11. 如图 4.33 所示,圆柱滚子重 3 kN,半径为 300 mm,放在水平面上,若滚动摩阻系数 $\delta=5$ mm,求拉动滚子所需要力 F 的大小。

（答:$F=57.19$ N）

12. 鼓轮 B 重 500 N,放在墙角里,如图 4.34 所示。已知鼓轮与水平地板间的静摩擦因数为 0.25,而铅锤墙壁绝对光滑。鼓轮上的绳索下端挂着重物。半径 $R=200$ mm,$r=100$ mm,不计滚动摩阻,求平衡时重物 A 的最大重量。

（答:$G=500$ N）

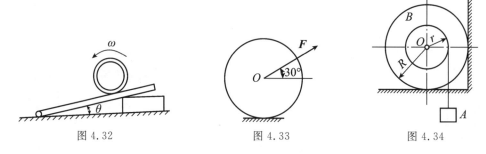

图 4.32   图 4.33   图 4.34

拓展阅读

两本书的纸张依次交叉相叠产生的力有多大?

有这样一个有趣的现象,两本书的纸张依次交叉相叠,用力拉,去分开这两本书,却怎么也拉不开,这究竟是为什么? 你是否也感到惊奇,下面让我们从物理的角度,一起去探寻其中的奥妙吧。

有趣的现象:2011 年美国发现频道的"流言终结者"科普节目,做了一个验证实验,他们把两本厚度高达 800 页的书,一页一页交叠好,然后尝试拉开两本书,他们先尝试了二人对拉,最终失败了,之后他们用高强度的木板夹住书脊,并连上抗拉力极强的绳子,然后找了一些人一起拉,结果也无法拉开。接着他们用铁板将书脊固定,连上很粗的铁链,并尝试用汽车拉,可还是失败了。直到最后,他们使用了一辆装甲运兵车和一辆轻型坦克对拉,才最终将两本书分开。看到这个有趣现象,大家有没有一种疑惑,究竟是什么原理,能让两本书之间产生如此大的摩擦力,下面就让我们一起来挖掘其中的奥秘。

原理的解释:根据库仑模型,最大静摩擦力 f 与正压力 N 的合力与正压力之间的夹角的正切值等于静摩擦力系数 μ,如图 4.35 所示。

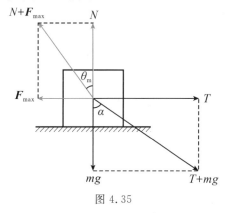

图 4.35

这个与 μ 对应的特殊角被称为摩擦角,用 θ 表示,即 $\theta = \arctan\mu$。很显然,当重力 mg 和拉的合力与竖直方向点夹角 α 大于 θ 时,拉力 T 将超过最大静摩擦力 f,物体被拉动;反之,物体将始终保持静止。更一般地,若把重力和拉力这些主动作用的力合在一起,称之为主动力 F,那么对一个具有确定的静摩擦系数 μ 的平面来说,当主动力与平面的法线夹角 α 满足 $\alpha \leqslant \arctan\mu$ 时,物体将始终保持静止。如图 4.36 所示,只要主动力的方向不超出圆锥面,物体将一直保持静止。

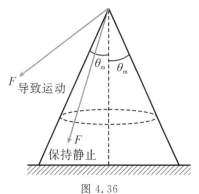

图 4.36

用更直观的语言解释:虽然主动力不断增加,但正压力也在随之增加,使得最大静摩擦力始终不被超过,从而维持了平衡,这就是摩擦自锁现象。

解释现象:两书页面交错后,每个书页沿水平方向有三个区域,靠近书脊的一小段是平直的,交叠的部分也是平直的,这两者之间是一段倾斜的非交叠区域,设其宽度为 a。为了便于分析和计算,将书的几个参数给定。设单个书页的厚度为 d,两本书的页数都为 n,每本书的厚度都为 h。很显然,书页之间的力源于相互交叠的纸面间的静摩擦力。一张单独的纸,自然状态是平的。把它放在桌面上,压力仅仅就由它的重量决定,这当然是毫不足道的。因此你可能会想:仅凭重力导致的压力来产生摩擦力,那似乎不可能太大。是这样的吗?你忽略了一个细节,每两个交错的书页之间都存在摩擦力!对足够厚的书来说,这种页面重力的所导致的摩擦力会积累一个很大的值。我们简单分析一下。设有两本书都是 n 页,每页纸重量为 mg,设静摩擦系数为 μ。则交错之后,从上往下,每两个页面间的最大摩擦力依次为 μmg,$2\mu mg$,$3\mu mg$,$\cdots$,$2(n-1)\mu mg$,因此,这种由重力导致的最大静摩擦力为 $f = n(2n-1)\mu mg$。参照一包 70 g 的 A4 复印纸(500 张)的质量是 2.2 kg,假设一本书页数也为 $n = 500$ 页,质量 $nm = 2.2$ kg,设摩擦系数为 0.3,则上述最大摩擦力为 6461.53 N,这相当于 1200 多斤的力,吊起一只大肥猪绰绰有余。可见,书页自身重力所导致的摩擦力远比你想象的大!

第 5 章　空间力系

课前导读

　　力系中各力的作用线不处于同一平面内时,称之为空间力系。空间力系是力系中最普遍的情形,可分为空间汇交力系、空间力偶系、空间平行力系和空间一般力系。本章在研究了平面力系的基础上,将一些概念、理论和方法推广到空间力系中,进而研究空间力系的简化与平衡问题。

本章思维导图

5.1　工程中的空间力系问题

　　在工程实际中,物体所受力的作用线不处于同一平面内的情形是很常见的。例如,机器上的转轴,如图 5.1(a)所示,C 为带轮传动,其上作用柔性体约束力 F_1 和 F_2;D 为斜齿轮传动,其上作用约束力 F_r、F_t 和 F_a;A 为径向止推轴承,其约束力有 F_{Ax}、F_{Ay} 和 F_{Az};B 为径向轴承,其约束力有 F_{Bx} 和 F_{Bz},作用在转轴上(包括带轮和齿轮)的所有力,就构成了一空间力系,如图 5.1(b)所示。

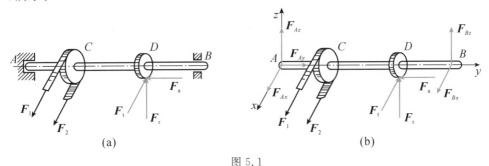

图 5.1

　　如图 5.2(a)所示为一起重设备,DA、DB、DC 分别为三脚架的三只脚,绳索绕过 D 处的滑

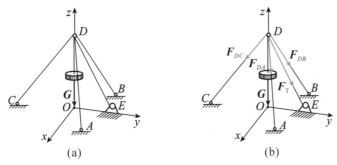

图 5.2

轮由卷扬机 E 牵引将重物 G 吊起,分析滑轮(连同起吊重物)的受力即空间力系,如图 5.2(b) 所示。

5.2　力在空间坐标轴上的投影

与平面力系中计算力在坐标轴上的投影类似,若已知力 $\boldsymbol{F}$ 与直角坐标系 $Oxyz$ 三个轴正向间的夹角分别为 α、β、γ,如图 5.3 所示,则力 $\boldsymbol{F}$ 在三个坐标轴上的投影分别为

$$F_x = F\cos\alpha,\quad F_y = F\cos\beta,\quad F_z = F\cos\gamma \tag{5.1}$$

这种求力的投影方法称为直接投影法。

当力 $\boldsymbol{F}$ 与坐标轴 Ox、Oy 间的夹角不易确定时,可以先将力 $\boldsymbol{F}$ 投影到坐标平面 Oxy 上,得到力在面上的投影 $\boldsymbol{F}_{xy}$,它是一个矢量,再把 $\boldsymbol{F}_{xy}$ 投影到 x,y 轴上。在图 5.4 中,已知角 γ 和 φ,则力 $\boldsymbol{F}$ 在三个坐标轴上的投影分别为

$$F_x = F\sin\gamma\cos\varphi,\quad F_y = F\sin\gamma\sin\varphi,\quad F_z = F\cos\gamma \tag{5.2}$$

这种求力的投影方法称为二次投影法或间接投影法。

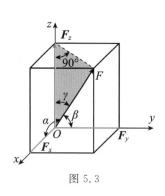

图 5.3

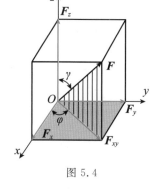

图 5.4

反过来如果已知力 $\boldsymbol{F}$ 在三个坐标轴上的投影 F_x、F_y、F_z,也可以求出力 $\boldsymbol{F}$ 的大小和方向,即

$$\left. \begin{aligned} F &= \sqrt{F_x^2 + F_y^2 + F_z^2} \\ \cos(\boldsymbol{F},\boldsymbol{i}) &= \frac{F_x}{F},\quad \cos(\boldsymbol{F},\boldsymbol{j}) = \frac{F_y}{F},\quad \cos(\boldsymbol{F},\boldsymbol{k}) = \frac{F_z}{F} \end{aligned} \right\} \tag{5.3}$$

例 5.1　在图 5.5 所示的长方体顶点上作用一力 $\boldsymbol{F}$,已知 $F=300$ N。试求该力在三个坐标轴上的投影。

解　(1)应用直接投影法求力 $\boldsymbol{F}$ 在 z 轴的投影。

$$F_z = F\sin30° = 150 \text{ N}$$

(2)应用二次投影法求力 $\boldsymbol{F}$ 在 x,y 轴的投影。先将力 $\boldsymbol{F}$ 投影到 Oxy 坐标平面上,如图 5.5 所示,得到

$$F_{xy} = F\cos30° = 259.8 \text{ N}$$

再将 $\boldsymbol{F}_{xy}$ 投影到 x,y 轴上,得到

$$F_x = -F_{xy}\cos45° = -183.7 \text{ N}$$

$$F_y = -F_{xy}\sin45° = -183.7 \text{ N}$$

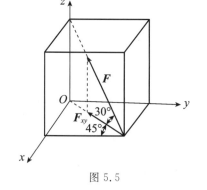

图 5.5

5.3　力对点的矩与力对轴的矩

1. 力对点的矩

如图 5.6(a)所示,分别在 Oxy 和 Oyz 两个平面内求力 F 对 O 点的矩,结果均为正的 Fa,但它们的作用效果却不同。所以,在空间力系中不仅要考虑力矩的大小和正负,还要注意力与矩心所构成的平面(力矩作用面)的方位,方位不同,其作用效果也将不同。如图 5.6(b)所示,力 F 对点 O 的矩可定义为

$$M_O(F) = r \times F \tag{5.4}$$

其大小为

$$|M_O(F)| = |r \times F| = Fh = 2A_{\triangle OAB}$$

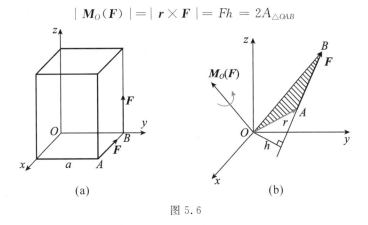

(a)　　　　　　　(b)

图 5.6

这与在平面 OAB 中计算力 F 对点 O 的矩的大小完全相同,不同的是力矩矢 $M_O(F)$ 的方向需要用右手定则来确定,如图 5.6(b)所示。

2. 力对轴的矩

平面内物体绕 O 点的转动,如图 5.7(a)所示,实际上就是空间里物体绕通过 O 点且与 OAB 平面垂直的 z 轴转动,如图 5.7(b)所示。因此,平面里力 F 对 O 点的矩就是力 F 使刚体绕 Oz 轴转动效应的度量。在生活和生产实际中,经常遇到物体绕定轴转动的情况,以图 5.8 所示的开关门动作为例。

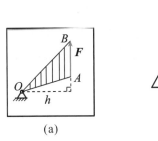
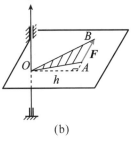

(a)　　　　　　(b)

图 5.7

空间力对轴的矩的计算

实践经验表明:当力与 z 轴平行或相交时,如图 5.8(a)、(b)、(c)所示,门不会绕 z 轴转动。在图 5.8(d)中,门在力 F 的作用下可绕定轴 z 转动。为了计算力 F 对 z 轴的矩,将力 F 分解

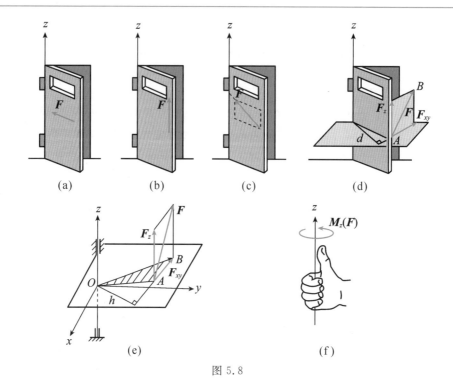

图 5.8

为与 z 轴平行和垂直的两个分力 $\boldsymbol{F}_z$ 和 $\boldsymbol{F}_{xy}$。其中,平行于 z 轴的分力 $\boldsymbol{F}_z$ 不能使门绕 z 轴转动,故它对 z 轴的矩为零;只有异面且垂直于 z 轴的分力 $\boldsymbol{F}_{xy}$ 才能使门绕 z 轴转动,因此只有分力 $\boldsymbol{F}_{xy}$ 对 z 轴才有矩。设点 O 为 Oxy 平面与 z 轴的交点,h 为点 O 到力 $\boldsymbol{F}_{xy}$ 作用线的垂直距离,如图 5.8(e)所示。以 $M_z(\boldsymbol{F})$ 表示力 $\boldsymbol{F}$ 对 z 轴的矩,可以看出,力 $\boldsymbol{F}$ 对 z 轴的矩等于分力 $\boldsymbol{F}_{xy}$ 对 O 点的矩,即

$$M_z(\boldsymbol{F}) = M_O(\boldsymbol{F}_{xy}) = F_{xy}h \tag{5.5}$$

所以,空间力对轴的矩可定义为力对轴的矩是力使刚体绕该轴转动效应的度量,是一个代数量,其绝对值等于力在垂直于该轴的平面上的投影对该轴与平面交点的矩。其正负号按右手定则确定,如图 5.8(f)所示:当大拇指的指向与 z 轴的正向相同时,力对轴的矩为正,反之为负。

需要注意的是当力与轴平行(此时 $\boldsymbol{F}_{xy}=0$)或力与轴相交(此时 $h=0$)时,力对轴的矩为零;当力沿其作用线移动时,不会改变力对轴的矩(h 和 $\boldsymbol{F}_{xy}$ 都不改变);当力与轴异面且垂直时,力对轴的矩可转化为力对点的矩进行计算。由此可见,无论是在平面力系还是在空间力系,力对点的矩和力对轴的矩的计算均可相互转化。比如,空间力对点的矩在过该点的轴上的投影等于力对轴的矩(读者可自行证明),即

$$\left[\boldsymbol{M}_O(\boldsymbol{F})\right]_z = M_z(\boldsymbol{F})$$

力对轴的矩的单位:牛顿·米(N·m)。

3. 合力矩定理

平面力系中的合力矩定理在空间力系中依然适用,即空间力系的合力对某一轴的矩等于力系中各分力对同一轴取矩的代数和,用公式表示为

$$M_z(\boldsymbol{F}_R) = M_z(\boldsymbol{F}_1) + M_z(\boldsymbol{F}_2) + \cdots\cdots + M_z(\boldsymbol{F}_n)$$

所以

$$M_z(\boldsymbol{F}_R) = \sum M_z(\boldsymbol{F})$$

空间合力矩定理常常被用来确定物体的重心位置,同时也提供了用分力矩计算合力矩的方法。

　　例 5.2　如图 5.9 所示,力 $\boldsymbol{F}$ 作用在 D 点,作用线沿正方体的对角线 DE。试求力 $\boldsymbol{F}$ 对 x、y、z 三个坐标轴的矩。

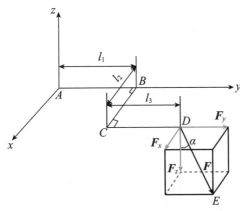

图 5.9

　　解　(1)先求力 $\boldsymbol{F}$ 沿 x、y、z 三个坐标轴的分力 $\boldsymbol{F}_x$、$\boldsymbol{F}_y$、$\boldsymbol{F}_z$,如图 5.9 所示,其大小分别为

$$|\boldsymbol{F}_x| = F\sin\alpha\cos45° = F_x\sqrt{\frac{2}{3}} \times \frac{\sqrt{2}}{2} = \frac{\sqrt{3}}{3}F$$

$$|\boldsymbol{F}_y| = F\sin\alpha\sin45° = \frac{\sqrt{3}}{3}F$$

$$|\boldsymbol{F}_z| = F\cos\alpha = \frac{\sqrt{3}}{3}F$$

(2)应用合力矩定理,可得

$$M_x(\boldsymbol{F}) = M_x(\boldsymbol{F}_x) + M_x(\boldsymbol{F}_y) + M_x(\boldsymbol{F}_z) = 0 + 0 - \frac{\sqrt{3}}{3}F(l_1 + l_3) = -\frac{\sqrt{3}}{3}F(l_1 + l_3)$$

$$M_y(\boldsymbol{F}) = M_y(\boldsymbol{F}_x) + M_y(\boldsymbol{F}_y) + M_y(\boldsymbol{F}_z) = 0 + 0 + \frac{\sqrt{3}}{3}Fl_2 = +\frac{\sqrt{3}}{3}Fl_2$$

$$M_z(\boldsymbol{F}) = M_z(\boldsymbol{F}_x) + M_z(\boldsymbol{F}_y) + M_z(\boldsymbol{F}_z) = -\frac{\sqrt{3}}{3}F(l_1 + l_3) + \frac{\sqrt{3}}{3}Fl_2 + 0 = -\frac{\sqrt{3}}{3}F(l_1 - l_2 + l_3)$$

5.4　空间力偶

1. 力偶矩以矢量表示

　　空间力偶对刚体的转动效应,可以用力偶的两个力对空间任一点取矩的矢量和来度量。如图 5.10(a)所示,设有力偶$(\boldsymbol{F}, \boldsymbol{F}')$,力偶臂为 d,两个力的作用点分别为 A 和 B,且 $F = -F'$。

　　与平面力偶类似,空间力偶对任一点的矩矢与矩心的位置无关,于是定义力偶矩矢 $\boldsymbol{M}_O(\boldsymbol{F}, \boldsymbol{F}')$(或记作 $\boldsymbol{M}$)为

$$\boldsymbol{M} = \boldsymbol{r}_{BA} \times \boldsymbol{F} \tag{5.6}$$

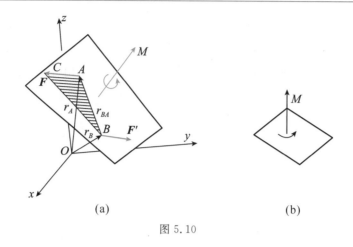

图 5.10

力偶矩矢 M 的大小为

$$|M| = |r_{BA} \times F| = Fd = 2A_{\triangle ABC}$$

根据右手定则,即可确定出力偶矩矢的方向与力偶作用面垂直,如图 5.10(b)所示。由此可见,空间力偶与平面力偶的作用效果的区别仅在于一个是矢量矩,一个是代数量。

5.5 空间力系的平衡

空间力系平衡方程的建立与求解平面力系类似,都是通过对力系的简化得到的。

下面将具体介绍空间一般力系的简化与平衡方程的建立方法,从而导出特殊力系的平衡方程。

空间一般力系的简化

1. 空间一般力系向一点的简化

设刚体上作用空间一般力系($F_1, F_2, \cdots, F_n$),如图 5.11(a)所示。类似平面一般力系的简化过程,应用力的平移定理,将各力平移到简化中心 O,即可得到一个空间汇交力系和所有附加力偶组成的空间力偶系,如图 5.11(b)所示。

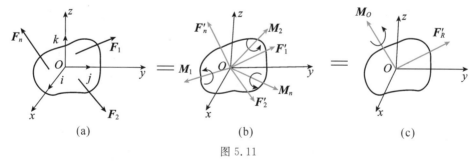

图 5.11

其中,$F_i' = F_i$,$M_i = M_O(F_i) = r_i \times F_i$ $(i = 1, 2, \cdots, n)$。

将这两个简单力系进一步合成,得到主矢 F_R' 和主矩 M_O,如图 5.11(c)所示。其中主矢等于力系中各力的矢量和,主矩等于力系中各力对简化中心的力矩的矢量和,即

$$\boldsymbol{F}'_R = \boldsymbol{F}'_1 + \boldsymbol{F}'_2 + \cdots + \boldsymbol{F}'_n = \sum_{i=1}^{n} \boldsymbol{F}_i = \sum F_x \boldsymbol{i} + \sum F_y \boldsymbol{j} + \sum F_z \boldsymbol{k} \tag{5.7}$$

$$\boldsymbol{M}_O = \sum_{i=1}^{n} \boldsymbol{M}_O(\boldsymbol{F}) = \sum M_x(\boldsymbol{F}) \boldsymbol{i} + \sum M_y(\boldsymbol{F}) \boldsymbol{j} + \sum M_z(\boldsymbol{F}) \boldsymbol{k} \tag{5.8}$$

知识拓展

　　空间力系的简化与平面力系的简化方法相同,但由于应用几何法画出的空间力多边形求解复杂,所以我们简化空间力系时应用较多的是解析法。平面中力对点的矩是代数量,空间中力对点的矩是矢量,且力对点的矩在过该点的轴上的投影等于力对该轴的矩,因此,通常用式(5.8)来计算空间力对点的矩。

2. 空间力系的平衡方程

　　空间一般力系平衡的充分必要条件:力系的主矢和对任意点的主矩均为零,即

$$\boldsymbol{F}'_R = 0, \quad \boldsymbol{M}_O = 0$$

根据式(5.7)和式(5.8),可将上述平衡条件写成空间一般力系的平衡方程

$$\left. \begin{array}{l} \sum F_x = 0 \\[4pt] \sum F_y = 0 \\[4pt] \sum F_z = 0 \\[4pt] \sum M_x(\boldsymbol{F}) = 0 \\[4pt] \sum M_y(\boldsymbol{F}) = 0 \\[4pt] \sum M_z(\boldsymbol{F}) = 0 \end{array} \right\} \tag{5.9}$$

　　于是空间一般力系平衡的必要和充分条件:所有各力分别在三个坐标轴上的投影的代数和等于零,以及这些力对每一个坐标轴的矩的代数和也等于零。

　　空间一般力系是最普遍的力系,其他力系如空间汇交力系、空间力偶系、空间平行力系及平面各力系均具有特殊性,其平衡方程均可由空间一般力系的平衡方程组导出。

　　如图 5.12(a)为一空间汇交力系,各力的作用线汇交于 O 点,则无论该力系是否平衡,各力对三个坐标轴的矩都等于零,即 $\sum M_x(\boldsymbol{F}) = 0$,$\sum M_y(\boldsymbol{F}) = 0$,$\sum M_z(\boldsymbol{F}) = 0$ 为恒等式,因此空间汇交力系的平衡方程为

$$\left. \begin{array}{l} \sum F_x = 0 \\[4pt] \sum F_y = 0 \\[4pt] \sum F_z = 0 \end{array} \right\} \tag{5.10}$$

　　如图 5.12(b)为一空间平行力系,各力的作用线均平行于 z 轴,则各力对 z 轴的矩等于零。又由于各力的作用线与 x,y 轴垂直,所以各力在这两轴上的投影也等于零。因而无论该力系是否平衡,$\sum F_x = 0$,$\sum F_y = 0$,$\sum M_z(\boldsymbol{F}) = 0$ 为恒等式,因此空间平行力系的平衡方程为

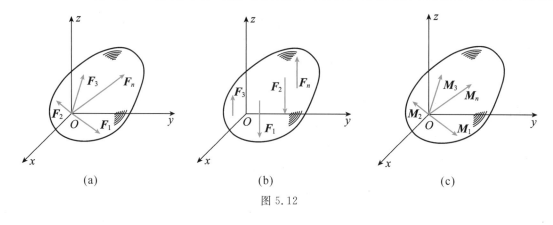

图 5.12

$$\left.\begin{array}{r} \sum F_z = 0 \\ \sum M_x(\boldsymbol{F}) = 0 \\ \sum M_y(\boldsymbol{F}) = 0 \end{array}\right\} \tag{5.11}$$

如图 5.12(c)为一空间力偶系,它可以用一个合力偶来代替,且无论该力系是否平衡,各力偶在三个坐标轴上的投影的代数和均为零,即 $\sum F_x = 0$,$\sum F_y = 0$,$\sum F_z = 0$ 为恒等式,因此空间力偶系的平衡方程为

$$\left.\begin{array}{r} \sum M_x = 0 \\ \sum M_y = 0 \\ \sum M_z = 0 \end{array}\right\} \tag{5.12}$$

3. 空间力系平衡问题举例

例 5.3   水平传动轴上有两个带轮,大轮半径 $r_1 = 300$ mm,小轮半径 $r_2 = 150$ mm,带轮与轴承之间的距离 $b = 500$ mm。带的拉力都在垂直于 y 轴的平面内,且与带轮相切。已知 $\boldsymbol{F}_1$ 与 $\boldsymbol{F}_2$ 沿水平方向,而 $\boldsymbol{F}_3$ 和 $\boldsymbol{F}_4$ 则与铅直线成 $\theta = 30°$ 角,如图 5.13 所示。设 $F_1 = 2F_2 = 2$ kN,$F_3 = 2F_4$。求平衡时的拉力 $\boldsymbol{F}_3$ 和 $\boldsymbol{F}_4$ 以及轴承 A、B 处的约束力。

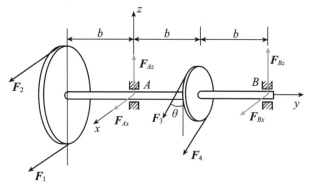

图 5.13

空间力系的平衡计算

解   (1)选取研究对象,画受力分析图。取整个系统为研究对象,受力分析如图 5.13 所示,两个轮上分别作用有力 F_1、F_2、F_3、F_4 及径向轴承的约束力 F_{Ax}、F_{Az}、F_{Bx}、F_{Bz}。

（2）建立坐标系 $Oxyz$ 如图所示,列平衡方程

$$\sum M_y(\boldsymbol{F}) = 0, \quad (F_2 - F_1) \times r_1 + (F_3 - F_4) \times r_2 = 0$$

$$\sum M_x(\boldsymbol{F}) = 0, \quad F_{Bz} \times 2b - (F_3 + F_4)\cos\theta \times b = 0$$

$$\sum M_z(\boldsymbol{F}) = 0, \quad (F_2 + F_1) \times b - F_{Bx} \times 2b - (F_3 + F_4)\sin\theta \times b = 0$$

$$\sum F_z = 0, \quad F_{Az} + F_{Bz} - F_3\cos\theta - F_4\cos\theta = 0$$

$$\sum F_x = 0, \quad F_2 + F_1 + F_{Ax} + F_{Bx} + (F_3 + F_4)\sin\theta = 0$$

（3）解方程。

将 $F_3 = 2F_4$，$F_1 = 2F_2 = 2$ kN 及已知数据代入上述方程,联立解得

$F_3 = 4$ kN，$F_4 = 2$ kN，$F_{Ax} = -6$ kN，$F_{Az} = 2.6$ kN，$F_{Bx} = 0$，$F_{Bz} = 2.6$ kN

特别提示　本例题中平衡方程 $\sum F_y = 0$ 成为 $0=0$ 型恒等式,所以独立的平衡方程只有五个,在题设条件 $F_1 = 2F_2 = 2$ kN，$F_3 = 2F_4$ 之下,才能求解出上述六个未知量。

例 5.5　如图 5.14 所示,均质长方板由六根杆支持于水平位置,直杆两端各用球铰链与板和地面连接。板重为 G,在 A 处作用一水平力 $\boldsymbol{F}$,且 $F=2G$。试求各杆的内力。

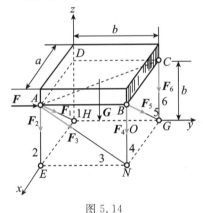

图 5.14

解　（1）选取研究对象。取均质长方板为研究对象,各支撑杆均为二力杆,设它们均承受拉力。长方板的受力如图 5.14 所示。

（2）平衡求解。建立坐标系 $Oxyz$,列平衡方程:

$$\sum M_{BN}(\boldsymbol{F}) = 0, \qquad F_1 = 0$$

$$\sum M_{AE}(\boldsymbol{F}) = 0, \qquad F_5 = 0$$

$$\sum M_{AC}(\boldsymbol{F}) = 0, \qquad F_4 = 0$$

$$\sum M_{AB}(\boldsymbol{F}) = 0, \qquad -F_6 \times a - G \times \frac{a}{2} = 0 \qquad 得 \qquad F_6 = -\frac{G}{2}（压力）$$

$$\sum M_{NG}(\boldsymbol{F}) = 0, \quad G \times \frac{b}{2} + F_2 \times b - F \times b = 0 \qquad 得 \qquad F_2 = \frac{3}{2}G（拉力）$$

$$\sum M_{CG}(\boldsymbol{F}) = 0, \quad F_3\cos 45° \times a + F \times a = 0 \qquad 得 \qquad F_3 = -2\sqrt{2}G（压力）$$

特别提示　此例中用六个力矩方程求得六根杆的内力。一般来说,力矩方程比较灵活,常

常可使一个方程只包含一个未知量。但无论怎样列方程,独立平衡方程数目只有六个。

5.6 重 心

研究物体的重心在工程实际中具有重要意义。例如在工程中,转动机械特别是高速转子,如果重心不在其转动轴线上,将会引起强烈振动,导致系统不能正常工作甚至破坏。又如船舶和高速飞行物,如重心位置设计不好,就可能引起船舶的倾覆和影响飞行物的稳定飞行等。因此,了解重心的概念以及分析计算重心位置的方法十分重要。

放置在地球表面附近的物体,其内部各点都受到地球引力的作用。严格地说,这些引力组成的力系是汇交于地心的空间汇交力系。但由于物体的几何尺寸比地球的半径小得多,因此可近似认为内部各点所受地球的引力是相互平行的。我们把这种分布在空间,且作用线相互平行的力系称为空间平行力系,该平行力系的合力为物体的重力,合力的作用点为物体的重心。若物体的形状不变,则重心在该物体内的相对位置也不变,且重力的作用线总是通过该物体的重心。

知识拓展

"达瓦孜"是维吾尔族一种古老的传统杂技表演艺术,传承至今已有 2000 多年的历史。"达瓦孜"是维吾尔语"高空走索"的意思。想要在钢丝上保持稳定不晃,重心一定要稳。重心的作用线要时刻与钢索垂直,否则表演者就会从钢丝上掉落。表演者在不系保险带的情况下,手持平衡杆,随时调整握持时的左右力臂长度,以起到调节形心,继而调整重心的作用。这也是达瓦孜表演最惊心动魄的地方之所在。

1. 重心坐标的一般公式

取图 5.15 所示的直角坐标系 $Oxyz$,设物体重心 C 的坐标为 x_C, y_C, z_C,重力为 $\boldsymbol{G}$,则物体的重心 C 的直角坐标公式可表示

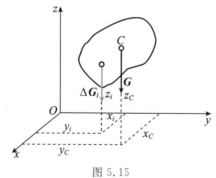

图 5.15

$$x_C = \frac{\sum \Delta G_i x_i}{G}, \quad y_C = \frac{\sum \Delta G_i y_i}{G}, \quad z_C = \frac{\sum \Delta G_i z_i}{G} \tag{5.13}$$

在式(5.13)中,若以 $G_i = m_i g$,$G = mg$ 代入,在分子分母中消去 g,即得到

$$x_C = \frac{\sum m_i x_i}{m}, \quad y_C = \frac{\sum m_i y_i}{m}, \quad z_C = \frac{\sum m_i z_i}{m} \tag{5.14}$$

上式称为质心(质量中心)坐标公式,在均匀重力场内,质量中心与其重心的位置相重合,质心坐标公式会在动力学中用到。

2. 均质物体的重心坐标公式

对均质物体,设其密度为 ρ,物体微小部分及整体的体积分别为 ΔV_i 和 V,则 $G = \rho g V$,$\Delta P_i = \rho g \Delta V_i$,代入式(4.13),可得

$$x_C = \frac{\sum \Delta V_i x_i}{V}, \quad y_C = \frac{\sum \Delta V_i y_i}{V}, \quad z_C = \frac{\sum \Delta V_i z_i}{V} \tag{5.15}$$

式(5.15)表明,对均质物体而言,其重心的位置与重力大小无关,只取决于物体的几何形状。此种情况物体的重心也是物体的形心。可见,均质物体的重心与形心是重合的。物体分割得越细,每一小部分的体积越小,所求得重心 C 的位置就越精确,在极限情况下,均质物体的重心坐标公式(5.15)可写成积分形式

$$x_C = \frac{\int_V x \, dV}{V}, \quad y_C = \frac{\int_V y \, dV}{V}, \quad z_C = \frac{\int_V z \, dV}{V} \tag{5.16}$$

同理可导出均质等厚薄壳(板)与均质等截面细杆的重心(形心)的直角坐标公式依次为

$$x_C = \frac{\sum \Delta S_i x_i}{S} = \frac{\int_S x \, dS}{S}, \quad y_C = \frac{\sum \Delta S_i y_i}{S} = \frac{\int_S y \, dS}{S}, \quad z_C = \frac{\sum \Delta S_i z_i}{S} = \frac{\int_S z \, dS}{S} \tag{5.17}$$

$$x_C = \frac{\sum \Delta l_i x_i}{l} = \frac{\int_l x \, dl}{l}, \quad y_C = \frac{\sum \Delta l_i y_i}{l} = \frac{\int_l y \, dl}{l}, \quad z_C = \frac{\sum \Delta l_i z_i}{l} = \frac{\int_l z \, dl}{l} \tag{5.18}$$

其中,S 为薄壳(板)的面积,l 为细杆的长度。常见简单几何形状的均质物体的重心可由上述相应公式求得,也可查阅有关工程手册。

5.7　物体重心的求法

工程中常见的均质物体的形状很多是(或近似的可以看成是)由简单几何形状组合而成,这样的物体习惯上称为组合体。求其重心(或形心)的位置,一般有两种方法,即分割法和负面积法(或负体积法)。然而,对于形状复杂的物体,如不能分割成简单的形状,又不便积分,其重心位置可通过实验方法测定。以下例题分别说明上述几种方法的应用,关于实验方法测定重心的位置的应用读者可参考其他相关教材。对于简单几何图形物体的重心,可以从有关的工程手册中查到。

1. 分割法

若一个物体由几个简单形状的物体组合而成,而这些物体的重心是已知的,那么整个物体的重心可用式(5.17)求得。

例 5.6　求图 5.16 所示平面图形重心的位置。

解　(1)取坐标系如图所示,将该图形分割为两个矩形。以 C_1,C_2 表示这两矩形的重心,而以 S_1,S_2 表示它们的面积。以 (x_1, y_1) 和 (x_2, y_2) 分别表示 C_1,C_2 的坐标,可得

$$x_1 = 1 \text{ cm}, \quad y_1 = 6 \text{ cm}, \quad S_1 = 12 \text{ cm} \times 2 \text{ cm} = 24 \text{ cm}^2$$

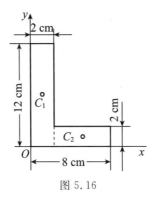

图 5.16

$$x_2 = 5 \text{ cm}, \quad y_2 = 1 \text{ cm}, \quad S_2 = 6 \text{ cm} \times 2 \text{ cm} = 12 \text{ cm}^2$$

(2)根据式(5.17),求得该图形重心的坐标

$$x_C = \frac{S_1 x_1 + S_2 x_2}{S_1 + S_2} = 2.33 \text{ cm}$$

$$y_C = \frac{S_1 y_1 + S_2 y_2}{S_1 + S_2} = 4.33 \text{ cm}$$

2. 负面积法(负体积法)

若在物体或薄板内切去一部分,则这类物体的重心仍可应用与分割法相同的公式求得,只是切去部分的体积或面积取负值即可。

例 5.7   图 5.17 所示为一半径 $R = 10$ cm 的均质薄圆板,在距圆心为 $a = 4$ cm 处有一半径为 $r = 3$ cm 的小孔。试计算该薄圆板的重心位置。

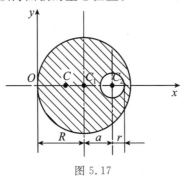

图 5.17

解   (1)取坐标系 Oxy 如图 5.17 所示,其中 Ox 轴为对称轴,根据对称性,该薄圆板的重心 C 在对称轴上,所以

$$y_C = 0$$

将薄圆板分割成两部分,即半径分别为 R 和 r 的两个圆。其圆心坐标为 $C_1(r, 0)$ 和 $C_2(R + a, 0)$,面积分别为 $S_1 = \pi R^2$ 和 $S_2 = \pi r^2$。

(2)代入式(5.17),求得该图形重心的坐标

$$x_C = \frac{\pi R^2 \cdot R + (-\pi r^2)(R + a)}{\pi R^2 + (-\pi r^2)} = \frac{10^3 - 3^2 \times (10 + 4)}{10^2 - 3^2} \text{ cm} = 9.6 \text{ cm}$$

由此得到均质薄圆板重心(即形心)C 的坐标分别为

$$x_C = 9.6 \text{ cm}, \quad y_C = 0$$

本章小结

本章主要研究空间力系的平衡问题,并介绍了确定物体重心位置的方法。本章的重点是空间力在直角坐标轴上的投影及空间力对轴取矩的计算,了解如何用空间力系的平衡方程去解题。

1. 力在空间坐标轴上的投影

(1)直接投影法:设力 F 与三轴 x、y、z 正向间的夹角分别为 α、β、γ(见图 5.3),则力 F 在三个坐标轴上的投影分别为

$$F_x = F\cos\alpha, \quad F_y = F\cos\beta, \quad F_z = F\cos\gamma$$

(2)间接投影法:已知 γ、φ(见图 5.4),则力 F 在 x、y、z 三个坐标轴上的投影分别为

$$F_x = F\sin\gamma\cos\varphi, \quad F_y = F\sin\gamma\sin\varphi, \quad F_z = F\cos\gamma$$

2. 力对轴的矩

力对轴的矩是用来度量使物体绕轴转动效应的物理量。力对任一轴的矩等于该力在垂直于该轴平面上的投影对轴与平面的交点之矩。其正负按右手法则确定;或从 z 轴正向看逆时针转向为正,顺时针转向为负。需要注意的是,当力与轴共面时,力对轴的矩等于零。

3. 各种力系的平衡方程见表 5.1

表 5.1　各种力系的平衡方程

力系的类型	平衡方程						独立方程的数目
空间一般力系	$\sum F_x = 0$	$\sum F_y = 0$	$\sum F_z = 0$	$\sum M_x = 0$	$\sum M_y = 0$	$\sum M_z = 0$	6
空间汇交力系	$\sum F_x = 0$	$\sum F_y = 0$	$\sum F_z = 0$				3
空间平行力系			$\sum F_z = 0$	$\sum M_x = 0$	$\sum M_y = 0$		3
平面一般力系	$\sum F_x = 0$	$\sum F_y = 0$				$\sum M_z = 0$	3
平面汇交力系	$\sum F_x = 0$	$\sum F_y = 0$					2
平面平行力系		$\sum F_y = 0$				$\sum M_z = 0$	2
平面力偶系						$\sum M_z = 0$	1

在求解空间力系的平衡问题时,应注意以下步骤:

(1)受力图可直接画在原题图上,可更清楚地标识各力的空间方位关系;

(2)列平衡方程时,一般尽可能选择与较多未知力平行或相交的坐标轴列矩式方程,选择与尽可能多的未知力垂直的坐标轴列投影方程,这样数学运算相对简单;

(3)列平衡方程时,其形式不唯一,只要所列方程能够求解未知量即可。

4. 重心位置的确定

重心在物体内的位置是不变的,其坐标一般用式(5.13)进行计算。

5.静力学部分几种典型约束及其约束力的画法见表 5.2

表 5.2　几种典型约束及其约束力

约束类型			简图	约束力
柔性体约束				约束力沿绳索方向,背离物体
光滑面约束				约束力沿接触面的公法线方向,指向物体
辊轴约束				约束力沿接触面的公法线方向,方位已知,指向待定
铰链约束				约束力,用两个分力来表示
固定端约束				约束力可以分解为两个分力和一个约束力偶
轴承	向心轴承	平面		约束力沿接触面的公法线方向,指向待定
		空间		约束力沿接触面的公法线方向,用两个分力来表示
	向心推力轴承	平面		约束力可用分力 F_{Ax} 和 F_{Ay} 来表示
		空间		约束力可用三个分力 F_{Ax}、F_{Ay} 和 F_{Az} 来表示

思考题

1. 试问力 $\boldsymbol{F}$ 和轴 x 在什么情况下满足以下结果?
   (1) $F_x = 0, M_x(\boldsymbol{F}) = 0$;
   (2) $F_x = 0, M_x(\boldsymbol{F}) \neq 0$;
   (3) $F_x \neq 0, M_x(\boldsymbol{F}) = 0$。

2. 试分析以下两种力系最多各有几个相互独立的平衡方程:
   (1) 空间力系中各力的作用线平行于某一固定平面;
   (2) 空间力系中各力的作用线分别汇交于两个固定点;
   (3) 空间力系中各力的作用线平行于某一固定直线。

习　题

一、填空题

1. 空间汇交力系有_____个独立的平衡方程。

2. 如图 5.18 所示,在边长为 a 的正方体上面沿对角线作用力 $\boldsymbol{F}$,则该力在三个坐标轴上的投影分别为 $F_x =$ _____,$F_y =$ _____,$F_z =$ _____。

3. 如图 5.19 所示,则该力对三个坐标轴上的矩分别为 $M_x(\boldsymbol{F}) =$ _____,$M_y(\boldsymbol{F}) =$ _____,$M_z(\boldsymbol{F}) =$ _____。

4. 如图 5.20 所示,则该力在 x 轴上的投影为 $F_x =$ _____,对 y 的力矩 $M_y(\boldsymbol{F}) =$ _____。

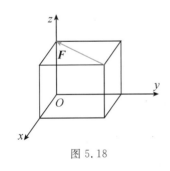

图 5.18　　　　　　图 5.19

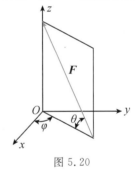

图 5.20

二、判断题

1. 已知力 $\boldsymbol{F}$ 及力与投影轴正向间的夹角 α,则力在该轴上的投影可以用式子 $F\cos\alpha$ 进行求解。
   （　　）

2. 当力与轴平行或相交时,力对该轴的矩等于零。（　　）

3. 若已知力在某轴上的投影等于零,则力对该轴的矩也必为零。（　　）

4. 空间一般力系的最终简化结果有合力、合力偶和平衡三种情况。（　　）

5. 在空间问题中,力对轴的矩矢代数量,而对点的矩矢矢量。（　　）

6. 某力系在任意轴上的投影都等于零,则该力系一定时平衡力系。（　　）

三、计算题

1. 如图 5.21 所示,作用于手柄端的力 $F = 600$ N,试计算力 F 在 x、y、z 轴上的投影及对 x、y、z

轴之矩。

答：$F_x = 150\sqrt{2}$ N，$F_y = 150\sqrt{2}$ N，$F_z = 300\sqrt{3}$ N，$M_x = 30\sqrt{2}$ N·m，$M_y = (-40\sqrt{2}-15\sqrt{3})$ N·m，$M_z = 7.5\sqrt{2}$ N·m）

2. 如图 5.22 所示作用于管扳子手柄上的两个力构成一力偶，试求此力偶矩矢量。

〔答：$M = (-75i + 22.5j)$ N·m〕

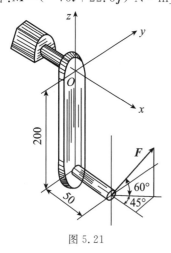

图 5.21

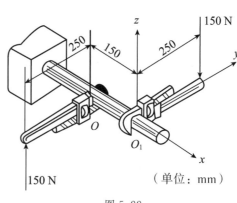

（单位：mm）

图 5.22

3. 空间力系如图 5.23 所示，其中力偶矩 $M = 24$ N·m，作用在 Oxy 平面内。试求此力系向点 O 简化的结果。

〔答：主矢 $F_R = (-4j - 8k)$ N；主矩 $M_O = (24j - 12k)$ N·m〕

4. 如图 5.24 所示，均质长方形薄板重 $G = 200$ N，用球铰链 A 和碟铰链 B 固定在墙上，并用绳子 CE 维持在水平位置。求绳子的拉力和支座约束力。

（答：$F_T = 200$ N，$F_{Bz} = F_{Bx} = 0$，$F_{Ax} = 86.6$ N，$F_{Ay} = 150$ N，$F_{Az} = 100$ N）

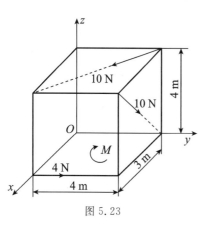

图 5.23

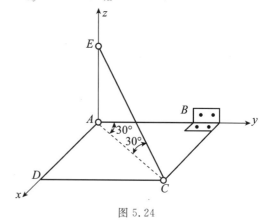

图 5.24

5. 如图 5.25 所示水平轴 AB 作匀速转动，其上装有齿轮 C 及带轮 D。已知胶带紧边的拉力为 200 N，松边的拉力为 100 N，尺寸如图示。试求啮合力 F 及轴承 A、B 的约束力。

（答：$F = 142$ N，$F_{Az} = 96$ N，$F_{Az} = 176$ N，$F_{Bz} = 75$ N，$F_{Bx} = 38$ N）

6. 如图 5.26 所示空间桁架由六根杆 1、2、3、4、5 和 6 构成。在节点 A 上作用一力 F，此力在矩形 $ABDC$ 平面内，且与铅直线成 45°角。$\triangle EAK = \triangle FBM$，等腰三角形 EAK，FBM 和

NDB 在顶点 A、B 和 D 处均为直角,又 $EC=CK=FD=DM$。若 $F=10$ kN,求各杆的内力。

〔答:$F_1=-5$ kN(压),$F_2=-5$ kN(压),$F_3=-7.07$ kN(压),$F_4=5$ kN(拉),$F_5=5$ kN（拉),$F_6=-10$ kN(压)〕

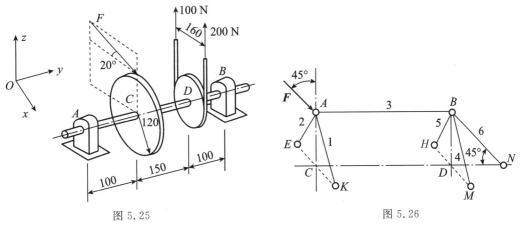

图 5.25   图 5.26

7.试求图 5.27 所示物体重心(形心)的位置。

〔答:(a)$x_C=90$ mm,(b)$x_C=17.5$ mm〕

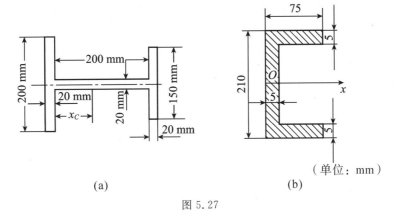

(a)   (b)

图 5.27

拓展阅读

啄木鸟尾巴的作用[①]

啄木鸟的尾巴,有点特殊,它坚硬有力,能支撑着啄木鸟停在树干上啄虫取食,还能帮助啄木鸟攀登树干时保持身体平衡。同时,在啄木鸟飞行时它也可以起到一般鸟尾巴的作用,即控制飞行速度,加速减速、灵活转向且保持身体平衡。若将啄木鸟简化为刚体,这里用橄榄球状来替代啄木鸟的身体,如图 1(b)所示。结合实际从图 1(a)中观察,啄木鸟两爪和身体与树干接触过程中,鸟的身体可以转动但不能任意移动,故可将树给鸟爪的约束用球铰链约束代替,分别用三个正交分力来表示,将鸟爪与树干的接触视为 A、B 两点,连接这两个点作轴 ξ,如图

① 张伟伟,薛书杭,王志华.树枝上的小鸟趣说刚体平衡力学史.力学与实践,2018.

1(b)所示。当啄木鸟处于平衡状态时,由空间力系的平衡条件可知,爪子所受的六个力对 ξ 轴的矩等于零,而重力 G 对该轴一般有力矩的作用,所以为了维持啄木鸟身体的平衡,尾巴紧贴树干,树干即给啄木鸟尾巴力的作用。

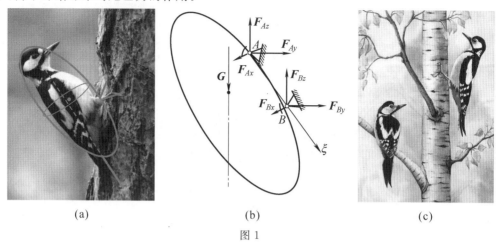

(a)　　　　　　　　　　　　(b)　　　　　　　　　　　　(c)

图 1

　　在大多数有关啄木鸟的绘画作品中,我们会看到啄木鸟的尾巴都是紧贴树干的,体现着艺术家对生活细致入微的观察。相反,当你看到图 1(c)中右侧的啄木鸟尾巴没有紧贴树干时,就会产生一种摇晃、不够稳定的感觉,这大概就是力学在艺术之美中的体现吧!

第6章 材料力学的基本概念

课前导读

工程结构或机械都是由若干构件组成的。静力学中,已经对构件外力问题进行求解。为保证工程结构或机械的正常工作,构件应有足够的承载能力,材料力学就是研究构件承载能力的一门学科。本章介绍材料力学的基本概念、基本方法以及材料力学对于工程设计的重要意义。

本章思维导图

6.1 材料力学的任务与研究对象

1. 材料力学的任务

工程结构或机械的各组成部分称为构件(Structural Member)。例如建筑物的梁和柱、机床的轴、起重机大梁等。当工程结构或机械工作时,构件将受到载荷的作用。例如建筑物的梁受自身重力和其他物体重力的作用,车床主轴受齿轮啮合力和切削力的作用,起重机大梁受到起吊重物的重力作用等。当构件受力过大时,会发生破坏而造成事故,或者构件在受力后产生过大的变形而影响机器或结构物的正常工作。为保证工程结构或机械的正常工作,构件应有足够的承载能力。因此它应当满足以下要求:

(1)强度 在规定载荷作用下的构件不发生破坏(屈服或断裂)。例如,冲床曲轴不可折断,储气罐不应爆破。强度(Strength)是指构件在载荷作用下抵抗破坏的能力。

(2)刚度 在外载荷作用下,固体的尺寸和形状将发生变化,称为变形(Deformation)。若构件变形过大,即使强度满足要求,仍不能正常工作。如图6.1(a)所示,若齿轮轴变形过大,将使轴上的齿轮啮合不良,造成齿轮和轴承的不均匀磨损[见图6.1(b)],引起噪声。机床主轴如果变形过大,将影响加工精度。刚度(Stiffness)是指构件在外力作用下抵抗变形的能力。

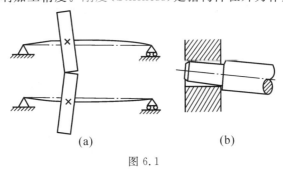

(a)   (b)

图6.1

(3)稳定性 有些受压力作用的构件,如图6.2(a)、(b)所示的内燃机的挺杆、千斤顶的螺杆等,应始终保持原有的直线平衡形态,保证不被压弯。稳定性(Stability)是指构件保持其原有平衡形态的能力。

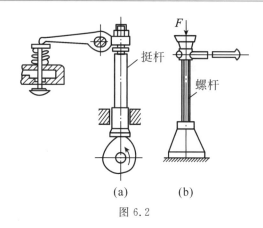

图 6.2

强度、刚度、稳定性是衡量构件承载能力的三个方面,材料力学就是研究构件承载能力的一门科学。

设计构件时,除了要求构件能够正常工作外,还应考虑合理地使用和节约材料。若构件的截面尺寸过小或材料选用不当,在外力作用下将不能满足承载要求,从而影响机械或工程结构的正常工作;若构件尺寸过大,或材料质量太高,虽满足承载力的要求,但浪费了材料,增加了成本和重量。材料力学的任务就是在满足强度、刚度和稳定性的要求下,为设计既经济又安全的构件提供必要的理论基础和计算方法。

构件的强度、刚度和稳定性,显然都与材料的力学性能(Mechanical Properties)(材料在外力作用下表现出来的变形和破坏等方面的特性)有关。而材料的力学性能需要通过实验来测定。此外,材料力学中的一些理论分析方法,大多是在某些假设条件下得到的,是否可靠需要由实验来验证。还有一些问题尚无理论分析结果,也需借助实验的方法来解决。因此,在进行理论分析的基础上,实验研究是完成材料力学的任务所必需的途径和手段。

2. 材料力学的研究对象

根据其几何特征,构件可分为杆、板、壳和块体等。

材料力学主要研究长度远大于横截面尺寸的构件,称为杆件,或简称为杆。杆件的主要几何特征有两个:即横截面和轴线。根据轴线的曲直,可分为直杆和曲杆,根据横截面形状及大小是否沿杆长变化,又可分为等截面杆和变截面杆。杆件横截面大小和形状不变的直杆称为等截面直杆,简称为等直杆(Uniform-Section Bar)。等直杆是最为常见的一类杆,是材料力学的最主要研究对象。

6.2 材料力学的基本假设

固体因外力作用而变形,故称为变形固体或可变形固体。固体有多方面的属性,在研究构件的强度、刚度和稳定性时,为了研究上的方便,必须忽略某些次要性质,只保留它们的主要属性,将其简化为一个理想化的力学模型。因此,对变形固体作下列假设:

1. 连续性假设(Continuity Assumption)

连续性假设认为组成固体的物质不留空隙地充满了固体的体积。实际上,组成固体的粒子之间存在着空隙并不连续,但这种空隙与构件的尺寸相比极其微小,可以不计,于是认为固体在其整个体积内是连续的。这样,当把某些力学量看作是固体内点的坐标的函数时,对这些量就可以进行坐标增量为无限小的极限分析。

2. 均匀性假设(Homogenization Assumption)

均匀性假设认为在固体内各处有相同的力学性能。实际上,就使用最多的金属来说,组成金属的各晶粒的力学性能并不完全相同,但因构件或构件的任一部分中都包含为数极多的晶粒,而且无规则地排列,固体的力学性能是各晶粒的力学性能的统计平均值,所以可以认为各部分的力学性能是均匀的。这样,如从固体中取出一部分,不论大小,也不论从何处取出,力学性能总是相同的。

材料力学研究构件受力后的强度、刚度和稳定性,把它抽象为均匀连续的模型,可以得出满足工程要求的理论。但是,根据均匀、连续的假设所得出的理论,不能用来说明物体内部某一极微小部分所发生的现象的本质。

3. 各向同性假设(Isotropy Assumption)

各向同性假设认为材料沿各个不同方向的力学性能均相同。这个假设对许多材料来说是符合的,如均匀的非晶体材料,一般都是各向同性的。对金属等由晶体组成的材料,虽然每个晶粒的力学性质是有方向性的,但金属构件包含数量极多的晶粒,且又杂乱无章地排列,这样,沿各个方向的力学性能就接近相同了。具有这种属性的材料称为各向同性(Isotropy)材料,如钢、铜、玻璃等。

4. 小变形假设(Small Deformation Assumption)

工程实际中构件受力后的变形一般都很小,它相对于构件的原始尺寸来说要小得多,称为小变形(Small Deformation)。因此在分析构件上力的平衡关系时,变形的影响可忽略不计,仍按构件的原始尺寸进行计算。例如在图 6.3 中,简易吊车的各杆因受力而变形,引起支架几何形状和外力位置的变化。但由于 δ_1 和 δ_2 都远小于吊车的其他尺寸,所以在计算各杆受力时,仍然可用吊车变形前的几何形状和尺寸。今后将经常使用小变形的概念以简化分析计算。如果构件受力后的变形很大,其影响不可忽略时,则须按构件变形后的尺寸来计算。前者称为小变形问题,后者称为大变形问题。材料力学一般只研究小变形问题。

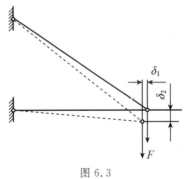

图 6.3

知识拓展

不会抓住事物的主要矛盾,永远找不到重点! 任何过程如果有多个矛盾存在,其中必定有一种是主要的,起着领导和决定的作用,其他则处于次要和服从的地位。因此,研究任何过程,如果是存在着两个以上矛盾的复杂过程,就要先忽略非主要矛盾,假设其不存在的基础上有利于解决核心问题——主要矛盾的解决。

6.3 外力与内力

1. 外力及其分类

材料力学的研究对象是构件。当研究某一构件时,可以设想把这一构件从周围物体中单独取出来,并用力来代替周围各物体对构件的作用。这些来自构件外部的力就是外力(External Forces)[包括载荷(Load)和支座约束力(Constraint Force of Support)]。

按外力的作用方式可分为表面力(Surface Traction)和体积力(Body Force)。表面力是作用于物体表面的力,又可分为分布力(Distributed Force)和集中力(Concentrated Force)。分布力是连续作用于物体表面的力,如作用于油缸内壁上的油压力、作用于船体上的水压力等。有些分布力是沿杆件的轴线作用的。若外力分布面积远小于物体的表面尺寸,或沿杆件轴线分布范围远小于轴线长度,就可看作是作用于一点的集中力。例如,车轮对桥面的作用力[图 6.4(a)]可视为集中力,用力 F_1、F_2 表示。而桥面施加在桥梁上的力可视为分布力[图 6.4 (b)],用集度 q 来表示。体积力是连续分布于物体内部各点的力,例如物体的重力和惯性力等。

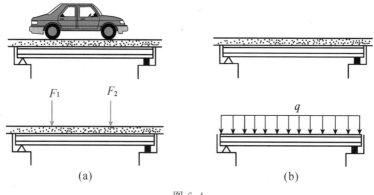

图 6.4

按载荷随时间变化的情况,又可分为静载荷(Static Load)和动载荷(Dynamic Load)。若载荷缓慢地由零增加到某一定值,以后即保持不变,或变动很不显著,即为静载荷。例如,把机器缓慢地放置在基础上时,机器的重量对基础的作用便是静载荷。若载荷随时间而变化,则为动载荷。随时间作周期性变化的动载荷称为交变载荷,例如当齿轮转动时,作用于每一个齿上的力都是随时间作周期性变化的。冲击载荷则是物体的运动在瞬时内发生突然变化所引起的动载荷,例如,急刹车时飞轮的轮轴、锻造时汽锤的锤杆等都受到冲击载荷的作用。

材料在静载荷和动载荷作用下的性能大不相同,分析方法也有很大差异。因为静载荷问题比较简单,所建立的理论和分析方法又可作为解决动载荷问题的基础,所以首先研究静载荷问题。

2. 内力与截面法

构件工作时,总要受到外力的作用。在静力学中,已经讨论了外力的计算问题,但仅仅知道构件上的外力,仍不能解决构件的强度和刚度等问题,还需进一步了解构件的内力。

构件受到外力作用时,其内部各质点间的相对位置将发生改变,由此而引起的质点间的相互作用就是内力(Internal Forces)。我们知道,物体是由无数颗粒组成的,在未受外力作用时,各颗粒间就存在着相互作用的内力,以维持它们之间的联系及物体的原有形状。当物体受到外力作用而变形时,各颗粒间的相对位置将发生改变,与此同时,颗粒间的内力也发生变化,这个因外力作用而引起的内力改变量,即"附加内力",就是材料力学中所要研究的内力。这样的内力随外力的增加而增大,到达某一极限时就会引起构件破坏,因而它与构件的强度是密切相关的。

还需要注意,材料力学中所指的内力与静力学曾经介绍的内力有所不同。静力学中的内力是在讨论物体系统的平衡时,各个物体之间的相互作用力,相对于整个系统来说是内力,但对于一个物体来说,就属于外力了。

截面法(Method of Sections)是材料力学中计算内力的基本方法。如图 6.5(a)所示,一构件受外力作用而处于平衡状态,为了显示 m—m 截面上的内力,假想用平面沿 m—m 截面把构件截成 Ⅰ、Ⅱ 两个部分,如图 6.5(b)所示。任取其中一部分作为研究对象,例如 Ⅱ 部分,在 Ⅱ 部分上作用有外力 F_3 和 F_4,欲使 Ⅱ 保持平衡,在 m—m 截面上必然有 Ⅰ 部分对 Ⅱ 部分的作用力。按照连续性假设,截面上各处都有内力作用,所以该力是作用于截面上的一个分布力系。把这个分布内力系向截面上某一点简化后得到的主矢和主矩,就是截面上的内力。建立 Ⅱ 部分的平衡方程,即可求出 m—m 截面上的内力。若取 Ⅰ 部分作为研究对象,在 m—m 截面上必然有 Ⅱ 部分对 Ⅰ 部分的作用力,根据作用与反作用定律可知,Ⅰ、Ⅱ 两个部分之间的相互作用力必然大小相等、方向相反,所以,无论取哪一部分作为研究对象,求出来的内力大小都相等。上述用截面假想地把构件分成两部分,以显示并确定内力的方法称为截面法。可将其归纳为以下四个步骤:

(1)截　欲求构件某一截面上的内力时,就沿该截面假想地把构件分成两部分。

(2)取　原则上取受力简单的部分作为研究对象,并弃去另一部分。

(3)代　用内力代替弃掉部分对取出部分的作用。

(4)平　建立取出部分的平衡方程,确定未知的内力。

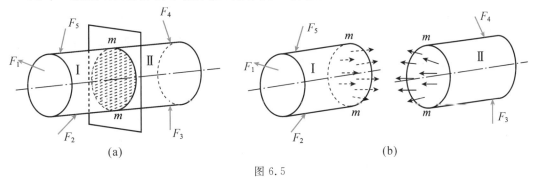

图 6.5

例 6.1　钻床如图 6.6(a)所示,在载荷 F 作用下,试确定立柱上 m—m 截面的内力。

解　(1)采用截面法,沿 m—m 截面假想地将钻床分成两部分,取截面以上部分作为研究对象,并以截面形心 O 为原点,选取坐标系如图 6.6(b)所示。

(2)截面以上部分受外力 F 的作用,为保持平衡,m—m 截面以下部分必然以内力 F_N 及 M 作用于截面上,它们是 m—m 截面上分布内力系向形心 O 点简化后的结果,其中,F_N 为通

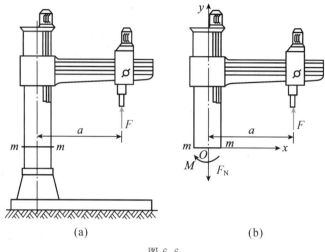

图 6.6

过 O 点的主矢, M 为对 O 点的主矩。

（3）由平衡条件

$$\sum F_y = 0, \quad F - F_N = 0$$

$$\sum M_O = 0, \quad Fa - M = 0$$

求得内力 F_N 和 M 为

$$F_N = F, \quad M = Fa$$

6.4　应力与应变

1. 应力

同样的内力，作用在大小不同的截面上，对物体产生的破坏作用不同，也就是说，内力并不能说明分布内力系在截面内某一点处的强弱程度，为此，引入应力的概念。

在图 6.7(a)所示的截面 m—m 上任选一点 C，围绕 C 点取一微小面积 ΔA，设作用在该微小面积上的分布内力的合力为 $\Delta \boldsymbol{F}$。$\Delta \boldsymbol{F}$ 的大小和方向与 C 点的位置和 ΔA 的大小有关。$\Delta \boldsymbol{F}$ 与 ΔA 的比值为

$$\boldsymbol{p}_m = \frac{\Delta \boldsymbol{F}}{\Delta A} \tag{6.1}$$

$\boldsymbol{p}_m$ 是一个矢量，代表在 ΔA 范围内，单位面积上内力的平均集度，称为平均应力。随着 ΔA 逐渐缩小，$\boldsymbol{p}_m$ 的大小和方向都将逐渐变化。当 ΔA 趋于零时，$\boldsymbol{p}_m$ 的大小和方向都将趋于一个极限。这时有

$$p = \lim_{\Delta A \to 0} p_m = \lim_{\Delta A \to 0} \frac{\Delta F}{\Delta A} \tag{6.2}$$

$\boldsymbol{p}$ 称为 C 点的应力(Stress)。它是分布内力系在 C 点的集度，反映内力系在 C 点的强弱程度。$\boldsymbol{p}$ 是一个矢量，一般来说既不与截面垂直，也不与截面相切，通常把应力 $\boldsymbol{p}$ 分解成垂直于截面的分量 σ 和切于截面的分量 τ，如图 6.7(b)所示，σ 称为正应力(Normal Stress)，τ 称为

切应力或剪应力(Shear Stress)。

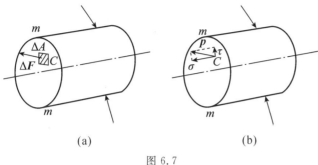

(a)　　　　　(b)

图 6.7

内力 截面法和应力的概念

应力的单位是 Pa(帕),称为帕斯卡,1 Pa＝1 N/m²。这个单位太小,使用不便,通常使用 MPa,1 MPa＝10^6 Pa。

2. 变形与应变

在外力作用下,固体内任意两点相对位置的改变,称为变形(Deformation)。宏观上表现为固体的尺寸和形状的改变。

为了讨论构件内部 M 处的变形,设想围绕 M 点取出边长为 $\Delta x,\Delta y,\Delta z$ 的微小正六面体 [当六面体的边长趋于无限小时称为单元体(Element)],如图 6.8(a)所示。变形后六面体的边长及棱边的夹角都将发生变化,如图 6.8(a)虚线所示。将六面体投影于 xy 平面,如图 6.8 (b)所示。变形前平行于 x 轴的线段 $\overline{MN}$ 原长为 Δx,变形后 M 和 N 分别移到 M' 和 N',$\overline{M'N'}$ 的长度为 $\Delta x+\Delta s$。Δs 代表线段 $\overline{MN}$ 的长度变化,也称为线段 $\overline{MN}$ 沿 x 方向的绝对变形。绝对变形的大小与线段的原长有关,并且构件内各部分的变形不一定均匀,所以引用相对变形 (Relative Deformation)或应变(Strain)这个物理量来表示一点的变形程度。

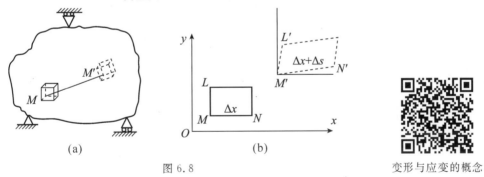

(a)　　　　　(b)

图 6.8

变形与应变的概念

以 x 方向绝对变形比原长表示线段 $\overline{MN}$ 沿 x 方向每单位长度的平均伸长或缩短,称为平均线应变,用符号 ε_m 表示:

$$\varepsilon_m = \frac{\overline{M'N'}-\overline{MN}}{\overline{MN}} = \frac{\Delta s}{\Delta x} \tag{6.3}$$

逐渐缩小 N 点和 M 点的距离,使 $\overline{MN}$ 趋于零,则 ε_m 的极限为

$$\varepsilon = \lim_{\overline{MN}\to 0}\varepsilon_m = \lim_{\overline{MN}\to 0}\frac{\overline{M'N'}-\overline{MN}}{\overline{MN}} = \lim_{\Delta x\to 0}\frac{\Delta s}{\Delta x} \tag{6.4}$$

ε 称为 M 点沿 x 方向的正应变或线应变(Normal Strain)。如果线段 $\overline{MN}$ 内各点沿 x 方向

的变形是均匀的,则平均应变也就是 M 点的应变。如果在 $\overline{MN}$ 内各点的变形不均匀,则只有由式(6.4)定义的应变,才能表示 M 点沿 x 方向长度变化的程度。定义伸长为正,压缩为负。用完全相似的方法,可以讨论沿 y 和 z 方向的应变。

现在再来讨论六面体棱边的夹角变化。在图 6.8(b)中,变形前 $\overline{MN}$ 和 $\overline{ML}$ 相互垂直,变形后 $\overline{M'N'}$ 和 $\overline{M'L'}$ 的夹角变为 $\angle L'M'N'$。变形前、后角度的变化是 $(\frac{\pi}{2} - \angle L'M'N')$。一般直角变形后为锐角时取正,为钝角时取负值。当 N 和 L 趋于 M 时,上述角度变化的极限值

$$\gamma = \lim_{\substack{\overline{ML} \to 0 \\ \overline{MN} \to 0}} (\frac{\pi}{2} - \angle L'M'N') \tag{6.5}$$

称为 M 点在 xy 平面内的切应变、剪应变或角应变(Shear Strain)。

线应变 ε 与切应变 γ 是度量一点处变形程度的两个基本量,它们都是无量纲量。线应变 ε 与正应力 σ 有密切关系,切应变 γ 与切应力 τ 有密切关系,在后面讲到胡克定律时再作详细介绍。

例 6.2 如图 6.9 所示平板构件 $ABCD$,其变形如图中虚线所示,单位 mm。试求棱边 AB 与 AD 的平均线应变以及 A 点处 xy 平面内的切应变。

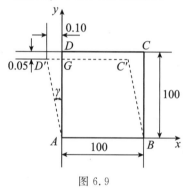

图 6.9

解 棱边 AB 的长度没有改变,故其平均线应变为零。即

$$\varepsilon_{AB,m} = 0$$

棱边 AD 的长度改变量为

$$\overline{AD'} - \overline{AD} = \sqrt{(0.1 - 0.05 \times 10^{-3})^2 + (0.1 \times 10^{-3})^2} - 0.1$$
$$= -4.99 \times 10^{-5} \text{ m}$$

所以,棱边 AD 的平均线应变为

$$\varepsilon_{AD,m} = \frac{\overline{AD'} - \overline{AD}}{\overline{AD}} = \frac{-4.99 \times 10^{-5}}{0.1} = -4.99 \times 10^{-4} \tag{a}$$

负号表示棱边 AD 为缩短变形。

A 点处的切应变 γ 是一个很小的量,根据正负规定,此处为负值。因此,

$$\gamma \approx \tan\gamma = -\frac{\overline{D'G}}{\overline{AG}} = -\frac{0.1 \times 10^{-3}}{0.1 - 0.05 \times 10^{-3}} \text{ rad} = -1.0 \times 10^{-3} \text{ rad}$$

当指出,由于构件的变形很小,在计算线应变 $\varepsilon_{AD,m}$ 时,通常以投影 AG 的长度代替直线 AD' 的长度。于是得棱边 AD 的平均线应变为

$$\varepsilon_{AD,\mathrm{m}} = \frac{\overline{AG} - \overline{AD}}{\overline{AD}} = \frac{(0.1 - 0.05 \times 10^{-3}) - 0.1}{0.1} = -5.0 \times 10^{-4}$$

与式(a)结果相比,误差仅为 0.2%。

6.5　杆件变形的基本形式

工程实际中,构件在工作时的受力情况是各不相同的,受力后所产生的变形也随之而异。对于杆件来说,受力后所产生的变形有以下四种基本形式。

(1)拉伸或压缩(Tension or Compression):作用在杆件上的外力合力的作用线与杆件轴线重合,杆件变形是沿轴线方向的伸长或缩短。例如托架的拉杆和压杆受力后所发生的变形[见图 6.10(a)]就属于拉伸和压缩变形。

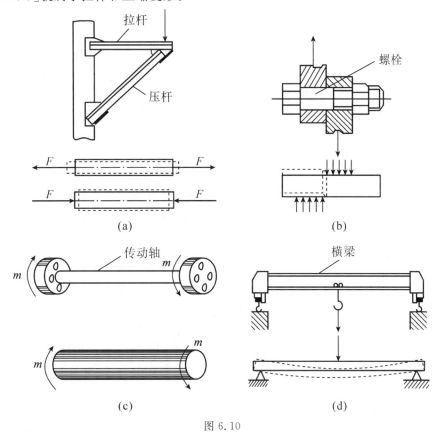

图 6.10

(2)剪切(Shear):作用在杆件两侧面上的外力合力大小相等、方向相反、垂直于杆轴线且作用线很近,位于两个力之间的截面沿外力作用方向发生相对错动。例如,连接件中的螺栓受力后产生剪切变形[见图 6.10(b)]。

(3)扭转(Torsion):杆件的两端受到大小相等、方向相反,且作用平面垂直于杆件轴线的力偶作用,杆件的任意两个横截面都发生绕轴线的相对转动。例如,机器中的传动轴就是受扭杆件[见图 6.10(c)]。

(4)弯曲(Bend):作用于杆件上的外力垂直于杆件的轴线,使原为直线的轴线变形后成为曲线。例如，单梁吊车的横梁受力后所发生的变形就属于弯曲变形[见图 6.10(d)]。

有些杆件同时发生几种基本变形，例如车床主轴工作时常发生弯曲、扭转和压缩三种基本变形，钻床立柱同时发生拉伸和弯曲两种基本变形，这种情况称为组合变形(Combined Deformation)。在本书中，首先讨论四种基本变形的强度及刚度计算，然后再讨论组合变形。

材料力学的研究内容

本章小结

本章所介绍的内容及方法极为重要。因为它将影响对整个材料力学的学习，如内力、应力、变形和应变等重要概念，是材料力学这门课程的基本概念。计算内力的截面法，是材料力学的一个基本方法，在后面的学习中会经常使用。

在学习本章时，应注意正确理解内力、应力、变形和应变等基本概念。

1. 材料力学研究的内力是"附加内力"

固体为了保持外形，其内部各质点之间已有初始内力，这种初始内力不是材料力学研究的范围，材料力学所研究的内力是在外力作用下固体内各质点间相互作用力的改变量，即"附加内力"，通常简称为内力。这样的内力随外力的增加而加大。到达某一极限时就会引起构件破坏，因而它与构件的强度是密切相关的。

2. 截面法的实质

截面法是材料力学中的基本方法，用来显示和计算构件内任意截面处的内力。截面法的实质：构件整体及其中的任一部分都处于平衡状态，所以构件整体及其中的任一部分都应满足静力平衡条件。假想截开后，对保留部分运用静力平衡条件，由已知外力求出切开截面上的未知内力，此即为截面法。用截面法求得的内力是截面上连续分布的内力系向截面上某一点（通常取截面形心）简化后得到的主矢和主矩。

3. "应力"与"压强"的区别

"应力"虽与"压强"量纲相同，但两者的物理意义不同。应力是构件内一点处的内力集度，而压强是单位面积上的外力；应力一般不垂直于截面，它可分解为垂直于截面的正应力 σ 和切于截面的切应力 τ，而压强一般垂直于作用面；压强常呈均匀分布，而应力的分布要复杂得多；压强一般作用于物体表面，而应力存在于物体内部的任意一点。

4. "变形"与"应变"的联系与区别

"变形"是指物体大小和形状的变化。沿某一方向线段长度的改变量，称为线变形，任意角角度的改变量，称为角变形。线变形（或角变形）与线段的长度（或角度的大小）有关，而线应变 ε（或角应变 γ）消除了长度（或角度）的影响，它们只与点的位置和指定的方向有关；ε 是对过某点的某一方向而言，γ 则是对过某点的某一对垂直方向而言，因此，ε 和 γ 必须指明是哪一点、沿哪一个（或一对）方向；ε 和 γ 都是无量纲的量，γ 一般用 rad（弧度）表示。

材料力学所研究的问题是构件的强度、刚度和稳定性；构成构件的材料是可变形固体；对材料所作的基本假设是均匀连续性和各向同性假设；材料力学所研究的构件主要是杆件；杆件的基本变形形式：拉伸（或压缩）、剪切、扭转和弯曲。

<h1 align="center">思 考 题</h1>

1. 对例题 6.1 中的钻床,能否研究 m—m 截面以下部分的平衡,以确定 m—m 截面的内力?

2. 材料相同、横截面积相等的两根轴向拉伸的等直杆,一根杆伸长量为 10 mm,另一根杆伸长量为 0.1 mm。前者为大变形,后者为小变形。该说法是否正确? 为什么?

<h1 align="center">习 题</h1>

1. 试求图 6.11 所示结构 m—m 和 n—n 两截面的内力,并指出 AB 和 BC 两杆件的变形属于何种基本变形。

（答:m—m 截面　$F_s=1$ kN,$M=1$ kN·m;n—n 截面　$F_N=2$ kN;AB 梁发生弯曲变形,BC 杆为轴向拉伸变形。）

2. 图 6.12 所示简易吊车的横梁上,力 F 可以左右移动。试求截面 1—1 和 2—2 上的内力及其最大值。

$$\left[答:1 截面:F_{N1}=\frac{Fx}{l\cdot\sin\alpha},x=l,F_{N1max}=\frac{F}{\sin\alpha}; \right.$$

$$2 截面:F_{N2}=-\frac{Fx\cot\alpha}{l},F_{S2}=F\left(1-\frac{x}{l}\right),M_2=\frac{Fx(l-x)}{l},x=l,F_{N2max}=-F\cot\alpha,$$

$$\left. x=0,F_{S2max}=F,x=\frac{l}{2},M_{2max}=\frac{Fl}{4}。\right]$$

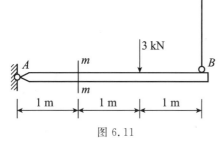

图 6.11

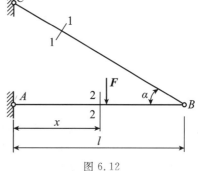

图 6.12

3. 如图 6.13 所示,在杆件的斜截面 m—m 上,点 A 处的全应力 $p=120$ MPa,其方向与杆轴线夹角 $\theta=20°$,试求 A 点处的正应力 σ 与切应力 τ。

（答:$\sigma=118.18$ MPa,$\tau=20.84$ MPa。）

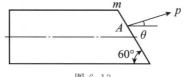

图 6.13

4. 图 6.14 所示,拉伸试样上 A、B 两点的距离 l 称为标距,受拉力作用后,用应变仪测量出两点距离的增量为 $\Delta l = 5 \times 10^{-2}$ mm。若 l 的原长为 100 mm,试求 A、B 两点间的平均线应变 ε_m。

(答:$\varepsilon_m = 5.00 \times 10^{-4}$)

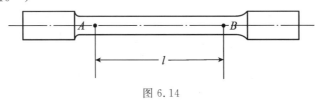

图 6.14

5. 如图 6.15 所示,矩形平板 $ABCD$ 的变形如图中虚线 $AB'C'D'$ 所示,单位 mm。试求棱边 AB 与 AD 的平均线应变,以及 A 点处 xy 平面内的切应变。

(答:$\varepsilon_{AB,m} = 1.00 \times 10^{-3}$,$\varepsilon_{AD,m} = 2.00 \times 10^{-3}$,$\gamma_A = -1.00 \times 10^{-3}$ rad)

6. 如图 6.16 所示,圆形薄板的半径为 R,变形后 R 的增量为 ΔR。若 $R = 80$ mm,$\Delta R = 3 \times 10^{-3}$ mm,试求沿半径方向和边界圆周方向的平均应变。

(答:$\varepsilon_{径} = \varepsilon_{周} = 3.75 \times 10^{-5}$)

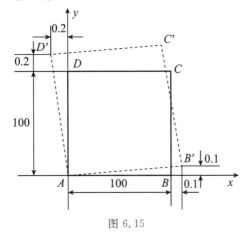

图 6.15

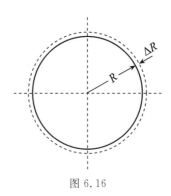

图 6.16

（拓）（展）（阅）（读）

材料力学学科的开端[①][②]

人类对材料力学的认识应该在很早就开始了,例如在搭建房屋时,必须考虑梁结构的选材、尺寸设计等问题,以保证结构安全,不发生断裂。可以想见,有失败有成功,这时人们就开始了材料力学知识的积累。最早系统研究材料力学知识的人是文艺复兴时期著名的画家达·芬奇(Leonardo di ser Piero da Vinci,1452—1519),达·芬奇在完成画作之后,总需要将画挂起来供人们欣赏,但有时悬挂画作的铁丝会发生断裂,这就引起了达·芬奇的好奇,为了弄清楚铁丝断裂的强度,达·芬奇首先对不同长度的铁丝进行了研究。此外,达·芬奇还对不同长度梁的承载能力,以及不同长度和截面尺寸的柱进行了研究。这些努力使达·芬奇成为了最先试图用静力学来求构件上力的人,同时也是最先使用实验来决定结构材料强度的人。

① 伽利略. 关于两门新科学的对话[M]. 武际可,[译].北京:北京大学出版社,2016.

② S P 铁木辛柯. 材料力学史[M]. 上海:上海科学技术出版社,1961.

然而,这些重要的结果一直都被埋没在他的笔记里,直到 17 世纪开始,意大利科学家伽利略(Galileo Galilei,1564—1642)才打破了这一状况。

1638 年,伽利略发表了名著《关于两门新科学的对话》,标志着材料力学开始形成一门独立的学科。在该书中伽利略尝试用科学的解析方法确定构件的安全尺寸。讨论的第一个问题是直杆轴向拉伸问题,得到承载能力与横截面积成正比而与长度无关的正确结论。

伽利略(Galileo)　　　　　　　　　伽利略做木梁弯曲试验的装置

伽利略讨论的第二个问题是梁的弯曲强度问题。按今天的结论,当时作者所得的弯曲正应力公式并不完全正确,但该公式已反映了矩形截面梁的承载能力和 bh^2(b、h 分别为截面的宽度和高度)成正比,圆截面梁承载能力和 d^3(d 为横截面直径)成正比的正确结论。对于空心梁承载能力的叙述则更为精彩,他说,空心梁"能大大提高强度而无需增加重量,所以在技术上得到广泛应用。在自然界就更为普遍了,这样的例子在鸟类的骨骼和各种芦苇中可以看到,它们既轻巧,而又对弯曲和断裂具有相当高的抵抗能力"。

随后,材料力学在惠更斯、库仑、麦克斯韦、欧拉、柯西、汤姆斯杨、伯努利、纳维、圣维南等人的努力下逐步发展与完善,形成了独立的理论体系,建立了理论与实验相结合的分析和解决问题的方法。材料力学的理论与计算公式,在各工程部门的结构设计中被广泛地采用,并成为当今世界超高建筑、铁路、桥梁、重型机械、水利工程、航空航天等一系列重大工程的理论支撑。

第 7 章 轴向拉伸与压缩

课前导读

工程结构中承受轴向载荷的杆件将发生轴向拉伸或压缩变形,轴向拉伸或压缩变形属于杆件的基本变形,其研究内容比较简单,但研究问题的方法具有普遍意义。本章主要内容包括轴向拉伸与压缩时杆件的内力、应力、应变、变形等基本量的分析与计算,讨论轴向拉伸与压缩时杆件的强度问题,分析材料的力学性能以及杆系的静不定问题等。

本章思维导图

7.1 轴向拉伸与压缩的概念及工程实例

在工程实际中,经常遇到承受轴向拉伸与压缩的杆件。例如,厂矿中常用的悬臂吊车斜杆 *BC* 工作时受拉,曲轴冲床连杆 *AB* 在冲压阻力作用下受压,如图 7.1(a)、(b)所示;连接螺栓在预紧力作用下受拉,如图 7.1(c)所示;桁架的各支杆如图 7.1(d)所示;液压传动机构中的活塞杆及千斤顶的螺杆等,在工作过程中不是受拉就是受压。

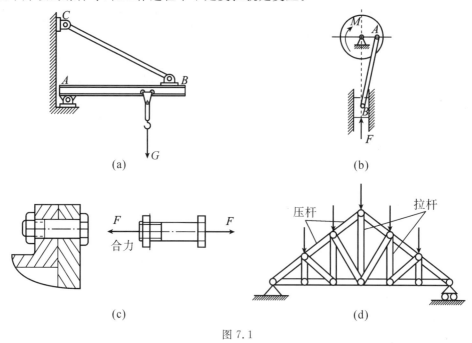

图 7.1

虽然这些杆件的外形和加载方式各不相同,但它们受力的共同特点是作用在杆件上外力合力的作用线与杆件的轴线重合,所引起的杆件变形主要是沿轴线方向的伸长或缩短,这种变形形式称为轴向拉伸或压缩。此类杆件的形状和受力情况大多可以简化成如图 7.2 所示的力学简图,图中用虚线表示变形后的形状。

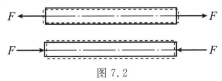

图 7.2

7.2　轴向拉伸与压缩时的内力

为了保证杆件安全地工作,工程实际中,对轴向拉伸和压缩的杆件的强度和刚度等有较高的要求。为了进一步研究强度和刚度的影响因素,首先需要了解杆件的内力。

图 7.3(a)所示为一受拉的等截面直杆,为了显示其横截面上的内力,应用截面法沿 m—m 截面假想地将杆件截开分成两部分,任取其中一部分为研究对象进行平衡计算。杆件左右两段在该截面上相互作用的内力是一个分布力系,其合力用 F_N 和 F_N' 表示,如图 7.3(b)、(c)所示,二者互为作用力和反作用力。今后在研究各类问题时所说的内力,均为截面上分布内力系的合力。

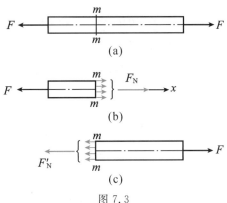

图 7.3

由 m—m 截面左侧部分的平衡方程 $\sum F_x = 0$,得

$$F_N - F = 0$$

即 $F_N = F$。

对于轴向拉伸和压缩的杆件,因为外力 F 的作用线与杆件轴线重合,所以各截面上的内力 F_N 的作用线也必然与杆件的轴线重合,这样的内力称为轴力(Normal Force)。在材料力学中,内力的正负号是根据杆件的变形规定的。轴力的正负号规定:轴向拉伸杆件截面上的轴力,称为拉力,常以正号表示;轴向压缩杆件截面上的轴力,称为压力,常以负号表示,即拉力为正,压力为负。

例 7.1　阶梯形杆件受力如图 7.4(a)所示,已知 $F = 10$ kN。试求杆件横截面 1—1、2—2 和斜截面 3—3 上的轴力。

解　应用截面法分别计算 AB 和 BC 两杆段上的轴力。

沿 1—1 截面假想地把直杆截开分为两段,取左段为研究对象,用轴力 F_{N1} 表示右段对左

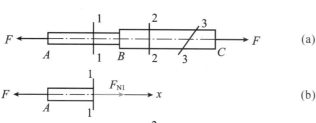
(a)

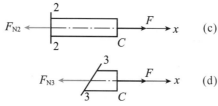
(b)

(c)

(d)

图 7.4

截面法求内力的一般步骤

段的作用,如图 7.4(b)所示。根据平衡方程 $\sum F_x = 0$,得

$$F_{N1} - F = 0$$

即 AB 段上 1—1 截面处的轴力为

$$F_{N1} = F = 10 \text{ kN (拉力)}$$

同理,可以确定 BC 段上 2—2、3—3 截面上的轴力 F_{N2} 和 F_{N3},如图 7.4(c)、(d)所示,设 F_{N2} 和 F_{N3} 均为拉力,由平衡方程 $\sum F_x = 0$,得

$$F - F_{N2} = 0 \text{ 和 } F - F_{N3} = 0$$

即 BC 段上 2—2、3—3 截面处的轴力分别为

$$F_{N2} = F_{N3} = 10 \text{ kN (拉力)}$$

由此可见,轴力只与外力有关。

若沿杆件轴线作用的外力多于两个,则在杆件各部分的截面上,轴力将不尽相同。这时通常可用轴力图表示轴力沿杆件轴线变化的情况。

例 7.2 直杆受力如图 7.5(a)所示。试求直杆横截面 1—1、2—2 和 3—3 上的轴力,并作轴力图。

解 (1)应用截面法分别计算 AB、BC 和 CD 三段上的轴力。

沿 1—1 截面假想地把直杆截开分为两段,取左段为研究对象,用轴力 F_{N1} 表示右段对左段的作用,如图 7.5(b)所示。根据平衡方程 $\sum F_x = 0$,得

$$F_{N1} - F = 0$$

由此得 AB 段上 1—1 截面处的轴力为

$$F_{N1} = F \text{ (拉力)}$$

同理,可确定 BC 段上 2—2 截面上的轴力 F_{N2},如图 7.5(c)所示,设 F_{N2} 为拉力,由平衡方程 $\sum F_x = 0$,得

$$F_{N2} + 2F - F = 0$$

由此得 BC 段上 2—2 截面处的轴力为

$$F_{N2} = -2F + F = -F \text{ (压力)}$$

负号表示该横截面上轴力的实际方向与假设方向相反,即为压力。

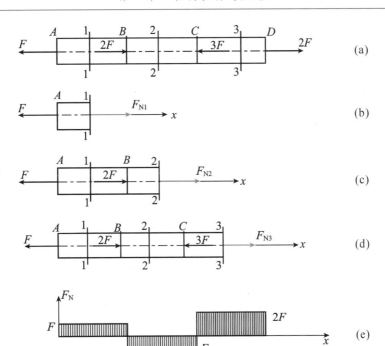

图 7.5

计算 CD 段上的轴力时,沿 3—3 截面假想地截开杆件,取左段为研究对象,如图 7.5(d)所示。根据平衡方程 $\sum F_x = 0$,得

$$F_{N3} - F + 2F - 3F = 0$$

由此得 CD 段上 3—3 截面处的轴力为

$$F_{N3} = F - 2F + 3F = 2F (拉力)$$

(2)作轴力图。选取一坐标系,用平行于变形前杆件轴线的坐标轴 x 表示横截面位置;用垂直于杆件轴线的坐标轴描述轴力 F_N。根据轴力的大小选择合适的比例尺绘制图形,如图 7.4(e)所示。由轴力图可以确定轴力的极值及其所在截面的位置。

7.3　轴向拉伸与压缩时的应力

1. 横截面上的应力

仅由轴力并不能判断杆件是否具有足够的强度。因为同样的内力,作用在不同大小的横截面上,会产生不同的结果。例如用同一种材料制成粗细不同的两根杆或阶梯形杆,在相同拉力作用下,杆的轴力相同,如例 7.1。但当拉力逐渐增大时,细杆必定先被拉断。这说明杆件的强度不仅与轴力的大小有关,而且与横截面面积有关。所以要用应力来比较和判断杆件的强度。

在拉(压)杆的横截面上,与轴力 F_N 对应的应力是正应力 σ。为了确定这个正应力,可从研究杆件的变形入手来了解内力在横截面上的分布情况。取一等直杆,在其侧面上画垂直于杆件轴线的直线 ab 和 cd,如图 7.6 所示,然后在杆件两端施加一对轴向拉力 F,使其产生拉伸变形。变形后,发现 ab 和 cd 仍为直线,且仍然垂直于轴线,只是分别平行地移至 $a'b'$ 和 $c'd'$。

可以认为,这一现象是杆件的变形在其表面的反映,从而假设杆内部的变形情况也是如此,根据这一现象,提出如下假设。

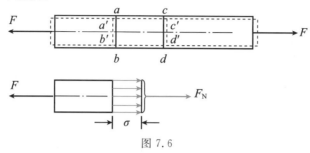

图 7.6

变形前原为平面的横截面,变形后仍然保持为平面,且仍垂直于轴线。这就是轴向拉伸和压缩时的平面假设(Plane Assumption)。由此可以推断,拉杆所有纵向纤维的伸长都相等。又因为材料是均匀的,各纵向纤维的力学性能都相同,因而其受力也就相同。因为杆件横截面上的内力是均匀分布的,所以横截面上的正应力也是均匀分布的,根据应力的定义和横截面上正应力的分布规律,可以得到

$$\sigma = \frac{F_N}{A} \tag{7.1}$$

式(7.1)为轴向拉(压)杆横截面上正应力的计算公式,其中正应力 σ 的符号规定为拉应力为正,压应力为负。

一般来说,外力通过销钉、铆接或焊接等方式传递给杆件,即使外力合力的作用线与杆件的轴线重合,而在外力作用区域附近,外力的分布方式可能有各种情况。但试验指出,作用于弹性体上某一局部区域内的外力系,可以用与它静力等效的力系来代替。经过代替,只对原力系作用区域附近的应力分布有显著影响(受影响区域的长度一般不超出杆的横向尺寸)。在离外力作用区域略远处,上述代替的影响非常微小,可忽略不计。这就是圣维南原理。根据这一原理,在图 7.7 中,尽管两端外力的分布方式不同,但只要它们是静力等效的,那么,除靠近杆件两端的部分外,在杆的中间部分,三种情况的应力分布完全相同。所以,无论在杆件两端按哪种方式施加载荷,只要其合力与杆件轴线重合,都可以把它们简化成相同的计算简图(见图 7.2),并用相同的式子(7.1)计算应力。

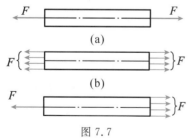

图 7.7

钢水包吊杆横截面上最大应力的计算
工程案例 1

例 7.3 图 7.8(a)为一悬臂吊车的简图。已知斜杆 AB 为直径 $d = 20$ mm 的钢杆,载荷 $F = 15$ kN。当 F 移到 A 点时,试求斜杆 AB 横截面上的正应力。

解 (1)先求斜杆的轴力。

当载荷 F 移到 A 点时,斜杆 AB 受到的拉力最大,设其值为 F_{Nmax},根据横梁的平衡条件

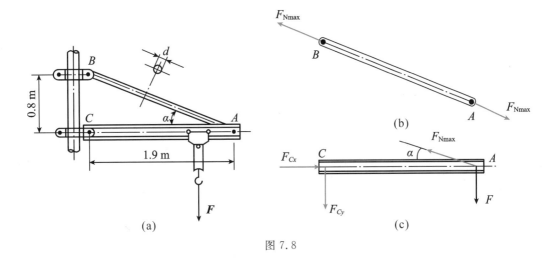

图 7.8

$\sum M_C = 0$，如图 7.8(c)所示，列平衡方程

$$F_{Nmax} \sin\alpha \cdot \overline{AC} - F \cdot \overline{AC} = 0$$

解得

$$F_{Nmax} = \frac{F}{\sin\alpha}$$

由三角形 ABC 求出

$$\sin\alpha = \frac{\overline{BC}}{\overline{AB}} = \frac{0.8}{\sqrt{0.8^2 + 1.9^2}} = 0.388$$

代入 F_{Nmax} 的表达式，得

$$F_{Nmax} = \frac{F}{\sin\alpha} = \frac{15 \text{ kN}}{0.388} = 38.7 \text{ kN}$$

斜杆 AB 的轴力为

$$F_N = F_{Nmax} = 38.7 \text{ kN}$$

(2)再求斜杆 AB 横截面上的应力。

$$\sigma = \frac{F_N}{A} = \frac{38.7 \times 10^3}{\frac{\pi}{4} \times (20 \times 10^{-3})^2} \text{ Pa} = 123 \times 10^6 \text{ Pa} = 123 \text{ MPa}$$

2. 斜截面上的应力

轴向拉伸或压缩时，直杆横截面上的正应力是今后强度计算的重要依据。但在后两节讨论的拉伸和压缩试验中将会看到：铸铁压缩破坏时，其断面与轴线约成 45°角；低碳钢拉伸至屈服阶段时，出现沿 45°方向的滑移线。这些现象说明，拉(压)杆的破坏并不总是沿横截面发生。所以，我们不仅要研究杆件横截面上的正应力，还要研究与横截面成 α 角的任一斜截面 m—m 上的应力，如图 7.9(a)所示。

应用截面法，沿斜截面 m—m 假想地把杆件分成两段，取左段为研究对象，受力如图 7.9 (b)所示。可得斜截面 m—m 上的内力为 F_α 为

$$F_\alpha = F$$

且 F_α 沿杆件轴线。

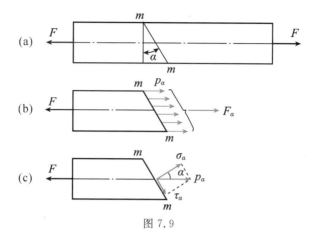

图 7.9

仿照证明横截面上正应力均匀分布的方法,可知斜截面上的应力也是均匀分布的。若用 A_a 表示斜截面 $m—m$ 的面积,以 p_a 表示斜截面 $m—m$ 上的应力,则有

$$p_a = \frac{F_a}{A_a} = \frac{F}{A_a}$$

即

$$p_a = \frac{F}{A}\cos\alpha = \sigma\cos\alpha$$

把应力 p_a 分解成垂直于斜截面的正应力 σ_a 和相切于斜截面的切应力 τ_a,如图 7.9(c)所示,则

$$\sigma_a = p_a\cos\alpha = \sigma\cos^2\alpha \tag{7.2}$$

$$\tau_a = p_a\sin\alpha = \sigma\cos\alpha\sin\alpha = \frac{\sigma}{2}\sin2\alpha \tag{7.3}$$

由此可见,拉(压)杆内任一斜截面上同时存在正应力 σ_a 和切应力 τ_a,它们都是 α 的函数,所以截面的方位不同,截面上的应力也就不同。其中,角度 α 以横截面外法线至斜截面外法线逆时针转向为正,反之为负。下面讨论几个特殊截面。

(1)当 $\alpha = 0$ 时,斜截面 $m—m$ 成为垂直于轴线的横截面,σ_a 达到最大值,且

$$\sigma_{a\max} = \sigma$$

(2)当 $\alpha = 45°$ 时,τ_a 达到最大值,且

$$\tau_{a\max} = \frac{\sigma}{2}$$

(3)当 $\alpha = 90°$ 时,斜截面 $m—m$ 成为平行于杆件轴线的纵向截面,且

$$\sigma_a = \tau_a = 0$$

可见,轴向拉伸(压缩)时,在杆件的横截面上,正应力为最大值。在与杆件轴线成 45° 的斜截面上,切应力为最大值。最大切应力在数值上等于最大正应力的一半。在平行于杆件轴线的纵向截面上没有任何应力。

7.4 拉伸与压缩时材料的力学性能

在工程实际中,为了解决构件的强度和刚度等问题,不仅要研究构件的内力、应力和变形,

还要研究材料的力学性能。材料的力学性能是通过各种试验测定的。在室温下,以缓慢平稳的加载方式进行试验,称为常温静载试验,它是测定材料力学性能的基本试验。下面主要以低碳钢和铸铁为代表,介绍材料在拉伸与压缩时的力学性能。

1. 低碳钢拉伸时的力学性能

低碳钢是工程中广泛使用的金属材料,在拉伸试验中表现出来的力学性能最为典型。为了便于比较不同材料的试验结果,对试样的形状与尺寸、加工精度、加载速度、试验环境等国家标准都有统一规定。按照中华人民共和国国家标准《金属材料拉伸试验第一部分:室温试验方法》(GB/T 228.1—2010),低碳钢拉伸试样如图 7.10 所示,在试样等直部分的中段划取一段 l 作为标距,或称为工作长度。

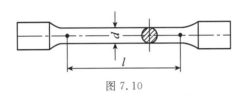

图 7.10

低碳钢轴向拉伸试验

试验时使试样的两端装在试验机的上下夹头中,对试样缓慢地施加拉力,使试样产生轴向变形。在试验过程中,观察试样的变形情况和出现的各种现象,记录出有关数据,便可看出材料受力后的某些特性和测出反映材料某种能力的性能指标。

通过低碳钢的拉伸试验可以看到,随着拉力 F 的缓慢增加,标距长度的伸长量 Δl 作有规律的变化。利用万能试验机的自动绘图装置可绘制出拉伸过程中工作段的伸长量 Δl 与拉力 F 之间的关系曲线,如图 7.11 所示,称为拉伸图或 F-Δl 曲线。

F-Δl 曲线只反映了试样受力过程中的现象,还不能直接反映材料的力学性能,因为这一曲线与试样尺寸有关。为了消除试样尺寸的影响,使试验结果能反映材料的性能,将拉力 F 除以试样横截面的原始面积 A,得到试样横截面上的正应力 $\sigma = \dfrac{F}{A}$;同时,将伸长量 Δl 除以标距的原始长度 l,得到试样在工作段内的线应变 $\varepsilon = \dfrac{\Delta l}{l}$。这样以 σ 为纵坐标,ε 为横坐标,作图表示 σ 与 ε 的关系(见图 7.12,因为 A 和 l 都是常量,该图与图 7.11 特征是相同的),称为应力-应变图或 σ-ε 曲线。

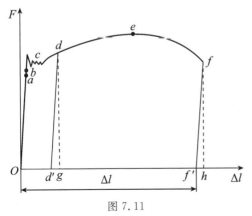

图 7.11

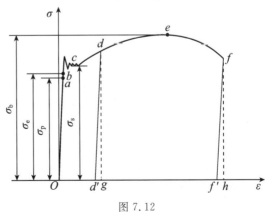

图 7.12

根据低碳钢轴向拉伸应力-应变曲线的特点,可将其分为以下四个阶段。

1)弹性阶段

在拉伸的初始阶段,即从 O 到 a 显示出 σ 与 ε 成正比的关系,可表示为

$$\sigma = E\varepsilon \qquad\qquad (7.4)$$

此式称为拉伸或压缩时的胡克定律(Hooke's Law)。式中 E 为与材料有关的比例常数,称为弹性模量(Modulus of Elasticity),常用单位为 GPa(1 GPa$=10^9$ Pa)。

直线 Oa 的最高点 a 所对应的应力称为比例极限(Proportional Limit),用 σ_p 表示,低碳钢 Q235 的比例极限 $\sigma_p \approx 200$ MPa。当应力小于比例极限时,如果卸去外力,使应力逐渐减小到零,此时相应的应变也随之完全消失。材料受外力作用后变形,卸去外力后变形完全消失的性质成为弹性(Elasticity)。应力超过比例极限后,从 a 点到 b 点,材料仍然是弹性的,但 σ 与 ε 之间关系曲线不再是直线。b 点所对应的应力是材料只出现弹性变形的极限值,称为弹性极限(Elasticity Limit),用 σ_e 表示,Ob 阶段称为弹性阶段。

2)屈服阶段

当应力超过 b 点增加到某一数值时,应力不再增加,仅有些微小的波动,而应变却有非常明显的增大,如图 7.12 所示,在 σ-ε 曲线上出现接近水平线的小锯齿形折线。这种应力几乎不变,应变却不断增加,从而产生明显的塑性变形的现象,称为屈服(Yield),bc 阶段称为屈服阶段。工程规定下屈服点所对应的应力为屈服极限(Yield Limit),用 σ_s 表示。低碳钢 Q235 的屈服极限 $\sigma_s \approx 235$ MPa。

材料的屈服,主要是晶体滑移的结果。金属是由无数的晶粒组成的,每一个晶粒又由许多原子按一定的几何规律排列而成,如图 7.13(a)所示。塑性变形的产生是由于晶粒中原子与原子间沿着某一方向的结合面产生滑移的结果。表面磨光的试样屈服时,表面将出现与轴线大致成 45° 倾角的条纹,如图 7.13(b)所示。这是由于材料内部晶格之间相对滑动而形成的,称为滑移线。因为拉伸时在与杆轴线成 45° 倾角的斜截面上,切应力为最大值,可见屈服现象的出现与最大切应力有关。

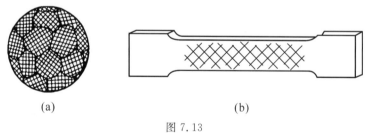

(a)   (b)

图 7.13

在屈服阶段,材料失去了抵抗变形的能力,此时将引起显著的永久变形,即塑性变形(Plastic Deformation)。而零件的塑性变形将影响机器的正常工作,所以屈服极限 σ_s 是衡量材料强度的重要指标。

3)强化阶段

经过屈服阶段以后,材料又恢复了抵抗变形的能力,此时要使其继续产生变形必须增加拉力,这种现象称为材料的强化,ce 阶段称为强化阶段。而相应最大力对应的应力称为强度极限(Strength Limit)或抗拉强度(Tensile Strength),用 σ_b 或 σ_{bt} 来表示,它是衡量材料强度的另一重要指标。低碳钢 Q235 的强度极限 $\sigma_b \approx 380$ MPa。

试验表明,如果将试样拉伸至强化阶段任一 d 点处卸载,如图 7.12 所示,$\sigma\varepsilon$ 曲线将沿着斜直线 dd' 回到 d' 点,斜直线 dd' 近乎与直线 Oa 平行。这说明:材料在卸载过程中应力和应变按直线规律变化。这就是卸载定律(Unloading Law)。拉力完全卸除后,应力-应变图中,$d'g$ 表示消失了的弹性变形,而 Od' 表示不可消失的塑性变形,也叫残余变形。

试验还发现,如果卸载至 d' 点后在短期内重新加载,则应力和应变关系基本上沿卸载时的斜直线 $d'd$ 变化,直到 d 点后,又沿曲线 def 变化。可见重新加载时,直到 d 点以前材料的变形都是弹性的,过 d 点后才开始出现塑性变形。比较图 7.12 中的 $Oabcdef$ 和 $d'def$ 两条曲线,可见卸载后对已有塑性变形的试样二次加载时,其比例极限得到了提高,但断裂时的塑性变形减小,即降低了材料的塑性(断后延伸率减小),这种现象称为冷作硬化或加工硬化。冷作硬化现象经退火后可以消除。

工程中常利用冷作硬化来提高钢筋或钢缆绳等构件在弹性阶段内的承载能力。但冷作硬化会使材料变脆变硬,给下一步加工造成困难,且容易产生裂纹,往往需要在工序中间经过退火处理,以改善材料的塑性。

4)局部变形阶段

试样在加力到 e 点前,虽然产生了明显的变形,但在整个标距范围内,变形都是均匀的,强化阶段延伸至 e 点,其应力水平达到最大值。越过 e 点后,试样的某一局部范围内变形急剧增加,横向尺寸显著缩小,形成颈缩现象,如图 7.14(a)所示。颈缩部分的横截面面积迅速减小,使试样尺寸继续伸长所需的拉力也相应减小。如果仍然用试样的原始横截面面积 A 计算应力 $\sigma = \dfrac{F}{A}$,则所得应力只是一种名义应力。颈缩现象发生部位的名义应力在越过 e 点时下降,降到 f 点时,试样被拉断,形成杯状断口,如图 7.14(b)所示,ef 阶段称为局部变形阶段。试样被拉断后保留的最大塑性变形为 $\Delta l_0 = l_1 - l$,如图 7.14(c)所示。

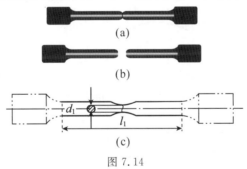

(a)

(b)

(c)

图 7.14

工程中常用断后伸长率 δ(Percentage Elongation)和断面收缩率 ψ(Percentage Reduction of Area)来衡量材料的塑性。其中,伸长率 δ 的计算式为

$$\delta = \frac{l_1 - l}{l} \times 100\% \tag{7.5}$$

式中,l 是试样原始标距长度;l_1 是试样断后标距长度[见图 7.14(c)]。

断面收缩率 ψ 的计算式为

$$\psi = \frac{A - A_1}{A} \times 100\% \tag{7.6}$$

式中,A 是试样原始横截面积;A_1 是试样断后的最小横截面面积。

延伸率 δ 和断面收缩率 ψ 是代表材料塑性的两个性能指标,其数值越大,说明材料的塑形性能越好。工程上通常按延伸率的大小把材料分成两大类,$\delta > 5\%$ 的材料称为塑性材料(Plastic Materials),如碳钢、黄铜、铝合金等,而把 $\delta < 5\%$ 的材料称为脆性材料(Brittle Materials),如灰铸铁、玻璃、陶瓷等。低碳钢的塑性指标是 $\delta = 20\% \sim 30\%$,$\psi = 60\%$ 左右。塑性好的材料,在轧制或冷压成型时不易断裂,并能承受较大的冲击载荷。

通过低碳钢的拉伸试验,我们看到了材料在拉伸时的一些力学性能。其中,弹性模量 E 是反映材料抵抗弹性变形能力的指标;屈服极限 σ_s 和强度极限 σ_b 是反映材料强度的两个指标;伸长率 δ 和断面收缩率 ψ 则是反映材料塑性的两个指标。

2. 其他材料拉伸时的力学性能

工程上常用的塑性材料,除低碳钢外,还有中碳钢、高碳钢和合金钢、铝合金、青铜、黄铜等。图 7.15 给出了几种塑性材料的 σ-ε 曲线。其中某些材料,如 Q345 钢,和低碳钢一样,有明显的弹性阶段、屈服阶段、强化阶段和局部变形阶段。有些材料,如黄铜 H62,没有明显的屈服阶段,但其他三个阶段都很明显。还有些材料,如高碳钢 T10A,没有屈服阶段和局部变形阶段,只有弹性阶段和强化阶段。

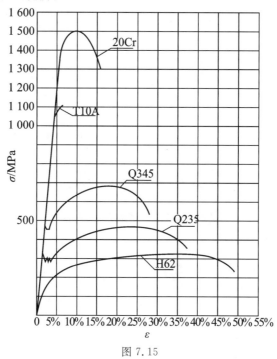

图 7.15

对于没有明显屈服阶段的塑性材料,通常以卸载后产生 0.2% 塑性应变时的应力作为屈服极限,如图 7.16 所示,并称为规定塑性延伸强度,用 $\sigma_{p0.2}$ 表示。

铸铁拉伸时的 σ-ε 曲线如图 7.17(a)所示,可以看出整条曲线没有明显的屈服阶段和强化阶段。它在较小的拉力下就被拉断,断后的延伸率 δ 很小,断口垂直于试样轴线且不存在明显的颈缩现象,如图 7.17(b)所示,这说明铸铁是典型的脆性材料。脆性材料断裂发生在最大拉应力作用面上,断裂时的应力 σ_b 即为强度极限,它是衡量强度的唯一指标。

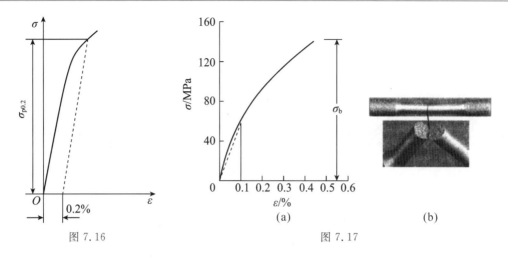

图 7.16　　　　　　　　　　　　　　　　　　图 7.17

由于铸铁的应力-应变图是一段微弯曲线,没有明显的直线部分,所以弹性模量 E 的数值随应力的大小而变。然而许多脆性材料的拉伸曲线对于直线的偏离都是很小的,为了使用方便,通常取总应变为 0.1% 时 σ-ε 曲线的割线代替曲线的开始部分,如图 7.17(a) 所示,以此来近似表达这种材料应力与应变之间的关系。

知识拓展

(1)低碳钢拉伸过程体现了量变到质变的唯物辩证法规律。试件进入局部变形阶段之后,试件某处横向尺寸急剧缩小,形成颈缩现象,试件产生明显的不可恢复的塑性变形,最后,试件在颈缩处被拉断。这种现象的产生正是由于材料内部塑性变形的发展造成的,体现了量变引起质变的哲学规律。

(2)铸铁拉伸破坏和扭转破坏的断口分别在横截面和约 45° 斜截面,但它们实际上都是由最大拉应力引起的破坏,而低碳钢扭转时产生的沿着横截面的断口却是由最大切应力引起的。从观察表面现象到发现本质规律的过程可以知道,相似的现象,本质未必相同,不同的现象可能源于同样的本质。试件的破坏特征提醒我们观察事物要透过现象看本质。

3. 材料压缩时的力学性能

按国家标准 GB/T 7314—2005《金属材料室温压缩试验方法》要求,金属材料的压缩试样通常为圆柱形试样。

低碳钢压缩时的 σ-ε 曲线如图 7.18 实线所示。试验表明:屈服阶段以前,低碳钢压缩和拉伸(见图 7.18 虚线)两条曲线基本重合,两者的比例极限 σ_p 和屈服极限 σ_s 大致相同。屈服阶段以后,试样越压越扁,横截面面积不断增大,试样抗压能力也继续提高。对于在压缩中不以粉碎性破裂而失效的塑性材料,则抗压强度取决于规定应变和试样几何形状,根据应力-应变曲线,在规定应变下测定其压缩应力,在报告中应指明所测应力处的应变。

脆性材料在压缩时的力学性能呈现出与拉伸时很不相同的特点,图 7.19 表示铸铁压缩时的 σ-ε 曲线。试验结果表明铸铁的抗压强度极限 σ_{bc} 比抗拉强度极限 σ_{bt} 大得多,为其 3~5 倍。破坏断面的法线与轴线成 45°~55° 的倾角,表明试件沿斜截面因剪切而破坏。其他脆性材料,如混凝土、石料等,抗压强度也远高于其抗拉强度,加之价格比较低廉,所以脆性材料宜于作为抗压零部件的材料。相比之下,塑性材料更适于作为抗拉零部件的材料。

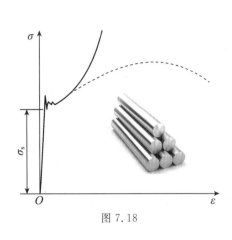

图 7.18

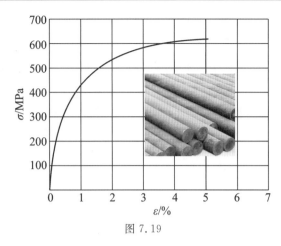

图 7.19

对很多金属材料来说,它们的力学性能往往受温度、作用时间及热处理等条件影响。例如,在短期静载低温情况下,碳钢的弹性极限和抗拉强度都有所提高,但延伸率则相应降低。这表明在低温下,碳钢的强度提高而塑性降低,倾向于变脆。表 7.1 中列出了几种常用材料在常温、静载下 σ_s、σ_b 和 δ_5(下标 5 表示短试样)的数值。

表 7.1　常用金属材料拉伸和压缩时的主要力学性能(常温、静载)

材料名称	牌号	屈服点 σ_s/Mpa	抗拉强度 σ_{bt}/Mpa	抗压强度 σ_{bc}/Mpa	伸长率 δ_5/%	用途
普通碳素钢 (GB 700—1988)	Q235 钢	240	380~470		25~27	金属结构构件,普通零件
	Q275 钢	280	500~620		19~21	同上
优质碳素钢 (GH/T 699—1999)	45	355	600		16	强度要求较高的零件,凿轮、轴等
	50	375	630		13	用于制作要求高强度零件
普通低合金钢 (GB/T 1591~1994)	Q345	275~345	470~630		21~22	建筑结构、起重设备、容器、造船、矿山机械
合金结构钢 (GB 3077—1988)	40Cr(调质)	550~800	750~1000		9~15	齿轮、轴、曲轴、连杆等
	40MnB(调质)	500~800	750~1000		10~12	可代着 40Cr 铜
球墨铸铁 (GB 1348—1988)		300~420	400~600		1.5~10	轧辊、曲轴、凸轮轴、齿轮、活塞、阀门、底座
灰铸铁 (GB 9439—1988)	HT150		100~280	650		轴承盖、基座、泵体、壳体
	HT200		160~320	750		同上
铝合金 (GB 3190—1982)	LY11	110~240	210~420		18	航空结构件、铆钉等
	LD9	280	420		13	内燃机活塞等
铝合金 (GB 5233—1985)	QA19-2(教)	300	450		20~40	船舶零件
	QA19-4(教)	200	500~600		40	齿轮、轴套等

7.5　直杆轴向拉伸与压缩时的强度计算

1. 安全因数与许用应力

对于脆性材料,当应力达到强度极限 σ_b 而变形还很小时,构件就会突然断裂;对于塑性材料,当应力达到屈服极限 σ_s 时,将产生显著的塑性变形,由于形状和尺寸的变化,常会使构件不能正常工作。工程中,把构件断裂或屈服统称为失效(Failure),这些失效现象都是因强度不足造成的。构件失效时的应力称为极限应力(Ultimate Stresses),用 σ_u 表示。在考虑构件强度时应限制构件的最大工作应力不要超过极限应力。

但是,仅仅将构件的工作应力限制在极限应力的范围内还是不够的,其主要原因是主观设计的条件与客观实际之间还存在着差距。例如,载荷的估计和计算不够精确,杆件制作时尺寸的偏差,材料性质的不均匀性,实际构件简化以后计算方法的精确程度,以及一些加工工艺(如热处理、焊接等)都会影响构件的强度。因此,为了确保构件在各种工作条件下的安全可靠性,需要为构件提供一定的强度储备,以避免因遭受某些意外的载荷或不利的工作条件而导致破坏。有时考虑构件在结构中的重要性,或构件的破坏将引起严重后果时,更要给予较多的强度储备。通常将极限应力除以大于 1 的数 n 作为材料的许用应力(Allowable Stresses),用 $[\sigma]$ 表示。即

$$[\sigma] = \frac{\sigma_u}{n} \tag{7.7}$$

式中,n 称为安全因数。对于脆性材料,取强度极限 σ_b 作为极限应力;对于塑性材料,一般取屈服极限 σ_s(或 $\sigma_{p0.2}$)作为极限应力。两类材料的许用应力分别为

脆性材料　　　　　　　　　　　　　$[\sigma] = \dfrac{\sigma_b}{n_b}$,

塑性材料　　　　　　　　　　　　　$[\sigma] = \dfrac{\sigma_s}{n_s}$

式中,n_b 和 n_s 分别为对应于强度极限和屈服极限的安全因数。

安全因数的选择涉及安全和经济两方面的问题。安全系数过大会造成浪费,并使构件笨重;过小又难以保证安全耐用。所以应合理权衡安全和经济两方面的要求,将二者合理地统一起来。

许用应力和安全因数的数值,不仅与材料有关,同时还要考虑构件的具体工作条件,这些可在有关部门的规范中查到。一般情况下,静载时常取 $n_s = 1.2 \sim 2.5$,$n_b = 2 \sim 3.5$。$n_b > n_s$ 是考虑应力达到 σ_b 时发生的断裂失效比应力达到 σ_s 时的屈服失效危险性更大,n_b 有时甚至取到 $3 \sim 9$。安全因数也不是固定不变的,随着我国工业技术的不断发展,设计能力、工艺水平、材料产品质量的不断提高,以及人们对客观事物的进一步认识,安全因数将会取得更小。

2. 强度条件

把许用应力 $[\sigma]$ 作为构件工作应力的最高值,即要求构件的最大工作应力 σ_{max} 不超过许用应力 $[\sigma]$,于是得构件轴向拉伸与压缩时的强度条件为

$$\sigma_{max} = \left(\frac{F_N}{A}\right)_{max} \leqslant [\sigma] \tag{7.8}$$

对于等截面杆,最大应力发生在轴力 F_N 最大的截面上,即 $\sigma_{max}=\dfrac{F_{Nmax}}{A}$。对于变截面杆,当轴力一定时,最大应力发生在横截面积 A 最小的截面上,即 $\sigma_{max}=\dfrac{F_N}{A_{min}}$。

强度条件可以解决工程实际中有关构件强度的三个方面的问题。

(1)强度校核。已知杆件所承受的载荷、横截面尺寸和材料的许用应力$[\sigma]$,校核杆件是否满足强度条件式(7.8)。若能满足,说明杆件的强度足够;若不满足,说明杆件不安全。

(2)截面设计。已知杆件所承受的载荷和材料的许用应力$[\sigma]$,根据强度条件式(7.8)的变形形式 $A\geqslant\dfrac{F_N}{[\sigma]}$,确定杆件的横截面面积,然后确定截面尺寸。

(3)确定许可载荷。已知杆件的横截面尺寸和材料的许用应力$[\sigma]$,根据强度条件式(7.8)的变形形式 $F_N\leqslant A[\sigma]$,计算杆件所允许的最大轴力,进而确定结构的许可载荷。

例 7.4 阶梯形圆杆受力如图 7.20 所示,已知 AB 部分的直径为 $d=15$ mm,BC 部分的外径 $D=20$ mm,内径 $d=15$ mm,承受轴向载荷 $F_1=1.5F_3=21$ kN 作用,材料的屈服极限 $\sigma_s=235$ MPa,安全因数 $n_s=1.5$。试校核该杆的强度。

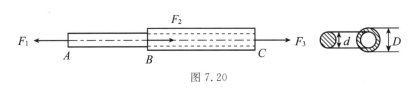

图 7.20

钢丝绳的强度校核
工程案例 2

解 (1)应用截面法,求出杆件的轴力分别为

$$F_{N1}=F_1=21\ \text{kN},\quad F_{N2}=F_3=14\ \text{kN}$$

(2)计算横截面面积为

$$A_1=\frac{\pi}{4}d^2=\frac{\pi}{4}\times 15^2=176.63\ \text{mm}^2$$

$$A_2=\frac{\pi}{4}(D^2-d^2)=\frac{\pi}{4}\times(20^2-15^2)=137.44\ \text{mm}^2$$

(3)应用式(7.1),计算杆件横截面上的正应力为

$$\sigma_{AB}=\frac{F_{N1}}{A_1}=\frac{21\times 10^3}{176.63\times 10^{-6}}=118.9\times 10^6\ \text{Pa}=118.9\ \text{MPa}$$

$$\sigma_{BC}=\frac{F_{N2}}{A_2}=\frac{14\times 10^3}{137.44\times 10^{-6}}=101.9\times 10^6\ \text{Pa}=101.9\ \text{MPa}$$

(4)计算材料的许用应力为

$$[\sigma]=\frac{\sigma_s}{n_s}=\frac{235}{1.5}=156.7\ \text{MPa}$$

可见,整个杆件的工作应力均小于许用应力$[\sigma]$,故该杆件满足强度条件。

例 7.5 一悬臂吊车的结构和尺寸如图 7.21(a)所示。已知电葫芦自重 $G=5$ kN,起重量 $F=15$ kN,拉杆 BC 采用 Q235 钢,其许用应力为$[\sigma]=140$ MPa,忽略各杆自重。试确定拉杆的直径 d。

解 (1)计算各杆的轴力。

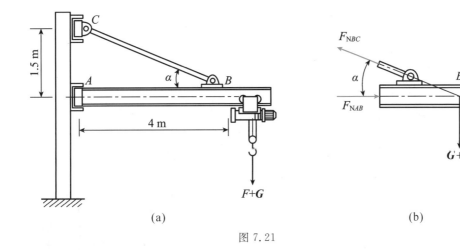

(a)　　　　　　　　　　　　　　(b)

图 7.21

应用截面法假想地将各杆截开,保留部分的受力如图 7.21(b)所示,由平衡条件列平衡方程如下

板卷夹钳的强度校核
工程案例 3

$$\sum F_y = 0, \qquad F_{NBC}\sin\alpha - (F+G) = 0$$

其中 $\sin\alpha = 0.352$,将 $G = 5$ kN,$F = 15$ kN 代入上式,可得

$$F_{NBC} = \frac{F+G}{\sin\alpha} = \frac{15+5}{0.352} = 56.8 \text{ kN}$$

(2)确定拉杆的直径 d。

根据强度条件式(7.8)的变形形式 $A \geqslant \dfrac{F_{NBC}}{[\sigma]}$,可得

$$\frac{1}{4}\pi d^2 \geqslant \frac{56.8 \times 10^3}{140 \times 10^6} = 4.06 \times 10^{-4} \text{ m}^2$$

则

$$d \geqslant \sqrt{\frac{4.06 \times 10^{-4} \times 10^6 \times 4}{3.14}} = 22.8 \text{ mm}$$

由此可确定拉杆的直径 $d = 22.8$ mm。

例 7.6　如图 7.22(a)所示滑轮 A 由 AB 和 AC 两根圆截面杆支撑,起重绳索的一端绕在卷筒上。已知圆杆 AB 为钢杆,$[\sigma] = 160$ MPa,直径 $d = 20$ mm;圆杆 AC 为铸铁杆,$[\sigma] = 100$ MPa,直径 $d = 40$ mm。试根据两杆的强度条件确定许可吊重。

解　(1)计算各杆的轴力。

取滑轮 A 为研究对象,受力如图 7.22(b)所示。由平衡条件列方程如下:

$$\sum F_x = 0, \quad F_{N1}\cos 60° - F_{N2} - F_{T2}\cos 60° = 0$$

$$\sum F_y = 0, \quad F_{N1}\sin 60° - F_{T1} - F_{T2}\sin 60° = 0$$

联立求解上两式,由题意知绳子张力 F_{T1},F_{T2} 与起重量 G 相等,以 $F_{T1} = F_{T2} = G$ 代入可得

$$F_{N1} = \frac{2\sqrt{3}+3}{3}G, \quad F_{N2} = \frac{\sqrt{3}}{3}G$$

求得 F_{N1} 和 F_{N2} 皆为正号,表明 AB 杆为拉杆,AC 杆为压杆。

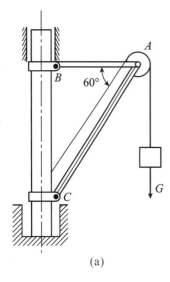

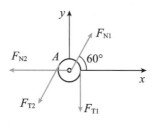

(a)   (b)

图 7.22

确定起重吊钩的许用起重量
工程案例 4

（2）确定许可吊重。

首先，根据铸铁杆 AC 的强度条件确定许可吊重，由式（7.8）可得

$$F_{N1} = \frac{2\sqrt{3}+3}{3}G \leqslant A_1 [\sigma]_1 = \frac{1}{4} \times 3.14 \times 40^2 \times 10^{-6} \times 100 \times 10^6 \ \text{N} = 125.6 \ \text{kN}$$

则 $[G] = 87 \ \text{kN}$

其次，根据钢杆 AB 的强度条件确定许可吊重，由式（7.8）可得

$$F_{N2} = \frac{\sqrt{3}}{3}G \leqslant A_2 [\sigma]_2 = \frac{1}{4} \times 3.14 \times 20^2 \times 10^{-6} \times 160 \times 10^6 \ \text{N} = 50.24 \ \text{kN}$$

则 $[G] = 58.4 \ \text{kN}$

只有两杆均满足强度条件，起重机才安全，故许可吊重 $[G] = 58.4 \ \text{kN}$。

7.6 直杆轴向拉伸与压缩时的变形

直杆在轴向拉力作用下，轴向尺寸伸长，横向尺寸缩小。反之，在轴向压力作用下，轴向尺寸缩短，而横向尺寸增大。

1. 轴向变形

设等直杆的原长为 l，横截面面积为 A。在轴向拉力 F 作用下，长度由 l 变为 l_1，如图 7.23 所示。杆件在轴线方向的伸长为

$$\Delta l = l_1 - l$$

将绝对伸长 Δl 除以原长 l 得杆件轴线方向的线应变

$$\varepsilon = \frac{\Delta l}{l} \tag{7.9}$$

ε 称为杆件的纵向线应变（Longitudinal Normal Strain），它是一个量纲为 1 的量，正值表示拉应变，负值表示压应变。此外，杆件横截面上的应力为

$$\sigma = \frac{F_N}{A} = \frac{F}{A} \tag{a}$$

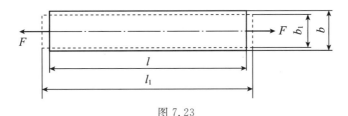

图 7.23

当应力不超过材料的比例极限时,应力与应变成正比。有胡克定律

$$\sigma = E\varepsilon$$

将式(7.9)和式(a)代入上式,得

$$\Delta l = \frac{F_N l}{EA} = \frac{Fl}{EA} \tag{7.10}$$

式(7.10)表明:当应力不超过比例极限时,杆件的伸长 Δl 与轴力 F_N、杆件的原长 l 成正比,与横截面面积 A 成反比。它同样可用于计算杆件压缩时的变形。这是胡克定律的另一种表达形式。对长度相同、受力相等的杆件,EA 越大,则变形 Δl 越小。所以 EA 称为杆件的抗拉(压)刚度(Tensile or Compression Stiffness)。它反映了杆件抵抗拉伸(或压缩)变形的能力。

式(7.10)只适用于杆件横截面面积 A、弹性模量 E 和轴力 F_N 皆为常量的情况。如果不是常量,其轴向变形应分段计算后再求代数和,即

$$\Delta l = \sum_i \frac{F_{Ni} l_i}{EA_i} \tag{7.11}$$

2. 横向变形(Transverse Deformation)

若杆件变形前的横向尺寸为 b,受轴向拉伸变形后为 b_1(见图 7.23),则杆件的横向缩短为

$$\Delta b = b_1 - b$$

将 Δb 除以 b 得杆件的横向线应变(Transverse Strain)为

$$\varepsilon' = \frac{\Delta b}{b}$$

试验结果表明,当应力不超过比例极限时,杆件的横向线应变 ε' 与纵向线应变 ε 之比的绝对值是一个常数,即

$$\mu = \left| \frac{\varepsilon'}{\varepsilon} \right|$$

μ 称为横向变形系数或泊松比(Poisson's Ratio),是一个量纲为 1 的量。因为 ε 和 ε' 的符号总是相反的,故上式还可以写成

$$\varepsilon' = -\mu\varepsilon \tag{7.12}$$

和弹性模量 E 一样,泊松比 μ 也是材料固有的弹性常数。表 7.2 给出一些常用材料的 E 和 μ 的近似值。

表 7.2　几种常用材料的 E 和 μ 的近似值

材料名称	弹性模量 E/GPa	泊松比 μ
碳钢	$196 \sim 216$	$0.24 \sim 0.28$
Q345	$200 \sim 220$	$0.25 \sim 0.33$

材料名称	弹性模量 E/GPa	泊松比 μ
合金钢	190~220	0.24~0.33
灰铸铁、白口铸铁	115~160	0.23~0.27
可锻铸铁	155	—
铜及其合金	74~130	0.31~0.42
铝及硬铝合金	71	0.33
铅	17	0.42
花岗石	49	—
石灰石	42	—
混凝土	14.6~36	0.16~0.18
木材(顺纹)	10~12	—
橡胶	0.008	0.47

例 7.7 在图 7.24 所示的阶梯杆中,已知 $F_A=10$ kN,$F_B=20$ kN,$l=100$ mm,AB 段与 BC 段的横截面面积分别为 $A_{AB}=100$ mm^2,$A_{BC}=200$ mm^2,材料的弹性模量 $E=200$ GPa。试求杆的总变形及端面 A 与 D 截面间的相对位移。

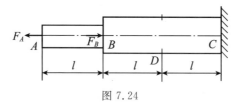

图 7.24

解 (1)先求 AB 段及 BC 段的轴力 F_{NAB} 和 F_{NBC}。

$$F_{NAB} = F_A = 10 \text{ kN}(\text{拉}), \quad F_{NBC} = F_A - F_B = -10 \text{ kN} (\text{压})$$

(2)应用式(7.11)求杆的总变形。

$$\Delta l = \Delta l_{AB} + \Delta l_{BC} = \frac{F_{NAB}l}{EA_{AB}} + \frac{F_{NBC} \times 2l}{EA_{BC}}$$

$$= \left(\frac{10 \times 10^3 \times 100 \times 10^{-3}}{200 \times 10^9 \times 100 \times 10^{-6}} + \frac{-10 \times 10^3 \times 2 \times 100 \times 10^{-3}}{200 \times 10^9 \times 200 \times 10^{-6}} \right) \text{m} = 0$$

(3)端面 A 与 D 截面间的相对位移 Δl_{AD} 等于端面 A 与 D 截面间杆的变形量。

$$\Delta l_{AD} = \Delta l_{AB} + \Delta l_{BD} = \frac{F_{NAB}l}{EA_{AB}} + \frac{F_{NBD}l}{EA_{BD}}$$

$$= \frac{10 \times 10^3 \times 100 \times 10^{-3}}{200 \times 10^9 \times 100 \times 10^{-6}} + \frac{-10 \times 10^3 \times 100 \times 10^{-3}}{200 \times 10^9 \times 200 \times 10^{-6}} \text{ mm} = 0.025 \text{ mm}$$

7.7 轴向拉伸与压缩时的应变能

变形固体受外力作用而变形。在变形过程中,外力所作的功将转变为储存于变形固体内的能量。当外力逐渐减小时,变形也逐渐消失,变形固体又将释放出储存的能量而做功。例如,机械钟表的发条被拧紧而产生变形,发条内储存应变能;随后发条在放松的过程中释放能量,带动齿轮系使指针转动而做功。变形固体在外力作用下,因变形而储存的能量称为应变能(Strain Energy),用符号 V_ε 表示。下面讨论轴向拉伸与压缩时的应变能。

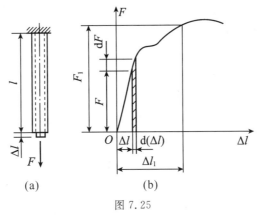

图 7.25

设受拉杆件上端固定,如图 7.25(a)所示,作用于下端的拉力由零开始缓慢增加。拉力 F 与伸长量 Δl 的关系如图 7.25(b)所示。在逐渐加力的过程中,当拉力为 F 时,杆件的伸长为 Δl。如再增加一个 $\mathrm{d}F$,杆件相应的变形增量为 $\mathrm{d}(\Delta l)$。于是已经作用于杆件上的力 F 因位移 $\mathrm{d}(\Delta l)$ 而做功,且所做的功为 $\mathrm{d}W = F\mathrm{d}(\Delta l)$,容易看出,$\mathrm{d}W$ 等于图 7.25(b)中画阴影线的微面积。把拉力的增加看作是一系列 $\mathrm{d}F$ 的积累,则拉力所做的总功 W 应为上述微面积的总和,它等于 F - Δl 曲线下面的面积,即

$$W = \int_0^{\Delta l_1} F\mathrm{d}(\Delta l)$$

在应力小于比例极限的范围内,F 与 Δl 的关系是一斜直线,斜直线下面的面积是一个三角形,故有

$$W = \frac{1}{2}F\Delta l \qquad\qquad (a)$$

在变形过程中,如果不考虑能量的损失,即可认为杆件内储存的应变能 V_ε 在数值上等于外力所做的功。线弹性范围内,外力做功由(a)式表示,故有

$$V_\varepsilon = W = \frac{1}{2}F\Delta l$$

考虑杆件的轴力 F_N 与外力 F 相同,再将轴向拉(压)的胡克定律 $\Delta l = \dfrac{F_N l}{EA}$ 代入,得

$$V_\varepsilon = W = \frac{1}{2}F\Delta l = \frac{F_N^2 l}{2EA} \qquad\qquad (7.13)$$

这就是轴向拉伸或压缩时杆件应变能的计算式。

由于在轴向拉伸或压缩变形时,杆件各部分的受力和变形情况都相同,故可将杆的应变能除以杆的体积,得到储存在单位体积内的应变能,即

$$v_\varepsilon = \frac{V_\varepsilon}{Al} = \frac{\frac{1}{2}F_N\Delta l}{Al} = \frac{1}{2}\sigma\varepsilon \qquad\qquad (7.14)$$

由胡克定律 $\sigma = E\varepsilon$，式（7.14）又可以写成

$$\nu_\varepsilon = \frac{1}{2}\sigma\varepsilon = \frac{E\varepsilon^2}{2} = \frac{\sigma^2}{2E} \tag{7.15}$$

其中 ν_ε 也称为应变能密度（Strain-energy Density）或比能，单位为 J/m^3。利用应变能的概念可以解决与结构或构件的弹性变形有关的问题，这种方法称为能量法。

例 7.9   如图 7.26 所示桁架，承受铅垂载荷 F 作用。设各杆的抗拉（压）刚度均为 EA，忽略各杆自重的影响。试求节点 B 的铅垂位移。

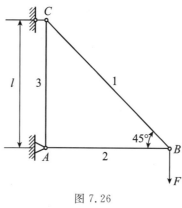

图 7.26

解   （1）求各杆的轴力。

从图示结构中求出各杆的长度分别为 $l_1 = \sqrt{2}l$，$l_2 = l_3 = l$。根据节点 B、C 的平衡条件，求得杆 1、杆 2 及杆 3 的轴力分别为

$$F_{N1} = \sqrt{2}F（拉），\quad F_{N2} = F（压），\quad F_{N3} = F（压）$$

（2）求系统的应变能。

根据式（7.15）得

$$V_\varepsilon = \sum_{i=1}^{3} \frac{F_{Ni}^2 l_i}{2E_i A_i} = \frac{F_{N1}^2 \cdot \sqrt{2}l}{2EA} + \frac{F_{N2}^2 \cdot l}{2EA} + \frac{F_{N3}^2 \cdot l}{2EA} = \frac{(\sqrt{2}+1)F^2 l}{EA}$$

（3）确定节点 B 的铅垂位移。

设节点 B 的铅垂位移为 δ，且与 F 同向，线弹性范围内铅垂载荷 F 所完成的功可用式 $W = \frac{1}{2}F\delta$ 计算，在数值上应等于该系统总的应变能，即

$$\frac{1}{2}F\delta = \frac{(\sqrt{2}+1)F^2 l}{EA}$$

由此求得

$$\delta = \frac{2(\sqrt{2}+1)Fl}{EA}$$

所求位移 δ 为正，说明假设的方向与实际发生位移的方向相同。

7.8　轴向拉伸与压缩超静定问题

1. 超静定的概念

在前面讨论的问题中,作用在杆件上的外力或杆件横截面上的内力,都可由静力平衡方程求出,这类问题称为静定问题。但有时为了提高结构的强度、刚度,或者为了满足构造及其他工程技术要求,常常在静定结构中再附加某些约束,即多余约束(包括添加构件)。这是由于未知量的个数多于所能提供的相互独立平衡方程的个数,仅仅应用静力平衡方程已不能确定全部未知量。这类问题称为超静定问题或静不定问题(Statically Indeterminate Problem)。如图 7.27(a)所示,当用三根钢丝绳吊运重物时,为计算钢丝绳内力而截取的研究对象如图 7.27(b)所示。这是一个平面汇交力系,可列出两个平衡方程($\sum F_x = 0$、$\sum F_y = 0$),而未知量却有三个(F_{T1}、F_{T2}、F_{T3})。可见,单凭静力平衡方程不能求得全部未知量,所以属于超静定问题。把未知量的个数减去相互独立的平衡方程的个数之差,称为超静定次数(Degree of Statically Indeterminate Problem)。图 7.27(a)所示结构属于一次超静定结构。

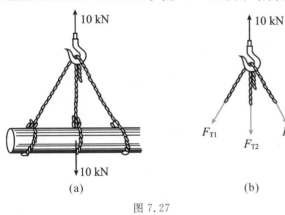

图 7.27

拉压超静定问题的
一般解题步骤

2. 超静定问题的一般解法

为了求解超静定问题,在静力平衡方程之外,还必须寻求补充方程。由于多余约束对结构或构件的变形起着一定的限制作用,而结构或构件的变形又与受力密切相关。因此,补充条件应是各构件变形之间的关系,或者构件各部分变形之间的关系,称其为变形协调关系或变形协调条件(Compatibility Relations of Deformation)。下面通过例题来说明超静定问题的解法。

例 7.9　如图 7.28(a)所示结构,杆 1 与杆 2 的横截面面积均为 A,弹性模量均为 E,梁 BD 为刚体,载荷 $F=50$ kN。试确定两杆的轴力。

解　(1)判断问题是否为超静定问题。

依题意取 BD 梁为研究对象,受力如图 7.28(b)所示。未知轴力和约束力各两个,由于平面一般力系只有三个独立的平衡方程,故判定该问题属于一次超静定问题。

(2)列必要的平衡方程。

设杆 1 和 2 中的轴力分别是 F_{N1}(拉)和 F_{N2}(压),对 BD 梁列平衡方程 $\sum M_B = 0$,得

$$F_{N1}\sin45° \cdot l + F_{N2} \cdot 2l - F \cdot 2l = 0$$

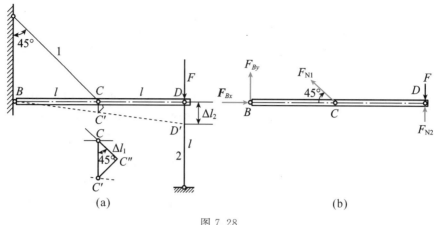

图 7.28

整理得

$$F_{N1} + 2\sqrt{2}F_{N2} - 2\sqrt{2}F = 0 \qquad \text{(a)}$$

（3）建立变形协调关系。

由图 7.28(a)虚线所表示的变形图看出

$$\Delta l_2 = 2\,\overline{CC'} = 2\sqrt{2}\Delta l_1 \qquad \text{(b)}$$

（4）列物理方程。

根据胡克定律得

$$\Delta l_1 = \frac{F_{N1}l_1}{EA} = \frac{\sqrt{2}F_{N1}l}{EA}, \quad \Delta l_2 = \frac{F_{N2}l_2}{EA} = \frac{F_{N2}l}{EA}$$

（5）列补充方程。

将上述关系代入(b)式，得补充方程为

$$F_{N2} = 4F_{N1} \qquad \text{(c)}$$

（6）计算轴力。

联立求解平衡方程(a)与补充方程(c)，得

$$F_{N1} = \frac{2\sqrt{2}F}{8\sqrt{2}+1} = \frac{2\sqrt{2}(50\times10^3)}{8\sqrt{2}+1}\ \text{N} = 1.149\times10^4\ \text{N}$$

$$F_{N2} = \frac{8\sqrt{2}F}{8\sqrt{2}+1} = \frac{8\sqrt{2}(50\times10^3)}{8\sqrt{2}+1}\ \text{N} = 4.59\times10^4\ \text{N}$$

例 7.10 如图 7.29(a)所示，刚性梁 AB 水平地挂在两根圆钢杆上，已知钢的弹性模量 $E=200$ GPa，钢杆直径分别是 $d_1=20$ mm，$d_2=25$ mm。在刚性梁 AB 上作用一横向力 F，问 F 作用在何处才能使刚性梁水平下降？

解 （1）判断是否为超静定问题。

设圆钢杆 1 和 2 中的轴力分别是 F_{N1}（拉）和 F_{N2}（拉），对钢杆进行受力分析如图 7.29(b) 所示，可判定该结构为一次超静定结构。

（2）列必要的静力平衡方程。由平衡方程 $\sum F_y = 0$ 和 $\sum M_A = 0$ 得

$$\left.\begin{array}{l} F_{N1} + F_{N2} - F = 0 \\ Fx - 2F_{N2} = 0 \end{array}\right\} \qquad \text{(a)}$$

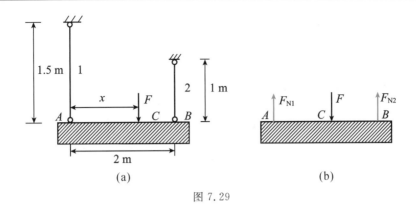

图 7.29

（3）建立变形协调关系。由题意知，刚性梁 AB 水平下降，1、2 两杆的伸长 Δl_1 和 Δl_2 应满足以下变形协调关系

$$\Delta l_1 = \Delta l_2 \tag{b}$$

（4）建立物理关系。根据胡克定律得

$$\Delta l_1 = \frac{F_{N1} l_1}{EA_1}, \quad \Delta l_2 = \frac{F_{N2} l_2}{EA_2} \tag{c}$$

（5）确定补充方程。将（c）式代入（b）式，得

$$\frac{F_{N1} l_1}{EA_1} = \frac{F_{N2} l_2}{EA_2} \tag{d}$$

（6）计算未知量。

联立式（a）、式（d），解得 $x = 1.4$ m。

3. 温度应力和残余应力的概念

在工程实际中，许多构件或结构物往往会遇到温度变化的情况，这时杆件会伸长或缩短。设杆件的原长为 l，材料的线膨胀系数为 α，当温度变化 ΔT 时，杆件由于温度改变而引起的变形（伸长或缩短）为

$$\Delta l_T = \alpha l \Delta T \tag{7.16}$$

在静定结构中，杆件可以自由变形，当温度均匀变化时，并不会引起构件的内力。但在超静定结构中，由于杆件的变形受到部分或全部约束，温度变化时往往要引起内力。例如，在图 7.30 中，AB 杆代表蒸汽锅炉与原动机间的管道。与锅炉和原动机相比，管道的刚度很小，故可把 A、B 两端简化成固定端。

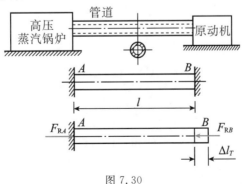

图 7.30

当管道中通过高压蒸汽时,就相当于上述两端固定的杆件温度发生了变化。因为固定端限制杆件的膨胀或收缩,所以势必有约束力 F_{RA} 和 F_{RB} 作用于两端。这将引起杆件内的应力,这种应力称为温度应力(Temperature Stress)。杆件的温度应力,可按超静定问题的解法求解。如对上述两端固定的 AB 杆来说,由平衡方程只能给出

$$F_{RA} = F_{RB}$$

这并不能确定约束力的数值,必须再补充一个变形协调方程。杆件因 F_{RB} 作用而产生的轴向变形为

$$\Delta l = \frac{F_{RB} l}{EA}$$

由于杆件的总长度不能变,所以有变形协调方程

$$\Delta l_T = \Delta l$$

即

$$\alpha l \Delta T = \frac{F_{RB} l}{EA}$$

由此求出

$$F_{RB} = EA\alpha \Delta T$$

温度应力

$$\sigma_T = \frac{F_{RB}}{A} = E\alpha \Delta T$$

由此可见,当 ΔT 较大时,σ_T 的数值便非常可观。为了避免过高的温度应力,在管道中有时增加伸缩节,如图 7.31 所示,这样就可以削弱对膨胀的约束,降低温度应力。

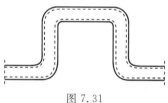

图 7.31

知识拓展

教室地面水泥地上一般会有一条条铜线分隔,为什么?

家里装修时铺木地板要四周墙边留缝,为什么?

例 7.11 在图 7.32(a)中,设横梁 ACB 为刚体,钢杆 AD 的横截面面积 $A_1 = 100 \text{ mm}^2$,长度 $l_1 = 330 \text{ mm}$,弹性模量 $E_1 = 200 \text{ GPa}$,线膨胀系数 $\alpha_1 = 12.5 \times 10^{-6} \text{℃}^{-1}$。铜杆 BE 的相应数据分别是 $A_2 = 200 \text{ mm}^2$,$l_2 = 220 \text{ mm}$,$E_2 = 100 \text{ GPa}$,$\alpha_2 = 16.5 \times 10^{-6} \text{℃}^{-1}$。如温度升高 30 ℃,试求两杆的轴力及应力。

解 (1)列平衡方程。取横梁为研究对象,受力分析如图 7.32(b)所示,由横梁 ACB 的平衡方程 $\sum M_C = 0$,得

$$240 F_{N1} - 150 F_{N2} = 0 \tag{a}$$

(2)建立变形协调关系。设想拆除钢杆和铜杆与横梁之间的联系,允许其自由膨胀。这时钢杆和铜杆的温度变形分别是 Δl_{1T} 和 Δl_{2T}。当把已经伸长的杆件再与横梁相连接时,必将在两杆内分别引起轴力 F_{N1} 和 F_{N2},并使两杆再次变形。设 F_{N1} 和 F_{N2} 的方向如图 7.32(b)所示,

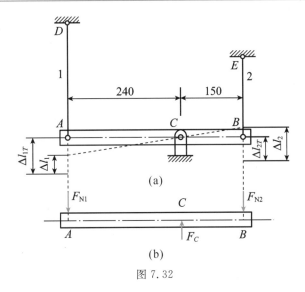

图 7.32

横梁的最终位置如图 7.32(a)中虚线所示,而图中的 Δl_1 和 Δl_2 分别是钢杆和铜杆因轴力引起的变形,得变形协调关系为

$$\frac{\Delta l_{1T} - \Delta l_1}{\Delta l_2 - \Delta l_{2T}} = \frac{240}{150} \tag{b}$$

其中,Δl_1 和 Δl_2 皆为绝对值。

(3)列物理方程。求出上式中的各项变形分别为

$$\Delta l_{1T} = 330 \times 10^{-3} \times 12.5 \times 10^{-6} \times 30 \text{ m} = 124 \times 10^{-6} \text{ m}$$

$$\Delta l_{2T} = 220 \times 10^{-3} \times 16.5 \times 10^{-6} \times 30 \text{ m} = 109 \times 10^{-6} \text{ m}$$

$$\Delta l_1 = \frac{F_{N1} \times 330 \times 10^{-3}}{200 \times 10^9 \times 100 \times 10^{-6}} = 0.0165 \times 10^{-6} F_{N1}$$

$$\Delta l_2 = \frac{F_{N2} \times 220 \times 10^{-3}}{100 \times 10^9 \times 200 \times 10^{-6}} = 0.011 \times 10^{-6} F_{N2}$$

(4)列补充方程。把以上数据代入变形协调关系,整理得

$$124 - 0.0165 F_{N1} = \frac{8}{5}(0.011 F_{N2} - 109) \tag{c}$$

(5)数值计算。联立式(a)、式(c)解出钢杆和铜杆的轴力分别为

$$F_{N1} = 6.68 \text{ kN}, \quad F_{N2} = 10.7 \text{ kN}$$

求得的 F_{N1} 及 F_{N2} 皆为正号,表示所设方向是正确的,即两杆均受压。

计算两杆的应力分别为

$$\sigma_{1杆} = \frac{F_{N1}}{A_1} = \frac{6.68 \times 10^3}{100 \times 10^{-6}} \text{ Pa} = 66.8 \text{ MPa}$$

$$\sigma_{2杆} = \frac{F_{N2}}{A_2} = \frac{10.7 \times 10^3}{200 \times 10^{-6}} \text{ Pa} = 53.5 \text{ MPa}$$

由此可见,超静定结构虽然未受外力作用,但在温度变化的情况下,也会引起应力。同样,一个构件即使没有约束,若在局部区域温度发生变化,亦可能产生温度应力。如果温度应力不超过材料的弹性极限,在温度因素消除后,温度应力也随之消失;若温度应力超过弹性极限而使构件

产生塑性变形,构件将产生残余应力,即在外界因素(如温度)消除后而长期保持下来的应力。

热加工也会不同程度地引起工件的残余应力。例如,工件在骤冷的情况下,由于表层材料与心部材料的冷却速度不同,就会形成残余应力。残余应力过大会使工件产生严重的变形,甚至使工件断裂,因此需要设法加以控制,或进行退火、回火等热处理来消除残余应力。

知识拓展

中国高铁无缝线路技术,是铁路技术的重大突破。通过先进工艺消除钢轨接头,形成连续、平滑的无缝轨道,显著提升列车运行的平稳性与安全性。这项技术可有效减少噪声、振动、优化乘客体验,同时降低维护成本,延长轨道寿命。经过多年研发与创新,中国已形成自主知识产权的技术体系,广泛应用于国内外高铁建设。中国高铁无缝线路技术的成功,不仅展示了中国铁路技术的领先地位,也为世界高速铁路发展贡献了中国智慧和中国方案。

7.9 应力集中的概念

等截面直杆受轴向拉伸或压缩时,横截面上的应力是均匀分布的。但在工程实际中,由于结构或工艺上的需要,有些零件必须有切口、切槽、油孔、螺纹、轴肩等,以致在这些部位上截面尺寸有急剧变化。实验结果和理论分析均表明,在截面尺寸突变处,横截面上的应力不再均匀分布。例如,开有圆孔和带有切口的板条(见图7.33),当其受轴向拉伸时,在圆孔和切口附近的局部区域的应力将急剧增加,但在离开这一区域稍远处,应力就迅速降低而趋于均匀。这种因杆件外形突然变化而引起局部应力急剧增大的现象,称为应力集中(Stress Concentration)。

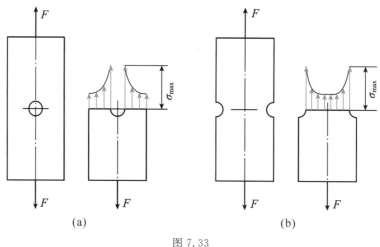

图 7.33

设发生应力集中的截面上的最大应力为 σ_{max},同一截面上的平均应力为 σ_0,则比值称为应力集中因数。

$$k = \frac{\sigma_{max}}{\sigma_0} \tag{7.18}$$

应力集中因数反映了应力集中的程度,是一个大于1的数。试验结果表明:截面尺寸改变得越急剧,角越尖,孔越小,应力集中的程度就越严重。对带圆孔的平板,拉伸时的应力集中因数最大可达 3。因此,零件上应尽可能地避免带尖角的孔和槽,在阶梯轴的轴肩处要用圆弧过渡,而且在结构允许的范围内,应尽量增大圆弧半径。

各种材料对应力集中的敏感程度并不相同,塑性材料一般都有屈服阶段,当局部的最大应力 σ_{max} 到达屈服极限 σ_s 时,该处材料的应变可以继续增长,而应力却不再加大。如外力继续增加,增加的力就由截面上尚未屈服的材料来承担,使截面上其他点的应力相继增大到屈服极限,如图 7.34 所示。这就使截面上的应力逐渐趋于平均,降低了应力不均匀程度,也限制了最大应力 σ_{max} 的数值。因此,用塑性材料制成的零件在静载作用下,可以不考虑应力集中的影响。脆性材料没有屈服阶段,当载荷增加时,应力集中处的最大应力 σ_{max} 一直领先,不断增长,首先到达强度极限 σ_b,该处将首先产生裂纹。所以对于脆性材料制成的零件,应力集中的危害更加严重。这样,即使在静载下,也应考虑应力集中对零件承载能力的削弱。但是像灰铸铁这类材料,其内部的不均匀性和缺陷往往是产生应力集中的主要因素,而零件外形改变所引起的应力集中就可能成为次要因素,对零件的承载能力不一定造成明显的影响。

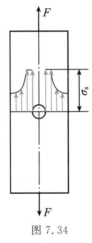

图 7.34

当零件受周期性变化的应力或冲击载荷作用时,不论是塑性材料还是脆性材料,应力集中对零件的强度都有严重影响,往往是零件破坏的根源,必须给予高度重视。

本章小结

本章介绍杆件在发生轴向拉伸和压缩变形时的一些基本概念、基本分析方法及计算式,这些概念和方法在材料力学中具有普遍意义,如计算内力的截面法,推导应力公式的分析方法,强度计算的几类问题等,在后面的学习中,对于其他变形形式同样适用。

(1)通过本章的学习,应熟练掌握轴向拉伸和压缩的基本概念及基本计算式。

①求内力(轴力)的方法是截面法;

②计算应力的公式:$\sigma = \dfrac{F_N}{A}$;$\sigma_\alpha = \sigma\cos^2\alpha$,$\tau_\alpha = \dfrac{\sigma}{2}\sin 2\alpha$;

③计算变形和应变的公式(胡克定律):$\Delta l = \dfrac{F_N l}{EA}$,$\varepsilon = \dfrac{\sigma}{E}$。

(2)材料的力学性能的研究是解决强度和刚度问题的一个重要方面。研究材料的力学性能的方法是试验,其中拉伸试验是最主要和最基本的一种试验,低碳钢的拉伸试验是一个典型试验,它所表现出的力学性能比较全面。掌握好这一试验,通过对比,对其他材料的力学性能就容易理解了。由低碳钢的拉伸试验所测定的材料力学性能指标主要有

材料抵抗弹性变形能力的指标:弹性模量 E;

材料的两个强度指标:屈服极限 $\sigma_s(\sigma_{P0.2})$ 和强度极限 $\sigma_{bt}(\sigma_{bc})$;

材料的两个塑性指标:延伸率 δ 和断面收缩率 ψ。

(3)强度计算是材料力学研究的主要问题,轴向拉伸和压缩构件的强度条件是

$$\sigma_{max} = \frac{F_{Nmax}}{A} \leqslant [\sigma] \text{ 或 } \sigma_{max} = \left(\frac{F_N}{A}\right)_{max} \leqslant [\sigma]$$

应用强度条件可解决强度校核、截面设计及许可载荷的确定三类问题,它们所应用的基本公式都是由强度条件派生的,但已知和未知条件不尽相同。对于由拉压杆件组成的结构,在计算承载能力时,结构中各杆件并不是同时达到危险状态,所以其许可载荷是由最先达到许可轴力的杆的强度所决定,通常是以各杆达到许可轴力时,对应的许可载荷中的最小值为许可载荷。

(4)通过本章的学习,应当注意,在学习材料力学时,有许多与静力学不同之处。

①在静力学中,构件的变形对计算的影响极微,可以忽略不计,故将研究对象视为刚体;而在材料力学中分析构件的强度和刚度时,则必须考虑构件的变形,所以应将研究的对象视为可变形固体。

②静力学中求约束力时,是解除构件的约束,取整个构件为研究对象;材料力学中求构件的内力时,是用截面法截取构件的一部分为研究对象。

③在静力学中列平衡方程时,是根据力在坐标中的方向来规定正负号的;在材料力学中则是根据构件的变形情况来规定相应内力和应力的正负号。

④材料力学中所指的内力是物体内部一部分与另一部分间的相互作用力;静力学中所指的内力是物体系中各构件间的相互作用力。

以上几点区别,在学习中要随时加以注意。但这些区别也不是绝对的。例如,在材料力学中列平衡方程时仍使用静力学的正负号规定;在静力学中的桁架计算,也使用了材料力学中的截面法。

(5)通过试验比较塑性材料和脆性材料的力学性能,可以看出两者有以下区别:

①塑性材料在断裂前有很大的塑性变形,脆性材料断裂前的变形则很小,这是它们的基本区别。因此,在工程实际中塑性材料适用于需要进行锻压、冷加工等加工过程的构件或承受冲击载荷的构件。

②脆性材料的抗压能力远比抗拉能力强,且其价格便宜,因此更适用于受压的构件,如建筑物的基础、机器的底座、外壳等;塑性材料的抗拉与抗压能力相近,相比脆性材料,它更适用于受拉的构件。

思考题

1.试辨别下列构件(见图 7.35)哪些属于轴向拉伸或轴向压缩。

2.如图 7.36 所示,应用截面法求杆件截面上的轴力时,可否将截面恰恰截在着力点 C 上,为什么?

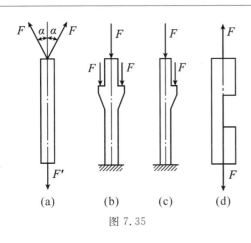

图 7.35

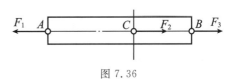

图 7.36

3.设两根材料不同、截面面积也不同的拉杆,受相同的轴向拉力作用时,它们的内力是否相同?

4.现有 Q235 钢试样,已知弹性极限 $\sigma_p=200$ MPa,弹性模量 $E=200$ GPa,其应变已被拉到 $\varepsilon=0.002$,试问其应力是否为 $\sigma=E\varepsilon=200\times10^9\times0.002$ Pa$=400$ MPa?

5.经冷作硬化(强化)的材料,在应用上有什么利弊?

6.简述静不定问题的一般求解步骤。

习　题

一、填空题

1.轴力的正负号规定:拉力为_____,压力为_____。

2.内力在一点处的集度称为_____。与横截面垂直的应力为_____。

3.胡克定律的关系式中 EA 称为_____,反映了杆件_____。

4.低碳钢拉伸实验时,图中有四个阶段,依次是_____、_____、_____、_____。

5.塑性材料的极限应力指的是_____,脆性材料的极限应力指的是_____。

6.通常把极限应力 σ_u 除以安全因数 n 称为材料的_____。

二、判断题

1.在应用截面法求内力时,可以保留截开后杆件的任一部分进行平衡计算。(　　)

2.杆件轴向拉伸与压缩时,横截面上的正应力与轴力成正比。(　　)

3.低碳钢试件拉伸时破坏断面与轴线约成 45°,这是由切应力引起的缘故。(　　)

4.低碳钢的应力在不超过强度极限应力时,应力与应变成正比。(　　)

5.若杆件的总伸长量为零,则杆件内各点的应力也必然为零。(　　)

6.塑性材料的抗拉与抗压能力相近,相比脆性材料,它更适用于受拉的构件。(　　)

三、选择题

1.在其他条件不变时,若受轴向拉伸的杆件长度增加 1 倍,则线应变将(　　)。

　　A.增大　　　　　　B.减少　　　　　　C.不变　　　　　　D.不能确定

2.一拉压杆的抗拉刚度 EA 为常数,若使其总伸长量为零,则(　　)必为零。

　　A.杆内各点处的正应力　　　　　　B.杆内各点处的位移

　　C.杆轴力图面积的代数和　　　　　D.杆内各点处的应变

3.材料力学中各向同性假设的含义是(　　)。

　　A.材料在内部均布的离散点上具有相同的力学性能

　　B.材料在空间各处具有相同的力学性能

　　C.材料在两个相互垂直方向上具有相同的力学性能

　　D.材料沿各个方向具有相同的力学性能

4.某压杆的材料力学参数为 $\sigma_p=190$ MPa,$\sigma_e=220$ MPa,$\sigma_s=270$ MPa,$\sigma_b=400$ MPa,若取安全因数 $n=2$,则材料的许用应力$[\sigma]$为(　　)。

　　A.85 MPa 　　　　B.110 MPa 　　　　C.135 MPa 　　　　D.200 MPa

5.轴向拉伸杆,正应力最大的截面和切应力最大的截面分别是(　　)。

　　A.横截面、45°斜截面　　　　　　　　B.都是横截面

　　C.45°斜截面、横截面　　　　　　　　D.都是45°斜截面

6.如图 7.37 所示杆系结构中,3 根粗细相同的杆均为钢杆。在其他条件不变的情况下,将杆 3 换成铝杆后,杆 1 和杆 2 受到的轴力将(　　)。

　　A.减小 　　　　　　B.不变 　　　　　　C.增大 　　　　　　D.无法判断

7.轴向拉压细长杆如图 7.38 所示,下列说法正确的是(　　)。

　　A.1—1 面上的应力非均匀分布,2—2 面上应力均匀分布

　　B.1—1 面上的应力均匀分布,2—2 面上应力非均匀分布

　　C.1—1 面、2—2 面上应力皆均匀分布

　　D.1—1 面、2—2 面上应力皆非均匀分布

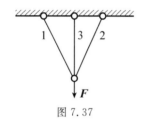

图 7.37

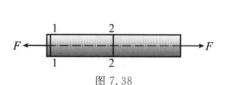

图 7.38

四、计算题

1.试求图 7.39 所示各杆 1—1、2—2、3—3 截面上的轴力。

　　[答:(a)$F_{N1-1}=-1$ kN,$F_{N2-2}=2$ kN;

　　　　(b)$F_{N1-1}=0$,$F_{N2-2}=F_{N3-3}=F$]

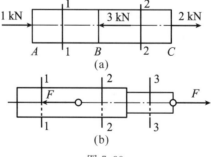

图 7.39

2. 如图 7.40 所示结构中，1、2 两杆的横截面直径均为 $d=20$ mm，试求两杆的轴力和应力。

　　[答：$F_{N1}=-10$ kN，$F_{N2}=20$ kN；$\sigma_{1杆}=-31.85$ MPa（压应力），$\sigma_{2杆}=63.70$ MPa]

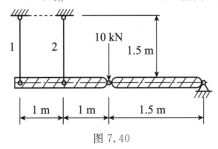

图 7.40

3. 横截面面积 $A=100$ mm^2 的钢杆，在拉力 $F=10$ kN 的作用下，试求与横截面夹角为 $\alpha=60°$ 的斜截面上的正应力及切应力。

　　（答：$\sigma_{60°}=25$ MPa，$\tau_{60°}=25\sqrt{3}$ MPa≈ 43.3 MPa）

4. 自制桅杆式起重机如图 7.41 所示。已知起重杆 AB 为一钢管，外径 $D=20$ mm，内径 $d=18$ mm；钢丝绳 CB 的横截面面积为 10 mm^2。已知起重量 $F=2$ kN，试计算起重杆和钢丝绳横截面上的应力。

　　（答：$\sigma_{AB}=-47.4$ MPa，$\sigma_{BC}=103.5$ MPa）

5. 一圆形截面阶梯形杆受力如图 7.42 所示，已知材料的弹性模量 $E=200$ GPa，试求各段横截面上的正应力和纵向线应变。

　　（答：$\sigma_{AC}=31.8$ MPa，$\sigma_{CB}=127$ MPa，$\varepsilon_{AC}=1.59\times10^{-4}$，$\varepsilon_{CB}=6.36\times10^{-4}$）

6. 如图 7.43 所示板状硬铝试件，中部横截面尺寸 $a=2$ mm，$b=20$ mm。试件受轴向拉力 $F=6$ kN 作用，在基长 $l=70$ mm 上测得伸长量 $\Delta l=0.15$ mm，板的横向缩短 $\Delta b=0.014$ mm。试求板材料的弹性模量 E 及泊松比 μ。

　　（答：$E=70$ GPa，$\mu=0.33$）

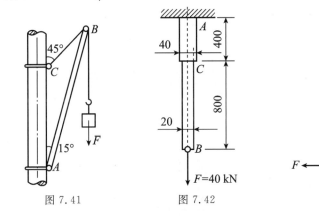

图 7.41　　　　图 7.42　　　　图 7.43

7. 如图 7.44 所示桁架，杆 1、2 的横截面面积和材料均相同，在节点 A 处受载荷 F 作用。从试验中测得 1、2 两杆的轴向线应变分别为 $\varepsilon_1=400\times10^{-6}$，$\varepsilon_2=200\times10^{-6}$。试求载荷 F 及其方位角 θ 的大小。已知，$A_1=A_2=200$ mm^2，$E_1=E_2=200$ GPa。

　　（答：$F=21.2$ kN，$\theta=10.9°$）

8. 钢制直杆，载荷情况如图 7.45 所示。各段横截面面积分别为 $A_1=A_3=400$ mm^2，$A_2=$

300 mm^2,材料许用应力$[\sigma]=160$ MPa。试作杆的轴力图并校核杆的强度。

（答：$F_{N1}=60$ kN，$F_{N2}=-20$ kN，$F_{N3}=30$ kN，$\sigma_{max}=150$ MPa，满足强度要求）

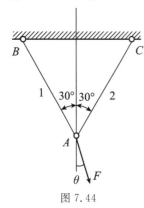

图 7.44

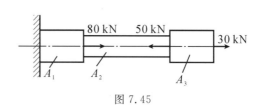

图 7.45

9. 如图 7.46 所示，打入黏土的木柱长为 l，顶上载荷为 F。设载荷全由摩擦力承担，且摩擦力集度为 $f=ky^2$，其中 k 为待定常数，忽略木桩自重的影响。若 $F=400$ kN，$l=10$ m，$A=700$ cm^2，$E=10$ GPa，试确定常数 k，并求木柱的压缩量。

$$\left[\text{答：木柱的压缩量为 } \Delta l=\int_0^l \frac{F_N(y)}{EA}\mathrm{d}y=\frac{Fl}{4EA}=1.43 \text{ mm}\right]$$

10. 气动夹具如图 7.47 所示。已知气缸内径 $D=140$ mm，缸内气压 $p=0.6$ MPa，活塞杆材料为 20 钢，许用应力 $[\sigma]=80$ MPa。试设计活塞杆的直径 d。

（答：活塞杆的直径 $d=12$ mm）

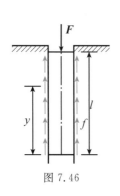

图 7.46

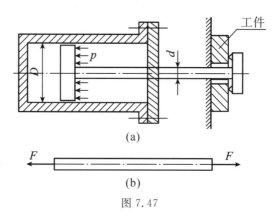

(a)

(b)

图 7.47

11. 如图 7.48 所示，设横梁 AB 为刚杆，斜杆 CD 为直径 $d=20$ mm 的圆杆，$[\sigma]=160$ MPa，$E=200$ GPa。试求许可载荷和许可载荷作用下 B 点的铅垂位移。

$[$答：$[F]=15.07$ kN，$y_B=3.33$ mm$]$

12. 在如图 7.49 所示结构中，假设 AC 梁为刚杆，杆 1、2、3 的横截面面积相等，材料相同。试求三杆的轴力。

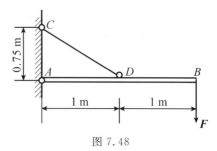

图 7.48

$$\left[\text{答}:F_{N1}=\frac{5}{6}F,F_{N2}=\frac{1}{3}F,F_{N3}=-\frac{1}{6}F(\text{压力})\right]$$

13. 已知阶梯杆的横截面面积为 $A_1=100\ \text{mm}^2$，$A_2=200\ \text{mm}^2$，如图 7.50 所示，图中各长度单位均为 mm；材料的弹性模量 $E=210\ \text{GPa}$，线膨胀系数 $\alpha=12.5\times10^{-6}\ ℃^{-1}$。当温度升高 30 ℃时，试求该杆横截面上的最大应力。

（答：$\sigma_{\max}=131\ \text{MPa}$）

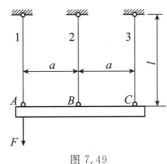
图 7.49

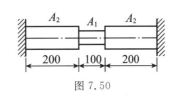
图 7.50

拓展阅读

箭会"没在石棱中"吗?①

"林暗草惊风，将军夜引弓。平明寻白羽，没在石棱中"，在这首脍炙人口的著名诗篇中，箭"没在石棱中"的现象真的会出现吗？下面将从力学的角度来分析这一问题。

射箭过程中，射手的臂力使弓和弦变形，变形了的弓积蓄了变形能，然后变形能通过弓弦转化为箭的动能，使箭飞向目标。弓的变形越大，箭的初动能也越大，故有"弓开如满月，箭去似流星"之说。箭的初动能在飞行过程中，因克服空间阻力和发声（转化为声能），将有所损耗。达到目标且要克服巨大的阻力进入目标内部，初动能应足够大。以现代武器来比拟，加农炮炮身长为口径的 40 倍以上，炮弹出腔的平动速度在 700 m/s 以上，是音速的 2 倍多，同时炮弹从膛线获得每分钟几千转的高转速。炮弹的平动动能加上转动动能，就足以摧毁装甲车。虽说岩石远不及钢甲坚固，但由粗略的推算可知，不会旋转的箭必须以接近音速的速度飞行，才能以足够大的动能撞向岩石，而这是人的臂力难以达到的。

当然，在紧急情况下，人可能爆发出超乎寻常的体能，医学上称之为"应急反应"。飞将军李广在夜间林中突遇"猛虎"，不免高度紧张，有可能使出超常的臂力开弓发箭，这从后来"因复更射之，终不能复入石矣"得到了证明。因为，"复射"时明知是石，所以不会出现紧急情况下的应急反应。但即便如此，从材料性能来看，要使箭"没在石棱中"也是不可能的。

钢材等塑性材料在拉、压时，变形要经过弹性、屈服、强化、局部变形四个阶段；而铸铁、岩石、混凝土等脆性材料没有明显的屈服阶段，在变形很小时就会突然断裂。通常，岩石类的脆性材料受较大外力作用后，易出现崩裂现象。对于最坚硬的玄武岩，当压应力达到 160～290 MPa 时就要崩裂，最脆弱的石灰石，崩裂时的压应力仅有 14 MPa。

另外，岩石表面和内部往往有许多孔隙和裂缝，当岩石受到外压时，这些孔隙和裂缝周围会出现"应力集中"现象，其应力会比平均应力高出数倍，这就更容易发生崩裂。因此，即使李

---

① 陈乃立，陈倩. 材料力学学习指导书[M]. 北京：高等教育出版社，2004.

广的箭与岩石撞击时仍有足够大的动能，它也不会在岩石上钻出一个洞，使箭头深陷其中。层状结构的岩石都是"各向异性"材料，更何况又是射在石棱（岩石表面的条状突起部分）处，岩石就更容易崩裂成碎片了。

所以，当动能不足时，箭将"遇石而坠"；当动能足够大时，将"箭到处，碎石纷飞"。故由力学知识分析得出，箭"没在石棱中"的现象是不会出现的。

第8章 剪切与挤压

课前导读

　　剪切是杆件的基本变形之一,如连接件销钉、剪床剪钢板等都是工程中常见的剪切变形。本章主要介绍连接件剪切与挤压的概念及其实用计算方法。

本章思维导图

8.1 剪切与挤压的概念及工程实例

　　工程中一些杆件常受到一对垂直于杆件轴线方向的力,它们大小相等、方向相反、作用线平行且相距很近,如图 8.1(a)中所示的铆钉。此时,杆件的横截面将沿外力的作用方向发生相对错动,这种变形称为剪切变形;杆件在横向外力的作用下发生歪斜的区域称为剪切区;在剪切区内与错动方向平行的截面称为剪切面,如图 8.1(b)所示的 $m—m$ 面。剪切面上与剪切面相切的作用力称为剪力(Shear Force),用 F_S 表示。

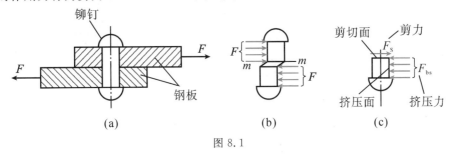

图 8.1

　　连接件在受剪切的同时,一般同时还受到挤压的作用。如图 8.1(a)所示,铆钉在受剪切的同时,在钢板和铆钉的相互接触面上还会出现局部受压,这种现象称为挤压(Extrusion)。这种挤压作用有可能使接触处局部区域内的材料发生较大的塑性变形而破坏。作用在接触表面上的压力称为挤压力,用 F_{bs} 表示。连接件与被连接件的相互接触,称为挤压面,如图 8.1(c)所示。

　　工程结构中起连接作用的部件称为连接件,连接件在工作中主要承受剪切和挤压作用。常见的连接件有铆钉、螺栓、销轴以及键等,如图 8.2 所示。

　　连接件破坏的形式有三种:以铆钉连接为例,铆钉沿 $m—m$ 截面因剪切而被剪断,如图 8.3(a)所示;铆钉与钢板在相互接触面上因挤压而产生过大塑性变形或被压溃,导致连接松动,如图 8.3(b)所示;钢板在铆钉孔截面 $m—m$ 处因拉伸强度不足而被拉断,如图 8.3(c)所示。其他类型的连接也都有类似的可能性。对于第三种情况,可按拉伸强度计算。工程机械上常用的平键也经常发生挤压破坏,如图 8.2(d)所示的键连接中,键的上半部分与轮毂相互挤压,键的下半部分与轴槽相互挤压。

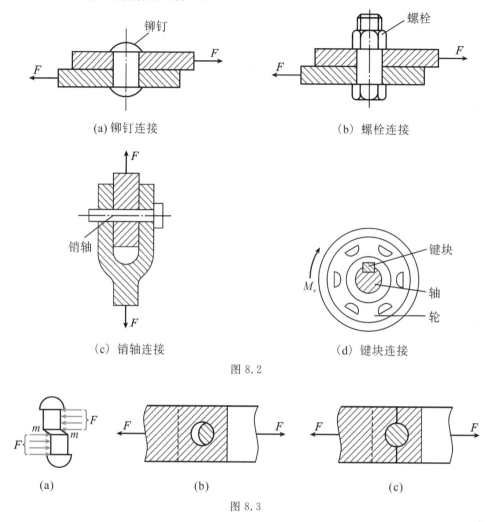

(a) 铆钉连接　　　　　　　　(b) 螺栓连接

(c) 销轴连接　　　　　　　　(d) 键块连接

图 8.2

图 8.3

8.2　剪切与挤压的实用计算

　　由于剪切与挤压均发生在构件的局部,其变形与应力分布情况一般都比较复杂,而且还受到加工工艺的影响,因此精确分析连接件的应力比较困难,也不实用。工程中通常采用简化的分析方法,又称为实用计算法。这种方法的思路:一方面对连接件的受力与应力分布作出假设,进行一些简化,计算出各部分的"名义应力";另一方面对同类连接件进行破坏试验,并采用和计算"名义应力"相同的计算方法,由破坏荷载确定材料的极限应力,作为强度计算的依据。实践表明,只要简化合理,有充分的实验依据,实用计算方法是可靠的。

1. 剪切的实用计算

　　构件受外力作用发生剪切变形时,往往还伴随有其他形式的变形发生。现以图 8.4(a)所示铆钉连接为例,分析铆钉的受力与变形特征。在铆钉的受力图 8.4(b)中,两个力 F 的作用线并不重合,形成一对力偶,会对铆钉产生转动效应;为保持静力平衡,必还有一对力 R 作用在铆钉头部,与 F 形成一对反力偶,铆钉相应地要发生拉伸和弯曲变形。但与剪切变形相比,此时拉伸和弯曲产生的变形很小,可忽略不计。

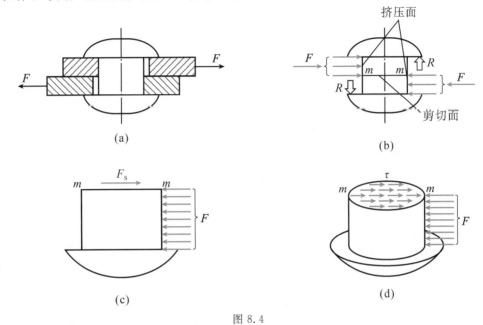

图 8.4

为讨论剪切面上的内力,采用截面法,在图 8.4(b)中沿剪切面 m—m 截开,取 m—m 截面以下部分为研究对象,做出其受力图,如图 8.4(c)所示。剪力 F_S 的值可由静力平衡方程确定,即

$$\sum F_x = 0, \quad F - F_S = 0$$

则

$$F_S = F$$

剪力 F_S 是剪切面上分布切应力的合力。因切应力在截面上的分布规律较为复杂,故在剪切的实用计算中,通常假定剪切面上的切应力 τ 均匀分布,如图 8.4(d)所示。因而有

$$\tau = \frac{F_S}{A_S} \tag{8.1}$$

式中,τ 为剪切面上的切应力;F_S 为剪切面上的剪力;A_S 为剪切面面积。

为保证连接件工作时安全可靠,要求切应力不超过材料的许用切应力。由此剪切的强度条件为

$$\tau = \frac{F_S}{A} \leqslant [\tau] \tag{8.2}$$

式中,$[\tau]$ 为材料的许用切应力,由剪切破坏试验测定,也可在有关手册中查得。

根据剪切强度条件,即可进行构件的剪切强度计算。同样可以解决三种类型的问题:①剪切强度校核;②连接件的截面设计;③确定许用荷载。解决这类问题时,关键是正确判断构件的危险剪切面,并计算出该剪切面上的剪力。

2. 挤压的实用计算

以图 8.5(a)所示连接件为例,将作用在挤压面上的应力称为挤压应力,用 σ_{bs} 表示。挤压

应力的精确分布如图 8.5(b)所示。挤压力可根据连接件所受外力,由平衡条件直接求得。图 8.5(a)所示连接件的挤压力 $F_{bs} = F$。

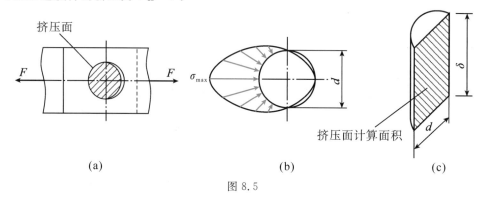

图 8.5

因挤压应力在截面上的分布规律较为复杂,在挤压的实用计算中,通常假定挤压面上的挤压应力 σ_{bs} 均匀分布。因而有

$$\sigma_{bs} = \frac{F_{bs}}{A_{bs}} \tag{8.3}$$

式中,F_{bs} 为挤压面上的挤压力;A_{bs} 为计算挤压面积。

当挤压面为平面时,计算挤压面积即为实际挤压面积;当挤压面为圆柱面时,计算挤压面积为挤压面在其直径平面上投影的面积[见图 8.5(c)],即

$$A_{bs} = d\delta \tag{8.4}$$

为保证连接件工作时安全可靠,要求挤压应力不超过材料的许用挤压应力。由此挤压的强度条件为

$$\sigma_{bs} = \frac{F_{bs}}{A_{bs}} \leqslant [\sigma_{bs}] \tag{8.5}$$

式中,$[\sigma_{bs}]$ 为材料的许用挤压应力,由试验测定,也可在有关手册中查得。

例 8.1 图 8.6(a)所示为一齿轮(图中未画出)与轴通过平键连接。已知轴的直径 $d = 70$ mm,平键的尺寸 $b \times h \times l = 20$ mm$\times 12$ mm$\times 100$ mm,传递的力矩 $M_e = 2$ kN·m,平键的许用切应力 $[\tau] = 60$ MPa,许用挤压应力 $[\sigma_{bs}] = 100$ MPa。试校核该平键的强度。

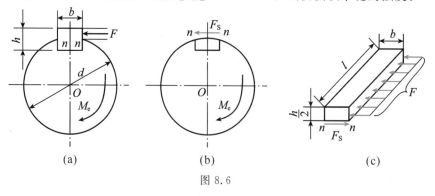

图 8.6

解 (1)校核剪切强度。将平键沿图示 n—n 截面分成两部分,并把 n—n 截面以下部分和

轴作为一个整体来分析,如图 8.6(b)所示,根据平衡条件 $\sum M_O = 0$ 计算得到

$$F_s = F = \frac{2M_e}{d}$$

剪切面面积为 $A = bl$,将其代入式(8.2)得到平键的工作切应力为

$$\tau = \frac{2M_e}{bld} = \frac{2 \times 2 \times 10^3}{0.02 \times 0.1 \times 0.07} \text{ Pa} = 28.6 \times 10^6 \text{ Pa} < [\tau]$$

可见,该平键满足剪切强度。

(2)校核挤压强度。取键 n—n 截面以上部分研究,如图 8.6(c)所示,键右侧面上的挤压力 $F_{bs} = F$,挤压面面积 $A_{bs} = \dfrac{hl}{2}$,将其代入式(8.4)得到工作挤压应力为

$$\sigma_{bs} = \frac{4M_e}{hld} = \frac{4 \times 2 \times 10^3}{0.012 \times 0.1 \times 0.07} \text{ Pa} = 95.2 \times 10^6 \text{ Pa} < [\sigma_{bs}]$$

故该平键也满足挤压强度条件。

例 8.2 两轴以凸缘联轴器相连接,如图 8.7(a)所示,沿直径 $D = 150$ mm 的圆周上对称地分布着四个连接螺栓来传递力矩 M_e。已知 $M_e = 2500$ N·m,凸缘厚度 $h = 10$ mm,螺栓材料为 Q235 钢,许用切应力 $[\tau] = 80$ MPa,许用挤压应力 $[\sigma_{bs}] = 200$ MPa。试设计螺栓的直径。

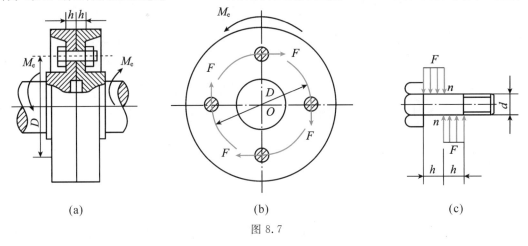

(a)   (b)   (c)

图 8.7

解 (1)螺栓的受力分析。因螺栓对称排列,故每个螺栓受力相同,假想沿凸缘接触面切开,考虑右边部分的平衡,见图 8.7(b),由平衡条件 $\sum M_O = 0$,计算可得

$$F = \frac{M_e}{2D} = \frac{2500}{2 \times 150 \times 10^{-3}} \text{ N} = 8330 \text{ N}$$

如图 8.7(c)螺栓剪切面 n—n 的剪力 $F_s = F = 8330$ N,挤压力 $F_{bs} = F = 8330$ N。

(2)考虑剪切变形设计螺栓直径。根据式(8.2)可得

$$\tau = \frac{F_s}{A} = \frac{8330 \text{ N}}{\dfrac{\pi}{4}d^2} \leqslant 80 \times 10^6 \text{ Pa}$$

$$d \geqslant 11.5 \times 10^{-3} \text{ m}$$

(3)考虑挤压变形设计直径。根据式(8.4)可得

$$\sigma_{bs} = \frac{F_{bs}}{A_{bs}} \cdot \frac{8330 \text{ N}}{hd} \leqslant 200 \times 10^6 \text{ Pa}$$

得

$$d \geqslant 4.17 \times 10^{-3} \text{ m}$$

知识拓展

在中国制造 2025 的推动下,新一代万向联轴器实现了重大技术升级和性能提升。它采用高强度合金钢、复合材料等尖端材质,显著提升了耐用性和可靠性,同时延长了使用寿命。紧凑的结构设计减少了空间占用,满足了现代机械系统的高效空间需求。扭矩传递能力得到重要增强,通过改进内部结构和传动机制,实现了更高的传递效率。

例 8.3 为了使某压力机在超过最大压力 160 kN 时,重要机件不发生破坏,在压力机冲头内装有保险器,如图 8.8(a)、(b)所示。它的材料采用 HT200 铸铁,其剪切强度极限 $\tau_b = 360$ MPa。试设计保险器尺寸 δ。

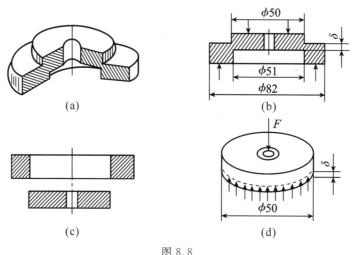

图 8.8

解 压力超过 160 kN 时,保险器的圆环面 $\pi D\delta$ 就产生剪切破坏,如图 8.8(c)所示,破坏时的受力分析如图 8.8(d)所示。F 为最大压力的合力,则

$$F_{smax} = F = 160 \text{ kN}$$

$$A = \pi D\delta = 3.14 \times 50 \times 10^{-3} \text{ mm} \times \delta = 15.7 \times 10^{-2} \text{ mm} \times \delta$$

破坏时有

$$\tau = \frac{F_{smax}}{A} = \tau_b$$

$$\tau = \frac{160 \times 10^3}{15.7 \times 10^{-2} \text{ mm} \times \delta} = 360 \times 10^6 \text{ Pa}$$

由此得到保险器尺寸为

$$\delta = 28 \times 10^{-4} \text{ m} = 2.8 \text{ mm}$$

本 章 小 结

本章介绍了剪切变形和挤压变形的主要特点以及两种变形情况下的强度计算。读者要重点掌握剪切破坏时的强度校核方法。

（1）当构件受到大小相等、方向相反、作用线平行且相距很近的两外力作用时，两力之间的截面发生相对错动，这种变形称为剪切变形。工程中的连接件在承受剪切变形的同时，常常伴随着挤压的作用。挤压现象与压缩不同，它只是局部产生不均匀的压缩变形。

（2）工程实际中采用实用计算的方法来建立剪切强度条件和挤压强度条件，它们分别是

$$\tau = \frac{F_\text{S}}{A} \leqslant [\tau]$$

$$\sigma_\text{bs} = \frac{F_\text{bs}}{A_\text{bs}} \leqslant [\sigma_\text{bs}]$$

（3）确定连接件的剪切面和挤压面是进行强度计算的关键。剪切面与外力平行且位于这对平行外力之间。当挤压面为平面时，其计算面积等于实际面积；当挤压面为圆柱面时，其计算面积等于半圆柱面的正投影面积。

思 考 题

1. 剪切变形的受力特点与拉压变形有什么区别？
2. 挤压变形中挤压面和接触面是否相同？
3. 试确定图 8.9 所示销钉的挤压面面积 A_bs 和剪切面面积 A。
4. 试确定图 8.10 所示连接或接头中的剪切面和挤压面。

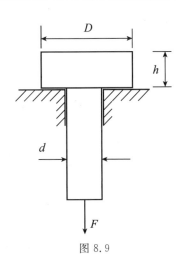

图 8.9

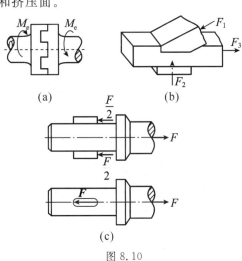

图 8.10

习 题

一、填空题

1.剪切面是杆件的两部分有发生_____趋势的平面,挤压面是构件_____表面。

2.螺钉受力如图 8.11 所示,其剪切面面积为_____,挤压面面积为_____。

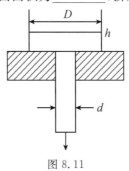

图 8.11

二、判断题

1.剪切破坏发生在受剪构件上;挤压破坏发生在受剪构件和周围物体中强度较弱者上。

（ ）

2.在校核材料的剪切和挤压强度时,其中有一个超过许用值,强度就不够。（ ）

3.对于圆柱形连接件的挤压强度问题,应该直接用受挤压的半圆柱面来计算挤压应力。

（ ）

4.剪断钢板时,所用外力使钢板产生的应力大于材料的屈服极限。（ ）

5.挤压发生在局部表面,是连接件在接触面上的相互压紧,而压缩发生在杆件的内部。（ ）

三、选择题

1.如图 8.12 所示,一个剪切面上的内力为（ ）。

A.F B.$2F$ C.$F/2$ D.$F/3$

2.校核图 8.13 所示结构中铆钉的剪切强度,剪切面积是（ ）。

A.$\pi d^2/4$ B.dt C.$2dt$ D.πd^2

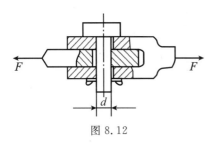

图 8.12

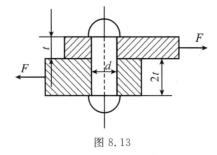

图 8.13

3.挤压变形为构件（ ）变形。

A.轴向压缩 B.局部互压 C.全表面 D.剪切

4.在平板与螺栓之间加一垫片,如图 8.14 所示,可以提高（ ）的强度。

A.螺栓拉伸 B.螺栓挤压 C.螺栓的剪切 D.平板的挤压

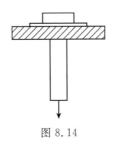

图 8.14

四、计算题

1. 如图 8.15 所示,一螺栓将拉杆与厚度为 8 mm 的两块盖板相连接,各零件材料相同,许用应力均为 $[\sigma]=80$ MPa,$[\tau]=60$ MPa,$[\sigma_{bs}]=160$ MPa。若拉杆的厚度 $t=15$ mm,拉力 $F=120$ kN,试设计螺栓直径 d 及拉杆宽度 b。

(答:$d\geqslant58$ mm,$b\geqslant100$ mm)

2. 木榫接头如图 8.16 所示,已知 $a=b=250$ mm,$F=50$ kN,木材的顺纹许用应力 $[\tau]=1$ MPa,$[\sigma_{bs}]=10$ MPa,求接头处所需的尺寸 h 和 c。

(答:$h\geqslant200$ mm,$c=20$ mm)

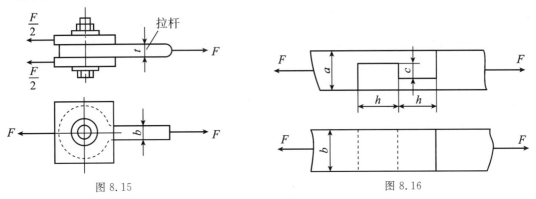

图 8.15   图 8.16

3. 如图 8.17 所示零件和轴用 B 形平键连接,设轴径 $d=75$ mm,平键的尺寸为 $b=20$ mm,$h=12$ mm,$l=120$ mm,轴传递的扭矩 $T=2$ kN·m,平键的材料的许用切应力和许用挤压应力分别为 $[\tau]=80$ MPa,$[\sigma_{bs}]=100$ MPa,试校核该平键的强度。

[答:$\tau=22$ MPa$<[\tau]$,$\sigma_{bs}=73.6$ MPa$<[\sigma_{bs}]$,平键满足强度要求]

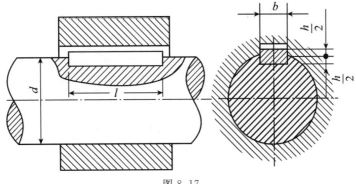

图 8.17

4. 如图 8.18 所示,已知钢板厚度 $t=10$ mm,其剪切极限应力为 $\tau_{bs}=300$ MPa。若用冲床将钢板冲出直径 $d=25$ mm 的孔,问需要多大的冲剪力?

（答：$F \geqslant 235.5$N）

5. 一带肩杆件如图 8.19 所示,若杆件材料的 $[\sigma]=160$ MPa,$[\tau]=100$ MPa,$[\sigma_{bs}]=320$ MPa,试求杆件的许可载荷。

［答：$[F]=1099$ N］

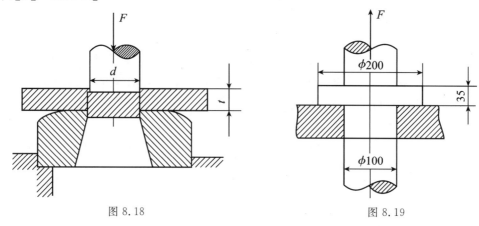

图 8.18   图 8.19

6. 如图 8.20 所示螺钉在拉力 F 作用下,已知材料的许用切应力 $[\tau]$ 和许用拉伸应力 $[\sigma]$ 之间的关系约为 $[\tau]=0.6[\sigma]$,试求螺钉直径 d 与钉头高度 h 的合理比值。

（答：$d/h=2.4$）

7. 如图 8.21 所示用夹剪剪断直径为 3 mm 的铅丝。若铅丝的剪切极限应力为 100 MPa,试问需要多大的力 F? 若销钉 B 的直径为 8 mm,试求销钉内的切应力。

（答：$F=176.7$ N,$\tau=12.1$ MPa）

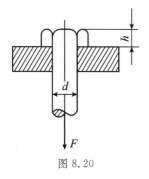 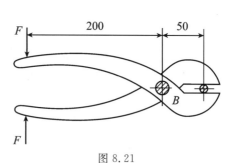

图 8.20   图 8.21

8. 如图 8.22 所示铆接件,$P=100$ kN,铆钉的直径 $d=16$ mm,容许切应力 $[\tau]=140$ MPa,容许挤压应 $[\sigma_{bs}]=200$ MPa;板的厚度 $t=10$ mm,$b=100$ mm,容许正应力 $[\sigma]=170$ MPa。试校核铆接件的强度。

［答：$\tau=124.3$ MPa$<[\tau]$,$\sigma_{bs}=156.3$

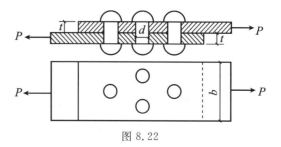

图 8.22

MPa$<$[σ_{bs}]，$\sigma=100$ MPa$<$[σ]，铆接件安全]

大国重器——盾构机①

盾构机（Metro Shield）是一种使用盾构法的隧道掘进机（Tunnel Boring Machine，TBM），是机、电、液、光、气等系统集成的工厂化流水线隧道施工装备。其工作原理就是在隧道中用顶端刀盘将石块、土层切削，再用螺旋机将泥土抽出至皮带上再运出，最后组装事先制作好的管片，用以支撑隧道防止坍塌。进而铺轨电缆、通信等设施，最后就成了地铁、隧道等。盾构机又被称作"工程机械之王"，其技术水平是衡量一个国家地下施工装备制造水平的重要标志。

我国在 1994 年首次使用盾构机，当时在上海延安东路南线隧道施工。随着使用频率的增加，外国盾构机的问题逐渐显现。我国在维修和保养时遭遇外国专家的技术封锁和收取高昂费用，这使我们深刻认识到缺乏核心技术的困境。为了打破西方技术垄断，我国在 2002 年将盾构机技术列入国家重点工程。经过不懈努力，2008 年我国成功研发出首台自主知识产权的复合式盾构机，打破了西方垄断。此后，我国盾构机技术持续进步，2017 年实现从有到强的转变，超大直径盾构机也正式下线。2019 年 6 月，有五六层楼高、直径 11 米的大直径盾构机"胜利号"进入总装阶段，当年 9 月底完成生产后从上海装船发运，途径苏伊士运河与北方海路，历经 48 个昼夜抵达圣彼得堡，此后又分别通过水运和陆运于 11 月抵达莫斯科，这是我国大直径盾构机首次出口欧洲。开挖直径达 10.88 米，装机功率 6000 千瓦，总质量 1700 吨，是名副其实的地下"巨无霸"。

(a) 作业现场　　　　　　　　　　(b) 盾构机

图 8.22　盾构机

从当初的一张图纸都没有，到今天国产盾构机稳占 90％ 的国内市场与 2/3 的国际市场份额。这一历程展示了我国在盾构机领域从无到有、从有到强的发展过程，彰显了自主创新的重要性。我国盾构机的成功故事激励着我们在其他领域也持续努力，追求技术自立。

---

① 钱吉奎.百年铁路[M].北京:中国铁道出版社有限公司,2022.

第9章 扭 转

扭转变形是杆件的基本变形之一。本章主要介绍圆轴发生扭转变形时的内力、应力及变形等方面的概念和计算,并在此基础上对轴的强度、刚度问题进行研究。通过本章的学习,学习者应重点掌握扭矩、应力、强度及刚度计算。

本章思维导图

9.1 扭转的概念及工程实例

在日常生活和工程实际中,受扭的杆件有很多。如图 9.1(a) 所示为汽车方向盘的转向轴,当驾驶员转动方向盘时,操纵杆 AB 的 A 端受到力偶矩 $M_e = Fd$ 的作用,于是 B 端将受到与 M_e 大小相等、方向相反的阻抗力偶的作用,从而使操纵杆发生变形。再以攻丝时丝锥的受力情况为例,如图 9.1(b) 所示,通过绞杠把力偶作用于丝锥的上端,丝锥下端则受到工件的阻抗力偶作用。在这些实例中,杆件的受力特点是在杆件两端作用大小相等、方向相反,且作用平面垂直于杆件轴线的力偶。在这样一对力偶的作用下,杆件的任意两个横截面绕其轴线作相对转动,杆件的这种变形称为扭转(Torsion)。

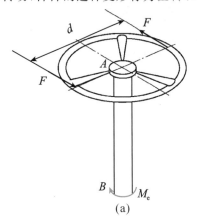

(a)

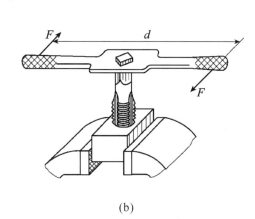

(b)

图 9.1

工程实际中,还有很多发生扭转变形的杆件,如车床的光杆、搅拌机轴、汽车传动轴等。需要指出的是,工程中单纯发生扭转的杆件不多,多数伴随着其他变形,如图 9.2 所示的传动轴还有弯曲变形,属于组合变形,这类问题将在第 14 章中具体讨论。

工程中通常将以扭转变形为主的杆件称为轴(Shaft),横截面形状为圆形的轴称为圆轴(Circular Shaft),圆轴在工程上是最常见的一种受扭杆件。本章主要讨论圆截面等直杆扭转时的应力、变形、强度及刚度问题。

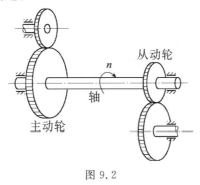

图 9.2

9.2 扭转时的内力与扭矩图

1. 外力偶矩的计算

作用于轴上的外力偶矩,用 M_e 表示。工程上许多受扭构件,如传动轴等,往往不直接给出外力偶矩值,而是给出轴所传递的功率和转速。这时利用功率、转速和力偶矩之间的关系,可以计算出作用于轴上的外力偶矩为

$$M_e = 9549 \frac{P}{n} \tag{9.1}$$

式中,M_e 为作用在轴上的外力偶矩,单位为 N·m;P 为轴传递的功率,单位为 kW;n 为轴的转速,单位为 r/min。

由式(9.1)可以看出,轴所承受的力偶矩与传递的功率成正比,与轴的转速成反比。因此,在传递同样的功率时,低速轴所受的力偶矩比高速轴大。在一个传动系统中,低速轴的直径要比高速轴的直径粗一些。

知识拓展

变速箱中高速转动的轴与低速转动的轴相比,哪个轴应该选取的直径更大些? 低速转动的轴因转速 n 小,在功率不变的条件下,受的力偶矩较大。既然低速轴受到外力偶矩大,为使它有足够强度,不致破坏,就应该选取比高速轴的直径更大些。

2. 受扭杆件横截面上的内力——扭矩

作用在轴上的外力偶矩 M_e 确定之后,可用截面法研究其内力。现以图 9.3(a)所示圆轴为例,假想地将圆轴沿 n—n 截面分成 I、II 两部分,保留 I 部分作为研究对象,如图 9.3(b)所示。由于整个轴是平衡的,所以 I 部分也处于平衡状态,这就要求截面 n—n 上的内力系必须合成为一个内力偶矩 T。由 I 部分的平衡条件 $\sum M_x = 0$,即

$$T - M_e = 0$$

得

$$T = M_e$$

T 称为 n—n 截面上的**扭矩**(Torsional Moment),它是 I、II 两部分在 n—n 截面上相互作

用的分布内力系的合力矩。

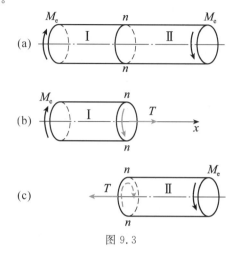

图 9.3

如果取 Ⅱ 部分作为研究对象，如图 9.3(c)所示，所得 n—n 截面上的扭矩与前面求得的扭矩大小相等，方向相反。为了使无论从部分 Ⅰ 或部分 Ⅱ 求出的同一截面上的扭矩不但数值相等，而且符号相同，对扭矩的符号规定如下：按右手螺旋法则将扭矩表示为矢量，当矢量方向与截面的外法线方向一致时，T 为正，反之为负，如图 9.4 所示。按照这一法则，在图 9.3 中，n—n 截面上扭矩无论取 Ⅰ 部分还是 Ⅱ 部分，都是正的。

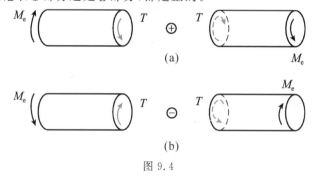

图 9.4

3. 扭矩图

当轴上同时作用多个外力偶时，杆件各截面上的扭矩则需分段求出。与拉伸(压缩)问题中画轴力图一样，可以用图线来表示各横截面上的扭矩沿轴线变化的情况。以横轴表示横截面的位置，纵轴表示相应截面上的扭矩，这种图线称为扭矩图(Torque Diagram)。一般规定正扭矩画在横轴的上侧，负扭矩画在横轴的下侧。下面通过例题说明扭矩的计算和扭矩图的绘制。

例 9.1 传动轴如图 9.5(a)所示，主动轮 A 输入功率 $P_A = 36$ kW，从动轮 B、C、D 输出功率分别为 $P_B = P_C = 11$ kW，$P_D = 14$ kW，轴的转速为 $n = 300$ r/min，试画出轴的扭矩图。

解 (1)计算外力偶矩。由式(9.1)得

$$M_{eA} = 9549 \times \frac{36}{300} \text{ N} \cdot \text{m} = 1146 \text{ N} \cdot \text{m}$$

$$M_{eB} = M_{eC} = 9549 \times \frac{11}{300} \text{ N} \cdot \text{m} = 350 \text{ N} \cdot \text{m}$$

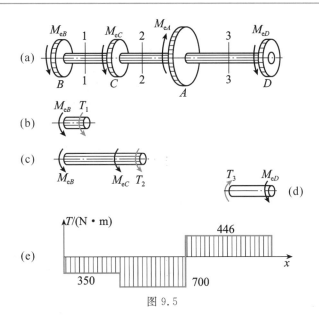

图 9.5

$$M_{eD} = 9549 \times \frac{14}{300} \text{ N} \cdot \text{m} = 446 \text{ N} \cdot \text{m}$$

(2)应用截面法计算各段内的扭矩。分别在截面 1—1,2—2,3—3 处假想地将轴截开,取左段或右段作为研究对象,并假设各截面上的扭矩为正,如图 9.5(b)、(c)、(d)所示。由研究对象的平衡方程计算各段内的扭矩。

扭矩图的绘制举例

BC 段,如图 9.5(b)所示。

$$T_1 + M_{eB} = 0$$
$$T_1 = -M_{eB} = -350 \text{ N} \cdot \text{m}$$

CA 段,如图 9.5(c)所示。

$$T_2 + M_{eC} + M_{eB} = 0$$
$$T_2 = -M_{eC} - M_{eB} = -700 \text{ N} \cdot \text{m}$$

AD 段,如图 9.5(d)所示。

$$T_3 - M_{eD} = 0$$
$$T_3 = M_{eD} = 446 \text{ N} \cdot \text{m}$$

计算所得 T_1 和 T_2 为负,说明实际方向与图中假设方向相反。

(3)绘扭矩图。根据所得数据,把各截面上的扭矩沿轴线变化的情况,用图 9.5(e)表示出来,这就是扭矩图。从图中看出,最大扭矩发生于 CA 段内,且 $|T_{max}| = 700 \text{ N} \cdot \text{m}$。

(4)讨论。对同一根轴,若把主动轮 A 安置于轴的一端,如放在右端,则轴的扭矩图如图 9.6 所示。这时,轴的最大扭矩是 $|T_{max}| = 1146 \text{ N} \cdot \text{m}$。可见,传动轴上主动轮和从动轮安置的位置不同,轴所承受的最大扭矩也就不同。两者相比,显然图 9.5 所示布局比较合理。在工程设计中,应合理布置主动轮和从动轮的位置,安排主动轮位于中间位置较为合理,使得扭矩的绝对值的最大值尽可能小。

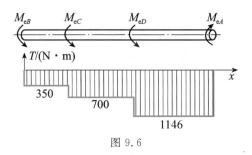

图 9.6

9.3 薄壁圆筒的扭转

在研究圆轴扭转的切应力之前,为了研究切应力和切应变的规律以及两者之间的关系,需要先考察薄壁圆筒的扭转。

1.薄壁圆筒扭转时的切应力

薄壁圆筒指的是壁厚 δ 远小于其平均半径 r 的圆筒。做扭转试验时,先在圆筒外表面画上圆周线和纵向线,如图 9.7(a)所示,然后在两端施加外力偶矩 M_e。当变形不大时,可以看到以下现象:

(1)圆周线的形状和大小不变,它们之间的距离也不变,两相邻圆周线发生相对转动。

(2)各纵向平行线仍然平行,但都倾斜了同一个角度,由圆周线和纵向线所组成的矩形变成菱形。

由(1)可以判断薄壁圆筒沿着轴线方向没有变形,即没有线应变,根据胡克定律,薄壁圆筒横截面上没有正应力;圆周线的大小不变,即沿着周线没有线应变,由胡克定律,包含轴线的纵向截面上也没有正应力,横截面上只有切于截面的切应力 τ。由于筒壁的厚度 δ 很小,可以认为沿筒壁厚度切应力不变,而且,根据圆筒扭转后,各纵向线都倾斜了同一个角度的现象,说明沿圆周上各点切应力相同,如图 9.7(c)所示。这样,横截面上的内力系组成一个力矩,它与外力偶矩 M_e 相平衡。平衡方程为

$$M_e = \int_A \tau \mathrm{d}A \cdot r = \int_0^{2\pi} \tau r^2 \delta \mathrm{d}\theta = 2\pi r^2 \delta \tau$$

所以

$$\tau = \frac{M_e}{2\pi r^2 \delta} \tag{9.2}$$

2.切应力互等定理

用相邻的两个横截面和两个纵向面,从薄壁圆筒中取出边长分别为 $\mathrm{d}x$、$\mathrm{d}y$ 和 δ 的单元体,如图 9.7(d)所示。单元体的左、右两侧面是圆筒横截面的一部分,由前述分析可知,在这两个侧面上,没有正应力,只有切应力,大小按式(9.2)计算,数值相等,但方向相反,其力偶矩为 $(\tau\delta\mathrm{d}y)\mathrm{d}x$。因为单元体是平衡的,由 $\sum F_x = 0$ 知,它的上、下两个侧面上必然存在大小相等、方向相反的切应力 τ',组成力偶矩为 $(\tau'\delta\mathrm{d}x)\mathrm{d}y$ 的力偶与上述力偶平衡。这样,由单元体的平衡条件 $\sum M_z = 0$,得

$$(\tau\delta\mathrm{d}y)\mathrm{d}x = (\tau'\delta\mathrm{d}x)\mathrm{d}y$$

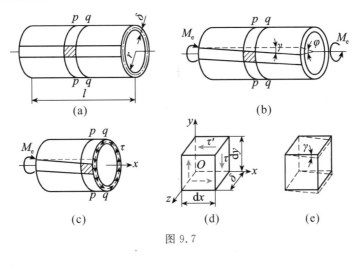

图 9.7

$$\tau = \tau' \tag{9.3}$$

式(9.3)表明,在相互垂直的两个平面上,切应力必然成对存在,且数值相等,两者都垂直于两个平面的交线,方向则共同指向或共同背离这一交线,这就是切应力互等定理(Theorem of Conjugate Shear Stresses)。该定理具有普遍意义,在单元体各平面上同时有正应力的情况下同样成立。

3. 切应变和剪切胡克定律

单元体在两对相互垂直的平面上只有切应力而无正应力,这种情况称为纯剪切(Pure Shear),如图 9.7(d)所示。在纯剪切情况下,单元体的相对两侧面将发生微小的相对错动,原来相互垂直的两个棱边的夹角,改变了一个微量 γ,这就是切应变(Shear Strain),如图 9.7(e)所示。

设 φ 为圆筒两端截面的相对扭转角,l 为圆筒的长度,由图 9.7(b)可知,切应变为

$$\gamma = \frac{r\varphi}{l} \tag{a}$$

纯剪切试验结果表明,当切应力不超过材料的剪切比例极限时,扭转角 φ 与扭转力偶矩 M_e 成正比,如图 9.8(a)所示。由式(9.2)和式(a)分别看出,切应力 τ 与 M_e 成正比,切应变 γ 与 φ 成正比。所以由上述试验结果可推断:当切应力不超过材料的剪切比例极限时,切应变 γ 与切应力 τ 成正比,如图 9.8(b)所示,这就是剪切胡克定律(Hooke's Law for Shear),可以

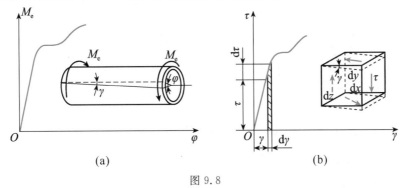

图 9.8

写成

$$\tau = G\gamma \tag{9.4}$$

式中，G 为比例常数，称为材料的切变模量（Shear Modulus），它反映材料抵抗弹性剪切变形的能力。

G 的量纲与应力相同，常用单位是 GPa，钢材的 G 值约为 80 GPa。表 9.1 列出了几种材料切变模量的数值，其他材料的 G 值可查有关的手册。

表 9.1　材料的切变模量 G

材料	切变模量 G/GPa
钢	80～81
铸铁	45
铜	40～46
铝	26～27
木材	0.55

在讨论拉伸和压缩时，曾引进材料的两个弹性常量：弹性模量 E 和泊松比 μ。现在又引进一个新的弹性常量：切变模量 G。对于各向同性材料，可以证明，E、G、μ 之间存在下列关系

$$G = \frac{E}{2(1+\mu)} \tag{9.5}$$

可见，三个弹性常数中只有两个是独立的。只要知道其中任意两个，另一个即可确定。

9.4　圆轴扭转时的应力和变形

1. 横截面上的切应力

与薄壁圆筒受扭时相似，要导出圆轴扭转时横截面上的切应力计算公式，关键在于确定切应力在横截面上的分布规律。为此，需要考虑三方面的关系：一是变形几何关系，二是应力应变关系，三是静力学关系。

（1）变形几何关系。观察圆轴的扭转变形，受扭前在其表面画上纵向线与圆周线，如图 9.9(a)所示。扭转后可以看到：当变形很小时，各圆周线的形状、大小及间距均不改变，仅绕轴线作相对转动；各纵向线倾斜同一角度，所有矩形网格均变为平行四边形，如图 9.9(b)所示。

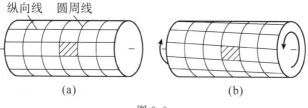

图 9.9

根据上述现象，经过推测可对圆轴内部变形做如下假设：圆轴扭转变形前原为平面的横截面，变形后仍保持为平面，形状和大小不变，半径仍保持为直线，且相邻两横截面间的距离不变，称为圆轴扭转平面假设（Plane Assumption）。按照这一假设，圆轴扭转时，各圆形横截面

如同刚性圆片绕轴线或圆心作相对转动。以此假设为基础导出的应力和变形的计算公式,符合试验结果,且与弹性力学一致,说明该假设是正确的。

取相距 dx 的两个横截面以及夹角无限小的两个径向截面,从轴内取一楔形体 O_1ABCDO_2 进行分析,如图 9.10 所示。根据平面假设,楔形体的变形如图中虚线所示,距轴线 ρ 处的任一矩形 $abcd$ 变为平行四边形 $abc'd'$,即在垂直于半径的平面内发生剪切变形;且两刚性平面 O_1AB 和 O_2CD 之间的距离保持不变,横截面上的正应力为零。设上述楔形体左、右端两横截面间的相对扭转角为 $d\varphi$,矩形 $abcd$ 的切应变为 γ_ρ,由图可知

$$\gamma_\rho \approx \tan\gamma_\rho = \frac{\overline{dd'}}{\overline{ad}} = \frac{\rho d\varphi}{dx}$$

即

$$\gamma_\rho = \frac{\rho d\varphi}{dx}$$

式中,$\dfrac{d\varphi}{dx}$ 是扭转角 φ 沿 x 轴的变化率。对一个给定的横截面来说,它是常量。可见横截面上任意点的切应变与该点到圆心的距离 ρ 成正比。

(2)应力应变关系。由剪切胡克定律知,在剪切比例极限内,切应力与切应变成正比,所以横截面上距圆心为 ρ 处的切应力 τ_ρ 为

$$\tau_\rho = G\gamma_\rho = G\rho \frac{d\varphi}{dx} \tag{9.6}$$

式(9.6)表明,横截面上任意点的切应力 τ_ρ 与该点到圆心的距离 ρ 成正比。因为 γ_ρ 发生在垂直于半径的平面内,所以 τ_ρ 也与半径垂直。若再注意到切应力互等定理,则在横截面和纵向截面上,沿半径切应力的分布如图 9.11 所示。

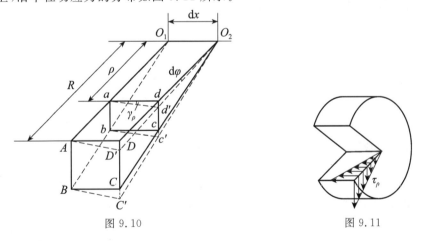

图 9.10   图 9.11

由于式(9.6)中的 $\dfrac{d\varphi}{dx}$ 尚未确定,所以仍不能用该式来计算切应力,需要从静力学方面做进一步分析。

(3)静力学关系。如图 9.12 所示,在距圆心 ρ 处,取一微面积 dA,其上的微内力 $\tau_\rho dA$ 对圆心的力矩为 $\rho\tau_\rho dA$,在整个截面上这些力矩之和就等于该截面上的扭矩 T,即

$$T = \int_A \rho\tau_\rho dA$$

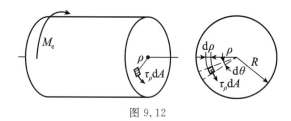

图 9.12

将式(9.6)代入上式,并注意到在给定的横截面上,$\dfrac{\mathrm{d}\varphi}{\mathrm{d}x}$ 为常量,于是有

$$T = \int_A \rho\tau_\rho\mathrm{d}A = G\,\frac{\mathrm{d}\varphi}{\mathrm{d}x}\int_A \rho^2\,\mathrm{d}A \tag{9.7}$$

以 I_{p} 表示上式中的积分,即

$$I_{\mathrm{p}} = \int_A \rho^2\,\mathrm{d}A \tag{9.8}$$

I_{p} 是一个只与截面形状、尺寸有关的量,称为截面对圆心 O 的极惯性矩(Polar Moment of Inertia),量纲为长度的 4 次方。这样,式(9.7)便可写成

$$T = GI_{\mathrm{p}}\,\frac{\mathrm{d}\varphi}{\mathrm{d}x} \tag{9.9}$$

从式(9.6)和式(9.9)中消去 $\dfrac{\mathrm{d}\varphi}{\mathrm{d}x}$,得

$$\tau_\rho = \frac{T\rho}{I_{\mathrm{p}}} \tag{9.10}$$

式(9.10)为圆轴扭转时横截面上任意点处切应力的计算公式。

在圆截面边缘上,$\rho = R$,得最大切应力为

$$\tau_{\max} = \frac{TR}{I_{\mathrm{p}}} = \frac{T}{I_{\mathrm{p}}/R} \tag{9.11}$$

式中,比值 I_{p}/R 称为抗扭截面模量(Section Modulus in Torsion),量纲为长度的 3 次方,用 W_{t} 表示,即

$$W_{\mathrm{t}} = \frac{I_{\mathrm{p}}}{R} \tag{9.12}$$

这样式(9.11)可写成

$$\tau_{\max} = \frac{T}{W_{\mathrm{t}}} \tag{9.13}$$

式(9.13)表明,最大扭转切应力与扭矩成正比,与抗扭截面模量成反比。

以上各式是以平面假设为基础导出的。试验结果表明,只有对横截面不变的圆轴,平面假设才是正确的,所以这些公式只适用于等直圆轴。对圆截面沿轴线变化缓慢的小锥度锥形杆,也可近似地用这些公式计算。此外,推导过程中还使用了剪切胡克定律,因而只适用于 $\tau_{\max}$ 不超过剪切比例极限的空心或实心圆截面杆。

知识拓展

圆轴扭转切应力公式的推导严谨复杂,要求坚实的理论和缜密的逻辑。此过程可培养科学审视和细致研究的态度。每一步都需假设和近似,需辩证分析、仔细权衡。这种思考能锻炼

辩证思维,教导我们全面透彻地分析问题,揭示问题的本质和规律。总之,圆轴扭转切应力公式的推导不仅是学术追求,更是思维训练和提升的过程,它使我们更加深刻地理解和应用力学原理,为工程实践和科学研究打下坚实基础。

下面给出空心和实心圆截面的极惯性矩 I_p 和抗扭截面模量 W_t。按照式(9.8)和式(9.12),可得实心圆截面:

$$I_p = \int_A \rho^2 \, dA = \int_0^{2\pi} \int_0^R \rho^3 \, d\rho d\theta = \frac{\pi R^4}{2} = \frac{\pi D^4}{32} \tag{9.14a}$$

$$W_t = \frac{I_p}{R} = \frac{\pi D^3}{16} \tag{9.14b}$$

式中,D 为圆截面的直径。空心圆截面:

$$I_p = \int_A \rho^2 \, dA = \int_0^{2\pi} \int_{d/2}^{D/2} \rho^3 \, d\rho d\theta = \frac{\pi}{32}(D^4 - d^4) = \frac{\pi D^4}{32}(1-\alpha^4) \tag{9.15a}$$

$$W_t = \frac{I_p}{R} = \frac{\pi}{16D}(D^4 - d^4) = \frac{\pi D^3}{16}(1-\alpha^4) \tag{9.15b}$$

式中,D 和 d 分别为空心圆截面的外径和内径,$\alpha = d/D$。

例 9.2 一轴 AB 传递的功率为 $P = 7.5$ kW,转速 $n = 360$ r/min。轴的 AC 段为实心圆截面,CB 段为空心圆截面,如图 9.13 所示。已知 $D = 30$ mm,$d = 20$ mm。试计算 AC 段横截面边缘处的切应力以及 CB 段横截面上外边缘和内边缘处的切应力。

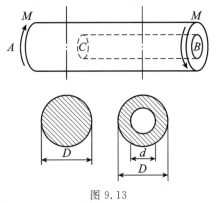

图 9.13

解 (1)计算扭矩。由式(9.1),轴所受的外力偶矩为

$$M_e = 9549 \frac{P}{n} = 9549 \times \frac{7.5}{360} \text{ N} \cdot \text{m} = 199 \text{ N} \cdot \text{m}$$

用截面法求得各截面上的扭矩均为

$$T = M_e = 199 \text{ N} \cdot \text{m}$$

(2)计算极惯性矩。由式(9.14a)及式(9.15a)可知,AC 段和 BC 段轴横截面的极惯性矩分别为

$$I_{p1} = \frac{\pi D^4}{32} = \frac{3.14 \times 0.03^4}{32} \text{ m}^4 = 7.95 \times 10^{-8} \text{ m}^4$$

$$I_{p2} = \frac{\pi}{32}(D^4 - d^4) = \frac{3.14 \times (0.03^4 - 0.02^4)}{32} \text{ m}^4 = 6.38 \times 10^{-8} \text{ m}^4$$

(3)计算切应力。由式(9.10)可知,AC 段轴在横截面边缘处的切应力为

$$\tau_{AC}^{\text{外}} = \frac{T}{I_{p1}} \cdot \frac{D}{2} = \frac{199}{7.95 \times 10^{-8}} \times \frac{0.03}{2} \text{ Pa} = 37.5 \times 10^6 \text{ Pa} = 37.5 \text{ MPa}$$

CB 段轴在横截面内、外边缘处的切应力分别为

$$\tau_{CB}^{\text{内}} = \frac{T}{I_{p2}} \cdot \frac{d}{2} = \frac{199}{6.38 \times 10^{-8}} \times \frac{0.02}{2} \text{ Pa} = 31.2 \times 10^6 \text{ Pa} = 31.2 \text{ MPa}$$

$$\tau_{CB}^{\text{外}} = \frac{T}{I_{p2}} \cdot \frac{D}{2} = \frac{199}{6.38 \times 10^{-8}} \times \frac{0.03}{2} \text{ Pa} = 46.8 \times 10^6 \text{ Pa} = 46.8 \text{ MPa}$$

2. 圆轴扭转时的变形

圆轴扭转时,两横截面间将有相对的角位移,称为扭转角。这就是通常工程实际中要计算的扭转变形。由式(9.9)知,相距为 dx 的两个横截面之间的相对扭转角为

$$d\varphi = \frac{T}{GI_p} dx \tag{9.16}$$

沿轴线 x 积分,即可求得距离为 l 的两个横截面之间的相对扭转角为

$$\varphi = \int_l d\varphi = \int_0^l \frac{T}{GI_p} dx \tag{9.17}$$

若两横截面间 T 值不变,且轴是等直杆,则式(9.17)中 $\frac{T}{GI_p}$ 为常量。于是,式(9.17)可简化为

$$\varphi = \frac{Tl}{GI_p} \tag{9.18}$$

上式表明 GI_p 越大,扭转角 φ 越小,GI_p 称为圆轴的抗扭刚度(Torsional Rigidity),它反映了圆轴抵抗变形的能力。

根据计算公式,对于各段扭矩不等、材料不同或截面直径不等的圆轴,如阶梯轴,应该分段计算各段的扭转角,然后代数相加,得两端截面的相对扭转角为

$$\varphi = \sum_{i=1}^n \frac{T_i l_i}{GI_{pi}} \tag{9.19}$$

如果 T 与 I_p 是 x 的连续函数,则可直接用积分式(9.17)计算两端面的相对扭转角。

9.5 圆轴扭转时的强度和刚度计算

1. 强度计算

圆轴扭转时横截面上的最大工作切应力 $\tau_{\max}$ 不得超过材料的许用切应力 $[\tau]$,得强度条件为

$$\tau_{\max} = \left(\frac{T}{W_t}\right)_{\max} \leqslant [\tau] \tag{9.20}$$

式中的扭转许用切应力 $[\tau]$,是根据扭转试验,并考虑适当的安全因数确定的,它与许用拉应力 $[\sigma]$ 有如下的近似关系:

对于塑性材料　$[\tau] = (0.5 - 0.6)[\sigma]$

对于脆性材料　$[\tau] = (0.8 - 1.0)[\sigma]$

因此,也可以利用拉伸时的许用应力来估计扭转许用切应力。对于机器中轴一类的构件,由于轴除扭转外,往往还有弯曲变形,而且轴的应力常随时间而改变,故所用的值还要低一些。

对于等截面圆轴,最大切应力 $\tau_{\max}$ 发生在 $T_{\max}$ 所在截面的边缘上,因而强度条件可写为

$$\tau_{max} = \frac{T_{max}}{W_t} \leqslant [\tau] \tag{9.21}$$

对于变截面圆轴,如阶梯轴、圆锥形轴等,W_t 不是常量,τ_{max} 并不一定发生在扭矩为 T_{max} 的截面上,这要综合考虑 T 和 W_t,寻求 $\tau = \dfrac{T}{W_t}$ 的极值。

2. 刚度计算

轴类零件除应满足强度要求外,一般还不能有过大的扭转变形。例如,若车床丝杆扭转角过大,会影响车刀进给,降低加工精度;发动机的凸轮轴扭转角过大,会影响气阀丌关时间;镗床的主轴或磨床的传动轴如扭转角过大,将引起扭转振动,影响工件的精度和光洁度,所以要限制某些轴的扭转变形。

式(9.18)表示的扭转角与轴的长度 l 有关。为消除长度的影响,用扭转角的变化率 $\dfrac{\mathrm{d}\varphi}{\mathrm{d}x}$,即单位长度扭转角 φ' 表示扭转变形的程度。由式(9.9)可得

$$\varphi' = \frac{\mathrm{d}\varphi}{\mathrm{d}x} = \frac{T}{GI_p} \tag{9.22}$$

φ' 的单位为 rad/m。

为保证轴正常工作,通常规定单位长度扭转角 φ' 的最大值 φ'_{max} 不得超过规定的允许值 $[\varphi']$,从而得圆轴扭转的刚度条件为

$$\varphi'_{max} = \left(\frac{T}{GI_p}\right)_{max} \leqslant [\varphi'] \tag{9.23}$$

工程中,常把 $(°)/\mathrm{m}$ 作为 $[\varphi']$ 的单位。这样把上式中的弧度换算成度,得

$$\varphi'_{max} = \left(\frac{T}{GI_p}\right)_{max} \times \frac{180°}{\pi} \leqslant [\varphi'] \tag{9.24}$$

$[\varphi']$ 值根据载荷性质、工作要求和工作条件等因素来确定,可查有关机械设计手册。一般规定:精密机器的轴,$[\varphi'] = (0.25 \sim 0.50)°/\mathrm{m}$;一般传动轴,$[\varphi'] = (0.5 \sim 1.0)°/\mathrm{m}$;精度要求不高的轴,$[\varphi'] = (1.0 \sim 2.5)°/\mathrm{m}$。

例 9.3 图 9.14(a)所示阶梯圆轴,AB 段直径 $d_1 = 120$ mm,BC 段直径 $d_2 = 100$ mm,外力偶矩 $M_{eA} = 22$ kN·m,$M_{eB} = 36$ kN·m,$M_{eC} = 14$ kN·m。已知材料的许用切应力 $[\tau] = 80$ MPa,试校核轴的强度。

解 (1)用截面法求得 AB、BC 段的扭矩分别为

$$T_1 = 22 \text{ kN·m}, \quad T_2 = -14 \text{ kN·m}$$

扭矩图如图 9.14(b)所示。

(2)由扭矩图可见,AB 段的扭矩大于 BC 段,但因两段轴的直径不同,所以两段轴的最大切应力都需要计算。

AB 段:
$$\tau_{1max} = \frac{T_1}{W_{t1}} = \frac{22 \times 10^3}{\frac{\pi}{16} \times 0.12^3} \text{ Pa} = 64.9 \text{ MPa} \leqslant [\tau]$$

BC 段:
$$\tau_{2max} = \frac{T_2}{W_{t2}} = \frac{14 \times 10^3}{\frac{\pi}{16} \times 0.1^3} \text{ Pa} = 71.3 \text{ MPa} \leqslant [\tau]$$

因此,该轴满足强度条件。

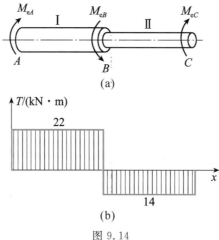

图 9.14

例 9.4 某传动轴,承受 $M_e = 2.2$ kN·m 的外力偶作用,材料的许用切应力为 $[\tau] = 80$ MPa,试分别按以下两种方式确定轴的截面尺寸,并比较其重量。

(1)横截面为实心圆截面;

(2)横截面为 $\alpha = 0.8$ 的空心圆截面。

解 (1)实心圆截面。设轴的直径为 d,由式(9.21)得

$$W_t = \frac{\pi d^3}{16} \geqslant \frac{T}{[\tau]} = \frac{M_e}{[\tau]}$$

$$d \geqslant \sqrt[3]{\frac{16M_e}{\pi[\tau]}} = \sqrt[3]{\frac{16 \times 2.2 \times 10^3}{\pi \times 80 \times 10^6}} \text{ m} = 51.9 \times 10^{-3} \text{ m} = 51.9 \text{ mm}$$

取 $d = 52$ mm。

(2)空心圆截面。设轴的外径为 D,由式(9.21)得

$$W_t = \frac{\pi D^3}{16}(1 - \alpha^4) \geqslant \frac{T}{[\tau]} = \frac{M_e}{[\tau]}$$

$$D \geqslant \sqrt[3]{\frac{16M_e}{\pi(1-\alpha^4)[\tau]}} = \sqrt[3]{\frac{16 \times 2.2 \times 10^3}{\pi \times (1 - 0.8^4) \times 80 \times 10^6}} \text{ m} = 61.9 \times 10^{-3} \text{ m} = 61.9 \text{ mm}$$

取 $D = 62$ mm,$d_1 = 0.8D \approx 50$ mm。

(3)质量比较。在两轴长度和材料均相同的情况下,两轴质量之比等于横截面面积之比。利用以上计算结果得

$$\text{重量比} = \frac{A_{空}}{A_{实}} = \frac{\frac{\pi}{4}(D^2 - d_1^2)}{\frac{\pi}{4}d^2} = \frac{62^2 - 50^2}{52^2} = 0.50$$

可见在外力相同的条件下,空心轴的重量仅为实心轴的 50%,其减轻重量、节约材料的效果非常明显。这是因为横截面上的切应力沿半径按线性规律分布,圆心附近的应力很小,材料没有充分发挥作用。若把轴心附近的材料向边缘移置,使其成为空心轴,就会增大 I_p 和 W_t,从而提高轴的强度。

例 9.5 图 9.15(a)中钢制圆轴直径 $d = 70$ mm,切变模量 $G = 80$ GPa,$l_1 = 300$ mm,$l_2 = 500$ mm,扭转外力偶矩分别为 $M_{e1} = 1592$ N·m,$M_{e2} = 955$ N·m,$M_{e3} = 637$ N·m,试求 C、B

两截面相对扭转角 φ_{BC}。若规定$[\varphi'] = 0.3\ °/m$,试校核此轴的刚度。

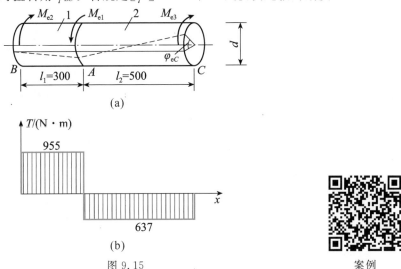

图 9.15　　　　　　　　案例

解　(1)作扭矩图。扭矩图如图 9.14(b)所示,$T_1 = 955$ N·m,$T_2 = -637$ N·m。

(2)求 φ_{BC}。由式(9.18)得

$$\varphi_{BA} = \frac{T_1 l_1}{GI_p} = \frac{955 \times 0.3 \times 32}{80 \times 10^9 \times \pi \times 0.07^4}\ \text{rad} = 1.52 \times 10^{-3}\ \text{rad}$$

$$\varphi_{AC} = \frac{T_2 l_2}{GI_p} = \frac{-637 \times 0.5 \times 32}{80 \times 10^9 \times \pi \times 0.07^4}\ \text{rad} = -1.69 \times 10^{-3}\ \text{rad}$$

$$\varphi_{BC} = \varphi_{BA} + \varphi_{AC} = -1.7 \times 10^{-4}\ \text{rad}$$

(3)刚度校核。BA 段扭矩 T_1 大于 AC 段扭矩 T_2(绝对值),因此只需校核 BA 段刚度。

$$\varphi'_{\max} = \frac{T_{\max}}{GI_p} \times \frac{180°}{\pi} = \frac{955 \times 32}{80 \times 10^9 \times \pi \times 0.07^4} \times \frac{180°}{\pi} = 0.29\ °/m < [\varphi']$$

此轴满足刚度条件。

例 9.6　图 9.16(a)中传动轴的转速 $n = 300$ r/min,A 轮输入功率 $P_A = 40$ kW,其余各轮输出功率分别为 $P_B = 10$ kW,$P_C = 12$ kW,$P_D = 18$ kW。材料的切变模量 $G = 80$ GPa,$[\tau] = 50$ MPa,$[\varphi'] = 0.3\ °/m$,试设计轴的直径 d。

解　(1)外力偶矩的计算。轴的计算简图如图 9.16(b)所示,由式(9.1)计算各外力偶矩分别为

$$M_A = 9549\frac{P_A}{n} = 9549 \times \frac{40}{300}\ \text{N·m} = 1273.2\ \text{N·m}$$

$$M_B = 9549\frac{P_B}{n} = 9549 \times \frac{10}{300}\ \text{N·m} = 318.3\ \text{N·m}$$

$$M_C = 9549\frac{P_C}{n} = 9549 \times \frac{12}{300}\ \text{N·m} = 382.0\ \text{N·m}$$

$$M_D = 9549\frac{P_D}{n} = 9549 \times \frac{18}{300}\ \text{N·m} = 572.9\ \text{N·m}$$

(2)作扭矩图。扭矩图如图 9.16(c)所示,最大扭矩为 $|T_{\max}| = 700.3$ N·m。

(3)按强度条件设计直径。由强度条件

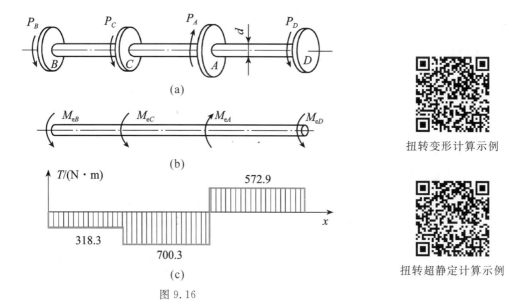

图 9.16

扭转变形计算示例

扭转超静定计算示例

$$\tau_{\max} = \frac{T_{\max}}{W_t} = \frac{16T_{\max}}{\pi d^3} \leqslant [\tau]$$

$$d \geqslant \sqrt[3]{\frac{16T_{\max}}{\pi[\tau]}} = \sqrt[3]{\frac{16 \times 700.3}{\pi \times 50 \times 10^6}} \text{ m} = 41.5 \text{ mm}$$

（4）按刚度条件设计直径。由刚度条件

$$\varphi'_{\max} = \frac{T_{\max}}{GI_p} \times \frac{180°}{\pi} = \frac{32T_{\max}}{G\pi d^4} \times \frac{180°}{\pi} \leqslant [\varphi']$$

$$d \geqslant \sqrt[4]{\frac{32T_{\max}}{G\pi[\varphi']} \times \frac{180°}{\pi}} = \sqrt[4]{\frac{32 \times 700.3 \times 180°}{80 \times 10^9 \times \pi^2 \times 0.3}} \text{ m} = 64.2 \text{ mm}$$

要使轴同时满足强度和刚度条件，取 $d = 65$ mm。

最后需要指出的是，圆截面杆是最常见的受扭杆件，但在工程实际中，还可能遇到非圆截面杆的扭转，如农业机械中有时采用方轴作为传动轴，又如曲轴的曲柄承受扭转，其横截面是矩形的。在矩形截面杆的侧面画纵向线和横向周界线，如图9.17(a)所示，扭转变形后发现横向周界线已变为空间曲线，如图9.17(b)所示。这表明变形后杆的横截面已不再保持为平面，

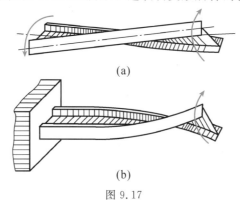

图 9.17

这种现象称为翘曲(Warping),这是非圆截面杆扭转的一个主要特征。所以,平面假设对非圆截面杆件的扭转不再成立,故以平面假设为依据推导出的圆轴扭转应力、变形的计算公式均不适用。

本章小结

本章所研究的主要内容是圆轴的扭转,要解决的问题是强度与刚度问题。

设计圆轴截面时,应同时考虑强度条件和刚度条件,对于某些传动轴其刚度条件往往更重要。

(1)圆轴或圆管扭转时,其截面上仅有切应力。通过薄壁圆筒的分析和试验,得到

切应力互等定理

$$\tau = \tau'$$

剪切胡克定律

$$\tau = G\gamma$$

这两个规律是研究圆轴扭转时的应力和变形的理论基础,在材料力学的理论分析和试验研究中经常用到。

(2)圆轴扭转时,横截面上的切应力垂直于半径沿半径方向呈线性分布;两截面间将产生相对扭转角。相应的计算公式是

扭转切应力公式

$$\tau_\rho = \frac{T\rho}{I_p}$$

扭转变形公式

$$\varphi = \frac{Tl}{GI_p}$$

强度条件

$$\tau_{max} = \left(\frac{T}{W_t}\right)_{max} \leqslant [\tau]$$

刚度条件

$$\varphi'_{max} = \left(\frac{T}{GI_p}\right)_{max} \times \frac{180°}{\pi} \leqslant [\varphi']$$

在学习本章内容时需要特别注意,上述计算公式只适用于圆轴扭转,对于非圆截面杆的扭转则不适用。

(3)解题步骤。

①计算外力偶矩;

②计算内力——扭矩,并画出扭矩图;

③进行强度、刚度计算。

(4)题目类型。

①扭矩的计算并画出扭矩图;

②圆轴扭转的强度计算;

③圆轴扭转的刚度计算;

④圆轴扭转时的强度与刚度同时考虑。

思 考 题

1. 试用功率、转速和外力偶矩的关系说明,为什么在同一减速器中,高速轴的直径较小,而低速轴的直径较大。

2. 图 9.18 所示 T 为圆杆横截面上的扭矩,试画出截面上与 T 对应的切应力分布图。

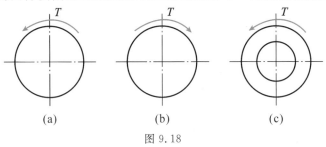

(a)   (b)   (c)

图 9.18

3. 当单元体上同时存在切应力和正应力时,切应力互等定理是否仍然成立,为什么?

4. 长为 l、直径为 d 的两根不同材料制成的圆轴,在其两端作用相同的扭转力偶矩 M_e,试问:

  (1)最大切应力 τ_{max} 是否相同?为什么?

  (2)相对扭转角 φ 是否相同?为什么?

5. 在圆轴和薄壁圆筒扭转的切应力公式推导过程中,所做的假定有何区别?两者所得的切应力计算公式之间有什么关系?

习 题

一、填空题

1. 圆轴扭转时的受力特点:一对外力偶的作用面均_____于轴的轴线,其转向_____;圆轴扭转变形的特点:轴的横截面积绕其轴线发生_____。

2. 圆轴扭转时,横截面上任意点的剪应变与该点到圆心的距离成_____;横截面上切应力的大小沿半径呈_____规律分布。

3. 横截面积相等的实心轴和空心轴相比,虽材料相同,但_____轴的抗扭承载能力要强些。

4. 直径和长度均相等的两根轴,其横截面扭矩也相等,而材料不同,因此它们的最大切应力是_____同的,扭转角是_____同的。

5. 产生扭转变形的实心圆轴,若使直径增大一倍,而其他条件不改变,则扭转角将变为原来的_____。

6. 两材料、重量及长度均相同的实心轴和空心轴,从利于提高抗扭刚度的角度考虑,以采用_____轴更为合理些。

二、判断题

1. 只要在杆件的两端作用两个大小相等、方向相反的外力偶,杆件就会发生扭转变形。(　　)

2. 扭矩的正负号可按如下方法来规定:运用右手螺旋法则,四指表示扭矩的转向,当拇指指向

与截面外法线方向相同时规定扭矩为正;反之,规定扭矩为负。(　　)

3.一空心圆轴在产生扭转变形时,其危险截面外缘处具有全轴的最大剪应力,而危险截面内缘处的剪应力为零。(　　)

4.实心圆轴材料和所承受的载荷情况都不改变,若使轴的直径增大一倍,则其单位长度扭转角将减小为原来的 1/16。(　　)

5.两根实心圆轴在产生扭转变形时,其材料、直径及所受外力偶之矩均相同,但由于两轴的长度不同,所以短轴的单位长度扭转角要大一些。(　　)

6.受扭杆件横截面上扭矩的大小,不仅与杆件所受外力偶的力偶矩大小有关,而且与杆件横截面的形状、尺寸也有关。(　　)

三、选择题

1.根据圆轴扭转时的平面假设,可以认为圆轴扭转时横截面(　　)。
　　A.形状尺寸不变,直径线仍为直线　　　　　B.形状尺寸改变,直径线仍为直线
　　C.形状尺寸不变,直径线不保持直线　　　　D.形状尺寸改变,直径线不保持直线

2.左端固定的直杆受扭转力偶作用,如图 9.19 所示在截面 1—1 和 2—2 处扭矩为(　　)。
　　A.$T_{1-1}=12.5$ kN·m,$T_{2-2}=-3$ kN·m　　　B.$T_{1-1}=-2.5$ kN·m,$T_{2-2}=-3$ kN·m
　　C.$T_{1-1}=-2.5$ kN·m,$T_{2-2}=3$ kN·m　　　D.$T_{1-1}=2.5$ kN·m,$T_{2-2}=-3$ kN·m

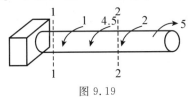

图 9.19

3.受扭圆轴,当横截面上的扭矩 T 不变,而直径减小一半时,该横截面的最大切应力与原来的最大切应力之比为(　　)。
　　A.2 倍　　　　　　　B.4 倍　　　　　　　C.8 倍　　　　　　　D.16 倍

4.一空心钢轴和一实心铝轴的外径相同,比较两者的抗扭截面系数,可知(　　)。
　　A.空心钢轴的较大　　　　　　　　　　B.实心铝轴的较大
　　C.其值一样大　　　　　　　　　　　　D.其大小与轴的剪变模量有关

5.直径为 D 的实心圆轴,两端受外力偶作用而产生扭转变形,横截面的最大许用载荷为 T,若将轴的横截面积增加一倍,则其最大许可载荷为(　　)。
　　A.$2T$　　　　　　　B.$4T$　　　　　　　C.$\sqrt{2}T$　　　　　　　D.$2\sqrt{2}T$

6.等截面圆轴扭转时的单位长度扭转角为 θ,若圆轴的直径增大一倍,则单位长度扭转角将变为(　　)。
　　A.$\theta/16$　　　　　　　B.$\theta/8$　　　　　　　C.$\theta/4$　　　　　　　D.$\theta/2$

四、计算题

1.作图 9.20 所示各轴的扭矩图,并求出最大扭矩。
　　[答:(a)$T_{max}=2M_e$;(b)$T_{max}=45$ kN·m]

2.直径 $D=50$ mm 的圆轴,受到扭矩 $T=2.15$ kN·m 的作用。试求在距离轴心 10 mm 处的切应力,并求轴横截面上的最大切应力。

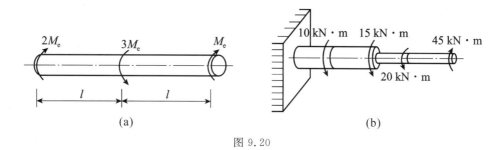

图 9.20

(答：$\tau_{\rho} = 35$ MPa，$\tau_{\max} = 87.6$ MPa)

3. 一传动轴如图 9.21 所示，已知 $M_A = 1.3$ N·m，$M_B = 3$ N·m，$M_C = 1$ N·m，$M_D = 0.7$ N·m；各段轴的直径分别为 $d_{AB} = 50$ mm，$d_{BC} = 75$ mm，$d_{CD} = 50$ mm。

(1)画出扭矩图；

(2)求 1—1、2—2、3—3 截面的最大切应力。

(答：$\tau_{\max 1} = 53$ kPa，$\tau_{\max 2} = 20.5$ kPa，$\tau_{\max 3} = 28.5$ kPa)

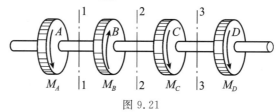

图 9.21

4. 图 9.22 所示的空心圆轴，外径 $D = 80$ mm，内径 $d = 62.5$ mm，承受扭矩 $T = 1000$ N·m。

(1)求 $\tau_{\max}$，$\tau_{\min}$；

(2)绘出横截面上的切应力分布图；

(3)求单位长度扭转角，已知 $G = 80$ GPa。

［答：(1)$\tau_{\max} = 15.9$ MPa，$\tau_{\min} = 12.35$ MPa；(2)略；(3)$\varphi = 0.284$ °/m］

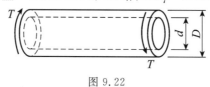

图 9.22

5. 一传动轴传递功率 $P = 3$ kW，转速 $n = 27$ r/min，材料为 45 钢，许用切应力 $[\tau] = 40$ MPa，试计算轴的直径。

(答：$d = 51.3$ mm)

6. 阶梯形圆轴直径分别为 $d_1 = 40$ mm，$d_2 = 70$ mm，轴上装有三个带轮，如图 9.23 所示。已知由轮 3 输入的功率 $P_3 = 30$ kW，轮 1 输出的功率 $P_1 = 13$ kW，轴作匀速转动，转速 $n = 200$ r/min，材料的剪切许用应力 $[\tau] = 60$ MPa，$G = 80$ GPa，许用扭转角 $[\varphi'] = 2$ °/m。试校核轴的强度和刚度。

［答：$\tau_{AC\max} = 49.4$ MPa$< [\tau]$，$\tau_{DB} = 21.3$ MPa$< [\tau]$，$\varphi'_{\max} = 1.77$ °/m$< [\varphi']$，轴满足强度和刚度要求］

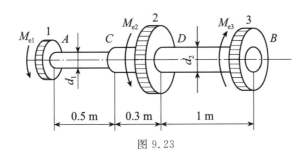

图 9.23

7. 空心圆轴的外径 $D=100$ mm，内径 $d=50$ mm。已知间距为 $l=2.7$ m 的两横截面的相对扭转角 $\varphi=1.8°$，材料的切变模量 $G=80$ GPa。试求：

(1)轴的最大切应力；

(2)当轴以 $n=80$ r/min 的速度旋转时，轴所传递的功率。

［答：(1)$\tau_{\max}=46.4$ MPa；(2)$P=71.8$ kW］

8. 如图 9.24 所示阶梯圆轴，材料的切变模量 $G=80$ GPa，试求 A、C 两截面的相对扭转角。

（答：$\varphi_{AC}=4.33°$）

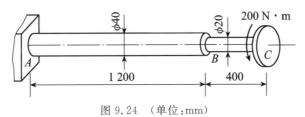

图 9.24　（单位：mm）

9. 如图 9.25 所示，实心轴与空心轴通过牙嵌式离合器联接在一起。已知轴的转速 $n=100$ r/min，传递功率 $P=7.5$ kW，材料的许用应力 $[\tau]=80$ MPa，试确定实心轴直径 d_1 和内外径比值 $d_2/D_2=0.5$ 的空心轴外径 D_2。

（答：$d_1\geqslant45$ mm，$D_2\geqslant46$ mm）

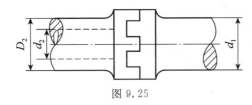

图 9.25

10. 如图 9.26 所示，传动轴的转速为 $n=500$ r/min，主动轮 1 输入功率 $P_1=368$ kW，从动轮 2 和 3 分别输出功率 $P_2=147$ kW，$P_3=221$ kW。已知 $[\tau]=70$ MPa，$[\varphi']=1$ °/m，$G=80$ GPa。

(1)试确定 AB 段的直径 d_1 和 BC 段的直径 d_2。

(2)若 AB 和 BC 两段选用同一直径，试确定直径 d。

(3)主动轮和从动轮应如何安排才比较合理。

［答：(1)$d_1\geqslant84.6$ mm，$d_2\geqslant74.5$ mm；(2)$d\geqslant84.6$ mm；(3)主动轮 1 放在从动轮 2 和 3 之间比较合理］

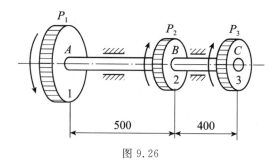

图 9.26

11. 如图 9.27 所示,已知钻探机钻杆的外径 $D=60$ mm,内径 $d=50$ mm,功率 $P=7.36$ kW,转速 $n=180$ r/min,钻杆入土深度 $l=40$ m,$[\tau]=40$ MPa。假设土壤对钻杆的阻力沿钻杆长度均匀分布,试求:

(1)单位长度上土壤对钻杆的阻力矩 t;

(2)作钻杆的扭矩图,并进行强度校核。

[答:(1)$t=9.75$ N·m/m;(2)$\tau_{max}=17.7$ MPa$<[\tau]$]

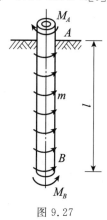

图 9.27

12. 如图 9.28 所示,一薄壁钢管受外力偶矩 $M_e=2$ kN·m 作用。已知外径 $D=60$ mm,内径 $d=50$ mm,材料的弹性模量 $E=210$ GPa,现测得管表面上相距 $l=200$ mm 的 AB 两截面相对扭转角 $\varphi_{AB}=0.43°$,试求材料的泊松比。

(答案:$\mu=0.3$)

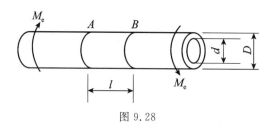

图 9.28

拓展阅读

大国重器"蓝鲸 2 号"

在 2019 年世界工业设计大会的盛大舞台上,烟台中集来福士海洋工程有限公司凭借其杰作"超深水半潜式钻井平台(蓝鲸2号)"一举夺得了烟台首届"市长杯"工业设计大赛的金奖。这座被誉为全球最大、钻井深度最深的半潜式海上钻井平台,无疑是海洋工程领域中的璀璨明珠。

"蓝鲸2号"这个名字,不仅代表着海洋工程的卓越成就,更象征着人类对深海探索的无尽渴望。这座巍峨的海上巨擘,以其雄伟的体魄——长117米、宽92.7米、高118米,傲然挺立于浩渺的海洋之中。它能够在最大作业水深3658米、最大钻井深度15250米的极端环境下稳定工作,覆盖全球95%的海域,展现出无与伦比的作业能力。作为全球领先的超深水双钻塔半潜式钻井平台,"蓝鲸2号"在设计上巧妙融合了Frigstad D90型号的先进理念。在建造过程中,更是借助了世界上提升力最大的起重机——"泰山吊"的神力,确保了每一处细节的精准与高效。

在这艘钻井平台的心脏地带,转轴系统宛如一位匠心独运的工程师的艺术品。这个关键部件承载着连接钻井设备与海底油藏的重要使命,其精巧的设计、精良的制造以及稳定的运行,都充分展现了工程师们的卓越智慧和精湛技艺。

值得一提的是,蓝鲸系列钻井平台是按照抵抗16级台风的标准精心打造的。早在2017年,"蓝鲸1号"在试开采期间就成功经受了12级台风"苗柏"的严峻考验。台风过后,它依然坚如磐石地驻守在工作海域。这一切得益于其强大的抗台风能力:坚固的船体结构如同强健的肌肉,为平台提供了坚实的支撑;配备的DP3动力定位系统则如同稳健的马步,确保平台在12级台风下的位移不超过11米,倾斜角度不超过2°;而采用的100 mmNVF690超厚钢板更是赋予了平台卓越的抗扭曲能力。

展望未来,"蓝鲸2号"将继续在深海的广袤领域中探索能源的奥秘,为人类能源事业贡献其独特的力量。每一次的下潜都是对未知世界的勇敢挑战,每一次的成功都是对中国制造辉煌成就的最好诠释,也是对工程师们匠心独运精神的最高致敬。

蓝鲸2号

第 10 章　弯曲内力

课前导读

　　梁的弯曲问题在工程力学中占有重要地位。梁的内力分析及内力
图的绘制是计算梁的强度和刚度的首要条件,又是工程力学中的一项基
本功,必须熟练掌握。本章首先介绍梁弯曲的概念、梁的力学模型;然后
介绍梁横截面上的弯曲内力(剪力和弯矩)的概念及计算方法;接着重点
介绍剪力图和弯矩图的绘制方法与过程,包括内力方程法、微分关系法
和区段叠加法;最后简要介绍平面刚架弯矩图的绘制。

本章思维导图

10.1　梁弯曲的概念

　　当杆件承受垂直于杆轴的外力,或在其轴线平面内作用有外力偶时(见图 10.1),杆的轴
线将变弯。以轴线变弯为主要特征的变形形式,称为弯曲变形(Bending Deformation)。以弯
曲为主要变形的杆件,称为梁(Beam)。垂直于杆轴的载荷,称为横向载荷。

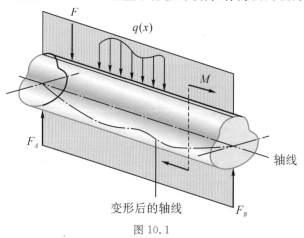

图 10.1

　　工程实际中存在着大量发生弯曲变形的杆件。例如图 10.2(a)所示桥式起重机大梁、图
10.2(c)所示火车轮轴以及图 10.2(e)所示车削工件等均为典型的弯曲杆件。还有一些杆件,
在载荷作用下,不但有弯曲变形,还有扭转变形,当讨论其弯曲变形时,仍然把它作为梁来处
理,例如图 10.2(g)所示的齿轮传动轴。

　　工程结构中,大多数受弯杆件的横截面至少有一根对称轴,如图 10.3 所示的矩形、工字
形、T 形、槽形截面等都属于这种情况。由横截面的对称轴与梁轴线所构成的平面称为纵向对
称面(Longitudinal Symmetric Plane),如图 10.4 所示。

　　若梁的所有横向载荷或(及)力偶均作用在梁的纵向对称面内,由于梁的几何形状、材料性

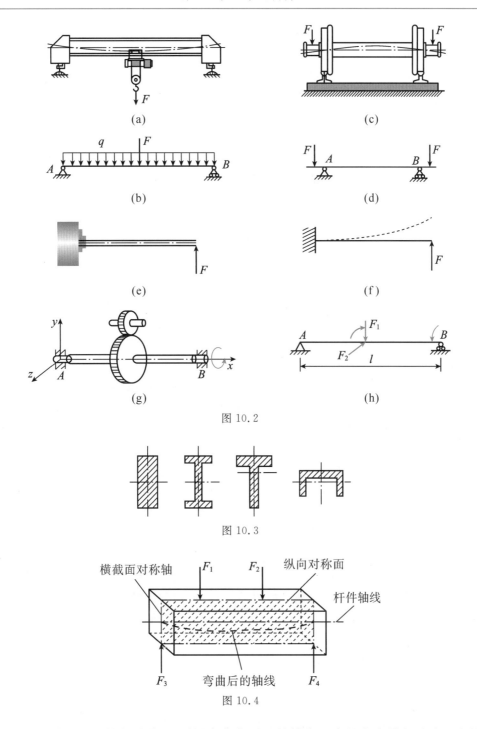

图 10.2

图 10.3

图 10.4

能和外力均对称于梁的纵向对称面,则梁弯曲变形后的轴线必定是在该纵向对称面内的平面曲线(见图 10.4),这种弯曲称为对称弯曲(Symmetric Bending)。

若梁不具有纵向对称面,或者梁虽具有纵向对称面但横向载荷或力偶不作用在纵向对称面内,这种弯曲则统称为非对称弯曲(Non-symmetric Bending)。

对称弯曲和特定条件下的非对称弯曲情况下,梁变形后的轴线是载荷作用平面内的一条平面曲线,这种弯曲称为平面弯曲(Plane Bending)。这里的特定条件是指,载荷施加在横截面的惯性主轴所组成的平面内。关于惯性主轴,将在平面图形的几何性质相关章节中介绍。

在学习了以上概念后,应当认识到:对称弯曲一定是平面弯曲;而平面弯曲既可能是对称弯曲,也可能是非对称弯曲。

对称弯曲是弯曲问题中最基本、最常见的情况。本章主要讨论对称弯曲时横截面上的内力,后面两章将分别讨论弯曲应力和弯曲变形。

10.2　梁的力学模型

实际梁的支承条件和载荷情况一般都比较复杂。为了便于分析和计算梁平面弯曲时的强度和刚度,需对梁建立力学模型,得出其计算简图。梁的力学模型简化包括了梁本身的简化、载荷的简化和支座的简化。

1. 梁本身的简化

由于梁的截面形状和尺寸对内力的计算并无影响,因此通常在梁的计算简图中,用梁轴线代表梁,如图 10.2(b)、(d)、(f)、(h)所示。

2. 载荷的简化

作用在梁上的载荷通常可以简化为以下三种类型。

(1)集中力(Concentrated Force/Load)　当力的作用范围远远小于梁的长度时,可简化为作用于一点的集中力。例如,图 10.2(a)所示的桥式起重机大梁,因电葫芦的轮距远小于梁长,故可将其对吊车梁的压力简化为一集中力 F。国际单位制中,集中力的常用单位为 N(牛)或 kN(千牛)。

(2)分布载荷(Distributed Load)　在梁的全长或部分长度上连续分布的横向力,其分布长度与梁长相比不是一个很小的数值时,可简化为沿轴线的分布载荷。例如,工程中,建筑结构所承受的风压、水压、梁的自重就是常见的分布载荷。分布载荷的强弱用载荷集度,即单位长度上的载荷大小来衡量,通常以 q 表示。国际单位制中,载荷集度的单位为 N/m(牛/米)或kN/m(千牛/米)。载荷集度 q 为常数的分布载荷称为均布载荷。

(3)集中力偶(Concentrated Moment)　通过微小梁段作用在梁轴线平面内的外力偶可以简化为作用于轴线上一点的集中力偶。如图 10.5(a)所示的齿轮轴,作用于斜齿轮上的啮合力可以分解为切向力 F_t、径向力 F_r 和轴向力 F_x。如果只研究 F_x 对轴的作用[见图 10.5 (b)],则可将 F_x 平移至齿轮中心,简化为一个轴向力 F_x 和一个在圆轴对称平面内的集中力偶 $M_e=F_x r$[见图 10.5(c)],其中 r 为斜齿轮上啮合点到圆轴轴线间的垂直距离。集中力偶的常用国际单位为 N·m(牛·米)或 kN·m(千牛·米)。

3. 支座的简化

作用在梁上的外力包括载荷和支座约束力。为了分析支座约束力,必须对梁的支座进行简化。梁的支座一般可简化为下列三种基本类型。

(1)固定铰支座　图 10.6(a)是固定铰支座的简图。固定铰支座限制梁在载荷平面内沿任何方向的移动,其支座约束力一般用一对正交分力来表达,即相切于支承面的约束力(F_{Ax})和垂直于支承面的约束力(F_{Ay})。

(2)活动铰支座　图 10.6(b)是活动铰支座的简图。活动铰支座只能限制梁在载荷平面

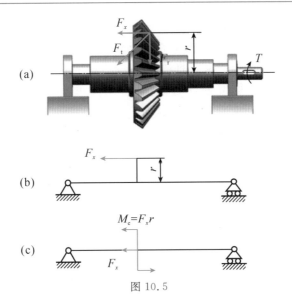

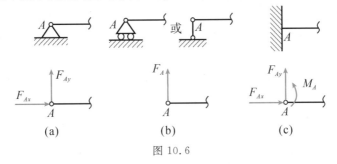

图 10.5

内沿垂直于支承面方向的移动,与此相应,活动铰支座只有一个支座约束力,即垂直于支承面的约束力(F_A)。

（3）固定端支座　图 10.6(c)是固定端支座的简图。固定端支座限制梁端在载荷平面内沿各个方向的移动与转动,因此,相应支座约束力可用三个分量表示,即垂直于支承面的支座约束力(F_{Ax})、相切于支承面的支座约束力(F_{Ay})和位于载荷平面内的支座约束力偶(M_A)。

图 10.6

4. 梁的基本形式

本章所研究的梁,外力均作用在同一平面。平面力系的平衡方程仅三个,因此,如果作用在梁上的支座约束力(包括支座约束力偶)也正好是三个,则恰好可由平衡方程确定。利用平衡方程即可确定全部支座约束力的梁,称为静定梁(Statically Determinate Beam)。常见的静定梁有以下三种形式:

（1）简支梁(Simply Supported Beam)　一端为固定铰支座、另一端为可动铰支座的梁称为简支梁。例如,起重机大梁和齿轮传动轴均可简化成简支梁,如图 10.2(b)、(h)所示。

（2）外伸梁(Overhanging Beam)　梁由一个固定铰支座和一个可动铰支座支承,但梁的一端或两端伸出支座之外,这样的梁称为外伸梁。例如,火车轮轴可简化成图 10.2(d)所示的外伸梁。

（3）悬臂梁(Cantilevered Beam)　一端为固定端、另一端自由的梁称为悬臂梁。如车削工件可简化成图 10.2(f)所示的悬臂梁。

如果梁上支座约束力的数目,超过有效平衡方程的数目,则仅靠平衡方程不能求解。仅利用平衡方程尚不能确定全部支座约束力的梁,称为静不定梁或超静定梁(Statically Indeterminate Beam)。静不定梁的例子如图 10.7 所示。求解静不定梁需要考虑梁的变形,具体解法将在第 12 章讨论。

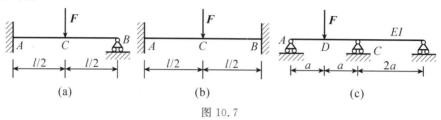

图 10.7

10.3 弯曲内力——剪力和弯矩

1. 剪力和弯矩的概念及正负号规则

梁受外力作用,其内部将产生弯曲内力。现以图 10.8(a)所示的简支梁为例,介绍梁横截面上弯曲内力的概念及正负号规则。

图示简支梁受集中力 F_1、F_2 作用,支座约束力 F_{Ay} 和 F_{By} 可由梁整体的平衡方程求出。沿任意截面 $m—m$ 假想地把梁分成左右两部分,可任取其一研究。若取左边部分为研究对象,受力图如图 10.8(b)所示。左部分上作用的外力有 F_{Ay} 及 F_1,为了保持左部分处于平衡,截面 $m—m$ 上必定有维持左部分梁平衡的横向力 F_S 以及力偶 M。F_S 有使梁沿横截面产生剪切错动的趋势,故称为截面 $m—m$ 上的剪力(Shearing Force),它是与横截面相切的分布内力系的合力;M 使横截面产生转动而引起梁的弯曲,故称为截面 $m—m$ 上的弯矩(Bending Moment),它是与横截面垂直的分布内力系的合力偶矩。由此可知,梁弯曲时横截面上的内力为剪力 F_S 和弯矩 M,它们均可由梁段的平衡方程来确定。

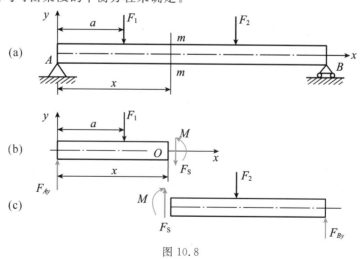

图 10.8

若取右边部分作为研究对象,同样可以求得截面 m—m 上的剪力 F_S 和弯矩 M。两者与用左边部分求得的内力数值必然相等,但方向(转向)相反,因为它们是作用力和反作用力的关系,如图 10.8(c)所示。

为了使取左、右不同部分进行内力计算时,所得同一截面的剪力和弯矩不仅在数值上相等,而且符号也一致,将弯曲内力的正负按梁的变形情况规定如下:

(1)剪力的正负　对于一段梁,左侧截面的剪力向上,或是右侧截面的剪力向下,即均使梁段顺时针转动的剪力为正[见图 10.9(a)];左侧截面的剪力向下,或是右侧截面的剪力向上,即均使梁段逆时针转动的剪力为负[见图 10.9(b)]。此规定可记为"左上右下剪力正"。

(2)弯矩的正负　对于一段梁,左侧截面的弯矩顺时针转向,或右侧截面的弯矩逆时针转向,即该梁段上部受压、下部受拉时,弯矩为正[见图 10.10(a)];左侧截面的弯矩逆时针转向,或右侧截面的弯矩顺时针转向,即该梁段上部受拉、下部受压时,弯矩为负[见图 10.10(b)]。此规定可记为"左顺右逆弯矩正"。

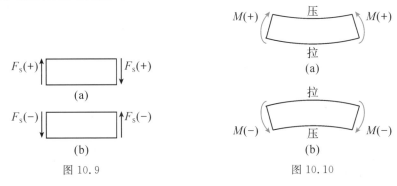

图 10.9

图 10.10

2. 截面法确定梁指定横截面上的剪力和弯矩

截面法是计算梁指定横截面上剪力和弯矩的基本方法。在首先求得梁的支座约束力后,即可按照"截、取、代、平"四步法计算剪力和弯矩。具体步骤如下:

(1)根据梁的整体平衡条件,计算支座约束力。对于悬臂梁,可省略此步,后续步骤从自由端开始计算;对于外伸梁,若指定截面位于两个支座以外,也可省略此步,后续步骤从含有该截面的外伸梁段开始计算。

(2)截——用假想截面从指定截面处将梁截分为两部分。

(3)取——按照计算简便的原则,选择截面一侧部分作为隔离体,并弃去另一侧部分。

(4)代——画出所选隔离体的受力图。注意:要在隔离体上保留原有的全部外力(包括支座约束力);用截面剪力和弯矩代替弃去部分对留下部分的作用,且假设截面剪力和弯矩为正,按照弯曲内力的正向规定在截面上画出待求剪力 F_S 和弯矩 M。

(5)平——由隔离体的平衡方程 $\sum F_y = 0$ 求出剪力 F_S;由平衡方程 $\sum M_C = 0$ 求出弯矩 M,其中 C 为指定截面的形心。

注意:如果内力计算结果为正(或负),则表示该指定截面弯曲内力的实际方向与所假设的方向相同(或相反)。

例 10.1　试求图 10.11(a)所示简支梁 1—1 截面上的剪力和弯矩。

解　(1)计算支座约束力。取整个梁为研究对象,设 A、B 处的支座约束力分别为 F_{Ay}、F_{By}(由外力知 $F_{Ax} = 0$),方向如图 10.11(a)所示。由平衡方程

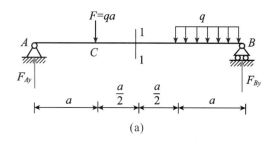

(a)

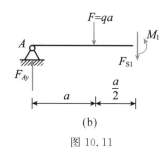

(b)

图 10.11

$$\sum M_B = 0, \quad -F_{Ay} \times 3a + qa \times 2a + qa \times \frac{a}{2} = 0$$

$$\sum M_A = 0, \quad F_{By} \times 3a - qa \times a - qa \times \frac{5a}{2} = 0$$

得

$$F_{Ay} = \frac{5qa}{6}, \quad F_{By} = \frac{7qa}{6}$$

（2）计算 1—1 截面的剪力与弯矩。沿截面 1—1 将梁假想地截开，并选左段为研究对象，受力如图 10.11（b）所示。由平衡方程

$$\sum F_y = 0, \quad F_{Ay} - qa - F_{S1} = 0$$

$$\sum M_O = 0, \quad -F_{Ay} \times \frac{3a}{2} + qa \times \frac{a}{2} + M_1 = 0$$

O 为 1—1 截面的形心，求得截面 1—1 的剪力和弯矩分别为

$$F_{S1} = -\frac{qa}{6}, \quad M_1 = \frac{3qa^2}{4}$$

F_{S1} 为负，表示其实际方向与图 10.11（b）中所示的方向相反。M_1 为正，表示其实际方向与图 10.11（b）中所示的方向相同。

3. 简便法确定梁指定横截面上的剪力和弯矩

总结上面对剪力和弯矩的计算，可以得出梁指定横截面上剪力和弯矩的简便算法。

（1）梁任一横截面的剪力，在数值上等于该截面左侧或右侧所有外力（包括集中力和分布载荷）在梁轴线的垂线上投影的代数和。

计算时，一定是只取横截面同一侧的所有外力；若对截面左侧所有外力求和，则外力以向上为正、向下为负；若对截面右侧所有外力求和，则外力以向下为正、向上为负。

（2）梁任一横截面的弯矩，在数值上等于该截面左侧或右侧所有外力（包括集中力、分布载荷、集中力偶和分布力偶）对所求横截面形心的力矩的代数和。

计算时,仍只取横截面同一侧的所有外力;若取截面左侧梁,外力对截面形心力矩顺时针为正、逆时针为负;若取截面右侧梁,外力对截面形心力矩逆时针为正、顺时针为负。

由于上面的规定不便记忆,方程中外力取正负值可由口诀"左上右下剪力正,左顺右逆弯矩正"来确定。这里的左(右)是指外力在截面的左(右)边,上(下)是指外力方向,顺(逆)是指外力对截面形心力矩的转向。符合口诀的外力在方程中代入正值,反之取负值。

利用上述规律求梁指定截面的内力时,不必将梁假想截开作受力图,也无需列平衡方程,因此可以大大简化计算过程。

例 10.2 用截面一侧的外力直接计算上例简支梁 1—1 截面上的剪力和弯矩。

解 在截面 1—1 左侧,外力有向上的支座约束力 F_{Ay},在 1—1 截面引起正剪力;向下的集中力 F,在 1—1 截面引起负剪力。所以,1—1 截面的剪力为

$$F_{S1} = F_{Ay} - F = \frac{5qa}{6} - qa = -\frac{qa}{6}$$

F_{Ay} 向上,绕 1—1 截面顺时针转,引起的弯矩为正;集中载荷 F 向下,绕 1—1 截面逆时针转,引起的弯矩为负。所以,1—1 截面的弯矩为

$$M_1 = F_{Ay} \times \frac{3a}{2} - F \times \frac{a}{2} = \frac{5qa}{6} \times \frac{3a}{2} - qa \times \frac{a}{2} = \frac{3qa^2}{4}$$

梁的内力计算

可见,与例 10.1 结果一致,而用外力直接计算的方法省去了截取研究对象、列方程的步骤,计算更为简便。

知识拓展

需要注意的是,上述简便法求截面剪力和弯矩的口诀,与剪力和弯矩正负号规则的口诀,形式上相同,但本质不同。以剪力为例,使用"左上右下剪力正"定义剪力正负时,"左上右下""正"均针对弯曲内力中的剪力,是指剪力本身所在横截面位于梁段的左侧、剪力方向向上(或横截面位于梁段的右侧、剪力方向向下)时,则规定剪力取正值;而简便法中使用"左上右下剪力正"计算剪力时,"左上右下""正"均针对横向外力,是选取左段梁(或右段梁)进行计算,外力在指定截面的左侧、方向向上(或外力在指定截面的右侧、方向向下),这恰好在位于梁段右侧(或左侧)的指定截面上产生了向下(或向上)的剪力,按剪力正负号规则应取正值,故而计算时将横向外力取正值代入。口诀"左顺右逆弯矩正"在弯矩符号规则和简便法计算中的异同,同理可推。

这给我们带来了一个启示,就是在学习过程中应该透过事物外在表现出来的现象,去领悟到它的内在本质。

10.4 剪力图和弯矩图

1. 剪力图和弯矩图的概念

在一般情况下,梁的不同截面上的弯曲内力是不同的,即剪力和弯矩是随截面位置而变化的。由于在进行梁的强度计算时,需要知道各横截面上剪力和弯矩中的最大值以及它们所在截面的位置,因此就必须知道剪力、弯矩随截面而变化的情况。为了便于形象地看到内力的变化规律,通常是将剪力、弯矩沿梁长的变化情况用图形来表示,这种表示剪力和弯矩变化规律

的图形分别称为剪力图(Diagram of Shear Force)和弯矩图(Diagram of Bending Moment)。剪力图和弯矩图能够更为直观地显示梁的剪力和弯矩的最大值及其所在截面的位置,是分析弯曲问题的重要基础,对于解决梁的强度和刚度问题是必不可少的。

剪力图、弯矩图绘制方法:水平轴为 x 轴,代表不同的截面位置。纵轴为剪力值或弯矩值。绘制剪力图时,将正值的剪力画在 x 轴的上侧,负值的剪力画在 x 轴的下侧。绘弯矩图时,不同的专业领域有不同的绘图习惯。大体上可以分为机电类专业习惯和土木类专业习惯。

(1)机电类专业习惯:正值弯矩画在 x 轴的上侧,负值弯矩画在 x 轴的下侧,即将弯矩画在梁的受压侧。

(2)土木类专业习惯:正值弯矩画在 x 轴的下侧,负值弯矩画在 x 轴的上侧,即将弯矩画在梁的受拉侧。

本书采用的是机电类专业的习惯,即将正值弯矩图线画在水平横轴的上方。例如,按此规定,简支梁承受向下均布载荷作用时的剪力图和弯矩图分别如图 10.12(c)和(d)所示。

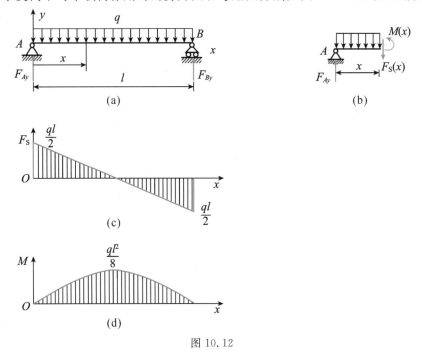

图 10.12

控制面(又称控制截面):在一段梁上,剪力和弯矩按一种函数规律变化,这一段梁的两个端界面即为控制面。控制面为外力规律发生变化的截面。在集中力、集中力偶作用点、分布载荷的起点和终点处以及支座处的横截面均可能为控制面。

下面,分别介绍采用内力方程法、微分关系法和区段叠加法绘制弯曲内力图。

2. 用内力方程法绘制剪力图和弯矩图

一般情况下,梁横截面上的剪力和弯矩随截面位置的不同而变化。为描述剪力、弯矩沿梁轴线的变化,以横坐标 x 表示横截面沿梁轴线的位置,则梁各横截面上的剪力和弯矩均可表示为坐标 x 的函数,即

$$F_S = F_S(x)$$
$$M = M(x)$$

上面的函数表达式分别称为梁的剪力方程(Equation of Shear Force)和弯矩方程(Equation of Bending Moment)。

在写这两个方程时,一般是以梁的左端作为 x 坐标的原点, x 轴正方向向右。有时为了方便,也可以把坐标原点取在梁的右端, x 轴正方向向左。

下面举例说明根据剪力方程和弯矩方程绘制剪力图和弯矩图的方法。

例 10.3　简支梁受均布载荷作用如图 10.12(a)所示。图中 q、l 均已知。试列出梁的剪力方程和弯矩方程,并绘出梁的剪力图和弯矩图。

解　(1)计算支座约束力。由于载荷和支座对称,所以 A、B 两端的支座约束力相等。

$$F_{Ay} = F_{By} = \frac{1}{2} ql$$

(2)列剪力和弯矩方程。以梁的左端为坐标原点,建立坐标系如图 10.12(a)所示。取距 A 点 x 的左段梁为研究对象,其受力如图 10.12(b)所示。由平衡方程

$$\sum F_y = 0, \quad F_{Ay} - qx - F_S(x) = 0$$

$$\sum M_O = 0, \quad F_{Ay} \times x - qx \times \frac{x}{2} - M(x) = 0$$

得剪力方程和弯矩方程分别为

$$F_S(x) = F_{Ay} - qx = \frac{ql}{2} - qx \qquad (0 < x < l) \tag{a}$$

$$M(x) = F_{Ay} \cdot x - qx \cdot \frac{x}{2} = \frac{ql}{2} x - \frac{q}{2} x^2 \qquad (0 \leqslant x \leqslant l) \tag{b}$$

(3)绘剪力图和弯矩图。式(a)表明,剪力 F_S 是 x 的一次函数,因此剪力图是一条斜直线,由 $F_S(l/4) = \frac{ql}{4}$, $F_S(l/2) = 0$,可画出梁的剪力图如图 10.12(c)所示;式(b)表明,弯矩 M 是 x 的二次函数,其图形是一条抛物线,需要确定曲线上的几个点,才可以较准确地画出弯矩图。这里根据 $M(0) = 0$, $M(l/4) = \frac{3}{32} ql^2$, $M(l/2) = \frac{1}{8} ql^2$, $M(3l/4) = \frac{3}{32} ql^2$, $M(l) = 0$,绘出弯矩图如图 10.12(d)所示。由图可见

$$|F_S|_{max} = \frac{ql}{2}, \quad |M|_{max} = \frac{ql^2}{8}$$

从例 10.3 可以看出,在均布载荷作用的梁段上, F_S 图为斜直线, M 图为抛物线。

在上例作剪力图和弯矩图时,采用截取梁段为研究对象,通过平衡方程,列出剪力方程和弯矩方程。下面各例中采用前节中所述的直接根据截面一侧梁上的外力来求内力的方法,根据外力直接列出剪力方程和弯矩方程。

例 10.4　简支梁在 C 点受一集中力 F 作用,如图 10.13(a)所示。设 F、l、a 及 b 均为已知,试列出梁的剪力方程与弯矩方程,并绘剪力图与弯矩图。

解　(1)计算支座约束力。由梁的平衡方程 $\sum M_B = 0$ 及 $\sum M_A = 0$,求得两端的支座约束力分别为

$$F_{Ay} = \frac{b}{l} F, \quad F_{By} = \frac{a}{l} F$$

(2)列剪力方程与弯矩方程。由于集中力 F 作用于 C 点, C 点左右两段梁横截面上的剪

力与弯矩不能用同一方程式表示，应将梁分成 AC、CB 两段，分别建立剪力与弯矩方程式。

在 AC 段，以 A 为坐标原点，x 轴向右为正，距 A 端 x_1 处截面左侧梁上的外力只有 F_{Ay}，其方向向上，引起正的剪力和弯矩，可列出该段的剪力方程和弯矩方程分别为

$$F_S(x_1) = F_{Ay} = \frac{b}{l}F \qquad (0 < x_1 < a) \qquad (a)$$

$$M(x_1) = F_{Ay}x_1 = \frac{b}{l}Fx_1 \qquad (0 \leqslant x_1 \leqslant a) \qquad (b)$$

在 CB 段，为计算方便，以 B 点为坐标原点，x 轴向左为正，距 B 端 x_2 处截面右侧梁上的外力只有 F_{By}，其方向向上，引起负的剪力和正的弯矩，可列出该段的剪力方程和弯矩方程分别为

$$F_S(x_2) = -F_{By} = -\frac{a}{l}F \qquad (0 < x_2 < b) \qquad (c)$$

$$M(x_2) = F_{By}x_2 = \frac{a}{l}Fx_2 \qquad (0 \leqslant x_2 \leqslant b) \qquad (d)$$

（3）绘剪力图和弯矩图。由式（a）可知，在 AC 段内，梁任意横截面上的剪力皆为正的常数，所以该段内的剪力图是在 x 轴上方且平行于 x 轴的直线。由式（c）可知，CB 段内的剪力为负的常数，因此该段内的剪力图是在 x 轴下方且平行于 x 轴的直线。梁的剪力图如图 10.13（b）所示。当 $b > a$ 时，最大剪力发生在 AC 段的各横截面上，其值为 $|F_S|_{\max} = \dfrac{Fb}{l}$。

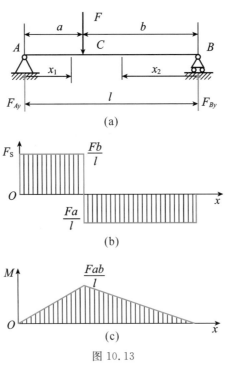

图 10.13

由式（b）和式（d）可知，AC 段和 CB 段的弯矩图均为斜直线。确定直线上两点可画出梁的弯矩图如图 10.13（c）所示。从弯矩图看出，最大弯矩发生在集中力 F 作用的 C 截面上，其值为 $|M|_{\max} = \dfrac{Fab}{l}$。

从例 10.4 可以看出，集中力作用处，F_S 图有突变，突变的大小和方向与集中力 F 有关；M

图有转折，M 图在该截面两侧斜率发生变化。

例 10.5　试作图 10.14(a)所示悬臂梁的剪力图和弯矩图。

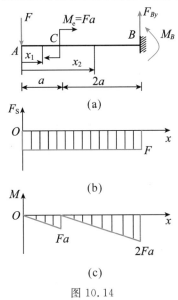

图 10.14

解　对于图示悬臂梁，若从自由端开始画剪力和弯曲图，不用求支座约束力，可直接列出剪力和弯矩方程。

AC 段：

$$F_S(x_1) = -F \qquad (0 < x_1 \leqslant a) \tag{a}$$

$$M(x_1) = -Fx_1 \qquad (0 \leqslant x_1 < a) \tag{b}$$

CB 段：

$$F_S(x_2) = -F \qquad (a \leqslant x_2 < 3a) \tag{c}$$

$$M(x_2) = -Fx_2 + Fa \qquad (a < x_2 < 3a) \tag{d}$$

由式(a)和式(c)画出剪力图，如图 10.14(b)所示，由式(b)和式(d)画出弯矩图，如图 10.14(c)所示。由图可见，剪力和弯矩的最大值分别为 $|F_S|_{\max} = F$，$|M|_{\max} = 2Fa$。

从例 10.5 可以看出，在集中力偶作用处，剪力图无变化；弯矩图有突变，且突变的大小和方向与集中力偶 M_e 有关。

例 10.6　外伸梁如图 10.15(a)所示，试列出剪力方程和弯矩方程，作出梁的剪力图和弯矩图。

解　(1)求支座约束力。由平衡方程 $\sum M_B = 0$ 及 $\sum M_A = 0$，得

$$F_{Ay} = \frac{5}{2}qa, \quad F_{By} = \frac{1}{2}qa$$

(2)列剪力方程和弯矩方程。将梁分为 CA 和 AB 两段，选取坐标系如图 10.15(a)所示，列出剪力和弯矩方程如下。

CA 段：

$$F_S(x_1) = -qa \qquad (0 < x_1 < a) \tag{a}$$

$$M(x_1) = -qax_1 \qquad (0 \leqslant x_1 \leqslant a) \tag{b}$$

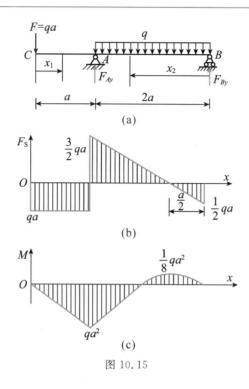

图 10.15

AB 段:

$$F_S(x_2) = qx_2 - \frac{1}{2}qa \qquad (0 < x_2 < 2a) \qquad (c)$$

$$M(x_2) = \frac{1}{2}qax_2 - \frac{1}{2}qx_2^2 \qquad (0 \leqslant x_2 \leqslant 2a) \qquad (d)$$

（3）画剪力图和弯矩图。剪力图与弯矩图如图 10.15(b)、(c)所示。剪力和弯矩的最大值分别为

$$|F_S|_{\max} = \frac{3}{2}qa, \qquad |M|_{\max} = qa^2$$

由于剪力图和弯矩图中的坐标已经明确规定，因此也可以不画出坐标轴。

由以上各例题，可以归纳出内力方程法绘制剪力图和弯矩图的解题步骤如下：

（1）利用平衡方程求解支座约束力　一般情况下，建立弯矩方程和剪力方程时取出的梁段总是包含支座的（悬臂段除外），因此需要先求解支座约束力。

（2）分段建立剪力方程和弯矩方程　在梁上外力不连续处，即在集中力、集中力偶作用处和分布载荷开始或结束处以及支座处对梁分段，分段建立梁的弯矩方程。对于剪力方程，除去集中力偶作用处以外，也应按照其余外力不连续处分段列出。

（3）分段绘制剪力图和弯矩图　由剪力方程和弯矩方程分段绘制内力图。在梁上集中力作用处，剪力图有突变，其左、右两侧横截面上剪力的代数差，即等于集中力值，而在弯矩图上的相应处则形成一个尖角。与此相仿，梁上受集中力偶作用处，弯矩图有突变，其左、右两侧横截面上弯矩的代数差，即等于集中力偶值，但在剪力图上的相应处并无变化。

（4）标明最大剪力和最大弯矩的位置及数值　全梁的最大剪力和最大弯矩可能发生在全梁或各段梁的边界截面，或极值点的截面处。

3. 用微分关系法绘制剪力图和弯矩图

剪力、弯矩与横向分布载荷集度之间存在着普遍的微分关系。本节将讨论这种微分关系及其在绘制剪力图和弯矩图中的应用。

图 10.16(a)所示的直梁，以轴线为 x 轴，向右为正。y 轴向上为正。载荷集度 $q(x)$ 为 x 的连续函数，并规定向上(与 y 轴正向一致)为正。在距原点 x 处从梁中取出长为 $\mathrm{d}x$ 的微段，如图 10.16(b)所示。微段左侧截面上的剪力和弯矩分别是 $F_{\mathrm{s}}(x)$ 和 $M(x)$，微段右侧截面上的剪力和弯矩分别为 $F_{\mathrm{s}}(x)+\mathrm{d}F_{\mathrm{s}}(x)$ 和 $M(x)+\mathrm{d}M(x)$。微段上的内力均取正值，且设该微段内无集中力和集中力偶作用。在各力的作用下，微段处于平衡状态，由微段的平衡方程 $\sum F_y = 0$ 和 $\sum M_C = 0$，(C 为右侧截面的形心)得

$$F_{\mathrm{s}}(x) - [F_{\mathrm{s}}(x) + \mathrm{d}F_{\mathrm{s}}(x)] + q(x)\mathrm{d}x = 0$$

$$-M(x) + [M(x) + \mathrm{d}M(x)] - F_{\mathrm{s}}(x)\mathrm{d}x - q(x)\mathrm{d}x \cdot \frac{\mathrm{d}x}{2} = 0$$

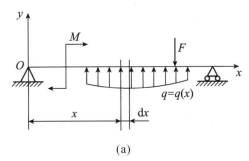
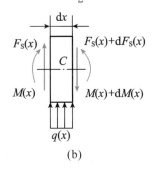

(a)　　　　　(b)

图 10.16

省略第二式中的高阶微量 $q(x)\mathrm{d}x \cdot \dfrac{\mathrm{d}x}{2}$，整理后得出

$$\frac{\mathrm{d}F_{\mathrm{s}}(x)}{\mathrm{d}x} = q(x) \tag{10.1}$$

$$\frac{\mathrm{d}M(x)}{\mathrm{d}x} = F_{\mathrm{s}}(x) \tag{10.2}$$

如将式(10.2)再对 x 求导，并利用式(10.1)，又可得出

$$\frac{\mathrm{d}^2 M(x)}{\mathrm{d}x^2} = \frac{\mathrm{d}F_{\mathrm{s}}(x)}{\mathrm{d}x} = q(x) \tag{10.3}$$

式(10.1)至式(10.3)表示直梁的 $q(x)$、$F_{\mathrm{s}}(x)$ 及 $M(x)$ 之间的导数关系。

由于 $\dfrac{\mathrm{d}F_{\mathrm{s}}}{\mathrm{d}x}$ 和 $\dfrac{\mathrm{d}M}{\mathrm{d}x}$ 分别代表剪力图和弯矩图某点处切线的斜率，所以上述关系说明：剪力图中某点处的斜率等于梁上该点处的横向载荷集度；弯矩图中某点处的斜率等于梁上该点处的剪力。

根据这种导数关系，容易得出下面一些推论。应用这些推论可以校核所作剪力图和弯矩图的正确性，也可以直接绘制梁的剪力图和弯矩图。

(1)在梁的某一段，若无载荷作用，即 $q(x)=0$。由 $\dfrac{\mathrm{d}F_{\mathrm{s}}(x)}{\mathrm{d}x} = q(x) = 0$ 可知，在这一段内 $F_{\mathrm{s}}(x) = $ 常数，即在无载荷的一段梁上，剪力图的斜率为零，剪力图为平行于 x 轴的水平直线。

由 $\dfrac{\mathrm{d}M(x)}{\mathrm{d}x}=F_\mathrm{S}(x)=$ 常数，可知 $M(x)$ 是 x 的一次函数；此时，由于弯矩图斜率等于 F_S，若剪力 F_S 为正，则弯矩图斜率为正，表现为向右上方倾斜的斜直线；若剪力 F_S 为零，则弯矩图斜率为零，表现为一水平直线；若剪力 F_S 为负，则弯矩图斜率为负，表现为向右下方倾斜的斜直线。

（2）在梁的某一段，若作用均布载荷，即 $q(x)=$ 常数（不为零），则 $\dfrac{\mathrm{d}^2 M(x)}{\mathrm{d}x^2}=\dfrac{\mathrm{d}F_\mathrm{S}(x)}{\mathrm{d}x}=$ 常数，故在这一段内 $F_\mathrm{S}(x)$ 是 x 的一次函数，$M(x)$ 是 x 的二次函数。即在有均布载荷的一段梁上，剪力图的斜率为常数，剪力图为一倾斜直线；弯矩图的斜率随 x 而变化，弯矩图为一条二次抛物线。

若均布载荷 $q(x)$ 向上，则剪力图为向右上方倾斜的斜直线，弯矩图的斜率在逐渐增大，弯矩图呈凹形，其凹面向上；反之，若 $q(x)$ 向下，则剪力图为向右下方倾斜的斜直线，弯矩图的斜率在逐渐减小，弯矩图呈凸形，其凹面向下。

（3）若在梁的某一截面上 $F_\mathrm{S}(x)=0$，即 $\dfrac{\mathrm{d}M(x)}{\mathrm{d}x}=0$，则在这一截面上弯矩可能有极值（极大或极小）。即弯矩的极值发生在剪力为零的截面上。

（4）在集中力作用处，截面的左、右两侧，剪力 F_S 有一突然变化，突变的数值等于该集中力的大小，而弯矩图的斜率也产生突然变化，弯矩图在此处有一折角。弯矩的最大值可能出现在这类截面上。

（5）在集中力偶作用处，从截面的左侧至右侧，弯矩图有突变，突变之值即为该处集中力偶的力偶矩；若集中力偶为顺时针，则弯矩增大，弯矩图向坐标正向突变，反之则向坐标负向突变；剪力图无变化，因而在集中力偶作用处两侧，弯矩图的斜率相同。该类截面上也可能出现弯矩的极值。

（6）利用 $\dfrac{\mathrm{d}F_\mathrm{S}(x)}{\mathrm{d}x}=q(x)$，$\dfrac{\mathrm{d}M(x)}{\mathrm{d}x}=F_\mathrm{S}(x)$，经过积分可得到

$$F_\mathrm{S}(x_2)-F_\mathrm{S}(x_1)=\int_{x_1}^{x_2}q(x)\,\mathrm{d}x \tag{10.4}$$

$$M(x_2)-M(x_1)=\int_{x_1}^{x_2}F_\mathrm{S}(x)\,\mathrm{d}x \tag{10.5}$$

以上两式表明，两截面上的剪力之差等于两截面间分布载荷图的面积；两截面上的弯矩之差等于两截面间剪力图的面积。当已知 $x=x_1$ 截面的剪力 $F_\mathrm{S}(x_1)$ 和弯矩 $M(x_1)$ 时，利用这种积分关系，可求出 $x=x_2$ 截面的剪力 $F_\mathrm{S}(x_2)$ 和弯矩 $M(x_2)$。这种关系称为 $q(x)$、$F_\mathrm{S}(x)$ 及 $M(x)$ 之间的积分关系式，也可用于剪力图和弯矩图的绘制与校核。

现将上述规律列于表 10.1。

表 10.1　常见载荷作用下剪力图、弯矩图的特征

项目	横向集中力 F	集中力偶 M_O	无载荷 $q=0$	均布载荷 $q>0$	均布载荷 $q<0$
区段载荷图					

续表

项目	横向集中力 F	集中力偶 M_O	无载荷 $q=0$	均布载荷 $q>0$	均布载荷 $q<0$
剪力图特征	（图）	无影响	（图）或——或（图）	（图）或（图）	（图）或（图）
弯矩图特征	拐折（图）或（图）或（图）或（图）	（图）	直线（图）或——或（图）	二次抛物线（图）或（图）	二次抛物线（图）或（图）

利用这些规律,可以不列梁的内力方程,而更加简捷地绘出梁的内力图。一般步骤如下。

(1)求约束力(悬臂梁可不求约束力)。

(2)分段:根据梁上的载荷情况,将梁分为几段,凡外力不连续点均应作为分段点。这样,可以根据外力情况判断各段梁的内力图形状。

(3)定点:选定画各段梁的内力图形状所需的控制截面,用截面法或直接根据外力求出这些截面的弯曲内力值,并标在弯曲内力图相应坐标中。这样,就定出了弯曲内力图上的各控制点。

(4)连线:根据各段梁的弯曲内力图形状,将各控制点用直线或曲线相连,从而作出全梁的剪力图和弯矩图。

例 **10.7**　试作图 10.17(a)所示梁的剪力图和弯矩图。

解　(1)计算支座约束力。由平衡方程,求得支座约束力

$$F_{Ay} = 4.4 \text{ kN}, \quad F_{By} = 16.6 \text{ kN}$$

(2)绘制剪力图和弯矩图。根据梁上载荷将梁分为 AC、CB、BD 三段。

绘制剪力图:用截面法或直接根据外力求出各段起点和终点截面的剪力值

$$F_{SA}^{右} = 4.4 \text{ kN}, \quad F_{SC}^{左} = 4.4 \text{ kN}$$

$$F_{SB}^{左} = (5-16.6) \text{ kN} = -11.6 \text{ kN}, \quad F_{SB}^{右} = 5 \text{ kN}$$

$$F_{SD}^{左} = 5 \text{ kN}$$

AC 和 BD 段梁上无载荷,剪力图为水平线;CB 段有均布载荷,剪力图为斜直线;集中力作用处剪力图有突变,用直线连接各段,即得梁的剪力图如图 10.17(b)所示。

绘制弯矩图:用截面法或直接根据外力求出各段起点和终点截面的弯矩值。

$$M_A = 0$$

$$M_C^{左} = 4.4 \text{ kN·m}, \quad M_C^{右} = (4.4+5) \text{ kN} = 9.4 \text{ kN·m}$$

$$M_B = -5 \text{ kN·m}$$

$$M_D = 0$$

AC 和 BD 段梁上无载荷,弯矩图为斜直线;CB 段有均布载荷,弯矩图为抛物线。截面 E 上剪力等于零,弯矩有极值,E 距左端 A 的距离为 2.1 m,求出截面 E 上的极值弯矩为

$$M_E = \left(4.4 \times 2.1 + 5 - 4 \times 1.1 \times \frac{1.1}{2}\right) \text{ kN·m} = 11.82 \text{ kN·m}$$

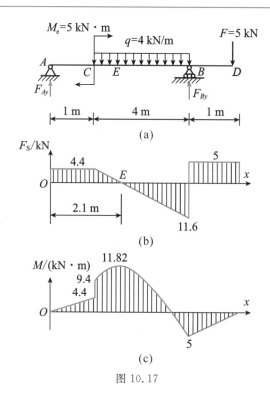

图 10.17

用直线连接 AC 和 BD 各段；C 截面有集中力偶作用，弯矩图有突变；用抛物线连接 CB 段；极值为 E 点，即得梁的弯矩图如图 10.17(c)所示。

利用微分关系做剪力图

利用微分关系做弯矩图

4. 用区段叠加法绘制弯矩图

在力学计算中常运用叠加原理。叠加原理是指在弹性和小变形（变形尺寸远小于构件自身的尺寸）前提下，由几组载荷共同作用于某一结构时，所引起的某一参数（约束力、内力、应力、变形）等于各组载荷单独作用于该结构所引起的该参数值的代数和。

梁的弯矩图可以利用叠加原理来绘制。即先分别绘出梁在各项载荷单独作用下的弯矩图，然后将其相对应的纵坐标叠加，就可得出梁在所有载荷共同作用下的弯矩图。例如，运用叠加原理绘制图 10.18(a)所示简支梁的弯矩图。先分别作出集中力偶单独作用时梁的弯矩图如图 10.18(b)所示，集中载荷单独作用时梁的弯矩图如图 10.18(c)所示；然后将相应的各个纵坐标进行叠加，即为两载荷同时作用时梁的弯矩图，如图 10.18(d)所示。实际作图时，不必作出图 10.18(b)、(c)，而是直接作出图 10.18(d)，此方法是先将集中力偶单独作用时梁的弯矩图绘出（虚线），然后以此直线为基线叠加梁在载荷 F 作用下的弯矩图。必须注意，这里所说的弯矩图的叠加，是指其竖标值叠加，因此图 10.18(d)中的竖标 $Fa/4$ 仍应竖向量取（而不是垂直于虚线方向）。这样，最后的图线与最初的水平基线之间所包含的图形即为叠加后的弯矩图,如图 10.18(d)所示。

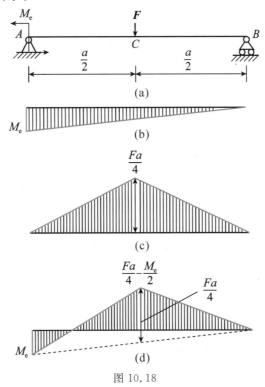

图 10.18

剪力图也可用叠加法绘出,但并不方便,所以通常只用叠加法绘弯矩图。

若梁上存在外力不连续点,对梁的整体利用叠加原理来绘制弯矩图,事实上是比较烦琐的,并不实用。如果先对梁进行分段,再在每一个区段上利用叠加原理进行弯矩图的叠加,这样就方便和实用得多,这种方法通常称为区段叠加法。

采用区段叠加法绘制梁的弯矩图,主要步骤如下:

(1)在梁上选取外力的不连续点作为控制截面,并求出控制截面上的弯矩值。

(2)用区段叠加法分段绘出梁的弯矩图。如控制截面间无均布载荷作用时,用直线连接两控制截面的弯矩值就绘出了该段的弯矩图。如控制截面间有均布载荷作用时,先用虚直线连接两控制截面的弯矩值,然后以此虚直线为基线,叠加上该段在均布载荷单独作用下的相应的简支梁的弯矩图,从而绘出该段的弯矩图。

需要注意的是,在分布载荷作用的范围内,用区段叠加法不能直接求出最大弯矩,如果要求最大弯矩,还需用以前的方法。

例 10.8　试用区段叠加法作图 10.19(a)所示外伸梁的弯矩图,其中 $F = \dfrac{1}{2}qa$。

解　(1)分段,求控制截面弯矩。选取控制截面为 A、B、C,易知 $M_A = 0$、$M_C = 0$,B 处弯矩由简便法亦可直接求得 $M_B = -Fa = -\left(\dfrac{1}{2}qa\right)a = -\dfrac{1}{2}qa^2$。

(2)用区段叠加法分段绘出梁的弯矩图。依次在 M 图上定出以上各控制弯矩。

AB 段有均布载荷作用,先用虚直线连接两个弯矩值 M_A 和 M_B,再叠加上相应简支梁在

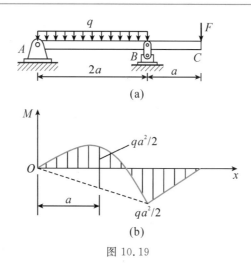

图 10.19

均布载荷 q 作用下的弯矩图，就可以绘出 AB 段的弯矩图。其中，AB 段跨中应叠加的弯矩纵坐标为 $\frac{1}{8}q(2a)^2 = \frac{1}{2}qa^2$，则最终得到 AB 段跨中叠加后的弯矩为 $\frac{1}{2}(M_A + M_B) + \frac{1}{2}qa^2 = \frac{1}{2}\left(0 - \frac{1}{2}qa^2\right) + \frac{1}{2}qa^2 = \frac{1}{4}qa^2$。

BC 段无横向载荷作用，用直线连接两个弯矩值 M_B 和 M_C，即得 BC 段的弯矩图。

全梁的弯矩图如图 10.19(b)所示。

注意：AB 段最大弯矩并非发生在其跨中截面上。如需求得 AB 段最大弯矩，应先求得支座 A 处支座约束力，为 $F_{Ay} = \frac{q \cdot 2a \cdot a - Fa}{2a} = \frac{2qa^2 - \frac{1}{2}qa^2}{2a} = \frac{3}{4}qa$，竖直向上；再由 AB 段剪力方程为零，即 $F_{Ay} - qx = 0$，求得最大弯矩所在截面在支座 A 右侧 $x = \frac{3}{4}a$；最后，由 AB 段弯矩方程 $F_{Ay}x - \frac{1}{2}qx^2$，将 $x = \frac{3}{4}a$ 代入，得到 AB 段最大弯矩为 $\frac{9}{32}qa^2$，这显然大于 AB 段跨中弯矩值 $\frac{1}{4}qa^2$。

10.5　刚架的弯矩图

刚架是由直杆组成的具有刚结点的结构。若杆件在连接处不能有相对的转动和移动，其夹角在变形过程中保持不变，这种连接称为刚结点。刚架任意横截面上的内力，一般有剪力、弯矩和轴力。剪力和轴力的正负号规定和梁一致，可画在刚架的任意一侧，标上正负号。弯矩图画在杆件变形后凹入的一侧，亦即画在受压一侧，而不再考虑其正负号。下面用例题说明刚架弯矩图的绘制方法，轴力图和剪力图需要时可按类似方法绘制。

例 10.9　试画图 10.20(a)所示刚架的弯矩图。

解　(1)求支座约束力。此为平面刚架，计算内力时，一般来说应先求出刚架的支座约束力。设各支座约束力的方向如图 10.20(a)所示。

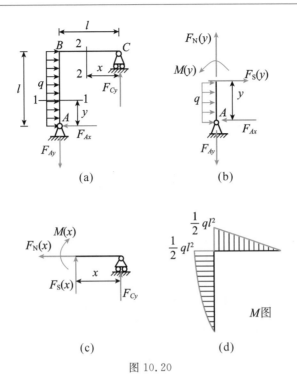

图 10.20

由平衡方程 $\sum M_C = 0$,$\sum M_A = 0$ 和 $\sum F_x = 0$ 求得

$$F_{Ay} = \frac{1}{2}ql, \quad F_{Ax} = ql, \quad F_{Cy} = \frac{1}{2}ql$$

(2)列弯矩方程。以刚结点 B 为界将刚架分成 AB、BC 两段,各段沿轴线建立坐标,这样作刚架的内力图变成作两段梁的内力图问题,方法和步骤与梁一样。在竖杆 AB 段,选截面 1—1 的下部为研究对象如图 10.20(b)所示,计算弯矩,得

$$M(y) = F_{Ax}y - qy \cdot \frac{y}{2} = qly - \frac{1}{2}qy^2 \quad （左侧受压）\quad (0 \leqslant y \leqslant l)$$

在横杆 BC 段,选截面 2—2 的右部为研究对象,如图 10.20(c)所示,计算弯矩,得

$$M(x) = F_{Cy}x = \frac{1}{2}qlx \quad （上侧受压）\quad (0 \leqslant x \leqslant l)$$

(3)绘制弯矩图。BC 杆无载荷,M 图为斜直线;AB 杆有均布载荷作用,M 图为二次抛物线,算出截面 A、B、C 的弯矩值,画在受压侧,分别用直线和曲线连接,即可得到刚架弯矩图,如图 10.20(d)所示。

本章小结

(1)利用力系平衡方程即可确定全部支座约束力的梁,称为静定梁。常见的静定梁有简支梁、外伸梁和悬臂梁。

(2)梁发生弯曲变形时,横截面上有两种内力:剪力和弯矩。规定剪力以使梁段顺时针转动者为正,弯矩以使梁段下部受拉者为正。

求指定横截面上的弯曲内力,可用截面法或简便法。

截面法是求弯曲内力的基本方法,通常包括求约束力和"截、取、代、平"等步骤。

在熟练掌握截面法的基础上,可以使用简便法,直接利用外力确定横截面上的内力,即梁内任一横截面上的剪力等于该截面一侧所有外力在梁轴线的垂线上投影的代数和;梁内任一横截面上的弯矩等于该截面一侧所有外力对截面形心之矩的代数和。

剪力和弯矩的正负号规则及简便法计算方法,可按口诀"左上右下剪力正,左顺右逆弯矩正"记忆,但要注意口诀在两种情形下形式上相同、本质上不同。

(3)表示剪力和弯矩沿梁长变化规律的图形分别称为剪力图和弯矩图。机电类专业规定,绘制剪力图和弯矩图时,将正值剪力或弯矩画在 x 轴的上侧。

本章介绍了作弯曲内力图的三种方法:

(1)列方程作弯曲内力图。按照剪力方程和弯矩方程作剪力图和弯矩图,这是最基本的方法。

(2)利用微分关系作弯曲内力图。按照横向载荷集度、剪力和弯矩三者之间的微分关系,以及载荷图与内力图的特征作剪力图和弯矩图,这是一种较简捷的方法。

(3)区段叠加法作弯矩图。它适用于静定梁受几种简单载荷共同作用的情况。

(4)作弯曲内力图的一般步骤:

①求约束力。通过平衡方程求支座约束力,并校核计算结果。对于悬臂梁有时可不必计算支座约束力。

②分段并选择控制面,一般取梁的端点、支座及载荷分布突变点作为分段点。

③建立 F_S-x 和 M-x 直角坐标系。

④选择适当方法,作内力图。

⑤一般情况下需要确定剪力和弯矩的最大值及其所在截面。

(5)刚架是由直杆组成的具有刚结点的结构。刚架剪力和轴力的正负号规定和梁一致,可画在刚架的任意一侧,标上正负号;弯矩图画在杆件受压一侧,不标正负号。

思 考 题

1.计算梁截面上的内力时,用截面法将梁分成两部分,下列说法是否正确?

(1)在截面的任一侧,向上的集中力产生正剪力,向下的集中力产生负剪力。

(2)在截面的任一侧,顺时针转向的集中力偶产生正弯矩,逆时针的集中力偶产生负弯矩。

2.对图 10.21 所示简支梁的 m—m 截面,如用截面左侧的外力计算该截面的剪力和弯矩,则 F_S 和 M 便与 q 有关;如用截面右侧的外力计算该截面的剪力和弯矩,则 F_S 和 M 便与 q 无关。这样的论断正确吗?何故?

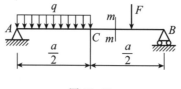

图 10.21

3.内力与载荷、支座有关,它们与材料、截面形状有关吗?

4.梁的某一横截面处,作用有横向集中力,但无集中力偶,则该截面处( )。

    A.剪力图有突变,弯矩图光滑连续   B.剪力图有突变,弯矩图有折角

    C.弯矩图有突变,剪力图无变化   D.弯矩图有突变,剪力图有折角

5.某一横截面处,作用有集中力偶,但无横向集中力,则该截面处( )。

    A.剪力图有突变,弯矩图无变化   B.剪力图有突变,弯矩图有折角

    C.弯矩图有突变,剪力图无变化   D.弯矩图有突变,剪力图有折角

6.在集中载荷作用下的悬臂梁,其最人弯矩必发生在固定端截面上吗?

7.梁内最大剪力作用面上亦必有最大弯矩吗?

8.梁在某一段内作用向下的分布载荷时,则在该段内弯矩图是一条( )。

    A.上凸曲线   B.下凸曲线

    C.带有拐点的曲线   D.不能确定

9.梁内最大弯矩必定发生在剪力为零的横截面上吗?

10.如果梁段上弯矩 M 为 x 的一次函数,则剪力方程为( )。

    A.0   B.常数

    C.二次函数   D.一次函数。

习 题

一、判断题

1.用叠加法求弯曲内力的必要条件是线弹性材料且小变形。( )

2.梁的某截面上的剪力,在数值上等于该截面右侧梁上外力的代数和,外力向上取负值,向下取正值。( )

3.当悬臂梁只承受集中力时,梁内无弯矩。( )

4.当简支梁只承受集中力偶时,梁内无剪力。( )

5.一梁上的某段内只有均布载荷,且 $q>0$,该梁的剪力图和弯矩图在该段内的图形分别是向上的斜直线和向下凸的曲线。( )

6.在列剪力方程和弯矩方程时,分布载荷的起止点不属于分段点。( )

二、填空题

1.梁上各截面纵向对称轴构成的平面称为_____。梁上外力沿横向作用在该平面内,梁的轴线将弯成一条_____,梁的这种弯曲称为_____。

2.梁的力学模型是通过用梁的_____来代替梁,简化梁的_____和_____所画出的平面图形。静定梁的基本力学模型分为_____梁、_____梁和_____梁三种形式。

3.由截面法求梁的内力可以得出求剪力和弯矩的简便方法如下。

    $F_S(x)=x$ 截面左(或右)段梁上所有的_____的代数和。左段梁向_____或右段梁向_____的外力产生正值剪力,反之产生负值剪力,简述为_____为正。

    $M(x)=x$ 截面左(或右)段梁上所有_____对_____力矩的代数和。左段梁上_____转向或右段梁上_____转向的外力矩产生正值弯矩,反之产生负值弯矩,简述为_____为正。

4.（1）无横向外力作用的梁段上，剪力图是_____，求出任一截面的剪力，可画出剪力图。弯矩图是_____，确定该梁段两端临近截面的弯矩，可画出弯矩图。

　（2）均布载荷作用的梁段上，剪力图是_____，确定该梁段两端临近截面的剪力，可画出剪力图。弯矩图是_____，凹向与均布载荷_____（从"同向"或"不同向"中选填），确定该梁段两端临近截面和剪力为零截面的弯矩值，可描出弯矩图。

　（3）集中力作用处，剪力图突变，突变大小_____该集中力的数值大小，突变方向与该集中力_____（从"同向"或"不同向"中选填）。弯矩图有_____，集中力两侧临近截面弯矩值_____（从"相等"或"不等"中选填）。

　（4）集中力偶作用处，剪力图_____；弯矩图有突变，突变大小_____该集中力偶的数值大小，若集中力偶顺时针，则弯矩图向坐标_____突变。

　（5）最大弯矩可能发生在_____、_____作用的截面上或均布载荷作用时剪力等于_____的截面上。

三、选择题

1.图 10.22(a)、(b)、(c)所示梁的作用力和约束力已给出，用弯矩、剪力和载荷集度的微分关系，从图 10.23(a)至(f)中找出与梁对应的剪力图和弯矩图。

（a）梁的剪力、弯矩图是（　　　）；

（b）梁的剪力、弯矩图是（　　　）；

（c）梁的剪力、弯矩图是（　　　）。

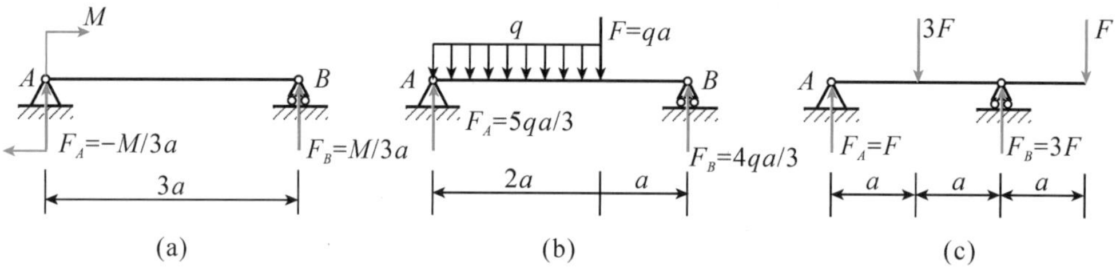

图 10.22

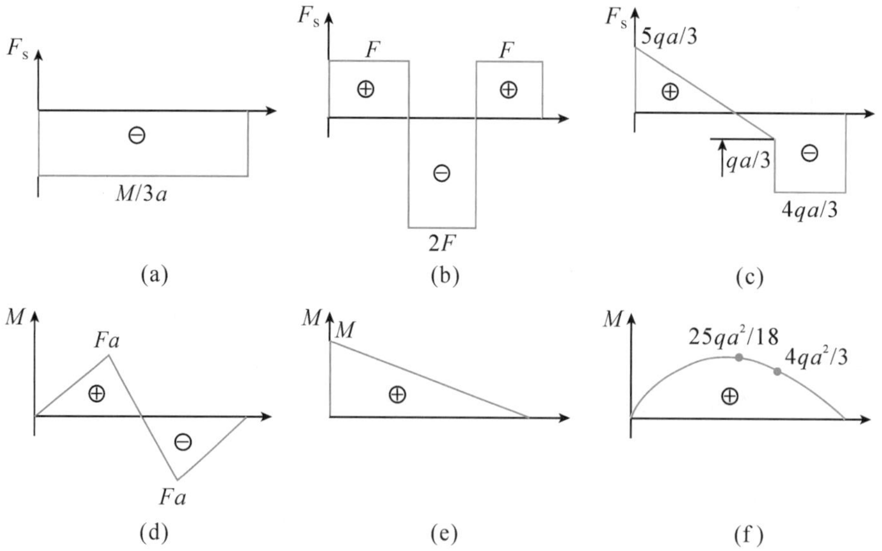

图 10.23

2.以下正确的说法是(　　)。

    A.集中力作用处,剪力和弯矩值都有突变

    B.集中力作用处,剪力有突变,弯矩不光滑

    C.集中力偶作用处,剪力和弯矩值都有突变

    D.集中力偶作用处,剪力图不光滑,弯矩有突变

3.图 10.24 所示梁,剪力等于 0 的截面位置 x 之值为(　　)。

    A.$5a/6$ B.$6a/5$

    C.$6a/7$ D.$7a/6$

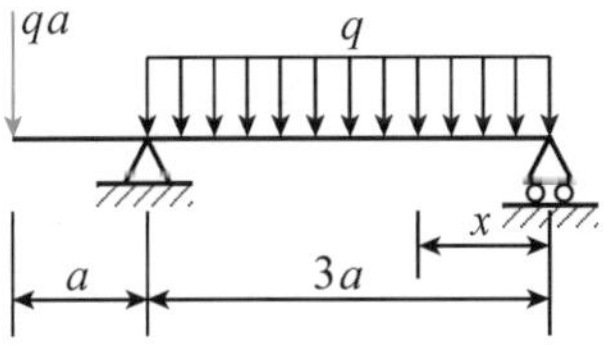

图 10.24

4.在弯曲和扭转变形中,外力矩的矢量方向分别与杆轴线(　　)。

    A.垂直、平行   B.垂直

    C.平行、垂直   D.平行

5.平面弯曲变形的特征是(　　)。

    A.弯曲时横截面仍保持为平面   B.弯曲载荷均作用在同一平面内

    C.弯曲变形后的轴线是一条平面曲线   D.弯曲变形后的轴线与载荷作用面共面

6.如图 10.25 所示梁(C 为中间铰)是(　　)。

    A.静定梁   B.外伸梁   C.悬臂梁   D.简支梁

7.在图 10.26 所示截面上,弯矩 M 和剪力 F_s 的符号是(　　)。

    A.M 为正,F_s 为负   B.M 为负,F_s 为正

    C.M、F_s 均为正   D.M、F_s 均为负

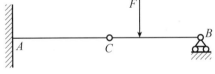

图 10.25

图 10.26

8.同一梁在不同的坐标系中,通常是(　　)。

    A.内力方程不同,内力图相同   B.内力方程相同,内力图不同

    C.内力方程和内力图都不同   D.内力方程和内力图都相同

9.梁在某截面处,若剪力 F_s 为零,则该截面处弯矩一定为(　　)。

    A.极值   B.零值   C.最大值   D.最小值

10.在梁的中间铰处,若既无集中力,又无集中力偶作用,则在该处梁的(　　)。

    A.剪力图连续,弯矩图连续但不光滑

    B.剪力图连续,弯矩图光滑连续

    C.剪力图不连续,弯矩图连续但不光滑

    D.剪力图不连续,弯矩图光滑连续

11.在梁的某一段上,若无载荷作用,则该梁段上的(　　)。

    A.剪力一定为零   B.剪力为常数

    C.弯矩为零   D.弯矩为常数

四、计算题

1. 试求图 10.27 所示各梁中截面 1—1、2—2、3—3 上的剪力和弯矩,这些截面无限趋近于截面 A、B 或截面 C。设 F、q、l 均为已知。

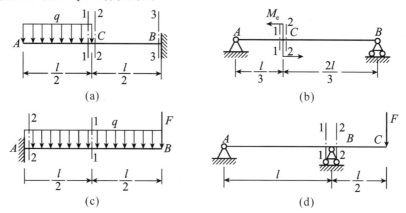

图 10.27

$$\left[\text{答:(a)} F_{S1} = -\frac{ql}{2}, M_1 = -\frac{ql^2}{8}; F_{S2} = -\frac{ql}{2}, M_2 = -\frac{ql^2}{8}; F_{S3} = -\frac{ql}{2}, M_3 = -\frac{3ql^2}{8}. \right.$$

$$(\text{b}) F_{S1} = \frac{M_e}{l}, M_1 = \frac{M_e}{3}; F_{S2} = \frac{M_e}{l}, M_2 = -\frac{2M_e}{3}.$$

$$(\text{c}) F_{S1} = F + \frac{ql}{2}, M_1 = -\frac{Fl}{2} - \frac{ql^2}{8}; F_{S2} = F + ql, M_2 = -Fl - \frac{ql^2}{2}.$$

$$\left. (\text{d}) F_{S1} = -\frac{F}{2}, M_1 = -\frac{Fl}{2}; F_{S2} = F, M_2 = -\frac{Fl}{2}. \right]$$

2. 试列出图 10.28 所示各梁的剪力方程和弯矩方程;作剪力图和弯矩图;并求出 $|F_S|_{\max}$ 及 $|M|_{\max}$。设载荷 F、q、M 和尺寸 a 均为已知。

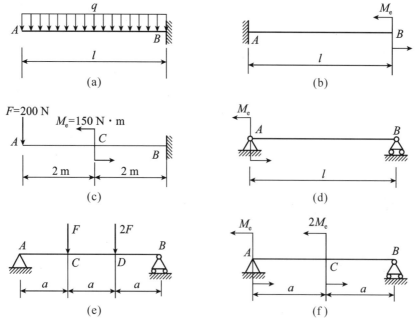

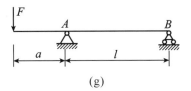

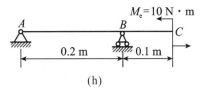

(g)　　　　　　　　　　　　(h)

图 10.28

$$
\begin{bmatrix}
答:(a)\ |F_S|_{max}=ql,\ |M|_{max}=\dfrac{ql^2}{2}; \\
\\
(b)\ |F_S|_{max}=0,\ |M|_{max}=M_e; \\
\\
(c)\ |F_S|_{max}=200\ N,\ |M|_{max}=950\ N \cdot m; \\
\\
(d)\ |F_S|_{max}=\dfrac{M_e}{l},\ |M|_{max}=M_e; \\
\\
(e)\ |F_S|_{max}=\dfrac{5}{3}F,\ |M|_{max}=\dfrac{5}{3}Fa; \\
\\
(f)\ |F_S|_{max}=\dfrac{3M_e}{2a},\ |M|_{max}=\dfrac{3M_e}{2}; \\
\\
(g)\ |F_S|_{max}=F,\ |M|_{max}=Fa; \\
\\
(h)\ |F_S|_{max}=50\ N,\ |M|_{max}=10\ N \cdot m_o
\end{bmatrix}
$$

3.试利用载荷集度、剪力和弯矩的微分关系,作图 10.29 所示各梁的剪力图和弯矩图。并求出 $|F_S|_{max}$ 及 $|M|_{max}$。

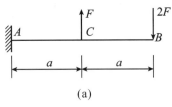

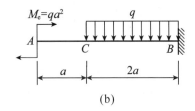

(a)　　　　　　　　　　　　(b)

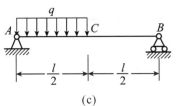

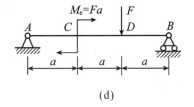

(c)　　　　　　　　　　　　(d)

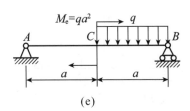

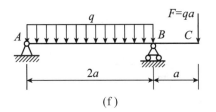

(e)　　　　　　　　　　　　(f)

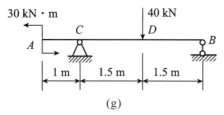

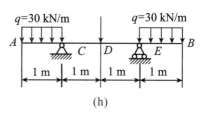

图 10.29

[答：(a) $|F_S|_{max}=2F$，$|M|_{max}=3Fa$；

(b) $|F_S|_{max}=2qa$，$|M|_{max}=qa^2$；

(c) $|F_S|_{max}=\dfrac{3}{8}ql$，$|M|_{max}=\dfrac{9}{128}ql^2$；

(d) $|F_S|_{max}=F$，$|M|_{max}=Fa$；

(e) $|F_S|_{max}=\dfrac{5}{4}qa$，$|M|_{max}=\dfrac{3}{4}qa^2$；

(f) $|F_S|_{max}=\dfrac{3}{2}qa$，$|M|_{max}=qa^2$；

(g) $|F_S|_{max}=30\ \text{N}$，$|M|_{max}=30\ \text{N·m}$；

(h) $|F_S|_{max}=30\ \text{kN}$，$|M|_{max}=15\ \text{kN·m}$]

4. 试用叠加法作图 10.30 所示各梁的弯矩图。

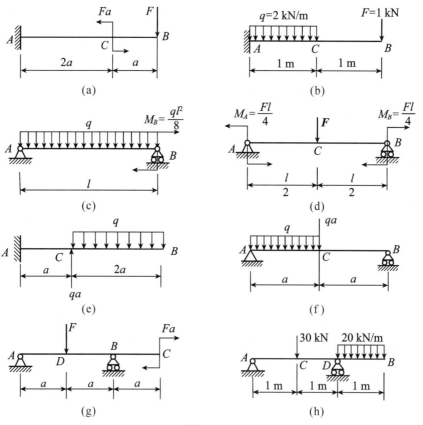

图 10.30

[答：(a) $|M|_{\max}=2Fa$；

　　(b) $|M|_{\max}=3$ kN・m；

　　(c) $|M|_{\max}=\dfrac{ql^2}{8}$；

　　(d) $|M|_{\max}=\dfrac{Fl}{4}$；

　　(e) $|M|_{\max}=3qa^2$；

　　(f) $|M|_{\max}=\dfrac{21}{32}qa^2$；

　　(g) $|M|_{\max}=Fa$；

　　(h) $|M|_{\max}=10$ kN・m]

5. 试利用载荷集度、剪力和弯矩的微分关系，改正图 10.31 所示各梁的剪力图和弯矩图中的错误。

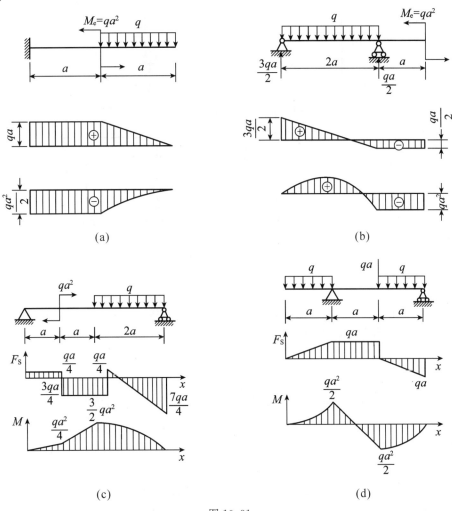

图 10.31

（答：略）

6.已知梁的弯矩图如图 10.32 所示,试作梁的剪力图和载荷图。

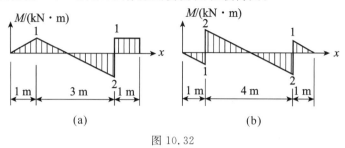

图 10.32

(答:略)

7.作图 10.33 所示各刚架的弯矩图。

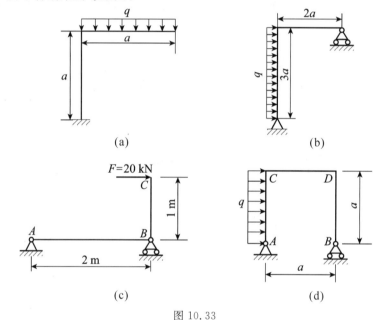

图 10.33

$$\left[\text{答}:(a) |M|_{max}=\frac{qa^2}{2};\right.$$

$$(b) |M|_{max}=\frac{9qa^2}{2};$$

$$(c) |M|_{max}=20 \text{ kN} \cdot \text{m};$$

$$\left.(d) |M|_{max}=\frac{qa^2}{2}\right]$$

拓展阅读

双杠支腿位置与工程等强度设计①

分析如图 1 的体育器械双杠的支腿位置设计,其力学简图如图 2 所示:外伸梁 AE,支腿

---

① 蒋持平.材料力学趣话:从身边的事物到科学研究[M].北京:高等教育出版社.2019.

相当于铰链支座 B、D,运动员对杠的作用为铅垂力 F,可作用在杠的任意位置。支腿应该设计在什么位置,即 l/a 为何值,杠的承载能力才最大?

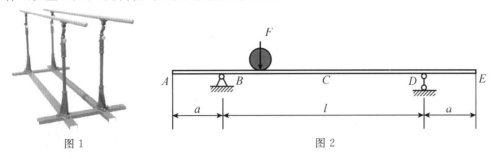

图 1   图 2

运动员的作用力 F 对杠有两个危险位置。(1)F 作用于 A 时,支座 B、D 处最危险,截面弯矩为 Fa。(2)F 作用于杠的中点 C 时,C 处横截面弯矩为 $F/2 \times l/2 = Fl/4$。支座 B、D 靠拢,B、D 处弯矩 Fa 变大,因而变危险。支座 B、D 分开,则 C 处弯矩 $Fl/4$ 变大,变危险。要使杠的承载能力最大,只能是支座处和中截面同时到达满载值

$$Fa = Fl/4$$

即

$$l = 4a$$

有同学很有钻研精神,实际去测量了,认为双杠的尺寸设计并不完全符合上式讲的等强度设计原理。那么,是不是这样呢? 如果我们查阅体育器材设计标准,就会了解到横杠长 $l + 2a = 350$ cm;横杠与支腿由铰链连接,相距 $l = 230$ cm。

如果根据 $l = 4a$ 计算,外伸端长度为

$$a = l/4 = 230/4 \text{ cm} = 57.5 \text{ cm}$$

而设计标准却规定 $a = 60$ cm。仔细分析就会知道:到手掌的力不可能是最外端的一个集中力,而是一个分布力,它的合力作用点会内移一点,上式可看作有效外伸长度,由此可见双杠的力学设计之精细。

第 11 章　弯曲应力

课前导读

由第 10 章可知,在一般情况下,梁在弯曲时横截面上有两种内力,即剪力和弯矩。由于剪力是横截面上切向内力系的合力,所以它必然与切应力有关;而弯矩是横截面上法向内力系的合力偶矩,所以它必然与正应力有关。本章将分别研究梁的正应力与切应力的计算及强度条件。

本章思维导图

11.1　梁弯曲时的正应力

一般情况下,梁受外力而弯曲时,横截面上同时作用有弯矩和剪力。前者由分布于横截面上的法向内力元素 $\sigma\mathrm{d}A$ 所组成[图 11.1(a)];后者则只能由切向内力元素 $\tau\mathrm{d}A$ 组成[图 11.1(b)]。故梁横截面上将同时存在正应力 σ 和切应力 τ。但当梁比较细长时,正应力往往是支配梁强度计算的主要因素。本节我们首先研究对称弯曲时梁横截面上的正应力。

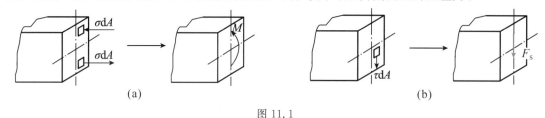

图 11.1

设一简支梁如图 11.2(a)所示,其上作用有对称于梁中点的集中力 F,梁的剪力图和弯矩图分别如图 11.2(b)、图 11.2(c)所示。由图可见,在靠近支座的 AC、DB 两段梁内,横截面上同时存在弯矩 M 和剪力 F_s,这种弯曲称为横力弯曲(Transverse Bending)或剪切弯曲;在中段 CD 内的各横截面上,剪力 F_s 为零而弯矩 M 为常量,这种弯曲称为纯弯曲(Pure Bending)。梁在纯弯曲时,横截面上无切应力作用。为分析正应力与弯矩 M 的关系,可以取纯弯曲的一段梁来研究。

研究梁横截面上正应力的方法,与轴向拉压和圆轴扭转时应力公式的推导一样,也需考虑变形几何关系、物理关系和静力学关系三个方面。

1. 变形几何关系

为寻求梁纯弯曲时的变形规律,可通过试验观察弯曲变形的现象。取一具有对称截面的梁,如矩形截面梁,在其中段的侧面上,画两条垂直于梁轴线的横线 mm 和 nn,再在二横线间靠近下上边缘处画两条纵线 ab 和 cd,如图 11.3(a)所示。然后按图 11.2(a)所示的方式加载,使梁的中段处于纯弯曲状态。此时可以看到,梁变形后二纵线弯曲成弧线 $\overset{\frown}{ab}$ 和 $\overset{\frown}{cd}$;二横线 mm 和 nn 则仍然保持为一直线,且仍与弧线 $\overset{\frown}{ab}$ 和 $\overset{\frown}{cd}$ 正交,只是相对地转了一个角度[见图 11.3

（b）]。根据梁表面的这些现象,可以设想梁内部的变形也与此相同,因而可作这样的假设:梁弯曲变形后,其横截面仍然保持为一平面,并仍与变形后梁的轴线垂直,只是转了一个角度。这个假设称为平面假设（Plane Assumption）。此假设之所以成立,是因为据此假设而导出的结论,为实验及进一步的理论分析所证实。

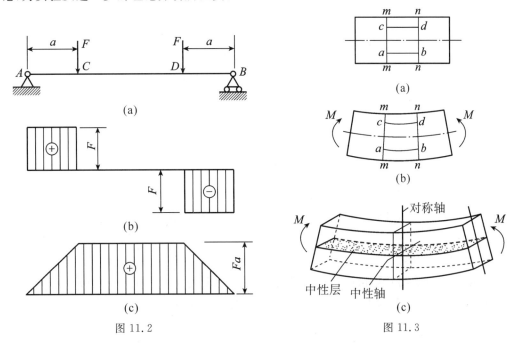

图 11.2   图 11.3

根据平面假设,梁弯曲时两相近的横截面将作相对转动。可以设想,梁由一束纵向纤维组成,这时在两横截面间的纵向纤维将产生伸长或缩短。靠近凸边的纤维 ab 伸长,靠近凹边的纤维 cd 缩短,如图 11.3（b）所示。由于变形的连续性,各层纤维的变形是由伸长逐渐过渡到缩短的,其间必然存在一层既不伸长也不缩短的纤维,这一层纤维称为中性层;中性层与横截面的交线称为中性轴,如图 11.3（c）所示。对于具有对称截面的梁,在对称弯曲的情况下,由于载荷及梁的变形都对称于纵向对称面,因而中性轴必与截面的对称轴垂直。

下面再根据平面假设,通过几何关系,找出纵向线应变沿梁高度方向变化的规律。

取长为 dx 的微段梁进行分析,其变形后的情况如图 11.4 所示。取横截面的对称轴为 y 轴,并取轴与截面的中性轴重合,至于中性轴的确切位置,暂未确定。现研究距中性层 y 处纵向纤维 ab 的变形。

由平面假设,设梁变形后该微段梁两端相对地旋转了一个角度 $d\theta$,中性层 $\overset{\frown}{O_1O_2}$ 的曲率半径为 ρ,因中性层在梁弯曲后的长度不变,所以

$$\overset{\frown}{O_1O_2} = \rho d\theta = dx$$

又坐标为 y 的纵向纤维 ab 变形前的长度为

$$\overline{ab} = dx = \rho d\theta$$

变形后为

$$\overset{\frown}{ab} = (\rho + y)d\theta$$

故其纵向线应变为

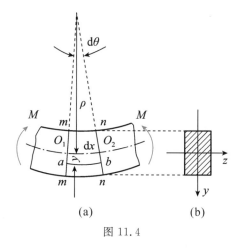

图 11.4

$$\varepsilon = \frac{ab - \overline{ab}}{\overline{ab}} = \frac{(\rho + y)\mathrm{d}\theta - \rho\mathrm{d}\theta}{\rho\mathrm{d}\theta} = \frac{y}{\rho} \tag{11.1}$$

在所取定的横截面处,式中的 ρ 为常量,故此式表明纵向纤维的线应变 ε 与纤维的坐标 y 成正比。

2. 应力、应变关系

设各纵向纤维之间互不挤压,每根纤维都只受到单向的拉力或压力,则在应力不超过材料的比例极限时,各纤维上的正应力与线应变的关系应服从胡克定律

$$\sigma = E\varepsilon$$

将式(11.1)代入,可得

$$\sigma = E\frac{y}{\rho} \tag{11.2}$$

这就是梁横截面上正应力分布规律的表达式。式(11.2)表明,在取定的横截面处,作用于任意纵向纤维上的正应力 σ 与该纤维的坐标 y 成正比,即横截面上的正应力沿截面高度按直线规律变化,如图 11.5 所示。

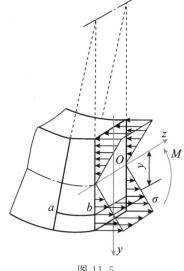

图 11.5

3. 静力学关系

上面所得到的式(11.2)只说明了正应力的分布规律,还不能用于正应力的计算,因为中性轴的位置尚未确定,曲率 $\dfrac{1}{\rho}$ 也还未知。这须考虑横截面上正应力应满足的静力学关系才能解决。

自纯弯曲的梁中截取一个横截面来分析,如图 11.6 所示,作用于微面积 $\mathrm{d}A$ 上的法向内力元素为 $\sigma\mathrm{d}A$。截面上各处的法向内力元素构成了一个空间平行力系,它向截面形心简化可能为三个内力:平行于 x 轴的轴力 F_N,对 y 轴和 z 轴的力偶矩 M_y 和 M_z。然而此时梁横截面上的内力仅有一个位于 xy 平面内的弯矩 M,即仅有力偶矩 M_z,而轴力 F_N 和力偶矩 M_y 皆为零。因此,横截面上的应力应满足下列三个静力学关系:

$$F_\mathrm{N} = \int_A \sigma \mathrm{d}A = 0 \tag{11.3}$$

$$M_y = \int_A z\sigma \mathrm{d}A = 0 \tag{11.4}$$

$$M_z = \int_A y\sigma \mathrm{d}A = M \tag{11.5}$$

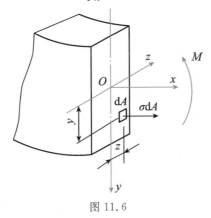

图 11.6

下面讨论由此三式而得到的结论。

(1)将式(11.2)代入式(11.3),得

$$\int E\,\frac{y}{\rho}\mathrm{d}A = \frac{E}{\rho}\int_A y\mathrm{d}A = 0 \tag{11.6}$$

式中,$\displaystyle\int_A y\mathrm{d}A = y_c \cdot A = S_z$,为截面图形对 z 轴的静矩(Static Moment)。为满足上式,必须 $S_z = y_c \cdot A = 0$,显然,式中的横截面面积 $A\neq0$,故截面形心的坐标 $y_c = 0$,这说明中性轴必然通过横截面的形心,这样就确定了中性轴的位置。

(2)将式(11.2)代入式(11.4),得

$$\int_A z\left(E\,\frac{y}{\rho}\right)\mathrm{d}A = \frac{E}{\rho}\int_A yz\mathrm{d}A = 0 \tag{11.7}$$

这是保证梁为对称弯曲的条件。式中的积分 $\displaystyle\int_A yz\mathrm{d}A$ 称为横截面对 y、z 轴的惯性积(Product of Inertia),通常以字符 I_{yz} 表示。由于图形对称于 y 轴,必然有 $I_{yz}=0$,因此上式自

然满足。

（3）将式（11.2）代入式（11.5），得

$$\int_A y\left(E\,\frac{y}{\rho}\right)\mathrm{d}A = \frac{E}{\rho}\int_A y^2\mathrm{d}A = \frac{E}{\rho}I_z = M \tag{11.8}$$

式中，$I_z = \int_A y^2\mathrm{d}A$ 称为横截面对 z 轴的惯性矩（Moment of Inertia）。由此得到梁弯曲时中性层的曲率为

$$\frac{1}{\rho} = \frac{M}{EI_z} \tag{11.9}$$

式（11.9）为弯曲变形的基本公式。它表明，在指定的横截面处，中性层的曲率 $\frac{1}{\rho}$ 与该截面上的弯矩 M 成正比，与 EI_z 成反比。在同样的弯矩作用下，EI_z 愈大，则曲率愈小，即梁愈不易变形，故 EI_z 称为梁的抗弯刚度。

再将式（11.9）代入式（11.2），最后得到

$$\sigma = \frac{My}{I_z} \tag{11.10}$$

式中，σ 为横截面上任一点处的正应力；M 为横截面上的弯矩；y 为横截面上任一点的纵坐标；I_z 为横截面对中性轴 z 的惯性矩。

式（11.10）即为纯弯曲时梁横截面上任一点处正应力的计算公式。此式表明，横截面上的正应力 σ 与该截面上的弯矩 M 成正比，与横截面的惯性矩 I_z 成反比，正应力沿截面高度方向呈线性分布。在中性轴上，各点处的正应力为零；在中性轴的上下两侧，一侧受拉，另一侧受压；离中性轴愈远处的正应力愈大，如图 11.5 所示。

应用式（11.10）时，M 和 y 应以代数值代入，并以所得结果的正负来辨别应力的拉压。但在实际计算中，可以只用 M 和 y 的绝对值来计算正应力的数值，再根据梁的变形情况直接判断 σ 是拉应力还是压应力。即以中性轴为界，梁变形后靠凸边的一侧受拉应力，靠凹边的一侧受压应力。也可根据弯矩的正负来判断，当弯矩为正时，中性轴以下部分受拉，以上部分受压；弯矩为负时，则反之。

最后，根据弯曲正应力公式的推导过程，讨论一下式（11.10）的使用条件和范围。

（1）式（11.10）是以矩形截面梁为例来推导的，但对于具有纵向对称面的其他截面形式的梁，包括不对称于中性轴的截面（例如 T 字形截面）的梁，仍然可以使用。因为这并不影响公式推导的条件。

（2）式（11.10）是在纯弯曲条件下推导出来的。在非纯弯曲的情况下，由于横截面上还有切应力作用，此时截面将发生翘曲，不再为一平面。但由较精确的分析证明，对于跨长与截面高之比 $\frac{l}{h} > 5$ 的梁，按式（11.10）计算结果的误差很小。例如受均布载荷的矩形截面简支梁，当 $\frac{l}{h} = 5$ 时，误差仅为 1%。在工程实际中常用的梁，其 $\frac{l}{h}$ 远大于 5，因此，式（11.10）可以足够精确地推广应用于剪切弯曲的情况。

（3）式（11.10）是在对称弯曲情况下推导出来的，它不适用于非对称弯曲的情况。例如图 11.7 所示的梁，外力不在梁的纵向对称面内，这时梁弯曲后的轴线，已不再位于外力所在的平面内，这种情况的弯曲称为斜弯曲。这时式（11.10）就不能再直接使用了。

（4）在推导式(11.10)的过程中，使用了胡克定律，因此，当梁的材料不服从胡克定律或正应力超过了材料的比例极限时，此式则不再适用。

（5）式(11.10)只适用于直梁，而不适用于曲梁，但可近似地用于曲率半径较梁高大得多的曲梁。对变截面梁也可近似地应用。

例 11.1　图 11.8(a)所示为一受均布载荷的悬臂梁，已知梁的跨长 $l=1\ \text{m}$，均布载荷集度 $q=6\ \text{kN/m}$；梁由 10 槽钢制成，截面有关尺寸如图所示，根据型钢表查得，横截面的惯性矩 $I_z=25.6\times10^4\ \text{mm}^4$。试求此梁的最大拉应力和最大压应力。

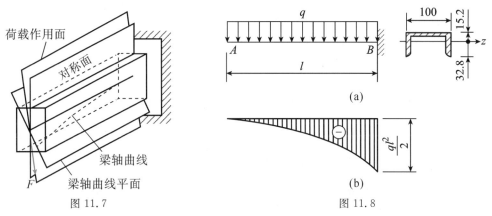

图 11.7　　　　　　　　　　　　　　图 11.8

解　（1）作弯矩图，求最大弯矩。梁的弯矩图如图 11.8(b)所示，由图知梁在固定端横截面上的弯矩最大，其值为

$$|M|_{\max}=\frac{ql^2}{2}=\frac{1}{2}(6\times10^3\ \text{N/m})\times(1\ \text{m})^2=3000\ \text{N}\cdot\text{m}$$

（2）求最大应力。因危险截面上的弯矩为负，故截面上缘受最大拉应力，由式(11.10)得

$$\sigma_{\text{t,max}}=\frac{M_{\max}}{I_x}\cdot y_1=\left(\frac{3000\ \text{N}\cdot\text{m}}{25.6\times10^{-8}\ \text{m}^4}\right)\times(0.0152\ \text{m})=178\times10^6\ \text{Pa}=178\ \text{MPa}$$

在截面的下端受最大压应力，其值为

$$\sigma_{\text{c,max}}=\frac{M_{\max}}{I_z}\cdot y_2=\left(\frac{3000\ \text{N}\cdot\text{m}}{25\cdot6\times10^{-8}\ \text{m}^4}\right)\times(0.0328\ \text{m})=385\times10^6\ \text{Pa}=385\ \text{MPa}$$

知识拓展

中性层在梁弯曲变形研究中占据核心地位，其概念虽简洁，却经历了力学家长达 200 年的探索与批判。这一历程深刻表明，科学进步往往建立在对前人成果的批判与继承之上。我们在学习时，也应积极寻找现有知识体系或实践的不足，并勇于提出改进和创新。这种批判性思维的培养，不仅有助于我们更深入地理解知识，还能推动我们在实践中不断求新求变，实现个人与社会的共同进步。

11.2　梁弯曲时的强度计算

由梁的弯曲正应力公式知道，对某一横截面来说，最大正应力在距中性轴最远的地方；而梁各横截面上的弯矩是随截面的位置改变的，对于等截面梁而言，弯矩绝对值最大的截面为危险截面。因此,就全梁而言,最大应力位于最大弯矩所在截面上距中性轴最远的地方。关于 z 轴对称的截面,最大拉应力与最大压应力绝对值相等,最大正应力计算式为

$$\sigma_{max} = \frac{M_{max} y_{max}}{I_z} \tag{11.11}$$

式中,I_z 和 y_{max} 都是与截面的形状、尺寸有关的几何量,可以用 W_z 来表示,即令

$$\frac{I_z}{y_{max}} = W_z \tag{11.12}$$

W_z 称为抗弯截面系数,它是衡量横截面抗弯强度的一个几何量,其值与横截面的形状及尺寸有关,单位为 m^3 或 mm^3。

对于高度为 h、宽度为 b 的矩形截面梁[见图 11.9(a)],其抗弯截面模量为

$$W_z = \frac{I_z}{y_{max}} = \frac{bh^3/12}{h/2} = \frac{bh^2}{6} \tag{11.13}$$

同理,对直径为 d 的圆形截面[见图 11.9(b)],其抗弯截面模量为

$$W_z = \frac{I_z}{y_{max}} = \frac{\pi d^4/64}{d/2} = \frac{\pi d^3}{32} \approx 0.1 d^3 \tag{11.14}$$

对于空心圆截面[见图 11.9(c)],其抗弯截面模量为

$$W_z = \frac{\pi D^3}{32}(1 - \alpha^4) \approx 0.1 D^3 (1 - \alpha^4) \tag{11.15}$$

式中,$\alpha = d/D$,代表内外径的比值。对于工程中常用的各种型钢,其抗弯截面模量可从附录Ⅱ的型钢表中查得。

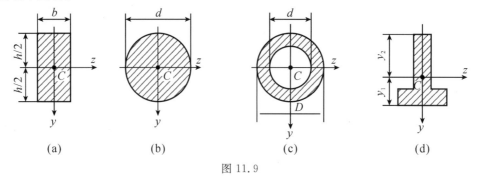

图 11.9

综上所述,最大正应力的计算式可表为

$$\sigma_{max} = \frac{M_{max}}{W_z} \tag{11.16}$$

对于剪切弯曲的梁,横截面上还有切应力作用,但在上下边缘处各点的切应力为零(见 11.5 节),处于只受简单拉伸或压缩的状态。这样,如果限制梁的最大工作应力 σ_{max},使其不超过材料的许用弯曲正应力,就可以保证梁的安全。因此,梁弯曲时的正应力强度条件为

$$\sigma_{max} = \frac{M_{max}}{W_z} \leqslant [\sigma] \tag{11.17}$$

式中:M_{max} 为梁的最大弯矩;W_z 为横截面的抗弯截面系数;$[\sigma]$ 为材料的许用弯曲正应力。

关于许用弯曲正应力$[\sigma]$的选取,对薄壁型钢一般可用轴向拉伸时的许用应力值;对于实心钢梁,可以略高一些,这是因为上下边缘处的最大正应力即使已到达屈服极限,还不致引起

梁的破坏,在靠近中性轴的地方尚有许多材料仍处于弹性阶段,还能承担一定的载荷。许用弯曲正应力的具体数值,可由有关规范中查得,或根据规范中规定的安全因数和材料的屈服极限 σ_s 或强度极限 σ_b 来确定。

例 11.2　一矩形截面木梁如图 11.10(a)所示,已知 $F=10$ kN,$a=1.2$ m;木材的许用应力 $[\sigma]=10$ MPa。设梁横截面的高宽比为 $h/b=2$,试选的截面尺寸。

解　(1)作弯矩图,求最大弯矩。用叠加法作出梁的弯矩图,如图 11.10(b)所示,由图知最大弯矩为

$$|M|_{max} = Fa = (10 \times 10^3 \text{ N}) \times (1.2 \text{ m}) = 1.2 \times 10^4 \text{ N} \cdot \text{m} = 12 \text{ kN} \cdot \text{m}$$

(2)选择截面尺寸。由强度条件

$$\frac{M_{max}}{W_z} \leqslant [\sigma]$$

得

$$W_z \geqslant \frac{M_{max}}{[\sigma]} = \frac{12 \times 10^3 \text{ N} \cdot \text{m}}{10 \times 10^6 \text{ N/m}^2} = 1200 \times 10^{-6} \text{ m}^3$$

由式(11.13),截面的抗弯截面系数

$$W_z = \frac{bh^2}{6} = \frac{b(2b)^2}{6} = \frac{2b^3}{3}$$

故

$$\frac{2b^3}{3} \geqslant 1200 \times 10^{-6} \text{ m}^3$$

由此得

$$b \geqslant \sqrt[3]{\frac{3}{2}(1.200 \times 10^{-6} \text{ m}^3)} = 0.1216 \text{ m}$$

$$h = 2b = 243 \text{ mm}$$

最后选用 125 mm×250 mm 的截面。

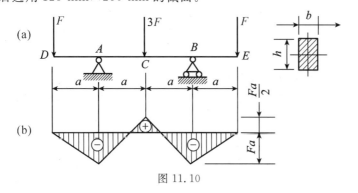

图 11.10

弯曲正应力的强度

对于许用拉应力与许用压应力相同的材料,如采用中性轴为对称轴的截面,则产生最大拉应力与最大压应力的点为最大弯矩的截面两边缘上的点。

例 11.3　加热炉的水管横梁两端支于炉壁上,通过纵向水管作用于其上的钢坯压力 $F=5$ kN,如图 11.11(a)所示。已知 $l=1.8$ m,$a=0.6$ m;水管的许用应力 $[\sigma]=80$ MPa。设钢管的内径与外径之比 $\alpha=\dfrac{d}{D}=\dfrac{5}{6}$,试选择水管的截面尺寸。

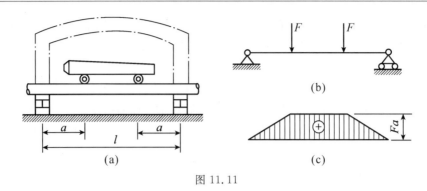

图 11.11

解 炉壁对水管横梁的约束可视为两端铰支,将横梁简化为一简支梁,其计算简图如图 11.11(b)所示。

(1)作弯矩图,求最大弯矩。水管横梁的弯矩图如图 11.11(c)所示,最大弯矩为

$$M_{max} = Fa = (5 \times 10^3 \text{ N}) \times (0.6 \text{ m}) = 3 \times 10^3 \text{ N} \cdot \text{m} = 3 \text{ kN} \cdot \text{m}$$

(2)选择截面尺寸。由强度条件式(11.17)知

$$W_z \geqslant \frac{M_{max}}{[\sigma]} = \frac{3 \times 10^3 \text{ N} \cdot \text{m}}{80 \times 10^6 \text{ N/m}^2} = 37.5 \times 10^{-6} \text{ m}^3$$

由式(11.15)得

$$W_z \approx 0.1 D^3 (1 - \alpha^4) \geqslant 37.5 \times 10^{-6} \text{ m}^3$$

则

$$D \geqslant \sqrt[3]{\frac{37.5 \times 10^{-6} \text{ m}^3}{0.1(1 - \alpha^4)}} = \sqrt[3]{\frac{37.5 \times 10^{-6} \text{ m}^3}{0.1\left[1 - \left(\frac{5}{6}\right)^4\right]}} = 0.09 \text{ m}$$

查钢管规范,选用外径 $D = 89$ mm,壁厚 $\delta = 7$ mm 的钢管,其内外径之比 $\frac{d}{D} = \frac{89 - 14}{89} \approx \frac{5}{6}$,外径尺寸稍小于计算结果,但其工作应力不会超过许用应力的 5%,这种情况在工程实际中是允许的。

例 11.4 一台重量原为 50 kN 的单梁吊车,其跨度 $l = 10.5$ m,由 45a 工字钢制成。为发挥其潜力,现拟将起重量提高到 $F = 70$ kN,试校核梁的强度。若强度不够,再计算其可能承载的起重量。梁的材料为 Q235A 钢,许用应力 $[\sigma] = 140$ MPa;电葫芦自重 $W = 15$ kN,梁的自重暂不考虑,如图 11.12(a)所示。

解 (1)作弯矩图,求最大弯矩。可将吊车简化为一简支梁,如图 11.12(b)所示,显然,当电葫芦行至梁中点时所引起的弯矩最大,这时的弯矩图如图 11.12(c)所示。在中点处横截面上的弯矩为

$$M_{max} = \frac{(F + W)l}{4} = \frac{1}{4}(7 \times 10^4 \text{ N} + 1.5 \times 10^4 \text{ N}) \times (10.5 \text{ m})$$

$$= 2.23 \times 10^5 \text{ N} \cdot \text{m} = 223 \text{ kN} \cdot \text{m}$$

(2)校核强度。由型钢表查得 45a 工字钢的抗弯截面系数为

$$W_z = 1.43 \times 10^{-3} \text{ m}^3$$

故梁的最大工作应力为

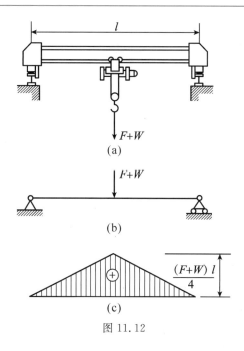

图 11.12

$$\sigma_{\max} = \frac{M_{\max}}{W_z} = \frac{2.23 \times 10^5 \text{ N} \cdot \text{m}}{1.43 \times 10^{-3} \text{ m}^3} = 1.56 \times 10^8 \text{ Pa} = 156 \text{ MPa} > 140 \text{ MPa}$$

故不安全,不能将起重量提高到 70 kN。

（3）计算承载能力。梁允许的最大弯矩为

$$M_{\max} = [\sigma]W_z = (1.40 \times 10^8 \text{ N/m}^2)(1.43 \times 10^{-3} \text{ m}^3) = 2 \times 10^5 \text{ N} \cdot \text{m} = 200 \text{ kN} \cdot \text{m}$$

则由 $M_{\max} = \dfrac{(F+W)l}{4}$ 得

$$F = \frac{4M_{\max}}{l} - W = \frac{4(2 \times 10^5 \text{ N} \cdot \text{m})}{10.5 \text{ m}} - 1.5 \times 10^4 \text{ N}$$

$$= 6.13 \times 10^4 \text{ N} = 61.3 \text{ kN}$$

故按梁的强度,原吊车梁只允许吊运量为 61.3 kN。

例 11.5　在上例中,为使吊车的起重量提高到 70 kN,可在工字梁的上、下翼缘上加焊两块盖板,如图 11.13 所示。现设盖板的截面尺寸为 100 mm×10 mm,试校核加焊盖板后梁的强度。有关数据仍如上例。

解　吊车梁加焊盖板后,截面的惯性矩改变,为进行强度校核,首先计算截面的惯性矩。

（1）计算截面的惯性矩。加焊两块盖板后,中性轴 z 的位置保持不变。设工字钢对 z 轴的惯性矩为 I'_z,每个盖板对 z 轴的惯性矩为 I''_z,则整个截面对 z 轴的惯性矩为

$$I_z = I'_z + 2I''_z$$

自型钢规格表查得

$$I'_z = 3.224 \times 10^{-4} \text{ m}^4$$

根据图 11.13 所示尺寸,由平行移轴公式,得

$$I''_z = I_{z1} + a^2 A = \frac{1}{12}(0.1 \text{ m}) \times (0.01\text{m})^3 + (0.23 \text{ m})^2 \times (0.1 \text{ m}) \times (0.01 \text{ m})$$

$$= 2.59 \times 10^{-5} \text{ m}^4$$

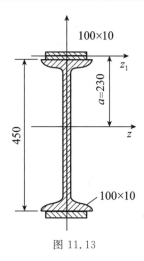

图 11.13

故
$$I_z = (3.224 + 2 \times 0.259) \times 10^{-4} \text{ m}^4 = 4.282 \times 10^{-4} \text{ m}^4$$

（2）校核强度。由前例已知梁的最大弯矩为
$$M_{\max} = 2.23 \times 10^5 \text{ N} \cdot \text{m}$$

截面上下缘距中性轴的距离为
$$y_{\max} = \frac{1}{2}(0.45 \text{ m}) + 0.01 \text{ m} = 0.235 \text{ m}$$

则由式(11.11)，得
$$\sigma_{\max} = \frac{M_{\max} y_{\max}}{I_z} = \frac{(2.23 \times 10^5 \text{ N} \cdot \text{m}) \times (0.235 \text{ m})}{4.282 \times 10^{-4} \text{ m}^4}$$
$$= 1.22 \times 10^8 \text{ Pa} = 122 \text{ MPa} < 140 \text{ MPa} = [\sigma]$$

计算表明，经加固后起重量可提高到 70 kN。

例 11.6　一 T 形截面铸铁梁如图 11.14（a）所示。已知 $F_1 = 8$ kN，$F_2 = 20$ kN，$a = 0.6$ m；横截面的惯性矩 $I_z = 5.33 \times 10^{-6}$ m^4；材料的抗拉强度 $\sigma_{bt} = 240$ MPa，抗压强度 $\sigma_{bc} = 600$ MPa。取安全因数 $n = 4$，试校核梁的强度。

解　（1）作弯矩图。由静力平衡条件求得梁的支座约束力为
$$F_A = 22 \text{ kN}, F_B = 6 \text{ kN}$$

作出梁的弯矩图如图 11.14(c)所示。由图知截面 A 或 C 可能为危险截面，且
$$M_A = -4.8 \text{ kN} \cdot \text{m}, M_C = 3.6 \text{ kN} \cdot \text{m}$$

（2）确定许用应力。材料的许用拉应力和许用压应力分别为
$$[\sigma_t] = \frac{\sigma_{bt}}{n} = \frac{240 \text{ MPa}}{4} = 60 \text{ MPa}$$

$$[\sigma_c] = \frac{\sigma_{bc}}{n} = \frac{600 \text{ MPa}}{4} = 150 \text{ MPa}$$

（3）校核强度。由弯矩图可以判明，截面 A 的下边缘及截面 C 的上边缘处受压，截面 A 的上边缘及截面 C 的下边缘受拉。分别比较二截面的最大压应力及最大拉应力，因 $|M_A| > |M_C|$，$|y_1| > |y_2|$ 故截面 A 下边缘处的压应力最大。计算截面 A 上边缘的拉应力时，虽

$|M_A|>|M_C|$,但 $|y_1|>|y_2|$;计算截面 C 下边缘的拉应力时,虽 $|M_A|<|M_C|$,但 $|y_1|>$ $|y_2|$,故需经过计算后,才能判明此二处的拉应力哪处最大。

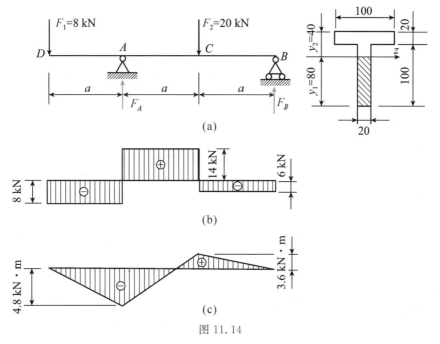

图 11.14

由上述的分析知,需校核以下各处的正应力:

截面 A 下边缘处

$$\sigma_c = \frac{M_A y_1}{I_z} = \frac{(4.8 \times 10^3 \text{ N} \cdot \text{m}) \times (80 \times 10^{-3} \text{ m})}{5.33 \times 10^{-6} \text{ m}^4} = 72 \times 10^6 \text{ Pa}$$
$$= 72 \text{ MPa} < [\sigma_c] = 150 \text{ MPa}$$

截面 A 上边缘处

$$\sigma_t = \frac{M_A y_2}{I_z} = \frac{(4.8 \times 10^3 \text{ N} \cdot \text{m}) \times (40 \times 10^{-3} \text{ m})}{5.33 \times 10^{-6} \text{ m}^4} = 36 \times 10^6 \text{ Pa}$$
$$= 36 \text{ MPa} < [\sigma_t] = 60 \text{ MPa}$$

截面 C 下边缘处

$$\sigma_t = \frac{M_c y_1}{I_z} = \frac{(3.6 \times 10^3 \text{ N} \cdot \text{m}) \times (80 \times 10^{-3} \text{ m})}{5.33 \times 10^{-6} \text{ m}^4} = 54 \times 10^6 \text{ Pa}$$
$$= 54 \text{ MPa} < [\sigma_t] = 60 \text{ MPa}$$

结果说明,各处皆满足强度条件。

对于脆性材料,许用压应力一般大于许用拉应力,在采用中性轴为非对称轴的截面时,应该分别考虑最大正弯矩和最大负弯矩所在截面边缘上的点,分别校核其拉应力强度和压应力强度。

11.3 提高梁抗弯强度的措施

在工程实际中,节省材料或减轻梁的自重是十分必要的,即力求以较少的材料消耗,使梁获得更大的抗弯强度。下面就根据正应力强度条件提出几个提高梁抗弯强度的措施。

1. 选用合理的截面

由梁的正应力强度条件知道,梁的抗弯截面系数越大,横截面上的最大正应力就越小,梁的抗弯强度就越大;另外,由材料的使用来说,梁横截面的面积越大,消耗的材料就越多。因此,梁的合理截面应该是,用最小的截面面积 A,使其有更大的抗弯截面系数 W_z。可以用比值 W_z/A 来衡量截面的经济程度。这个比值愈大,所采用的截面就越经济合理。例如,一根钢梁的最大弯矩 $M_{max}=35$ kN·m,许用弯曲正应力 $[\sigma]=140$ MPa,它所要求的抗弯截面系数为

$$W_z = \frac{M_{max}}{[\sigma]} = \frac{35 \times 10^3 \text{ N·m}}{1.4 \times 10^8 \text{ N/m}^2} = 250 \times 10^{-6} \text{ m}^3 = 250000 \text{ mm}^3$$

如果采用圆形、矩形和工字形三种不同的截面,它们所需要的截面尺寸及相应的比值 W_z/A 见表 11.1。

表 11.1 三种不同截面所需的截面尺寸及相应 W_z/A 值

截面形状	要求的 W_z/mm^3	所需尺寸/mm	截面面积/mm^2	比值 W_z/A
	250000	$d=137$	14800	1.69
	250000	$b=72$ $h=144$	10400	2.4
	250000	20b 号工字钢	3950	6.33

由表中数据可见,采用矩形截面比圆形截面合理,而工字形截面又比矩形截面合理。由正应力在梁横截面上的分布情况来看,这一点是易于理解的。因为在距中性轴愈远的地方正应力愈大,外力对梁的作用主要由距中性轴较远的这部分材料来承担,圆形截面梁的大部分材料靠近中性轴,未能充分发挥作用,所以是不合理的,而工字形截面梁则相反,它的很大一部分材料充分地发挥了作用,因此比较合理。可见,为了更好地发挥材料的作用,应尽可能地将材料放在离中性轴较远的地方。一个矩形截面梁,将截面竖放比横放时能承担更大的载荷;在工程实际中许多受弯曲的构件采用工字形、箱形、槽形等截面形状,就是这个道理。

选择梁的合理截面,还应考虑到材料的特性。上述的几种截面形式都是对称于中性轴的,这对于钢材等抗拉与抗压性能相同的材料来说是合理的。因为这样可使截面上的最大拉应力 $\sigma_{t,max}$ 和最大压应力 $\sigma_{c,max}$ 同时达到材料的许用应力$[\sigma]$,使中性轴上、下两侧的材料都同时发挥了作用。但对于抗拉与抗压能力不相同的材料,例如铸铁,则应采用不对称于中性轴的截面并使中性轴偏于受拉的一侧。这样可使横截面上的最大拉应力小于最大压应力。例如,图11.15所示的 T 字形截面就比较合理。如能使中性轴的位置满足条件:

$$\frac{\sigma_{c,max}}{\sigma_{t,max}} = \frac{\dfrac{My_1}{I_z}}{\dfrac{My_2}{I_z}} = \frac{[\sigma_c]}{[\sigma_t]}$$

即

$$\frac{y_1}{y_2} = \frac{[\sigma_c]}{[\sigma_t]}$$

则最大拉应力和最大压应力就能同时达到材料的许用值,这样就能使中性轴上、下两侧的材料各尽其用,有效地增强梁的强度并降低成本。

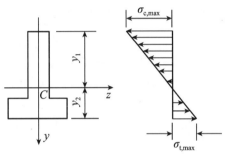

图 11.15

(知识拓展)

在梁的设计中,通过增加远离中性轴位置的材料,可以显著提升其强度,同时实现成本的优化。这种策略不仅增强了梁的结构性能,还体现了高效利用材料的原则。同样,在工作中,科学分析任务、合理安排时间和工作重心,以及专注于关键部分,都是提高工作效率、降低成本的有效途径。这种精准的工作方法能够确保我们在面对复杂任务时,既能保证质量,又能实现资源的最大化利用。

2. 采用变截面梁

除了根据梁横截面上正应力的分布规律来选择合理的截面外,就整个梁而言,根据梁各截面弯矩的不同,也存在沿梁的轴线方向如何充分利用材料的问题。等截面梁的截面尺寸是根据危险截面上的最大弯矩来确定的,除危险截面外,其他截面的弯矩都比较小,在这些地方,材料都未被充分利用。从强度的角度来看,如果在弯矩较大的部位采用较大的截面,在弯矩较小的部位采用较小的截面,就比较合理。这种横截面尺寸沿梁轴线方向变化的梁,称为变截面梁。在工程实际中不少构件都采用了变截面梁的形式。例如,上下加焊盖板的板梁、传动系统中的阶梯轴、摇臂钻床的摇臂等,都是根据各截面上弯矩的不同而采用的变截面梁,如图11.16所示。

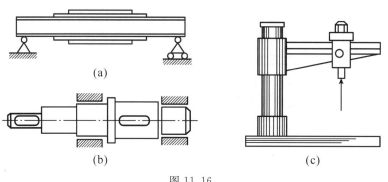

图 11.16

如果将变截面梁设计为使每个横截面上的最大正应力都等于材料的许用应力值,这种梁称为等强度梁(Constant Strength Beam)。显然,这种梁的材料消耗最少,重量最轻,是最合理的。但实际上,由于加工制造等因素,一般只能近似地做到等强度的要求。图 11.17 所示的鱼腹梁,就是一种很接近等强度要求的形式。

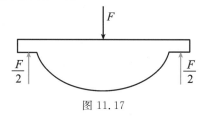

图 11.17

3.适当布置载荷和支座位置

由弯曲内力一章我们知道,梁的弯矩图与载荷的作用位置和梁的支承方式有关。在可能的情况下,如果适当地调整载荷或支座的位置,可以减小梁的最大弯矩,增大梁的抗弯强度。例如图 11.18 所示的传动轴,当齿轮位于轴跨中点时,轴因啮合力 F 而引起的最大弯矩为 $Fl/4$,如图 11.18(a)所示;如果将齿轮尽量安装在靠近轴承的地方,例如在距右轴承 $l/6$ 处,如图 11.18(b)所示,其最大弯矩则为 Fl,仅为前者的 55.5%,所需的轴径也就可以相应地减小。

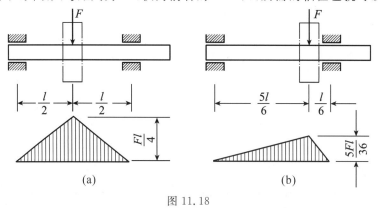

图 11.18

又如图 11.19 所示的单轨吊车梁,若支座在梁的两端,则电葫芦行至梁中点时的最大弯矩为 $\frac{3}{2}Fa$[见图 11.19(a)];如果将两支座向内移至图 11.19(b)所示的位置,这时无论电葫芦行至梁的端点或中点,梁的最大弯矩皆为 Fa,减少了 $\frac{1}{3}$。可见调整支座位置也是提高梁抗弯强度的有效办法。

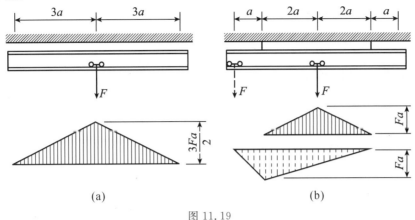

图 11.19

　　如果能适当地将梁上的集中载荷分散,也可提高梁的抗弯强度。以图 11.20 的简支梁为例,集中力 F 作用在梁的中点时,其最大弯矩为 $Fl/4$,如图 11.20(a)所示;如将力 F 以集度 $q=F/l$ 均布于整根梁上,这时的最大弯矩仅为 $Fl/8$,如图 11.20(b)所示,减少了一半。同样,若用一根副梁将力 F 分为两个靠近支座的集中力,也可减小梁的最大弯矩。例如按图 11.20(c)所示的位置安放副梁,主梁的最大弯矩也可减小为 $ql/8$。根据这个道理,上海的运输工人和技术人员,曾在运送重 1.2 MN 的 12.5 万千瓦双水内冷汽轮机组的重型设备时,为使其通过只能行驶 130 kN 汽车的公路桥,特制了一个大型平板车(见图 11.21),其宽度与桥宽相近,长度超过桥孔跨度,底盘上装有 7 排 8 行共 56 个车轮。这样就使包括平板车自重 1.6 MN 的载荷,近似均布地分散在较长较宽的面积上;而且,因车身长度超过桥的跨度,不致使全部重力都落在一个桥孔上。这样就大大提高了桥梁的承载能力,使平板车顺利地通过。

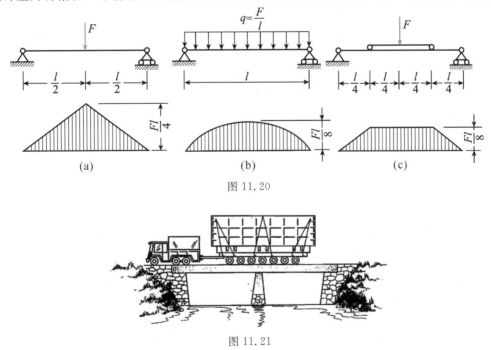

图 11.20

图 11.21

应该指出,上面所提出的一些措施,是从抗弯强度的角度出发的。在实际工作中,设计一个构件时,还应考虑刚度、稳定性、工艺条件、加工制造等各方面的因素。例如增加梁横截面的高度,可以增大截面的抗弯截面系数,但并不是越高越好,否则就可能使梁突然地发生侧向变形,而丧失稳定。变截面梁固然经济,但其刚度却会降低,加工制造也比较费工。将载荷分散的办法,也只能根据条件和需要来采用。

11.4　梁弯曲时的切应力

在剪切弯曲时,梁横截面上不仅有正应力 σ,还有切应力 τ。一般说来,弯曲正应力是支配梁强度计算的主要因素,但在某些情况下,如一些跨长较短截面较窄而高的梁,它们的切应力就可能达到相当大的数值,这时还有必要进行切应力的强度校核。下面结合矩形截面梁说明横截面上切应力的计算方法,并介绍几种常见截面梁的最大切应力。

1. 矩形截面梁

设一宽为 b 高为 h 的矩形截面梁,在其截面上沿 y 轴方向有剪力 F_S,如图 11.22 所示。如 $h>b$,可以假设横截面上任意点处的切应力 τ 都平行于剪力 F_S,且距中性轴等远各点上的切应力相等。这时横截面上任意点处的切应力的计算公式为

$$\tau = \frac{F_S S_z^*}{I_z b} \tag{11.18}$$

式中,F_S 为横截面上的剪力;I_z 为整个横截面对中性轴 z 的惯性矩;b 为横截面在所求切应力处的宽度;S_z^* 为横截面上切应力 τ 所在点的横线至边缘部分的面积(即图 11.22 中的阴影部分)对中性轴的静矩。

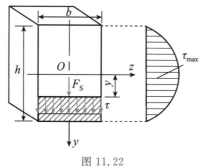

图 11.22

如求距中性轴 y 处横线上的切应力 τ,由图 11.22 可知,此时上式中的静矩为

$$S_z^* = b\left(\frac{h}{2} - y\right)\left(y + \frac{\frac{h}{2} - y}{2}\right) = \frac{b}{2}\left(\frac{h^2}{4} - y^2\right)$$

将其代入式(11.18),可得

$$\tau = \frac{F_S}{2I_z}\left(\frac{h^2}{4} - y^2\right)$$

由此式可见,矩形截面梁的切应力沿截面高度方向按二次抛物线规律变化,如图 11.22 所示。当 $y = \pm\frac{h}{2}$ 时,即在横截面的上、下边缘处,$\tau = 0$;当 $y = 0$ 时,即在中性轴上,切应力最大,其

值为

$$\tau_{\max} = \frac{F_S}{2I_z} \frac{h^2}{4} = \frac{F_S h^2}{8 \times \dfrac{bh^3}{12}} = \frac{3}{2} \times \frac{F_S}{bh}$$

或

$$\tau_{\max} = \frac{3}{2} \frac{F_S}{A} \qquad\qquad (11.19)$$

式中，$A = bh$ 为矩形截面的面积。

此式说明，矩形截面梁横截面上的最大切应力值为平均切应力 F/A 的 1.5 倍。

2. 工字形截面梁

工字形截面梁由腹板和翼缘组成。其横截面如图 11.23 所示，中间狭长部分为腹板，上、下扁平部分为翼缘。梁横截面上的切应力主要分布于腹板上，翼缘部分的切应力情况比较复杂，数值很小，可以不予考虑。由于腹板比较狭长，可以充分地认为，其上的切应力平行于腹板的竖边，且沿宽度方向均匀分布。由式(11.18)求得，切应力 τ 沿腹板高度方向也是呈二次抛物线规律变化，如图 11.23 所示，最大切应力在中性轴上，其值为

$$\tau_{\max} = \frac{F_S S_{z\max}^*}{I_z d} \qquad\qquad (11.20)$$

式中，d 为腹板的宽度；$S_{z\max}^*$ 为中性轴一侧的截面面积对中性轴的静矩。

在计算工字型钢的 $\tau_{\max}$ 时，式中的比值可直接由型钢规格表中查得。

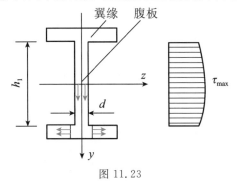

图 11.23

此外，由图 11.23 可以看到，腹板上的最大切应力与最小切应力差别并不太大，切应力接近于均匀分布，因此也可按下式近似地估算腹板上的最大切应力：

$$\tau_{\max} \approx \frac{F_S}{d h_1} \qquad\qquad (11.21)$$

式中，d 为腹板的宽度；h_1 为腹板的高度。

3. 圆形、圆环形截面梁

在圆形截面上，距中性轴 y 处弦线 ab 的两端，切应力的方向必切于周边，并相交于 y 轴上的 d 点；而在弦线中点 C 处，由于对称，切应力的方向也必通过 d 点。由于切应力的方向是连续变化的，因而可以假设弦线 ab 上切应力 τ 的方向皆通过 d 点，并设 τ 在 y 轴方向的分量，沿 ab 均匀分布，如图 11.24 所示。根据这一假设及前述的推导方法，仍可引用式(11.18)来计算横截面上任一点处的 τ_y。经计算，在中性轴上的切应力最大，其方向皆平行于 y 轴，其值为

$$\tau_{max} = \frac{F_S S_{zmax}^*}{I_z b} = \frac{F_S \cdot \dfrac{\pi r^2}{2} \cdot \dfrac{4r}{3\pi}}{\dfrac{\pi r^4}{4} \cdot 2r} = \frac{4}{3} \cdot \frac{F_S}{\pi r^2}$$

即

$$\tau_{max} = \frac{4}{3} \cdot \frac{F_S}{A} \qquad (11.22)$$

式中，S_{zmax}^*为半圆面积对中性轴的静矩；$A = \pi r^2$ 为圆形截面的面积。

可见，圆形截面梁横截面上的最大切应力为平均切应力$\dfrac{F_S}{A}$的$\dfrac{4}{3}$倍。

圆环形截面梁的最大切应力也在中性轴上（见图 11.25），由式（11.18）算得

$$\tau_{max} = \frac{F_S}{\pi R_0 t} = 2\frac{F_S}{A} \qquad (11.23)$$

式中，R 为圆环的平均半径；$A = 2\pi R_0 t$，为圆环形截面的面积。

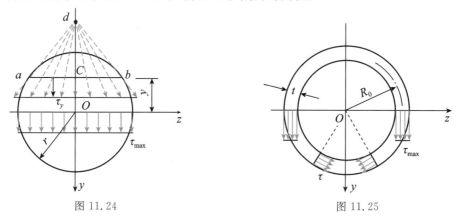

图 11.24　　　　　　　　　　　　图 11.25

所以，圆环形截面梁的最大切应力为平均切应力的 2 倍。

此外如箱形截面、T 字形截面梁等，都可以采用式（11.18）计算其横截面上的切应力。

就整个梁而言，梁的最大切应力 τ_{max} 在最大剪力 F_{Smax} 所在的截面内，且一般在此截面的中性轴上。此处，梁的弯曲正应力 $\sigma = 0$，处于纯剪切状态。因此，梁的切应力强度条件是

$$\tau_{max} = \frac{F_{Smax} S_{zmax}^*}{I_z b} \leqslant [\tau] \qquad (11.24)$$

式中，S_{zmax}^*为中性轴一侧的截面面积对中性轴的静矩；b 为截面在中性轴处的宽度；$[\tau]$为材料的许用切应力。

在梁的强度计算中，必须同时满足正应力和切应力两个强度条件。通常是先按正应力强度条件选择横截面的尺寸和形状，必要时再按切应力强度条件进行校核。一般对以下几种情况须要进行切应力强度校核：

（1）若梁较短或载荷很靠近支座，这时梁的最大弯矩 M_{max} 可能很小，而最大剪力 F_{Smax} 却相对较大，如果据此时的 M_{max} 选择截面尺寸，就不一定能满足切应力强度条件。

（2）对于一些组合截面梁，如其腹板的宽度 b 相对于截面高度很小时，横截面上可能产生较大的切应力。

（3）对于木梁，它在顺纹方向的抗剪能力较差，而由切应力互等定理，在中性层上也同时有

$\tau_{\max}$ 作用,因而可能沿中性层发生剪切破坏,所以需要校核其切应力强度。

例 11.7　一外伸梁如图 11.26(a)所示已知 $F=50\ \mathrm{kN}$,$a=0.15\ \mathrm{m}$,$l=1\ \mathrm{m}$;梁由工字钢制成,材料的许用弯曲应力$[\sigma]=160\ \mathrm{MPa}$,许用切应力$[\tau]=100\ \mathrm{MPa}$,试选择工字钢的型号。

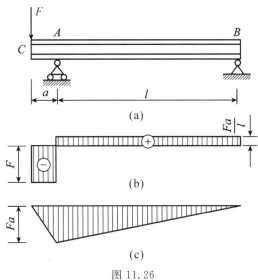

图 11.26

解　此梁的载荷比较靠近支座,故其弯矩较小,剪力则相对地较大,且工字钢的腹板比较狭窄,因此,除考虑正应力强度外,还需校核梁的切应力强度。

(1)作剪力图和弯矩图梁的剪力图和弯矩图如图 11.26(b)、(c)所示,得

$$|F_{\mathrm{S}}|_{\max} = F = 50\ \mathrm{kN}$$

$$|M|_{\max} = Fa = 50\ \mathrm{kN} \times 0.15\ \mathrm{m} = 7.5\ \mathrm{kN \cdot m}$$

(2)选择截面由正应力强度条件式(11.18)

$$W_z = \frac{M_{\max}}{[\sigma]} = \frac{7.5 \times 10^3\ \mathrm{N \cdot m}}{160 \times 10^6\ \mathrm{N/m^2}} = 46.8 \times 10^{-6}\ \mathrm{m^3}$$

查型钢规格表,选用 10 工字钢,其 $W_z = 49 \times 10^{-6}\ \mathrm{m^3}$。

(3)校核切应力强度　由式(11.19),

$$\tau_{\max} = \frac{F_{\mathrm{Smax}} S_{z\mathrm{max}}^*}{I_z d}$$

自型钢表查得

$$\frac{I_z}{S_z^*} = 85.9\ \mathrm{mm}, \quad d = 4.5\ \mathrm{mm}$$

故

$$\tau_{\max} = \frac{50 \times 10^3\ \mathrm{N}}{(85.9 \times 10^{-3}\ \mathrm{m}) \times (4.5 \times 10^{-3}\ \mathrm{m})} = 130 \times 10^6\ \mathrm{Pa} = 130\ \mathrm{MPa} > 100\ \mathrm{MPa} = [\tau]$$

不满足切应力强度条件,须重新选择截面。

(4)重新选择截面在原计算基础上适当加大截面,改选 12.6 工字钢,再校核其切应力强度。自型钢表查得

$$\frac{I_z}{S_z^*} \approx 108\ \mathrm{mm}, \quad d = 5\ \mathrm{mm}$$

则

$$\tau_{\max} = \frac{F_{\mathrm{Smax}} S_z^*}{I_z d} = \frac{50 \times 10^3 \text{ N}}{(108 \times 10^{-3} \text{ m}) \times (5 \times 10^{-3} \text{ m})} = 92.7 \times 10^6 \text{ Pa}$$
$$= 92.7 \text{ MPa} < 100 \text{ MPa} = [\tau]$$

满足切应力强度条件,最后选用 12.6 工字钢。

例 11.8 试校核例 11.7 中 T 形截面铸铁梁的切应力。设材料的许用切应力$[\tau]=0.8[\sigma_t]$,$[\sigma_t]$为许用拉应力。

解 (1)作剪力图。梁的剪力图如图 11.14(b)所示,AC 段的剪力最大,为

$$F_{\mathrm{Smax}} = 14 \text{ kN}$$

(2)确定许用切应力。在上题中已得材料的许用拉应力$[\sigma_t]=60$ MPa,故梁的许用切应力为

$$[\tau] = 0.8[\sigma_t] = 0.8 \times 60 \text{ MPa} = 48 \text{ MPa}$$

(3)校核切应力。对 T 形截面梁,可直接引用式(11.18)。最大切应力位于中性轴上,其计算式为

$$\tau_{\max} = \frac{F_{\mathrm{Smax}} S_{z\max}^*}{I_z b}$$

式中,$b=20$ mm,$I_z=5.33\times10$ mm^4,$S_{z\max}^*$为中性轴任一侧截面对中性轴的静矩,取下侧截面[见图 11.14a 中阴影部分]计算较为简单,得

$$S_{z\max}^* = (20 \times 10^{-3} \text{ m}) \times (80 \times 10^{-3} \text{ m}) \times \left(\frac{80 \times 10^{-3} \text{ m}}{2}\right) = 64 \times 10^{-6} \text{ m}^3$$

将各值代入上式,得

$$\tau_{\max} = \frac{(14 \times 10^3 \text{ N}) \times (64 \times 10^{-6} \text{ m}^3)}{(5.33 \times 10^{-6} \text{ m}^4) \times (20 \times 10^{-3} \text{ m})}$$
$$= 8.4 \times 10^6 \text{ Pa} = 8.4 \text{ MPa} < [\tau] = 48 \text{ MPa}$$

结果说明,梁的切应力远小于许用切应力,强度足够。实际上,此梁载荷并不靠近支座,腹板宽度相对于截面高度也不是很小,故根据正应力要求选定的截面不可能产生很大的切应力。

横力弯曲梁的截面
设计校核

本章小结

(1)梁横截面上存在两种应力:正应力和切应力。一般情况下,正应力是支配梁强度计算的主要因素。只有在某些特殊情况下,才须进行切应力强度校核。因此,弯曲正应力及其强度计算是本章讨论的重点。

(2)推导弯曲正应力公式的方法,与轴向拉压正应力公式和扭转切应力公式的推导方法相同,综合考虑了变形几何关系、物理关系和静力学关系三个方面。本章又一次运用了这个材料力学分析问题的重要方法。

(3)梁弯曲时的曲率公式$\left(\dfrac{1}{\rho}=\dfrac{M}{EI}\right)$是梁弯曲变形的基本公式,是下一章研究梁变形计算的基础。可将其与轴向拉压和扭转时单位长度的变形公式作类比:

$$\varepsilon = \frac{F_N}{EA}, \varphi' = \frac{T}{GI_p}, \frac{1}{\rho} = \frac{M}{EI_z}$$

以上各式形式相同,都表明杆件单位长度的变形(ε、φ'、$\frac{1}{\rho}$)与杆件横截面上的内力成正比,与杆的刚度(EA、GI_p、EI_z)成反比。

(4)梁弯曲时的正应力公式及其强度条件:

$$\sigma = \frac{My}{I_z}, \sigma_{max} = \frac{M_{max}}{W_z} \leqslant [\sigma]$$

在使用这些公式时应明确以下几点:

①公式的适用条件是均匀连续、拉伸或压缩时的弹性模量相同的材料、服从胡克定律、小变形的对称弯曲的梁。

②横截面上的正应力沿截面高度方向呈线性分布,在中性轴处的正应力为零,在上、下边缘处的正应力最大。

③中性轴通过横截面的形心。

④中性轴的上、下两侧截面分别受拉和受压,应力的正负号(拉或压)可直接根据梁的变形或弯矩的方向来确定。

(5)上述的曲率公式和正应力公式是弯曲理论中的主要公式,可将二者合写为一个公式:

$$\frac{\sigma}{y} = \frac{M}{I_z} = \frac{E}{\rho}$$

由此更便于看出各量间的相互联系。

(6)梁弯曲时的切应力公式及其强度条件:

$$\tau = \frac{F_s S_z^*}{I_z b}, \tau_{max} = \frac{F_{Smax} S_{zmax}^*}{I_z b} \leqslant [\tau]$$

使用这两个公式时应注意:

①矩形截面梁横截面上的切应力沿截面高度方向呈二次抛物线分布,在中性轴上的切应力最大;

②S_z^* 和 S_{zmax}^* 成为部分截面对中性轴的静矩,而 I_z 则是整个截面对中性轴的惯性矩。

(7)强度分析的步骤

①外力分析:列平衡方程,求支座约束力,并校核计算结果。

②内力分析:画内力图,确定最大弯矩所在截面、最大弯矩值及正负号。如果需要进行梁的切应力强度分析时,确定最大剪力所在截面及最大剪力值。校核内力计算结果。

③弯曲正应力强度分析的关键是正确判断可能的危险截面及危险点。

对于塑性材料的等截面梁,危险截面在产生最大弯矩的截面,可能的危险点在危险截面的边缘处(参见例11.5及例11.7)。

对于脆性材料的等截面梁,可能的危险截面在最大正弯矩和最大负弯矩所在截面,可能的危险点在危险截面的上、下两边缘处,对这些危险点进行强度分析(参考例11.6)。

对于复杂情况,需要综合考虑弯矩、截面形状及尺寸(如变截面梁)、材料性能(如拉、压许用应力不同)等因素,确定可能的危险点位置,逐个对可能的危险点进行强度分析。

判断应力正负号时,主要采用直观的方法对弯矩 M 及中性轴至边缘的距离 y 均取绝对值,以中性层为界,梁在凸出一侧受拉,凹入一侧受压。

④本章计算题主要类型:弯曲正应力强度分析(强度校核、截面设计和许用载荷设计),尤其是铸铁梁等脆性材料的强度分析。

强度分析可分为以下三种类型:

- 强度校核　　$\sigma_{\max} = \dfrac{M_{\max}}{W_z} \leqslant [\sigma]$

- 截面设计　　$\dfrac{M_{\max}}{[\sigma]} \leqslant W_z$

- 确定许用载荷　　$M_{\max} \leqslant [\sigma]W_z$,由 $M_{\max}$ 确定许用载荷。

思考题

1. 惯性矩及抗弯截面系数各表示什么特性? 试计算图 11.27 所示各截面对中性轴 z 的惯性矩 I_z 及抗弯截面系数 W_z。

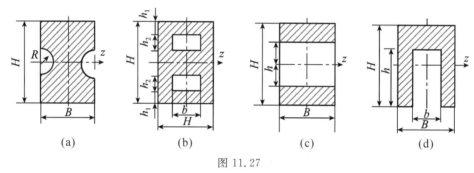

图 11.27

2. 梁具有图 11.28 所示几种形状的横截面,若在对称弯曲下,受正弯矩作用,试分别画出各横截面上的正应力沿其高度的变化图。

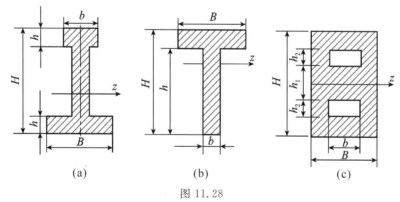

图 11.28

3. 在平行移轴公式 $I_{z1} = I_z + a^2 A$ 中,z 轴和 z_1 轴互相平行,则 z 轴通过_____。

4. 梁的抗弯刚度 EI 具有什么物理意义? 它与抗弯截面系数 W_z 有什么区别?

5. 试画出图 11.29 所示二梁各截面上弯矩的转向,指明哪部分截面受拉,哪部分截面受压,并画出其截面上的正应力分布图。

6. 在下列几种情况下,一 T 字形截面的灰铸铁梁,是正置还是倒置好? 并指出危险点的可能

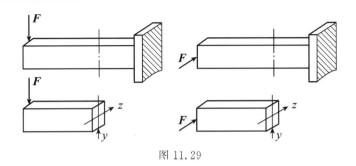

图 11.29

位置。

(1)全梁的弯矩 $M>0$；

(2)全梁的弯矩 $M<0$；

(3)全梁有 $M>0$ 和 $M<0$，且 $|M_2|>M_1$。

7.图 11.30 所示矩形截面梁,试写出 A、B、C、D 各点正应力及切应力计算公式。试问哪些点有最大正应力？哪些点有最大切应力？

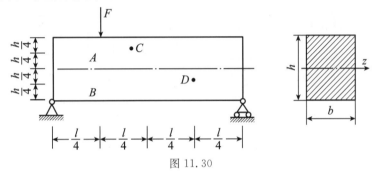

图 11.30

8.图 11.31 所示工字形截面梁,分别在哪些截面上作正应力及切应力强度校核？为什么？

9.简支梁在中点 C 处受横向集中力 F 作用,梁的截面为矩形,截面宽度 b 沿梁长不变,截面高度 h 沿梁长线性变化,如图 11.32 所示,试确定梁的危险截面位置。

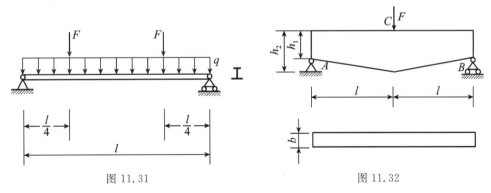

图 11.31   图 11.32

10.长 4 m 的简支梁受垂直向下的均布载荷 q 作用,梁截面如图 11.33 所示,形心为 C,$I_z=5.33\times10^{-6}$ m⁴。材料的许用拉应力 $[\sigma_t]=80$ MPa,许用压应力 $[\sigma_c]=160$ MPa,则梁的最大许用载荷 q 等于下列答案中的哪一个？

　　A.5.33 kN/m　　　　B.4.28 kN/m　　　　C.3.56 kN/m　　　　D.6.83 kN/m

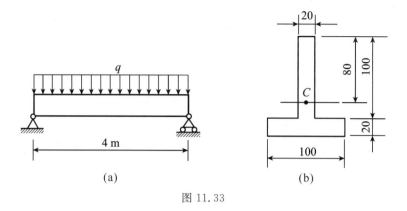

图 11.33

11. 矩形截面的悬臂梁,载荷情况如图 11.34 所示,$M_e = Fl$。以下结论中哪些是错误的?

    A. $\sigma_A = 0$ B. $\sigma_B = 0$ C. $\sigma_C = 0$ D. $\sigma_D = 0$

    E. $\sigma_E \neq 0$

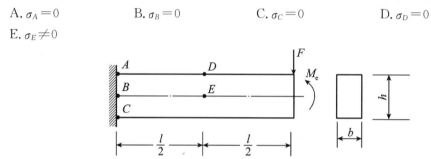

图 11.34

12. "工字形截面梁的腹板承担了大部分正应力,而其翼缘承担了大部分的切应力"这句话是否正确?

习 题

一、填空题

1. 铸铁梁受载荷如图 11.35 所示,横截面为 T 字形。(a)、(b)两种截面放置方式,_____更为合理。

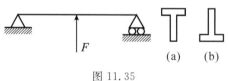

图 11.35

2. 如图 11.36 所示为某铸铁梁,已知许用拉应力$[\sigma]_t$小于许用压应力$[\sigma]_c$,如果不改变截面尺寸而要提高梁强度,可行的办法是_____。(C 为形心)

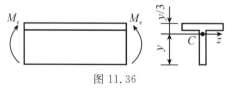

图 11.36

3. 如图 11.37 所示(a)、(b)二梁的材料相同,则其许可载荷之比$\dfrac{[F]_a}{[F]_b} = $＿＿＿＿＿＿＿。

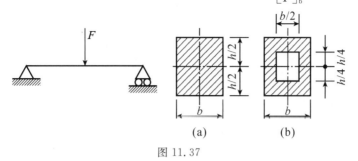

图 11.37

4. 如图 11.38 所示,铸铁 T 字形截面梁的许用拉应力$[\sigma]_t = 50$ MPa,许用压应力$[\sigma]_c = 200$ MPa,则上下边缘距中性轴的合理比值$y_1/y_2 = $＿＿＿＿＿＿＿。（$C$ 为形心）

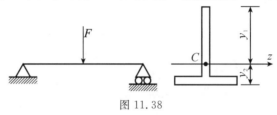

图 11.38

5. 若变截面梁各横截面上的＿＿＿＿＿＿＿,就是等强度梁。

6. 如图 11.39 所示,矩形截面悬臂梁受均布载荷 q 的作用,跨度为 l,材料的许用应力为$[\sigma]$,截面宽度 b 不变,为使此梁为等强度梁,高度 h 的变化规律为$h(x) = $＿＿＿＿＿＿＿。

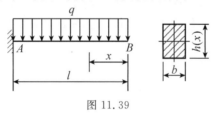

图 11.39

7. 变截面梁的主要优点是＿＿＿＿＿＿＿;等强度梁的条件是＿＿＿＿＿＿＿。

二、判断题

1. 在匀质材料的变截面梁中,最大正应力$|\sigma|_{max}$不一定出现在弯矩值 M 最大的截面上。（　　）

2. 矩形截面梁,当横截面的高度增加一倍、宽度减小一半,从切应力强度来考虑,该梁的承载能力不会变化。（　　）

3. 截面形状、尺寸及支承情况完全相同的一根钢梁和一根木梁(静定),如果所受载荷也相同,则对应点处梁中的应力相同。（　　）

4. 对于矩形截面梁,在横向载荷作用下,出现最大正应力的点上,切应力必为 0。（　　）

5. 横力弯曲时,横截面上的最大切应力不一定发生在截面的中性轴上。（　　）

6. 当横向载荷作用线通过杆件横截面的弯曲中心时,这时杆件只发生弯曲变形而无扭转变形。

（　　）

三、选择题

1. 在推导梁平面弯曲的正应力公式 $\sigma = \dfrac{My}{I_z}$ 时,下面不必要的假定是(　　)。

    A. $\sigma \leqslant \sigma_p$　　　　　　　　　　　　B. 平面假设

    C. 材料拉压时弹性模量相同　　　　　　D. 材料的 $[\sigma]^+ = [\sigma]^-$

2. 由梁弯曲时的平面假设,经变形几何关系分析得到的结果正确的是(　　)。

    A. 中性轴通过截面形心　　　　　　B. $\dfrac{1}{\rho} = \dfrac{M}{EI_z}$

    C. $\varepsilon = \dfrac{y}{\rho}$　　　　　　　　　　　　D. 梁只产生平面弯曲

3. 如图 11.40 所示外伸梁受移动载荷 F 作用,对梁内引起最大拉应力时,载荷移动的正确位置是(　　)。

    A. A;　　　　　　B. B;　　　　　　C. C;　　　　　　D. D。

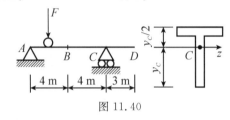

图 11.40

4. 矩形截面梁当横截面的高度增加一倍,宽度减小一半时,从正应力强度条件考虑,该梁的承载能力的变化将(　　)。

    A. 不变　　　　　B. 增大一倍　　　　　C. 减小一半　　　　　D. 增大三倍

5. 对于矩形截面梁,在横力载荷作用下有以下结论,错误的是(　　)。

    A. 出现最大正应力的点上,切应力必为 0

    B. 出现最大切应力的点上,正应力必为 0

    C. 最大正应力的点和最大切应力的点不一定在同一截面上

    D. 梁上不可能出现这样的截面,即该截面上最大正应力和最大切应力均为 0

6. 矩形截面梁当横截面的高度增加一倍,宽度减小一半时,从正应力强度条件考虑,该梁的承载能力的变化将(　　)。

    A. 不变　　　　　　B. 增大一倍　　　　　C. 减小一半　　　　　D. 增大三倍

四、计算题

1. 如图 11.41 所示,把一根直径 $d = 1$ mm 的钢丝绕在直径为 $D = 2$ m 的轮缘上,已知材料的弹性模量 $E = 200$ GPa,试求钢丝内的最大弯曲正应力。

    (答:$\sigma_{max} = 100$ MPa)

2. 受均布载荷的简支梁如图 11.42 所示。若分别采用截面面积相等的实心和空心圆截面,且 $D_1 = 40$ mm,$\dfrac{d_2}{D_2} = \dfrac{3}{4}$。试分别计算它们的最大弯曲正应

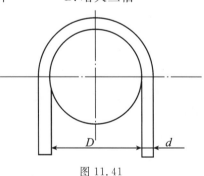

图 11.41

力。并分析空心截面比实心截面的最大弯曲正应力减小了百分之几?

（答：实心轴 $\sigma_{max}=159$ MPa，空心轴 $\sigma_{max}=67.3$ MPa，空心截面比实心截面的最大正应力减

小 57.7%）

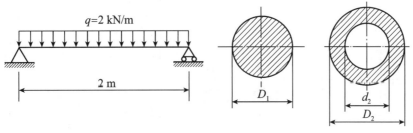

图 11.42

3. 矩形截面的悬臂梁受集中力和集中力偶作用，如图 11.43 所示。试求截面 $m—m$ 和固定端

截面 $n—n$ 上 A,B,C,D 四点处的正应力。

（答：截面 $m—m$：$\sigma_A=-7.41$ MPa，$\sigma_B=4.94$ MPa，$\sigma_C=0$，$\sigma_D=7.41$ MPa；截面 $n—n$：$\sigma_A=$

9.26 MPa，$\sigma_B=-6.18$ MPa，$\sigma_C=0$，$\sigma_D=-9.26$ MPa）

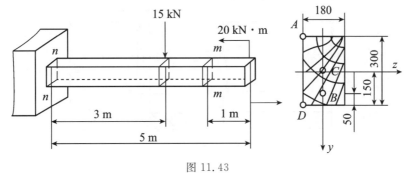

图 11.43

4. 某矩形截面悬臂梁如图 11.44 所示，已知 $l=4$ m，$\dfrac{b}{h}=\dfrac{3}{5}$，$q=10$ kN/m，$[\sigma]=10$ MPa。试

确定此梁横截面的尺寸。

（答：$b \geqslant 259$ mm，$h \geqslant 431$ mm）

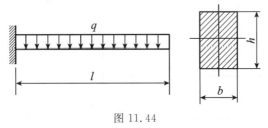

图 11.44

5. 20a 工字钢梁的支承和受力情况如图 11.45 所示。若 $[\sigma]=165$ MPa，试求许可载荷 F。

（答：$F=58.7$ kN。）

6. 如图 11.46 示轧辊轴直径 $D=280$ mm，跨长 $L=1000$ mm，$l=450$ mm，$b=100$ mm。轧辊

材料的弯曲许用应力 $[\sigma]=100$ MPa。试求轧辊能承受的最大轧制力。

（答：最大允许轧制力 $F = 907$ kN）

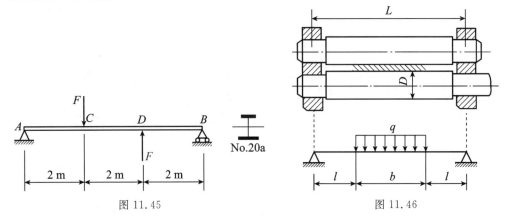

图 11.45   图 11.46

7. 如图 11.47 示纯弯曲的铸铁梁，其截面为⊥形，材料的拉伸和压缩许用应力之比 $[\sigma_t]/[\sigma_c] = 1/3$。求水平翼板的合理宽度 b。

（答：$b = 316$ mm）

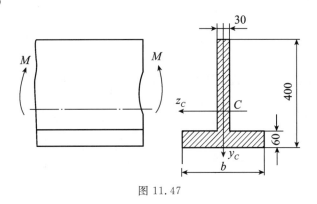

图 11.47

8. ⊥形截面铸铁悬臂梁，尺寸及载荷如图 11.48 图所示。若材料的拉伸许用应力 $[\sigma_t] = 40$ MPa，压缩许用应力 $[\sigma_c] = 160$ MPa，截面对形心轴 z_c 的惯性矩 $I_{zC} = 10180 \times 10^4$ mm^4，$h_1 = 96.4$ mm，试计算梁的许可载荷 F。

（答：$F = 55.2$ kN）

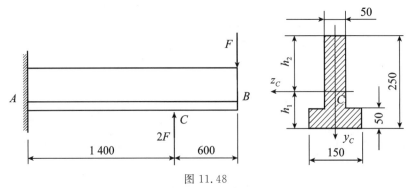

图 11.48

9.求如图 11.49 所示图形对形心轴 z 的惯性矩。

　　[答:(a)$I_z = 89 \times 10^6$ mm^4;(b)$I_z = 7.637 \times 10^6$ mm^4;(c)$I_z = 73.47 \times 10^6$ mm^4]

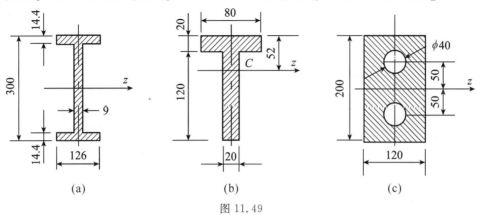

图 11.49

10.如图 11.50 所示,简支梁承受均布荷载 q 作用,材料的许用应力$[\sigma] = 160$ MPa,试设计梁的截面尺寸(1)圆截面;(2)矩形截面,$b/h = 1/2$;(3)工字形截面,并求这三种截面梁的重量比。

　　[答:截面设计:(1)圆截面 $d \geqslant 108.4$ mm;(2)矩形截面 $b \geqslant 114.4$ mm;(3)工字形截面$W_z \geqslant$ 114.4 mm,选 No.16 工字钢。圆截面、矩形截面和工字形截面三种梁的重量比为 $G_1 : G_2 : G_3 = A_1 : A_2 : A_3 = 1 : 0.71 : 0.28$。]

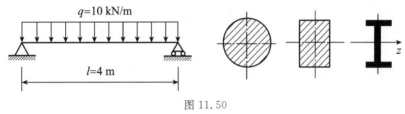

图 11.50

11.铸铁梁的载荷及横截面尺寸如图 11.51 所示。许用拉应力$[\sigma_t] = 40$ MPa,许用压应力$[\sigma_c] = 160$ MPa。试按正应力强度条件校核梁的强度。若载荷不变,但将 T 形横截面倒置,即成为⊥形,是否合理？何故？

　　[答:$\sigma_{tmax} = 24.3$ MPa$<[\sigma_t]$,$\sigma_{cmax} = 52.8$ MPa$<[\sigma_c]$,安全;不合理]

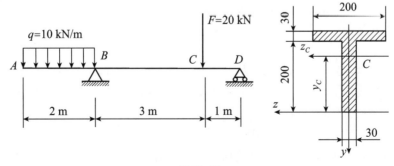

图 11.51

12. 试计算图 11.52 示矩形截面简支梁的 1—1 截面上 a 点和 b 点的正应力和切应力。

（答：$\sigma_a = 6.04$ MPa，$\tau_a = 0.379$ MPa；$\sigma_b = 12.9$ MPa，$\tau_b = 0$）

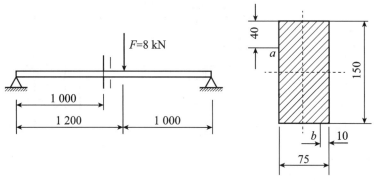

图 11.52

13. 图 11.53 所示圆形截面简支梁，受均布载荷作用。试计算梁内的最大弯曲正应力和最大弯曲切应力，并指出它们发生于何处。

（答：$\sigma_{max} = 102$ MPa，$\tau_{max} = 3.39$ MPa）

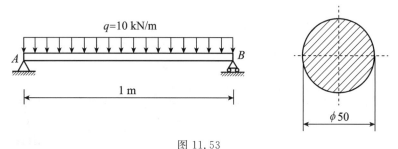

图 11.53

14. 试计算图 11.54 所示工字形截面梁内的最大正应力和最大切应力。

（答：$\sigma_{max} = 142$ MPa，$\tau_{max} = 18.1$ MPa）

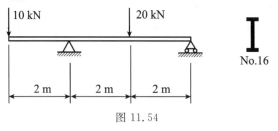

图 11.54

15. 如图 11.55 所示，起重机下的梁由两根工字钢组成，起重机自重 $G = 50$ kN，起重量 $F = 10$ kN。许用应力 $[\sigma] = 160$ MPa，$[\tau] = 100$ MPa。若暂不考虑梁的自重，试按正应力强度条件选定工字钢型号，然后再按切应力强度条件进行校核。

（答：No.28a 工字钢；$\tau_{max} = 13.9$ MPa $< [\tau]$，安全）

16. 图 11.56 所示矩形截面简支梁，承受均布载荷 q 作用。若已知 $q = 2$ kN/m，$l = 3$ m，$h = 2b = 240$ mm。试求：截面竖放（图 c）和横放（图 b）时梁内的最大正应力，并加以比较。

［答：σ_{max}（平放）$/\sigma_{max}$（竖放）≈ 2.0］

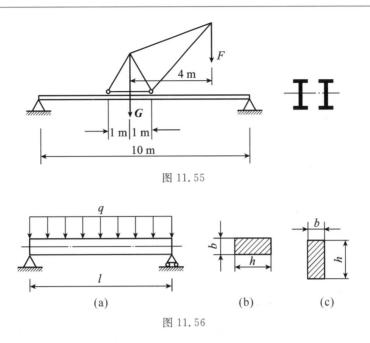

图 11.55

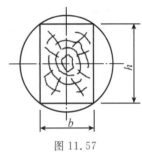

图 11.56

17. 宋代李诚在 1103 年问世的《营造法式·大木作制度》中，对矩形截面梁给出的合适尺寸比例是 $h:b=3:2$（见图 11.57）。试用弯曲正应力的强度要求证明：从圆木锯出的矩形截面梁，上述尺寸比例接近最佳比值。

图 11.57

🔵知识拓展

宋代在中国历史长河中独树一帜，其物质与精神文明均达到高峰，对后世影响深远。这一时期，《营造法式》应运而生，由李诚主持制订，成为北宋时期建筑行业的权威规范。该典籍不仅详细规定了建筑设计、结构与施工的各项标准，更深刻反映了当时社会的审美观念与文化底蕴。它的出现，不仅推动了中国古代建筑技术的飞速发展，也为后世留下了宝贵的文化遗产。

18. 如图 11.58 示简支梁，由四块尺寸相同的木板胶接而成，试校核其强度。已知载荷 $F=4$ kN，梁跨度 $l=400$ mm，截面宽度 $b=50$ mm，高度 $h=80$ mm，木板的许用正应力 $[\sigma]=7$ MPa，胶缝的许用切应力为 $[\tau]=5$ MPa。

［答：$\sigma_{max}=6.67$ MPa $<[\sigma]$，$\tau_{max}=1.0$ MPa $<[\tau]$，安全］

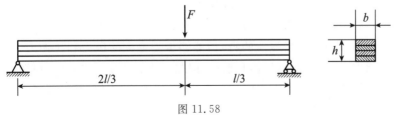

图 11.58

矩形截面水平叠层梁的
强度讨论设计校核

植物界的等强度梁[1][2]

"咬定青山不放松,立根原在破岩中,千磨万击还坚劲,任尔东西南北风。"这是清代诗人郑板桥创作的一首题画诗《竹石》。这首诗赞美了坚强的竹子在破岩中生根的内在精神,充分展示了竹子顽强的生命力;即使在恶劣的环境下,青竹仍然傲然挺立。诗人通过描绘竹子的形象和特点,向人们传达了一种积极向上、坚韧不拔的人生态度和价值观。

从力学的角度讲,任何一块材料遇到外力发生变形的时候,总是一边受到挤压力,另一边受到拉伸力,而材料中心线附近长度基本不变。也就是说,离开中心线越远,材料受力越大。空心管子的材料几乎都集中在离中心线很远的边壁上,因此,越是优质材料越是向边缘布置。

竹子在生长过程中使其坚硬的部分向周围扩展。它利用石细胞层和木质化的纤维束等机械组织来增强自身的茎秆强度,另一方面,它也使得中心部位的薄壁组织"髓部"逐渐退化,形成了中空的木质化管状结构。这种结构不仅增加了竹子的耐用性和抗压力,也使得它轻盈而不易折断。其特点之一是轻质且坚硬。根据材料力学实验测定,竹材的收缩量很小,但具有很高的弹性和韧性。竹材顺纹抗拉强度约为 180 MPa,是杉木的 2.5 倍。尤其是浙江石门地区产的刚竹,其顺纹抗拉强度高达 280 MPa,相当于普通钢材的一半。一般竹材的密度仅为 $(0.6\sim0.8)\times10^3$ kg/m³,而钢材的

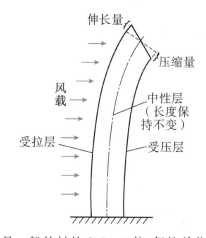

密度约为 7.8×10^3 kg/m³。因此,尽管钢材的抗拉强度是一般竹材的 2.5~3 倍,但按单位重量计算抗拉能力,竹材要比钢材强 2~3 倍。因此,竹子被称为"植物界的钢铁"。在竹子盛产的江南地区,到处可以看到竹房、竹家具、竹船、竹车、竹绳和竹桥。竹材的特点之二是皮厚且中空,具有抗弯能力。有人可能认为竹子的中空是一种天生的缺陷。然而,这种中空正是竹子赖以适应环境的一种力学优势。例如,太湖流域的大毛竹中空度为 0.85,其抗弯能力比同等重量的实心竹竿要强两倍以上。原因在于,当竹杆弯曲时,外缘部分的材料变形较大,一侧受拉力,另一侧受压力,因此能产生更大的抗力;而中心部分几乎不变形,所以不承受力或承受的力很小。因此,要充分发挥竹材的潜力,使其全部用于有用之处,空心圆断面是最佳选择。特点之三:竹子的特殊生长方式使其成为一种等强度梁,下部粗而上部细,高度保持不变而不容易折断。竹子在出土前母笋的节数就已经确定,出土后不再增加新节,只是增加节间的距离。每一节都比前一节更高更细,形成了一种内、外径均呈线性变化的近似"等强度梁"。这种分配方案符合材料分配和弯矩大小成比例的原则,是最经济的方案。

人类仿照竹子制造了空心管,这种管状材料在建筑工地的支架、自行车的车架等领域被广泛应用。与实心棒相比,空心管具有轻量、高强度的特点,能够承受更大的压力和拉伸力。空心管不仅具有强大的抗弯曲能力,还可以输送气体和液体,因此在我们的生活中随处可见它的应用。西萨·佩里设计的马来西亚石油双塔大厦就是一个典型的"仿竹"杰作,其底部宽大,高

---

① 王肇庆,苏惠惠.绚丽多彩的力学世界[M].武汉:湖北教育出版社.2000.
② 谭刚毅,杨柳.竹材的建构[M].南京:东南大学出版社.2014.

度逐渐缩小,采用竹材的力学结构特征构建。这种仿竹设计使得双塔超高层拥有出色的结构强度,能够抵御吉隆坡频繁的台风袭击。

竹子精神在工作学习中也尤为重要。在竞争激烈的社会中,我们需要具备竹子般的坚韧和毅力,不断追求进步和提升自己的能力。同时,也需要保持原则和立场,不为权势所动摇,以正义和诚信为准则。在生活中,我们也需要学习竹子的这种精神,面对困难和挫折时,我们需要坚持不懈地追求目标,克服障碍和挑战。

第 12 章　弯曲变形

课前导读

前两章分别介绍了梁的内力、应力的计算问题,并建立了梁弯曲时的强度条件,本章将在此基础上进一步研究梁的弯曲变形问题。首先介绍梁发生弯曲时横截面的位移,即挠度和转角问题,然后利用小变形假设,建立挠曲线近似微分方程;其次介绍两种计算梁变形的方法——积分法和叠加法;再次将给出工程上保证梁正常工作所使用的刚度条件;最后介绍用变形比较法求解梁的静不定问题。

本章思维导图

12.1　工程实际中的弯曲变形问题

一般情况下,为了保证弯曲构件能够正常工作,除了要求构件具有足够的强度,还要求构件具有足够的刚度,否则构件将会因为变形过大而不能正常工作。例如,图 12.1 所示的机械传动机构中的齿轮轴,若变形过大将会严重影响齿轮间的啮合效果,增加齿轮之间、轴与支撑之间的不均匀磨损,降低齿轮的使用寿命。因此必须限制构件的弯曲变形。再如,图 12.2 所示门式起重机横梁,若变形过大,将会导致梁上小车出现爬坡现象,可能引起较为严重的振动问题。由此可见,变形过大同样会严重影响构件性能,造成工程构件失效。

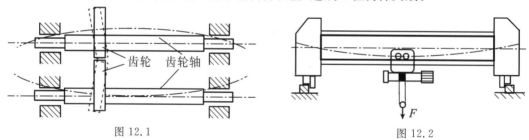

图 12.1　　　　　　　　　　　　　　　图 12.2

但是事物都具有两面性。在有些情况下,可以利用结构的弯曲变形为生产生活服务。例如,图 12.3 所示车辆中用于减震的叠板弹簧能产生较大的弹性变形,通过吸收车辆振动和冲击时产生的能量,起到减振和抗冲击的作用。再如,图 12.4 所示的扭力扳手,就是利用梁的弯曲变形设计的。

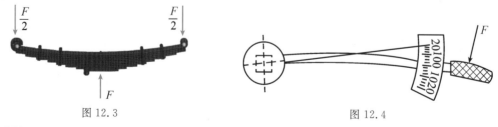

图 12.3　　　　　　　　　　　　　　　图 12.4

12.2 梁的挠曲线近似微分方程

讨论梁的弯曲变形时,通常以变形前的梁轴线为 x 轴,垂直向上的轴为 y 轴,建立如图 12.5 所示的直角坐标系。在平面弯曲的情况下,变形后梁的轴线将会变为 xOy 平面内的一条曲线,称为挠度曲线,简称挠曲线(Deflection Curve)。挠曲线上横坐标为 x 的任意点所对应的纵坐标,称为该点的挠度(Deflection),用 w 表示,它代表坐标为 x 的横截面形心沿 y 轴方向的位移。而梁的横截面相对于原位置所转过的角度,称为转角(Slope),用 θ 表示。挠度和转角是度量梁弯曲变形的两个基本量。在图 12.5 所示的直角坐标系中,规定向上的挠度为正,向下的挠度为负;逆时针的转角为正,顺时针的转角为负。

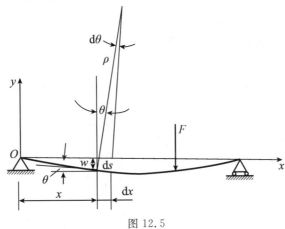

图 12.5

由于它们是 x 的函数,故记为

$$w = w(x) \tag{12.1}$$

$$\theta = \theta(x) \tag{12.2}$$

式(12.1)和式(12.2)分别称为挠度方程和转角方程。在平面假设下,弯曲变形前垂直于轴线的横截面,变形后仍然垂直于挠曲线。所以,横截面的转角就是挠曲线的倾角,即等于挠曲线在该点的切线与 x 轴的夹角。从而有

$$\tan\theta = \frac{\mathrm{d}w}{\mathrm{d}x}, \quad \theta = \arctan\left(\frac{\mathrm{d}w}{\mathrm{d}x}\right) \tag{12.3}$$

由高等数学知识可知:挠曲线的曲率可表示为

$$\frac{1}{\rho(x)} = \pm \frac{\dfrac{\mathrm{d}^2 w}{\mathrm{d}x^2}}{\left[1 + \left(\dfrac{\mathrm{d}w}{\mathrm{d}x}\right)^2\right]^{3/2}} \tag{12.4}$$

在小变形条件下,由于 $\dfrac{\mathrm{d}w}{\mathrm{d}x} = \tan\theta \approx \theta$,其绝对值远小于 1,故式(12.4)可简化为

$$\frac{1}{\rho(x)} = \pm \frac{\mathrm{d}^2 w}{\mathrm{d}x^2} \tag{a}$$

另外,在建立纯弯曲正应力计算公式时,曾导出如下曲率公式

$$\frac{1}{\rho} = \frac{M}{EI_z}$$

对于等截面直梁的纯弯曲而言，ρ 是常数，挠曲线是圆弧。对于横力弯曲而言，由剪力引起的剪切变形会产生附加的挠度和转角。但计算结果表明，对于跨高比（l/h）大于 5 的细长梁而言，剪力对变形的影响可以忽略不计，故上式也适用于横力弯曲情况。但是，式中弯矩 M 和曲率半径 ρ 均为坐标 x 的函数，则上式可变为

$$\frac{1}{\rho(x)} = \frac{M(x)}{EI_z} \tag{b}$$

由式（a）和式（b）得

$$\pm \frac{\mathrm{d}^2 w}{\mathrm{d}x^2} = \frac{M(x)}{EI} \tag{12.5}$$

式（12.5）中，正负号与弯矩的符号规定与所取坐标系有关。在图 12.6 所示的坐标系中（y 轴向上为正），当梁承受正弯矩时，挠曲线向下凸出，如图 12.6（a）所示，由导数关系可知 $\frac{\mathrm{d}^2 w}{\mathrm{d}x^2} > 0$；若梁承受负弯矩时，挠曲线向上凸出，如图 12.6（b）所示，由导数关系可知 $\frac{\mathrm{d}^2 w}{\mathrm{d}x^2} < 0$。可见，$M$ 与 $\frac{\mathrm{d}^2 w}{\mathrm{d}x^2}$ 的符号总是保持一致的，所以式（12.5）左端应取正号，即

$$\frac{\mathrm{d}^2 w}{\mathrm{d}x^2} = \frac{M(x)}{EI} \tag{12.6}$$

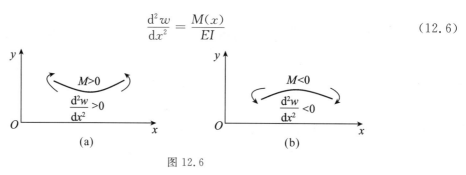

图 12.6

式（12.6）称为挠曲线近似微分方程，简称挠曲线方程（Deflection Equation）。其中，EI 称为弯曲刚度（Bending Stiffness），或抗弯刚度。对于等截面直梁，EI 为常数，在特定载荷条件下，挠曲线方程还可以写成下列高阶微分形式：

$$EI\frac{\mathrm{d}^3 w}{\mathrm{d}x^3} = \frac{\mathrm{d}M(x)}{\mathrm{d}x} = F_{\mathrm{S}}(x) \tag{a}$$

$$EI\frac{\mathrm{d}^4 w}{\mathrm{d}x^4} = \frac{\mathrm{d}F_s(x)}{\mathrm{d}x} = q(x) \tag{b}$$

12.3 用积分法求解梁的变形

式（12.6）给出了梁的近似微分方程，为了求得梁的挠曲线方程和转角方程，还须对这个微分方程进行积分。对其积分一次可得转角方程

$$\theta = \frac{\mathrm{d}w}{\mathrm{d}x} = \int \frac{M(x)}{EI}\mathrm{d}x + C \tag{12.7}$$

对其积分两次，可得如下挠曲线方程：

$$w = \iint \left(\frac{M}{EI} \mathrm{d}x \right) \mathrm{d}x + Cx + D \qquad (12.8)$$

式中，C、D 为积分常数，其值可根据梁的变形条件来确定。

这些变形条件主要包括两大类：一类是在挠曲线的某些点上，挠度或转角为已知。例如，铰支座处挠度为零，固定端处挠度与转角均为零，弹性支座处的挠度等于弹性支座本身的变形量等。这类条件统称为位移边界条件(Displacement Boundary Conditions)。另一类是在挠曲线的任意点上，应有唯一确定的挠度或转角，不应出现图 12.7(a)、图 12.7(b)所表示的不连续或不光滑的情况，这类条件称为光滑连续性条件(Smooth Continuity Condition)。

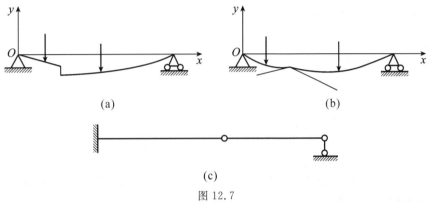

(a) (b)

(c)

图 12.7

当梁有中间铰时，如图 12.7(c)所示，中间铰左、右截面的挠度应该相等，这时可以列出连续性条件。利用位移边界条件和光滑连续性条件，就可以确定出积分常数。常见的位移边界条件和光滑连续性条件列入表 12.1 中。

表 12.1　常见的位移边界条件和光滑连续条件

横截面位置	A	A	A	A	A
位移条件	$w_A = 0$	$w_A = 0$　$\theta_A = 0$	$w_A = \Delta$ Δ—弹簧变形	$w_{A,L} = w_{A,R}$ $\theta_{A,L} = \theta_{A,R}$	$w_{A,L} = w_{A,R}$

利用这些位移边界条件和光滑连续条件确定积分常数后，就可得到挠曲线方程及转角方程，这种求解梁变形的方法称为积分法(Integral Method)。当梁的弯矩方程或抗弯刚度需要分段考虑时，应分段建立曲线近似微分方程。下面举例说明用积分法求解转角和挠度的过程。

例 12.1　图 12.8 所示悬臂梁的长度为 l，右端承受大小为 M_e 的外力偶矩，设弯曲刚度为 EI，求悬臂梁自由端的转角 θ 和挠度 w。

解　如图建立坐标系，弯矩 $M(x) = M_e$，由式(12.7)和式(12.8)得

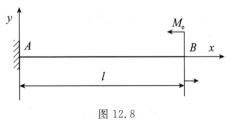

图 12.8

$$\theta = \frac{\mathrm{d}w}{\mathrm{d}x} = \int \frac{M(x)}{EI}\mathrm{d}x + C = \frac{M_e}{EI}x + C \qquad \text{(a)}$$

$$w = \iint \left(\frac{M(x)}{EI}\mathrm{d}x \right)\mathrm{d}x + Cx + D = \frac{M_e}{2EI}x^2 + Cx + D \qquad \text{(b)}$$

固定端的位移边界条件为,当 $x=0$ 时

$$\theta = 0 \quad w = 0 \qquad \text{(c)}$$

积分法求弯曲变形

代入式(a)和式(b)可得

$$C = 0, \quad D = 0$$

因此,转角方程和挠曲线方程分别为

$$\theta = \frac{M_e}{EI}x$$

$$w = \frac{M_e}{2EI}x^2$$

将 $x=l$ 代入上述方程,即得自由端的转角和挠度分别为

$$\theta\big|_{x=l} = \frac{M_e}{EI}l \qquad w\big|_{x=l} = \frac{M_e}{2EI}l^2$$

所得 θ、w 均为正,说明自由端截面沿逆时针方向转动,位移垂直向上。

例 12.2 图 12.9 所示简支梁 AB,承受集度为 q 的均布载荷与矩为 M_e 的集中力偶作用,试计算截面 A 的转角。设抗弯刚度 EI 为常数。

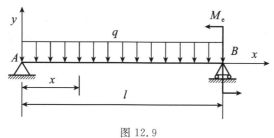

图 12.9

解 计算支座约束力,由平衡方程得

$$F_{Ay} = \frac{ql}{2} + \frac{M_e}{l}, \quad F_{By} = \frac{ql}{2} - \frac{M_e}{l}$$

梁的弯矩方程为

$$M(x) = \left(\frac{ql}{2} + \frac{M_e}{l} \right)x - \frac{q}{2}x^2, \quad (0 \leqslant x < l)$$

则挠曲线的近似微分方程为

$$EI\frac{\mathrm{d}^2 w}{\mathrm{d}x^2} = \frac{q}{2}(lx - x^2) + \frac{M_e}{l}x$$

经过积分,可得转角方程和挠曲线方程

$$\theta = \frac{\mathrm{d}w}{\mathrm{d}x} = \frac{q}{12EI}(3lx^2 - 2x^3) + \frac{M_e}{2EIl}x^2 + C \qquad \text{(a)}$$

$$w = \frac{q}{24EI}(2lx^3 - x^4) + \frac{M_e}{6EIl}x^3 + Cx + D \qquad \text{(b)}$$

根据梁两端铰支座的挠度均为零,可知:

$$在\ x=0\ 处, w=0; \quad 在\ x=l\ 处, w=0$$

将上述边界条件分别代入式(a)和式(b)得

$$D=0, C=-\frac{ql^3}{24EI}-\frac{M_e l}{6EI}$$

代入式(a)和式(b),得梁的转角与挠度方程分别为

$$\theta=\frac{q}{24EI}(6lx^2-4x^3-l^3)+\frac{M_e}{6EIl}(3x^2-l^2) \tag{c}$$

$$w=\frac{qx}{24EI}(2lx^2-x^3-l^3)+\frac{M_e x}{6EIl}(x^2-l^2) \tag{d}$$

将 $x=0$ 代入式(c),即得截面 A 的转角为

$$\theta_A=-\frac{ql^3}{24EI}-\frac{M_e l}{6EI} \tag{e}$$

例 12.1　简支梁受集中载荷是工程中常见的一种结构承载形式,如内燃机的凸轮轴、某些齿轮轴、门式起重机等。试求解图 12.10 所示简支梁在集中力 F 作用下的最大挠度及最大转角,已知抗弯刚度 EI 为常量。

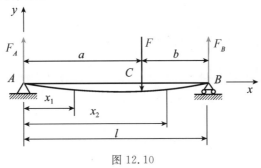

图 12.10

解　(1)列弯矩方程。

梁两端的支座约束力为

$$F_A=\frac{Fb}{l}, \quad F_B=\frac{Fa}{l}$$

分段列弯矩方程:AC 段($0 \leqslant x_1 \leqslant a$)为

$$M(x_1)=F_A x_1=\frac{Fb}{l}x_1 \tag{a}$$

CB 段($a \leqslant x_2 \leqslant l$)为

$$M(x_2)=F_A x_2-F(x_2-a)=\frac{Fb}{l}x_2-F(x_2-a) \tag{b}$$

(2)列挠曲线近似微分方程并积分。

AC 段($0 \leqslant x_1 \leqslant a$)为

$$EIw_1''=\frac{Fb}{l}x_1 \tag{c}$$

$$EI\theta_1=\frac{Fb}{l}\frac{x_1^2}{2}+C_1 \tag{d}$$

$$EIw_1=\frac{Fb}{l}\frac{x_1^3}{6}+C_1 x_1+D_1 \tag{e}$$

CB 段 $(a \leqslant x_2 \leqslant l)$ 为

$$EI w''_2 = \frac{Fb}{l} x_2 - F(x_2 - a) \tag{f}$$

$$EI\theta_2 = \frac{Fb}{l} \frac{x_2^2}{2} - F \frac{(x_2 - a)^2}{2} + C_2 \tag{g}$$

$$EIw_2 = \frac{Fb}{l} \frac{x_2^3}{6} - F \frac{(x_2 - a)^3}{6} + C_2 x_2 + D_2 \tag{h}$$

其中，C_1、D_1、C_2、D_2 为积分常数，可由光滑连续性条件和位移边界条件确定。

（3）考虑光滑连续性条件。

$$w_1 \mid_{x_1 = a} = w_2 \mid_{x_2 = a} \qquad \theta_1 \mid_{x_1 = a} = \theta_2 \mid_{x_2 = a} \tag{i}$$

式（i）表明，在 C 处，根据式（d）和式（g）确定的转角应相等；同时，由式（e）和式（h）确定的挠度也相等。令 $x_1 = x_2 = a$。

由以上两式可求得

$$C_1 = C_2, \qquad D_1 = D_2 \tag{j}$$

（4）考虑位移边界条件。

$$w_1 \mid_{x_1 = 0} = 0 \qquad w_2 \mid_{x_2 = l} = 0 \tag{k}$$

将式（k）代入式（e）、式（h），并注意到式（j），可得

$$D_1 = D_2 = 0 \qquad C_1 = C_2 = -\frac{Fb}{6l}(l^2 - b^2) \tag{l}$$

（5）写出转角方程和挠度方程。

AC 段 $(0 \leqslant x_1 \leqslant a)$ 为

$$EI\theta_1 = -\frac{Fb}{6l}(l^2 - 3x_1^2 - b^2) \tag{m}$$

$$EIw_1 = -\frac{Fbx_1}{6l}(l^2 - x_1^2 - b^2) \tag{n}$$

CB 段 $(a \leqslant x_2 \leqslant l)$ 为

$$EI\theta_2 = -\frac{Fb}{6l}\left[(l^2 - b^2 - 3x_2^2) + \frac{3l}{b}(x_2 - a)^2\right] \tag{o}$$

$$EIw_2 = -\frac{Fb}{6l}\left[(l^2 - b^2 - x_2^2)x_2 + \frac{l}{b}(x_2 - a)^3\right] \tag{p}$$

（6）最大转角。

在式（m）及式（o）中，分别令 $x_1 = 0$ 及 $x_2 = l$，化简后得梁两端面的转角为

$$\theta_A = \theta_1 \mid_{x_1 = 0} = -\frac{Fab}{6EIl}(l + b) \tag{q}$$

$$\theta_B = \theta_2 \mid_{x_2 = l} = \frac{Fab}{6EIl}(l + a) \tag{r}$$

当 $a > b$ 时，θ_B 为最大转角。

（7）最大挠度。

由极值条件可知，当 $\theta = \dfrac{\mathrm{d}w}{\mathrm{d}x} = 0$ 时，w 有极值。应首先确定转角 θ 为零的截面位置。由式（q）可知端截面 A 的转角 θ_A 为负，此外，若在式（m）中令 $x_1 = a$，可求得截面 C 的转角为

$$\theta_C = \frac{Fab}{3EIl}(a-b)) \tag{s}$$

若 $a>b$,则 θ_C 为正。可见从截面 A 到截面 C,转角由负变为正,改变了符号。因此,对于光滑连续的挠曲线来说,$\theta=0$ 的截面必然出现在 AC 段内。令 $x_1=x_0$ 时,式(m)等于零,得

$$\frac{Fb}{6l}(l^2 - 3x_0^2 - b^2) = 0 \tag{t}$$

$$x_0 = \sqrt{\frac{l^2 - b^2}{3}} \tag{u}$$

x_0 即为挠度为最大值的截面的横坐标。以 x_0 代入式(n),求得最大挠度为

$$w_{\max} = -\frac{Fb}{9\sqrt{3}EIl}\sqrt{(l^2 - b^2)^3} \tag{v}$$

(知识拓展)

　　梁的转角与挠曲线方程,引入边界和连续条件,给出了梁的光滑挠曲线。此曲线展现结构整体协调与刚度,若失之则材料或损或裂。同理,社会、团体亦须整体协调,同心共力方达目标。这恰似我们构建和谐社会的初衷,追求各方面的和谐统一。整体协调不仅关乎结构安全,更是社会和谐、团体凝聚的基石,值得我们共同珍视与努力。

12.4　用叠加法求解梁的变形

　　积分法是求解梁变形的一种基本方法,其优点是可以直接利用数学方法求得梁的挠度方程和转角方程。但有时只需确定某些特定截面的转角和挠度,并不需要求出梁的转角和挠度的普遍方程。这时,积分法就显得过于烦琐。为了应用上的方便,一般设计手册已将常用梁的挠度和转角的有关计算公式列成表格,以备查用。在变形条件小且材料服从胡克定律的情况下,挠曲线的微分方程(12.6)是线性微分方程。此外,在小变形的前提下,弯矩与载荷的关系也是线性的,所以,当梁同时受多个载荷作用时,梁任一截面处的转角和挠度等于各载荷单独作用时该截面转角和挠度的代数和。这就是计算弯曲变形的叠加法(Superposition Method)。

　　例 12.4　图 12.11(a)所示简支梁,受均布载荷 q 及集中力 F 作用。已知抗弯刚度为 EI,$F=ql$,试用叠加法求梁 C 点的挠度。

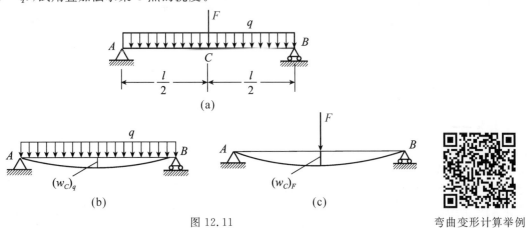

图 12.11

弯曲变形计算举例

解　把梁所受载荷分解为只受均布载荷 q 及只受集中力 F 两种情况,如图 12.11(b)、(c) 所示。均布载荷 q 引起的 C 点挠度由表 12.2 第 10 栏查得

$$(w_C)_q = -\frac{5ql^4}{384EI}$$

集中力 F 引起的 C 点挠度由表 12.2 第 8 栏查得

$$(w_C)_F = -\frac{Fl^3}{48EI} = -\frac{ql^4}{48EI}$$

梁在均布载荷 q 及集中力 F 共同作用下,C 点的挠度等于以上结果的代数叠加

$$w_C = (w_C)_q + (w_C)_F = -\frac{5ql^4}{384EI} - \frac{ql^4}{48EI} = -\frac{13ql^4}{384EI}$$

表 12.2　梁在简单载荷作用下的变形

序号	梁的简图	挠曲线方程	端截面转角	最大挠度
1	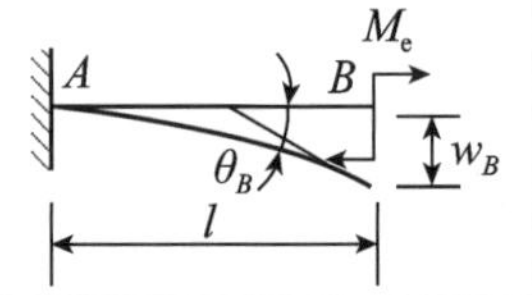	$w = -\dfrac{M_e x^2}{2EI}$	$\theta_B = -\dfrac{M_e l}{EI}$	$w_B = -\dfrac{M_e l^2}{2EI}$
2	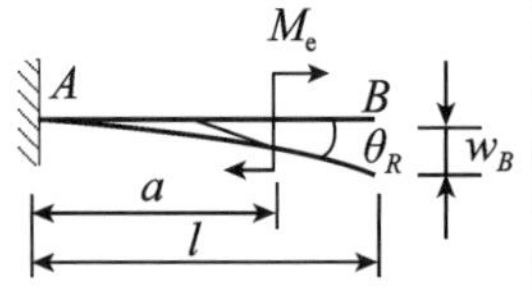	$w = -\dfrac{M_e x^2}{2EI},\ 0 \leqslant x \leqslant a$ $w = -\dfrac{M_e a}{EI}\left[(x-a)+\dfrac{a}{2}\right],$ $a \leqslant x \leqslant l$	$\theta_B = -\dfrac{M_e q}{EI}$	$w_B = -\dfrac{M_e a}{2EI}\left(l-\dfrac{a}{2}\right)$
3	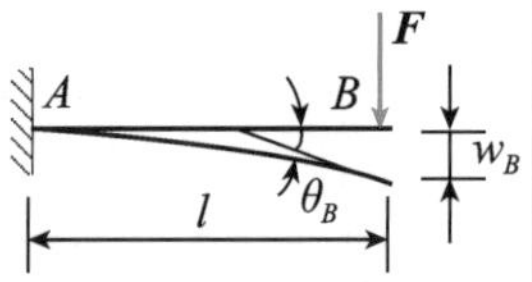	$w = -\dfrac{F x^2}{6EI}(3l-x)$	$\theta_B = -\dfrac{Fl^2}{2EI}$	$w_B = -\dfrac{Fl^3}{3EI}$
4	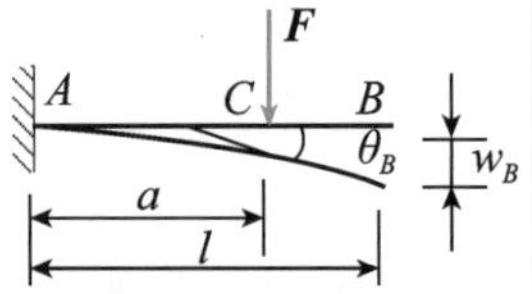	$w = -\dfrac{F x^2}{6EI}(3a-x),\ 0 \leqslant x \leqslant a$ $w = -\dfrac{F a^2}{6EI}(3x-a),\ a \leqslant x \leqslant l$	$\theta_B = -\dfrac{fl^2}{2EI}$	$w_B = -\dfrac{fa^2}{6EI}(3l-a)$
5	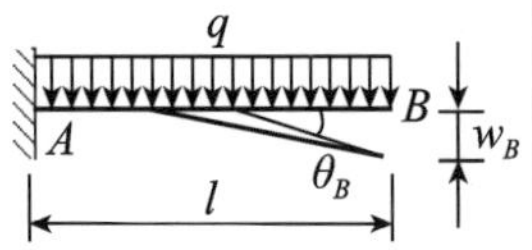	$w = -\dfrac{q x^2}{24EI}(x^2-4lx+6l^2)$	$\theta_B = -\dfrac{ql^3}{6EI}$	$w_B = -\dfrac{ql^4}{8EI}$
6	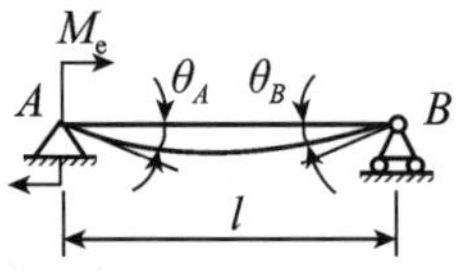	$w = -\dfrac{M_e x}{6EIl}(l-x)(2l-x)$	$\theta_A = -\dfrac{M_e l}{3EI}$ $\theta_B = \dfrac{M_e l}{6EI}$	$x = \left(1-\dfrac{1}{\sqrt{3}}\right)l$ $w_{max} = -\dfrac{M_e l^2}{9\sqrt{3}EI},$ $w_{\frac{1}{2}} = -\dfrac{M_e l^2}{16EI}$
7	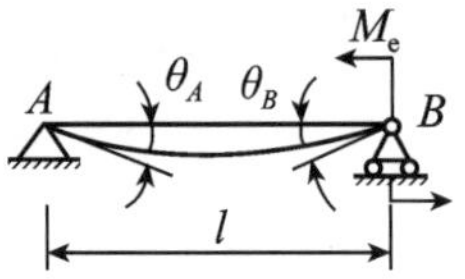	$w = -\dfrac{M_e x}{6EIl}(l^2-x^2)$	$\theta_A = -\dfrac{M_e l}{6EI}$ $\theta_B = \dfrac{M_e l}{3EI}$	$x = \dfrac{1}{\sqrt{3}}l$ $w_{max} = \dfrac{M_e l^2}{9\sqrt{3}EI},\ w_{\frac{1}{2}} = \dfrac{M_e l^2}{16EI}$

序号	梁的简图	挠曲线方程	端截面转角	最大挠度
8		$w=\dfrac{Fx}{48EI}(3l^2-4x^2)$ $0\leqslant x\leqslant l/2$	$\theta_A=-\theta_B=\dfrac{Fl^2}{16EI}$	$w_{\max}=\dfrac{Fl^3}{48EI}$
9		$w=-\dfrac{Fbx}{6EIl}(l^2-x^2-b^2)$ $0\leqslant x\leqslant a$ $w=\dfrac{Fb}{6EIl}\left[\dfrac{l}{b}-(x-a)^3-\right.$ $\left. x^3+(l^2-b^2)x\right]$ $a\leqslant x\leqslant l$	$\theta_A=-\dfrac{Fab(l+b)}{6EIl}$ $\theta_B=\dfrac{Fab(l+a)}{6EIl}$	若 $a>b$，在 $x=\sqrt{\dfrac{l^2-b^2}{3}}$ 处 $w_{\max}=\dfrac{Fb(l^2-b^2)^{3/2}}{9\sqrt{3}EIl}$ $w_{\frac{1}{2}}=\dfrac{Fb(3l^2-4b^2)}{48EI}$
10		$w=-\dfrac{qx}{24EI}(l^3-2lx^2+x^3)$	$\theta_A=-\theta_B=\dfrac{ql^3}{24EI}$	$w_{\max}=\dfrac{5ql^4}{384EI}$
11		$0\leqslant x\leqslant l$ $w=-\dfrac{M_{\mathrm e}x}{6lEI}(l^2-x^2)$ $l\leqslant x\leqslant l+a$ $w=\dfrac{M_{\mathrm e}x}{6lEI}(3x^2-4lx+l^2)$	$\theta_A=-\dfrac{M_{\mathrm e}l}{6EI}$ $\theta_B=\dfrac{M_{\mathrm e}l}{3EI}$ $\theta_C=\dfrac{M_{\mathrm e}l}{3EI}(l+3a)$	在 $x=\dfrac{l}{\sqrt{3}}$ 处 $w=-\dfrac{M_{\mathrm e}l^2}{9\sqrt{3}EI}$ $x=l+a$ 处 $w_C=\dfrac{M_{\mathrm e}a}{6EI}(2l+3a)$
12		$0\leqslant x\leqslant l$ $w=-\dfrac{Fax}{6lEI}(x^2-l^2)$ $l\leqslant x\leqslant l+a$ $w=\dfrac{F(x-l)}{6EI}\left[a(3x-l)-\right.$ $\left.(x-l)^2\right]$	$\theta_A=\dfrac{Fal}{6EI}$ $\theta_B=-\dfrac{Fal}{3EI}$ $\theta_C=-\dfrac{Fa}{6EI}(2l+$ $3a)$	在 $x=\dfrac{l}{\sqrt{3}}$ 处 $w=\dfrac{Fal^2}{9\sqrt{3}EI}$ 在 $x=l+a$ 处 $w_C=-\dfrac{Fa}{3EI}(l+a)$
13		$0\leqslant x\leqslant l$ $w=-\dfrac{qa^2}{12EI}\left(lx-\dfrac{x^3}{l}\right)$ $l\leqslant x\leqslant l+a$ $w=-\dfrac{qa^2}{12EI}\left[\dfrac{x^3}{l}-\right.$ $\dfrac{(2l+a)(x-l)^3}{al}-$ $\left.\dfrac{(x-l)^4}{2a^2}-lx\right]$	$\theta_A=+\dfrac{qa^2l}{12EI}$ $\theta_B=-\dfrac{qa^2l}{6EI}$ $\theta_C=-\dfrac{qa^2}{6EI}(l+a)$	在 $x=\dfrac{l}{\sqrt{3}}$ 处 $w=\dfrac{qa^2l^2}{18\sqrt{3}EI}$ 在 $x=l+a$ 处 $w_C=-\dfrac{qa^3}{24EI}(3a+4l)$

12.5 梁的刚度校核

依据前面学习的积分法或者叠加法可求解出梁弯曲变形时的挠度 w 与转角 θ。结合工程实际,应根据实际工程需要,限制梁的最大挠度和最大转角。若许可挠度(Allowable Deflection)和许可转角(Allowable Slope)分别表示为 $[\delta]$ 与 $[\theta]$,则梁的刚度条件可表示为

$$|w|_{max} \leqslant [\delta] \tag{12.9}$$

$$|\theta|_{max} \leqslant [\theta] \tag{12.10}$$

可见,梁的最大挠度或最大转角是衡量梁的刚度高低的标志性几何量。$[w]$ 与 $[\theta]$ 数值由具体的工作条件决定。如

一般用途的轴

$$[\delta] = (0.0003 \sim 0.0005)l$$

起重机大梁

$$[\delta] = (0.001 \sim 0.002)l$$

知识拓展

在工程专业中,梁的刚度条件以及其他力学知识发挥着举足轻重的作用。凭借对刚度的校核、截面尺寸的设计,以及承载能力的科学计算,我国已经成功打造了众多引以为傲的大型工程,如港珠澳大桥等,彰显了国家实力和智慧。这些辉煌成就的背后,有一大批大国工匠的默默付出与坚持。他们在实践中不断磨炼技艺,以精益求精、追求完美的工匠精神,为每一项工程注入了生命和灵魂。在学习工程专业知识的同时,我们更应学习他们这种对待工作的认真态度和追求卓越的精神。

例 12.5 试按刚度条件校核图 12.12 所示简支梁。已知按强度条件所选择的梁为两根 20a 号槽钢,每根槽钢的惯性矩 $I = 1780 \text{ cm}^4$,钢的弹性模量为 $E = 210 \text{ GPa}$,梁的许可挠度为 $[\delta] = 0.0025l$。

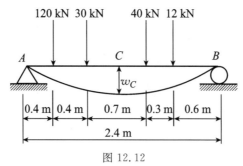

图 12.12

解 根据 12.3 节例 12.3,可将梁跨中点 C 处的挠度 w_c 作为梁的最大挠度 w_{max},由表 12.2 采用叠加法得

$$w_{max} \approx w_c = \sum_{i=1}^{4} \frac{P_i b_i}{48EI}[3l^2 - 4b_i^2] = 4.67 \text{ mm}$$

梁的许可挠度值为

$$[\delta] = 0.0025l = 0.0025 \times 2.4 = 6 \times 10^{-3} \text{ m} = 6 \text{ mm}$$

$$w_{\max} = 4.67\text{mm} < [\delta]$$

所选用的槽钢能够满足刚度条件的要求。

提高梁的刚度,实际上就是要减小最大挠度或最大转角。从挠曲线的近似微分方程可以看出,梁的弯曲变形和弯矩及抗弯刚度有关,而影响弯矩和抗弯刚度的因素又与梁上作用载荷的类别和分布情况、梁的跨度、约束情况、梁截面的惯性矩,以及材料的弹性模量有关。因此,为了提高梁的抗弯刚度,应从考虑以上各因素入手。

1. 改善结构形式和载荷作用方式,减小弯矩

弯矩是引起弯曲变形的主要因素,减小弯矩也就减小了梁的弯曲变形。通过调整加载方式,可以降低梁的弯矩值。例如图 12.13(a)所示的简支梁,若将集中力分散成作用于全梁上的均布载荷,如图 12.13(b)所示,此时最大挠度仅为集中力 F 作用时的 62.5%。如果将简支梁的支座内移,改为外伸梁,如图 12.13(c)所示。

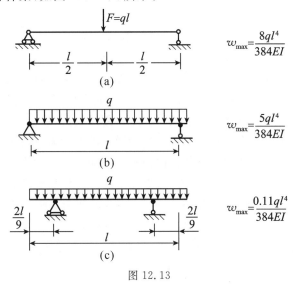

图 12.13

减小梁的跨度,也是减小弯曲变形的有效措施。例如工程上对镗刀杆(见图 12.14)的外伸长度有一定的规定,以保证镗孔的精度要求。在跨度不能减小的情况下,可采取增加支承的方法提高梁的刚度。如镗刀杆,若外伸部分过长,可在端部加装尾架(见图 12.14),以减小镗刀杆的变形,提高加工精度。车削细长工件时,除用尾顶针外,有时还加用中心架(见图 12.15)或跟刀架,以减小工件的变形,提高加工精度。对较长的传动轴,有时采用二支承以提高轴的刚度。应该指出,为提高杆件的弯曲刚度而增加支承,都将使这些杆件由原来的静定梁变为静不定梁。

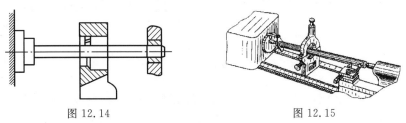

图 12.14   图 12.15

2. 选择合理截面形状,增大截面惯性矩

不同形状的截面,尽管面积相等,但惯性矩并不一定相等。所以选取合理的截面形状,增大截面惯性矩,也是提高弯曲刚度的有效措施。例如工字形、槽形和 T 形截面都比面积相等的矩形截面有更大的惯性矩。所以起重机大梁一般采用工字形或箱形截面;而机器的箱体采用加筋的办法提高箱壁的抗弯刚度,却不采取增加壁厚的方法。一般来说,提高截面惯性矩 I 的数值,往往也同时提高了梁的强度。不过,在强度问题中,更准确地说,是提高弯矩较大的局部范围内的抗弯截面模量。而弯曲变形与全长内各部分的刚度都有关系,往往要考虑提高杆件全长的弯曲刚度。

最后指出,弯曲变形还与材料的弹性模量 E 有关。对于 E 值不同的材料来说,E 值越大弯曲变形越小。因为各种钢材的弹性模量 E 大致相同,所以为提高弯曲刚度而采用高强度钢材,并不会达到预期的效果。

12.6 静不定梁

前面讨论的梁均为静定梁,即由独立的平衡方程就可以求出所有的未知约束力。但是,在工程实际中,为了提高梁的强度和刚度,或由于结构上的需要,往往在静定梁上再增加一个或多个约束。这样,梁的约束力数目就超过独立的平衡方程数目,仅由静力学平衡方程不能解出全部的未知约束力,这样的梁称为**静不定梁**。这些增加的约束对于维持梁的平衡而言是多余的,因此称为多余约束,与此相应的约束力,称为多余约束力。多余约束力的个数即为梁的超静定次数。求解静不定梁的方法不止一种,这里介绍一种比较简单的方法——变形比较法。

在图 12.16(a)所示的梁中,固定端 A 有三个约束,可动铰支座 B 有一个约束,而独立的平衡方程只有三个,未知约束力的数目比独立平衡方程的数目多一个,故为一次静不定梁。在静不定梁中,那些超过维持梁平衡所必需的约束,习惯上称为多余约束。如撤掉多余约束支座 B 后,可得到一个静定悬臂梁,称为原静不定梁的**基本静定梁**,如图 12.16(b)所示。为了使基本静定梁和原静不定梁的受力和变形情况一致,在基本静定梁上加上原来的荷载 q 和未知的多余约束力 F_B 所得的系统,称为原静不定梁的**相当系统**(Equivalent System),如图 12.16(c)所示。

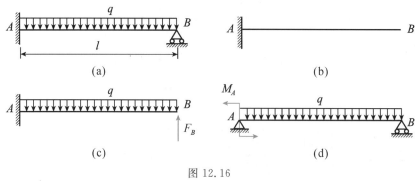

图 12.16

为了使相当系统与原静不定梁相同,相当系统在多余约束处的变形必须符合原静不定梁的约束条件,即满足变形协调条件。在此例中,要求

$$w_B = 0 \qquad\qquad\qquad\qquad (a)$$

由叠加法或积分法可算出，在外力 q 和 F_B 作用下，相当系统截面 B 的挠度为

$$w_B = (w_B)_q + (w_B)_{F_B} = -\frac{ql^4}{8EI} + \frac{F_B l^3}{3EI} \qquad (b)$$

将式（b）代入式（a），得补充方程为

$$\frac{F_B l^3}{3EI} - \frac{ql^4}{8EI} = 0 \qquad\qquad\qquad (c)$$

解得

$$F_B = \frac{3ql}{8}$$

F_B 为正，表明未知约束力的方向与图中所设方向一致。解出静不定梁的多余支座约束力 F_B 后，其余的约束力、内力、应力及变形的计算与静定梁完全相同。

上述解题方法的关键是通过比较相当系统与原超静定系统在多余约束处的变形，导出变形协调条件，这种方法称为变形比较法。对于图 12.16（a）所示的静不定梁来说，也可将 A 截面限制转动的约束视为多余约束，如果将该约束解除，并以多余的约束力偶 M_A 代替其作用，原梁的相当系统，如图 12.16（d）所示，而相应的变形协调条件是截面 A 的转角为零，即

$$\theta_A = (\theta_A)_q + (\theta_A)_{F_B} = 0$$

由此可求得与上述解答完全相同的结果。

知 识 拓 展

超静定问题的求解，常采用划归思想，即通过建立基本静定系，将复杂的超静定问题转化为已知的静定问题。这种思路体现了辩证唯物主义的基本观点，也就是将未知转化为已知，用已知求解未知。划归思想在解决问题时，通过变换将问题简化，将难解变为易解，将未解变为已解，是一种高效且实用的解题方法。在工程实践中，划归思想的应用广泛，对于解决各种复杂问题具有重要意义。

本 章 小 结

本章介绍了求梁的变形的方法：积分法和叠加法；当求解静不定梁时采用变形比较法。

（1）积分法适用于建立一般情况下的挠度方程和转角方程。积分法求梁变形的方法和步骤如下。

①外力分析。列平衡方程，求支座约束力，并校核计算结果。

②内力分析。列弯矩方程。

③列出梁的挠曲线近似微分方程，并对其进行逐次积分。

④利用边界条件和连续条件确定积分常数，它是积分法的关键。

⑤将确定的积分常数代入，建立相应的挠度方程和转角方程。

⑥求最大挠度、最大转角或指定截面的挠度和转角。

（2）叠加法。

①叠加原理：梁在多种载荷作用下任一截面的挠度或转角，等于该梁在每一种载荷单独作用下，同一截面挠度或转角的总和。

②叠加原理的适用条件:线弹性的小变形梁。

③叠加原理的应用:根据叠加原理,利用已有公式求出梁在一种载荷单独作用下的挠曲线方程、端截面转角及绝对值最大的挠度,然后将同一截面上的挠度和转角值分别叠加,即可求得梁在多种载荷共同作用下某截面的挠度和转角。

(3)梁的刚度条件为$|w|_{\max}\leqslant[\delta]$,$|\theta|_{\max}\leqslant[\theta]$。可以从有关设计规范手册中查询$[\delta]$和$[\theta]$的值。

(4)提高梁刚度的措施:改善结构形式和载荷作用方式,以减小弯矩;选择合理截面形状,以增大截面惯性矩等。

(5)静不定梁。未知支座约束力数目多于独立平衡方程数目的梁称为静不定梁。用变形比较法求解静不定梁的方法如下:

①确定静不定次数。

②选取基本静定梁并给出基本平衡方程。

③建立补充方程,联立平衡方程和补充方程求解约束力。

思考题

1.若两梁的抗弯刚度相同,弯矩方程相同,则两梁的挠曲线形状是否完全相同,为什么?

2.如何确定梁上最大挠度的位置?

3.判断下列说法是否正确,并说明为什么。

(1)正弯矩产生正转角,负弯矩产生负转角。

(2)弯矩最大的截面转角最大,弯矩为零的截面转角为零。

(3)弯矩突变的地方转角也有突变。

(4)弯矩为零处,挠曲线曲率必为零。

4.简述位移边界条件和光滑连续条件在求解梁的变形中起着怎样的作用?

习 题

一、填空题

1.如图 12.17 所示等截面简支梁 C 处的挠度 w_C 为_____。

2.图 12.18 所示等截面梁点 C 的挠度 $w_C=$_____和点 D 的挠度 $w_D=$_____。

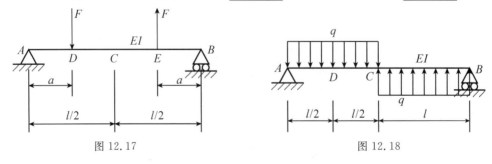

图 12.17　　　　　　　　　　　　　　　图 12.18

3.当圆截面梁的直径增加一倍时,梁的强度为原梁的_____倍,梁的刚度为原梁的

_____倍。

4. 梁的横截面积一定,若分别采用圆形、正方形、矩形(高大于宽),按图 12.19 放置,载荷沿 y 方向作用,则_____截面梁的刚度最好,_____截面梁的刚度最差。

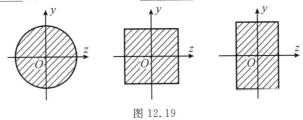

图 12.19

二、判断题

1. 等截面直梁在弯曲变形时,挠曲线曲率最大值一定发生在转角 $\theta = 0°$ 的截面处。(　　)

2. 只要满足线弹性条件,就可应用挠曲线近似微分方程,并通过积分法求梁的位移。(　　)

3. 若两梁弯曲刚度相同,且弯矩方程 $M(x)$ 也相同,则两梁的挠曲线形状一定相同。(　　)

4. 梁上弯矩最大的截面,其挠度也最大,而弯矩为 0 的截面,其转角也为 0。(　　)

5. 梁在弯曲变形时,当某一截面内弯矩为 0,而且此截面左右的弯矩异号,则此处定为挠曲线拐点。(　　)

6. 等截面或分段等截面(阶梯状)梁,可用积分法求梁的位移,但变截面梁则不能用积分法求梁的位移。(　　)

7. 两根材质不同但截面形状尺寸及支承条件完全相同的静定梁,在承受相同载荷作用下,两梁对应截面处位移相同。(　　)

8. 尽管梁上作用有若干载荷,只要梁不带有中间铰,梁的挠曲线必然是一条连续光滑的曲线。(　　)

9. T 形截面简支梁采用图 12.20 所示两种不同方式放置,则两种放置情况的变形与位移是相同的,但弯曲应力不同。(　　)

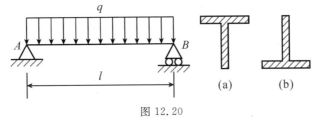

图 12.20

10. 悬臂梁受力如图 12.21 所示,若将力偶 M_e 移到 C 处,梁 AC 段的挠度 w 及转角 θ 均不变。(　　)

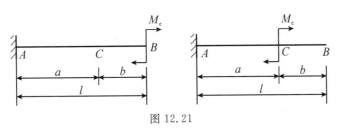

图 12.21

三、选择题

1. 已知简支梁长度为 l，弯曲刚度 EI 为常数，挠曲线方程为 $w=\dfrac{qx}{24EI}(l^3-2lx^2+x^3)$，则梁的弯矩图为图 12.22 中的（　　）。

   A.（a）　　　　　　B.（b）　　　　　　C.（c）　　　　　　D.（d）

2. 如图 12.23 所示，已知梁的弯曲刚度 EI 为常数，今欲使梁的挠曲线在 $x=l/3$ 处出现一拐点，则比值 M_{e1}/M_{e2} 为（　　）。

   A. 2　　　　　　　B. 3　　　　　　　C. 1/2　　　　　　D. 1/3

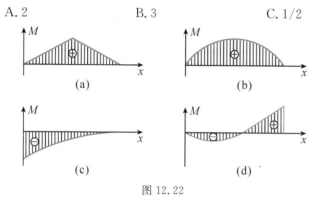

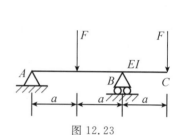

图 12.22　　　　　　　　　　　　　　图 12.23

3. 两根材料相同、弯曲刚度相同的悬臂梁 Ⅰ、Ⅱ 如图 12.24 所示，则（　　）。

   A. Ⅰ 梁和 Ⅱ 梁的最大挠度相同　　　　　　B. Ⅱ 梁的最大挠度是 Ⅰ 梁的 2 倍

   C. Ⅱ 梁的最大挠度是 Ⅰ 梁的 4 倍　　　　　D. Ⅱ 梁的最大挠度是 Ⅰ 梁的 1/2 倍

4. 正方形截面梁分别按图 12.25(a)、(b) 两种形式放置，则两者间的弯曲刚度关系为（　　）。

   A.（a）>（b）　　　B.（a）<（b）　　　C.（a）=（b）　　　D. 不一定

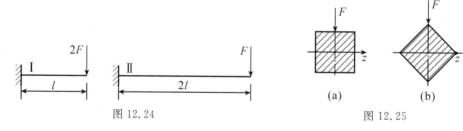

图 12.24　　　　　　　　　　　　　图 12.25

四、计算题

1. 用积分法求图 12.26 所示各悬臂梁自由端的挠度和转角，简支梁的端截面转角 θ_A 和 θ_B、跨度中点的挠度和最大挠度，设 EI 为常量。

$$\left[答：(a)w=-\frac{7Fa^3}{2EI},\theta=\frac{5Fa^2}{2EI} \right.$$

$$(b)w=-\frac{41ql^4}{384EI},\theta=-\frac{7ql^3}{48EI}$$

$$(c)\theta_A=-\frac{M_el}{6EI},\theta_B=-\frac{M_el}{6EI},w_{\frac{l}{2}}=-\frac{M_el^2}{16EI},w_{\max}=-\frac{M_el^2}{9\sqrt{3}EI}$$

$$\left. (d)\theta_A=-\frac{3ql^3}{128EI},\theta_B=\frac{7ql^3}{384EI},w_{\frac{l}{2}}=-\frac{5ql^4}{768EI},w_{\max}=-\frac{5.04ql^4}{768EI} \right]$$

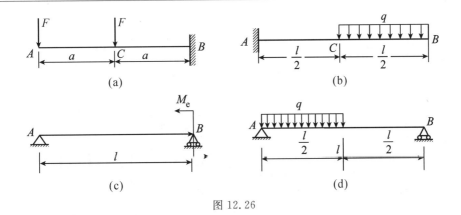

图 12.26

2. 用积分法求图 12.27 所示悬臂梁的挠曲线方程时,要分几段积分? 根据什么条件确定积分常数? 并求出自由端的挠度和转角。设 EI 为常量。

$$\left[答:(a)w_B=-\frac{Fa^2}{6EI}(3l-a),\theta_B=-\frac{Fa^2}{2EI} \right.$$

$$\left. (b)w_B=-\frac{M_e a}{EI}\left(l-\frac{a}{2}\right),\theta_B=-\frac{M_e a}{EI} \right]$$

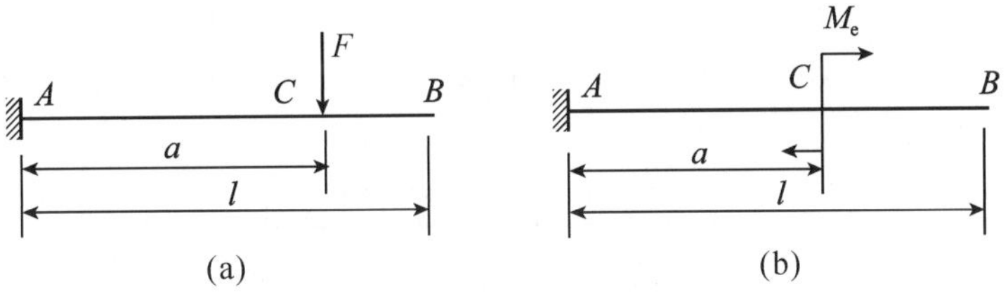

图 12.27

3. 试用叠加法求图 12.28 所示各梁 A 截面的挠度及 B 截面的转角,EI 为常量。

$$\left[答:(a)w_A=-\frac{Fl^3}{6EI},\theta_B=-\frac{9Fl^2}{8EI} \right.$$

$$(b)w_A=-\frac{Fa}{6EI}(3b^2+6ab+2a^2),\theta_B=\frac{Fa(2b+a)}{2EI}$$

$$(c)w_A=-\frac{5ql^4}{768EI},\theta_B=\frac{ql^3}{384EI}$$

$$\left. (d)w_A=\frac{ql^4}{16EI},\theta_B=\frac{ql^3}{12EI} \right]$$

4. 用叠加法求图 12.29 所示外伸梁外伸端的挠度和转角,设 EI 为常量。

$$\left[答:(a)w=\frac{Fa}{48EI}(3l^2-16al-16a^2),\theta=\frac{F}{48EI}(24a^2+16al-3l^2) \right.$$

$$\left. (b)w=\frac{qal^2}{24EI}(5l+6a),\theta=-\frac{ql^2}{24EI}(5l+12a) \right]$$

5. 变截面悬臂梁如图 12.30 所示,全梁承受均布载荷 q 的作用,试用叠加法求自由端的挠度。梁材料的弹性模量 E 及惯性矩 I_1,I_2 均为已知。

$$\left(答:w_A=-\frac{ql^4}{12EI_1}-\frac{ql^4}{8EI_2} \right)$$

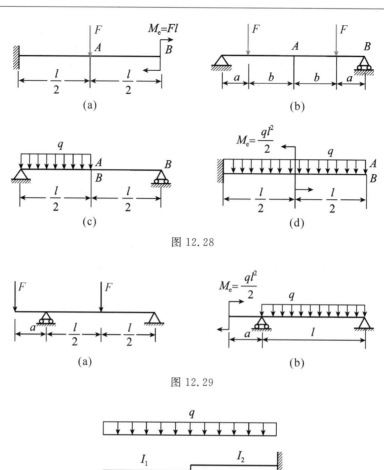

图 12.28

图 12.29

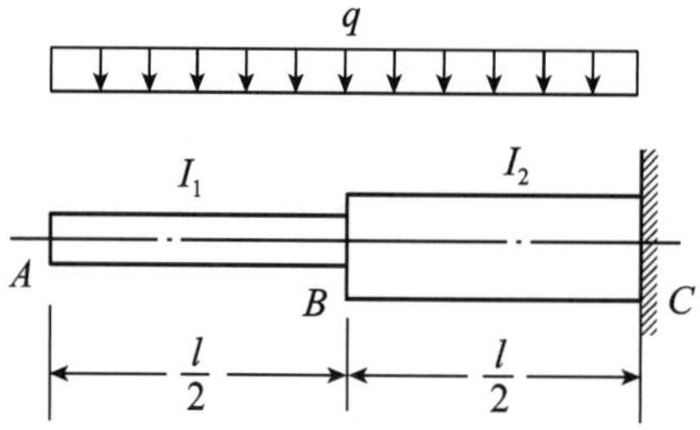

图 12.30

6. 桥式起重机的最大载荷为 $F=23$ kN,起重机梁为 32a 工字钢,$E=210$ GPa,$l=8.76$ m。规定 $[w]=l/500$,如图 12.31 所示,试校核梁的刚度。

(答:$w=13.8$ mm$<[w]$,大梁满足刚度要求)

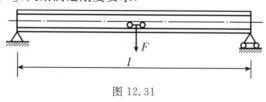

图 12.31

7. 图 12.32 所示结构中 1、2 两杆的抗拉刚度同为 EA。(1)若将横梁 AB 视为刚体,试求 1、2 两杆的轴力。(2)若考虑横梁的变形,且抗弯刚度为 EI,试求 1、2 两杆的轴力。

$$\left[答:(1)F_{N1}=\frac{F}{5},F_{N2}=\frac{2F}{5};(2)F_{N1}=\frac{(3lI+2a^3A)F}{15lI+2a^3A},F_{N2}=\frac{6lIF}{15lI+2a^3A} \right]$$

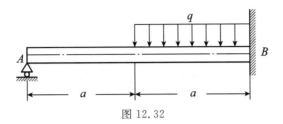

图 12.32

拓展阅读

逆解法求解梁挠曲线方程[①]

积分法和叠加法是求解梁弯曲变形的主要方法。下面我们尝试另一种求解方法——逆解法。所谓逆解法，就是根据梁的载荷情况假设含有待定系数的挠曲线函数，然后根据边界条件和补充方程确定待定系数，当挠曲线函数满足所有边界条件时，则认为该挠曲线函数就是梁的真实变形状态。

根据梁的挠曲线近似微分方程

$$EI\,\frac{\mathrm{d}^2 w(x)}{\mathrm{d}x^2} = M(x) \tag{1}$$

可以得到挠曲线与剪力、分布载荷之间的关系为

$$EI\,\frac{\mathrm{d}^3 w(x)}{\mathrm{d}x^3} = F_s(x) \tag{2}$$

$$EI\,\frac{\mathrm{d}^4 w(x)}{\mathrm{d}x^4} = q(x) \tag{3}$$

下面我们以图 1 所示三种梁为例，采用逆解法求解这三种梁的挠曲线函数。

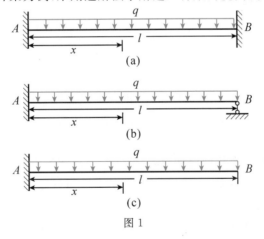

图 1

挠曲线一般为多项式函数，图 1 中的三种梁均布载荷集度均为常数 q，根据式（3），可设其挠曲线函数为

$$w(x) = a_0 + a_1 x + a_2 x^2 + a_3 x^3 + a_4 x^4 \tag{4}$$

① 王太川. 超静定梁挠曲线的一种新解法[J]. 鞍山科技大学学报, 2005, 28(6): 450 - 452.

1. 图 1(a)为二次超静定梁(由于没有水平载荷,水平约束力为零,故为二次超静定)

挠曲线函数式(4)中共有 5 个待定系数,梁左、右端均为固定端,具有四个位移边界条件,可以列出四个方程,考虑式(3)列出补充方程,即可确定 5 个待定系数。求解过程如下

(1)A 端为固定端约束,边界条件为 $w(x)|_{x=0}=0,\dfrac{\mathrm{d}w(x)}{\mathrm{d}x}|_{x=0}=0$,解得 $a_0=a_1=0$。

(2)由挠曲线与载荷之间关系得 $EI\dfrac{\mathrm{d}^4 w(x)}{\mathrm{d}x^4}=24EIa_4=-q$,解得 $a_4=-\dfrac{q}{24EI}$。

(3)右端边界条件:$w(x)|_{x=l}=0,\dfrac{\mathrm{d}w(x)}{\mathrm{d}x}|_{x=l}=0$,解得 $a_2=\dfrac{5ql^2}{24EI}a_3=-\dfrac{ql}{12EI}$。

将求得的系数代入挠曲线方程(4),得

$$w(x)=\frac{qx^2}{24EI}(5l^2-2lx-x^2)$$

这就是图 1(a)所示超静定梁的挠曲线方程,与积分法求得的解完全一致。

2. 图 1(b)一次超静定梁

左端固支,右端可动铰支座,具有 3 个位移边界条件,利用式(3)、式(2)可列出两个补充方程,可求解五个待定系数。

(1)左端边界条件与图 1(a)相同,可类似得到前三个系数:$a_0=a_1=0,a_4=-\dfrac{q}{24EI}$。

(2)求解超静定梁可得,$x=0$ 时,$F_{Ay}=\dfrac{5}{8}ql$,将其代入式(2),解得 $a_3=\dfrac{5ql}{48EI}$。

(3)利用边界条件:$w(x)|_{x=l}=0$,解得:$a_2=-\dfrac{ql^2}{16EI}$。

将求得的系数代入挠曲线方程(4),得

$$w(x)=-\frac{qx^2}{48EI}(3l^2-5lx+2x^2)$$

这就是图 1(b)所示超静定梁的挠曲线方程,与积分法求得的解完全一致。

3. 图 1(c)静定梁

图 1(c)所示静定梁有两个位移边界条件,再利用挠曲线微分关系式(1)至式(3),列出三个补充方程,即可求解图 1(c)所示静定梁对应的挠曲线方程(4)中的 5 个待定系数,由于篇幅所限,在此不进行详细推导。

通过上述逆解法求解二次超静定梁问题,可以看出逆解法只需要根据载荷写出相应的补充方程,联合位移边界条件,不需要求解超静定梁的全部约束力,即可完成求解,求解过程相对简单;在文献①中,王太川采用该方法对多跨超静定梁进行了求解。与积分法、叠加法相比,逆解法具有求解过程简单、求解精度高等优点,是一种值得在工程中广泛推广的求解方法。

第 13 章 应力状态及强度理论

本章思维导图

课前导读

由前面第 7、第 8、第 9、第 11 章的研究可知,受力构件同一截面不同点上的应力一般不相同。即使对同一点,若所取截面的方位不同,其应力也不相同。大量事实表明,构件内一点处材料的破坏不仅与构件横截面上的应力有关,还与过该点不同方位截面上的应力有关。因此,为了研究材料强度的失效规律,需要对受力构件内的点在各个不同截面上的应力情况及其变化规律进行分析,这就是应力状态分析的内容。本章主要研究受力构件内点的应力状态,研究构件在复杂应力作用下应力与应变之间的关系(广义胡克定律)及其破坏形式和强度理论,为在各种应力状态下的强度计算提供必要的理论基础。

13.1 应力状态概述

1. 点的应力状态

前面章节,在研究轴向拉伸(或压缩)、扭转、弯曲等基本变形构件的强度问题时,这些构件横截面上的危险点处只有正应力或切应力,并建立了相应的强度条件:

$$\sigma_{\max} \leqslant [\sigma], \quad \tau_{\max} \leqslant [\tau]$$

然而在某些情况下,材料的破坏并不沿横截面。例如,在拉伸试验中,低碳钢屈服时在与轴线成 45° 方向出现滑移线;铸铁圆杆扭转时,沿 45° 螺旋面断裂。上述现象表明,杆件的破坏还与斜截面上的应力有关。通过受力构件内某一点的各个截面上的应力情况的集合,就称为该点的应力状态(State of Stress)。

在基本变形情况下,杆件的横截面的危险点处只有一种应力(正应力或切应力),它与斜截面上的应力具有唯一的定量关系。因此,即使破坏不沿横截面,按横截面计算的工作应力及测得的破坏极限应力(σ_b、σ_s 或 τ_b、τ_s),从而所建立的上述强度条件仍然成立。但是在工程实际中,还常遇到一些组合变形问题,例如矿山牙轮钻的钻杆就同时存在扭转和压缩变形,这时杆横截面上危险点处不仅有正应力 σ,还有切应力 τ。它们对斜截面上的应力和杆件的破坏具有综合的影响,如仍按正应力和切应力分别进行强度计算,显然是错误的。

总之,无论是基本变形还是组合变形的构件,都必须分析点的应力状态,才能寻求其破坏的形式和原因,为建立适于各种变形下构件的强度条件提供理论依据。应力状态的理论,不仅是为各种变形情况下构件的强度计算建立理论基础,在研究金属材料的强度问题时,在采用试验方法来测定构件应力的试验应力分析中,以及在断裂力学、岩石力学和地质学等学科的研究中,都要广泛地应用到应力状态的理论,和由它得出的一些结论。

2. 应力状态的研究方法

由于构件内的应力分布一般是不均匀的,所以在分析过一点各个不同方位截面上的应力时,不宜截取构件的整个截面来研究,而是围绕该点截取一个微小的正六面体,即 9.3 节中所说的单元体来分析。因为研究的是一点的应力状态,单元体每对平行的两个平面间的距离趋于零,因此,单元体各面上的应力等同于通过该点的平行面上的应力,单元体每个面上的应力也都是均匀分布的,且单元体相互平行的面上的应力相等,区别仅在于所取的外法线方向相反,所以其应力大小相等、方向相反,这种单元体称为点的单元体。

描述一点处的应力
状态举例

当物体受静力作用时,如其整体是平衡的,从中截取的单元体一定也是平衡的。从而可用任一假想截面截单元体为两部分,考虑其中任一部分的平衡,即可求得所截的截面上的应力,所以点的单元体上的应力完全确定了一点的应力状态。这就是用截面法研究应力状态的基本方法——点的单元体分析法。

例如在图 13.1(a)中所示的轴向拉伸杆件,为了分析 A 点处的应力状态,可以围绕 A 点以横向和纵向截面截取出一个单元体来考虑。由于拉伸杆件的横截面上有均匀分布的正应

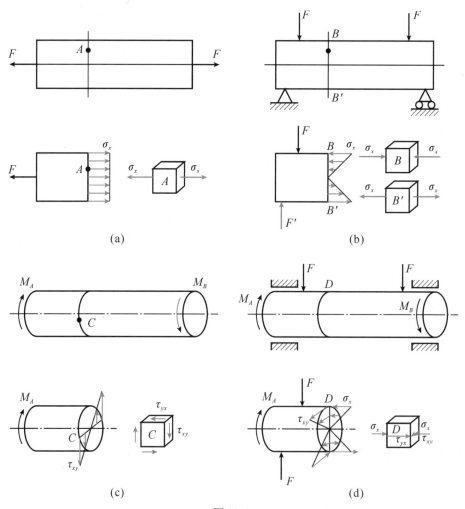

(a)   (b)

(c)   (d)

图 13.1

力,所以这个单元体只在垂直于杆轴的平面上有正应力 $\sigma_x = \dfrac{F}{A}$,而其他各平面上都没有应力。

在图 13.1(b)所示的梁上,在上、下边缘的 B 和 B' 点处,也可截取出类似的单元体,此单元体只在垂直于梁轴的平面上有正应力 σ_x。又如圆轴扭转时,若在轴表面 C 点处截取单元体,则在垂直于轴线的平面上有切应力了 τ_{xy};再根据切应力互等定理,在通过直径的平面上也有大小相等正负号相反的切应力 τ_{yx},如图 13.1(c)所示。显然,对于同时产生弯曲和扭转变形的圆杆,如图 13.1(d)所示,若在 D 点处截取单元体,则除有因弯曲而产生的正应力 σ_x 外,还存在因扭转而产生的切应力 τ_{xy}、τ_{yx}。

从以上各例看出,表示一点的应力状态可截取不同方位的单元体,但为确定各斜截面上的应力,所截取三对正交平行平面上的应力应该是给定的或经过计算后可以求得的。为此,首要的是取一对平行平面为杆件的横截面,另两对平行平面应选与横截面垂直、且其应力可求的纵向截面。由于单元体相互平行平面上的应力大小、性质完全相同,故单元体六个面上的应力实际上代表过该点处三个相互垂直平面上的应力。若单元体三对平面上的应力均为已知时,则通过该点的任一斜截面上的应力就可通过截面法求出来。于是,该点处的应力状态就完全确定了。

3. 主平面、主应力、应力状态的分类

一般情况下,表示一点处应力状态的单元体在其各个面上同时存在有正应力和切应力。但在上面讨论过的图 13.1 中,代表 A、B 二点的单元体,其各个面上的切应力都等于零;C 单元体的前、后两个面上和 D 两单元体的上、下两个面上切应力也等于零。这种切应力等于零的平面称为主平面(Principal Planes),主平面上的正应力称为主应力(Principal Stress)。可以证明,通过受力构件内任一点总可以找到由三对相互垂直的主平面构成的单元体,称为主单元体(Principal Element)。由此可知,通过受力构件内的任一点皆可找到三个相互垂直的主平面,因而每一点都有三个主应力。一般以 σ_1、σ_2 和 σ_3 表示一点的三个主应力,其大小按它们代数值的大小顺序排列,即 $\sigma_1 \geqslant \sigma_2 \geqslant \sigma_3$。

一点处的应力状态可按照该点处三个主应力中有几个不等于零而分为三类:只有一个主应力不等于零的称为单向应力状态(One Dimensional State of Stress);两个主应力不等于零的称为二向应力状态(Two Dimensional State of Stress);三个主应力都不等于零的则称为三向应力状态(Three Dimensional State of Stress)。如图 13.1 中所示,A、B 及 B' 三点都属于单向应力状态。后续通过计算可以知道,在横力弯曲的梁内除上述各点外的所有点[例如图 13.1(b)],以及在扭转圆轴内除轴线上各点以外的其他所有点[例如图 13.1(c)]等都属于二向应力状态。钢轨的头部与车轮接触点[图 13.2(b)]处的应力状态则属于三向应力状态。

在图 13.1 所示例子中所截取的单元体,有一个共同的特点,就是单元体各平面上的应力,都平行于单元体的某一对平面,而在这一对平面上却没有应力,这样的应力状态称为平面应力状态(Plane State of Stresses),上述定义的单向应力状态和二向应力状态则属于平面应力状态。若围绕构件内一点所截取的单元体,不管取向如何,在其三对平面上都有应力作用,这种应力状态则称为空间应力状态(State of Spatial Stress),上述定义的三向应力状态则属于空间应力状态。平面应力状态和空间应力状态统称为复杂应力状态(State of Complex Stress)。本章着重讨论平面应力状态,对空间应力状态仅作一般介绍。最后再介绍几种常用的强度理论。

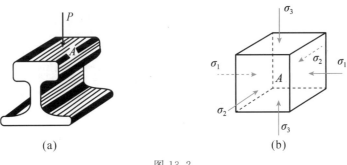

图 13.2

13.2 平面应力状态

平面应力状态是经常遇到的一种应力状态。如图 13.3 所示的单元体,为平面应力状态的最一般情况。在构件中截取单元体时,总是选取这样的截面位置,使单元体上所作用的应力均为已知。然后在此基础上,分析任意斜截面上的应力,确定最大正应力和最大切应力。

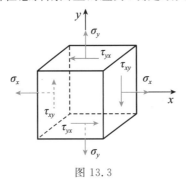

图 13.3

1. 斜截面上的应力

设从构件内某点截取的单元体如图 13.4(a)所示。单元体前、后两个面上无任何应力,故为主平面,且这个面上的主应力为零。设应力分量 σ_x、σ_y、τ_{xy} 和 τ_{yx} 皆为已知。图 13.4(b)所示为单元体的正投影图。σ_x(或 σ_y)表示法线与 x 轴(或 y 轴)平行的面上的正应力。切应力 τ_{xy}(或 τ_{yx})的两个下角标的含义分别为第一个角标 x(或 y)表示切应力作用平面的法线方向沿着 x 轴(或 y 轴);第二个角标 y(或 x),表示切应力的方向平行于 y 轴(或 x 轴)。关于应力的符号规定为,正应力以拉应力为正,压应力为负;切应力以对单元体内任意点的矩为顺时针转向时为正,反之为负。按照上述符号规定,在图 13.4(a)中 σ_x、σ_y 和 τ_{xy} 皆为正,而 τ_{yx} 为负。

现研究单元体任意斜截面 ef 上的应力,如图 13.4(b)所示。该截面外法线 n 与 x 轴的夹角为 α,规定:由 x 轴转到外法线 n 为逆时针转向时,则 α 为正。以斜截面 ef 把单元体假想地截开,考虑任意一部分的平衡,例如 aef 部分,如图 13.4(c)所示,斜截面 ef 上有正应力 σ_α 和切应力 τ_α。设 ef 面的面积为 $\mathrm{d}A$,如图 13.4(d)所示,则 af 面和 ae 面的面积应分别是 $\mathrm{d}A\sin\alpha$ 和 $\mathrm{d}A\cos\alpha$。将作用于 aef 部分上的力,向 ef 面的外法线 n 和切线 t 方向投影,由平衡方程

$$\sum F_\mathrm{n} = 0$$

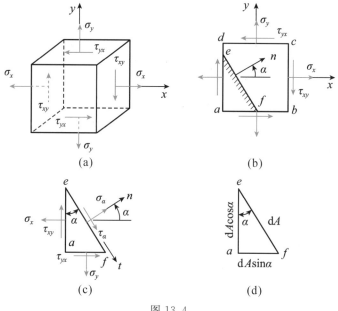

图 13.4

得
$$\sigma_\alpha \mathrm{d}A + (\tau_{xy}\mathrm{d}A\cos\alpha)\sin\alpha - (\sigma_x\mathrm{d}A\cos\alpha)\cos\alpha + (\tau_{yx}\mathrm{d}A\sin\alpha)\cos\alpha - (\sigma_y\mathrm{d}A\sin\alpha)\sin\alpha = 0$$

考虑到切应力互等定理，τ_{xy} 和 τ_{yx} 在数值上相等，将 $\tau_{xy} = \tau_{yx}$ 代入以上平衡方程，得出

$$\sigma_\alpha = \sigma_x\cos^2\alpha + \sigma_y\sin^2\alpha - 2\tau_{xy}\sin\alpha\cos\alpha \tag{13.1}$$

又由三角函数关系：

$$\cos^2\alpha = \frac{1+\cos2\alpha}{2}, \quad \sin^2\alpha = \frac{1-\cos2\alpha}{2}, \quad 2\sin\alpha\cos\alpha = \sin2\alpha \tag{13.2}$$

将其代入前式，可得

$$\sigma_\alpha = \frac{\sigma_x+\sigma_y}{2} + \frac{\sigma_x-\sigma_y}{2}\cos2\alpha - \tau_{xy}\sin2\alpha \tag{13.3}$$

考虑楔形体在 t 方向力的平衡，则由平衡方程

$$\sum F_t = 0$$

得
$$\tau_\alpha \mathrm{d}A - (\tau_{xy}\mathrm{d}A\cos\alpha)\cos\alpha - (\sigma_x\mathrm{d}A\cos\alpha)\sin\alpha + (\sigma_y\mathrm{d}A\sin\alpha)\cos\alpha + (\tau_{yx}\mathrm{d}A\sin\alpha)\sin\alpha = 0$$

将式(13.2)代入简化后得

$$\tau_\alpha = \frac{\sigma_x-\sigma_y}{2}\sin2\alpha + \tau_{xy}\cos2\alpha \tag{13.4}$$

式(13.3)和式(13.4)表明：σ_α 与 τ_α 都是 α 的函数，即任意斜截面上的正应力 σ_α 和切应力 τ_α 随截面方位的改变而变化。

此外，还须注意上述两式的适用条件：斜截面必垂直于 $x-y$ 面；不仅适用 z 平面为无应力的平面应力状态，而且也适用于该面上只有正应力，而无切应力的情况。因为此正应力沿 $x-y$ 平面无分量，不会影响 σ_α、τ_α 相关式的推导结果。

2. 主应力及主平面方位

利用式(13.3)和式(13.4)可以确定正应力和切应力的极值，并确定它们所在平面的位置。

为求正应力的极值,可将式(13.3)对 α 取一阶导数,得

$$\frac{\mathrm{d}\sigma_\alpha}{\mathrm{d}\alpha} = -2\left(\frac{\sigma_x - \sigma_y}{2}\sin2\alpha + \tau_{xy}\cos2\alpha\right) \tag{13.5}$$

若 $\alpha=\alpha_0$ 时,导数 $\dfrac{\mathrm{d}\sigma_\alpha}{\mathrm{d}\alpha}=0$,则在 α_0 所确定的截面上,正应力为极值。以 α_0 代入式(13.5),并令其等于零

$$\frac{\sigma_x - \sigma_y}{2}\sin2\alpha_0 + \tau_{xy}\cos2\alpha_0 = 0 \tag{13.6}$$

得

$$\tan2\alpha_0 = -\frac{2\tau_{xy}}{\sigma_x - \sigma_y} \tag{13.7}$$

式(13.7)有两个解: α_0 和 $\alpha_0\pm90°$。因此,由式(13.7)可以求出相差 $90°$ 的两个角度,由它们所确定的两个互相垂直的平面上,正应力取得极值。一个是最大正应力所在的平面,另一个是最小正应力所在的平面。从式(13.7)求出 $\sin2\alpha_0$ 和 $\cos2\alpha_0$,代入式(13.3)中,求得最大或最小正应力为

$$\sigma_{\max}/\sigma_{\min} = \frac{\sigma_x + \sigma_y}{2} \pm \sqrt{\left(\frac{\sigma_x - \sigma_y}{2}\right)^2 + \tau_{xy}^2} \tag{13.8}$$

至于式(13.7)确定的两个平面中哪一个对应最大正应力? 可按下述方法确定:若 σ_x 为两个正应力中代数值较大的一个,即 $\sigma_x \geqslant \sigma_y$,则式(13.7)确定的两个角度中,绝对值较小的一个对应最大正应力 $\sigma_{\max}$ 所在的平面;反之,绝对值较大的一个对应最小正应力 $\sigma_{\min}$ 所在的平面。此结论也可由平面应力状态分析的图解法得到验证。

现进一步讨论正应力取得极值的两个相互垂直的平面上切应力的情况。为此,将 α_0 代入式(13.4)中,并与式(13.6)比较,得知最大、最小正应力作用面上切应力等于零。按照主平面,主应力的定义,正应力取极值的平面就是主平面;而最大或最小的正应力就是主应力。

3. 切应力的极值及其所在平面

为了求得切应力的极值及其所在平面的方位,将式(13.4)对 α 取导数

$$\frac{\mathrm{d}\tau_\alpha}{\mathrm{d}\alpha} = (\sigma_x - \sigma_y)\cos2\alpha - \tau_{xy}\sin2\alpha \tag{13.9}$$

若 $\alpha=\alpha_1$ 时,导数 $\dfrac{\mathrm{d}\tau_\alpha}{\mathrm{d}\alpha}=0$,则在 α_1 所确定的截面上,切应力取极值。以 α_1 代入式(13.9),并令其等于零,得

$$(\sigma_x - \sigma_y)\cos2\alpha_1 - 2\tau_{xy}\sin2\alpha_1 = 0 \tag{13.10}$$

由此求得

$$\tan2\alpha_1 = \frac{\sigma_x - \sigma_y}{2\tau_{xy}} \tag{13.11}$$

由式(13.11)也可以解出两个角度 α_1 和 $\alpha_1\pm90°$。它们相差 $90°$,从而可以确定两个相互垂直的平面,在这两个平面上分别作用着最大或最小切应力。由式(13.11)解出 $\sin2\alpha_1$ 和 $\cos2\alpha_1$,代入式(13.4),得切应力的最大和最小值是

$$\tau_{\max}/\tau_{\min} = \pm\sqrt{\left(\frac{\sigma_x - \sigma_y}{2}\right)^2 + \tau_{xy}^2} \tag{13.12}$$

比较式(13.7)和式(13.11),可以得到

$$\tan 2\alpha_0 = -\frac{1}{\tan 2\alpha_1}$$

所以有

$$2\alpha_1 = 2\alpha_0 + \frac{\pi}{2}, \quad \alpha_1 = \alpha_0 + \frac{\pi}{4}$$

即最大和最小切应力所在的平面与主平面夹角为 45°。

例 13.1　圆轴受扭如图 13.5(a)所示,试分析轴表面任意一点的应力状态,并分析铸铁试件受扭时的破坏现象。

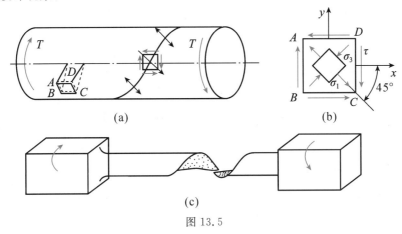

图 13.5

解　根据 13.2 节的讨论,沿纵横截面截取的单元体为纯剪切应力状态,取坐标轴如图 13.5(b)所示,单元体各面上的应力为

$$\sigma_x = \sigma_y = 0, \quad \tau_{xy} = -\tau_{yx} = \tau = T/W_t$$

代入式(13.3)和式(13.4),可得到单元体任意斜截面上的应力

$$\sigma_\alpha = -\tau_{xy}\sin 2\alpha = -\tau\sin 2\alpha$$

$$\tau_\alpha = \tau_{xy}\cos 2\alpha = \tau\cos 2\alpha$$

利用式(13.7)和式(13.8),得主应力的大小和主平面的方位

$$\sigma_{\max}/\sigma_{\min} = \frac{\sigma_x + \sigma_y}{2} \pm \sqrt{\left(\frac{\sigma_x - \sigma_y}{2}\right)^2 + \tau_{xy}^2} = \pm\tau$$

$$\tan 2\alpha_0 = -\frac{2\tau_{xy}}{\sigma_x - \sigma_y} = -\infty$$

$$2\alpha_0 = -90° \text{ 或 } -270°$$

即

$$\alpha_0 = -45° \text{ 或 } -135°$$

以上结果表明,由 $\alpha_0 = -45°$ 所确定的主平面上,主应力 $\sigma_{\max} = \tau$,而 $\alpha_0 = -135°$(或 $\alpha_0 = +45°$)所确定的主平面上,主应力 $\sigma_{\min} = -\tau$,考虑到前后面为主平面,且主应力为零。故有

$$\sigma_1 = \tau, \quad \sigma_2 = 0, \quad \sigma_3 = -\tau$$

所以,纯剪切的两个主应力大小相等,都等于切应力 τ,但一个为拉应力,一个为压应力。

圆截面铸铁试样扭转时,表面各点 $\sigma_{\max}$ 所在的主平面连成倾角为 45° 的螺旋面,如图 13.5(a)所示。由于铸铁抗拉强度较低,试件将沿这一螺旋面因拉伸而发生断裂破坏,如图 13.5(c)

所示。

例 13.2　如图 13.6(a)所示,简支梁在跨中受集中力作用,m—m 截面点 1 至点 5 沿纵横截面截取的单元体各面上的应力方向如图 13.6(b)所示,若已知点 2 各面的应力情况如图 13.6(c)所示。试求点 2 的主应力的大小及主平面的方位,并讨论 m—m 截面上其他点的应力状态。

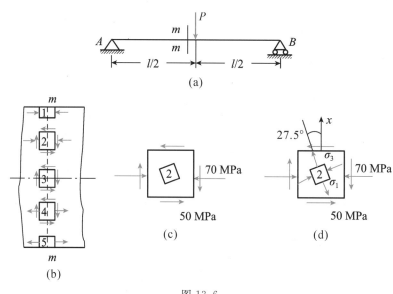

图 13.6

解　为了使 $\sigma_x > \sigma_y$,将 x 轴取在铅垂方向。这时,

$$\sigma_x = 0, \quad \sigma_y = -70 \text{ MPa}, \quad \tau_{xy} = -50 \text{ MPa}$$

由式(13.7)得

$$\tan 2\alpha_0 = -\frac{2\tau_{xy}}{\sigma_x - \sigma_y} = -\frac{2 \times (-50)}{0 - (-70)} = 1.429$$

则

$$\alpha_0 = 27.5° \text{ 或 } 117.5°$$

由于 $\sigma_x > \sigma_y$,所以绝对值较小的角度 $\alpha_0 = 27.5°$,对应最大的主应力,而 $117.5°$ 对应最小的主应力,它们的大小可由式(13.8)求得

$$\sigma_{\max}/\sigma_{\min} = \frac{0 + (-70)}{2} \pm \sqrt{\left(\frac{0 - (-70)}{2}\right)^2 + (-50)^2} = \begin{matrix} 26 \text{ MPa} \\ -96 \text{ MPa} \end{matrix}$$

所以有

$$\sigma_1 = 26 \text{ MPa}, \quad \sigma_2 = 0, \quad \sigma_3 = -96 \text{ MPa}$$

主应力及主平面位置如图 13.6(d)所示。

在梁的横截面 m—m 上,其他点的应力状态都可用相同的方法进行分析,其中截面上、下边缘处的各点(如点 1、点 5)为单向拉伸或压缩,横截面是它们的一个主平面。中性轴上各点(如点 3)的应力状态为纯剪切,主平面与梁轴线成 $45°$。

4. 应力圆

由平面应力状态的解析法可知,平面应力状态下,斜截面上的应力由式(13.3)和式(13.4)来确定,它们皆为 α 的函数。把 α 看作参数,为消去 α,将两式改写成

$$\sigma_a - \frac{\sigma_x + \sigma_y}{2} = \frac{\sigma_x - \sigma_y}{2}\cos 2\alpha - \tau_{xy}\sin 2\alpha \qquad (13.13)$$

$$\tau_a = \frac{\sigma_x - \sigma_y}{2}\sin 2\alpha + \tau_{xy}\cos 2\alpha \qquad (13.14)$$

将两式等号两边平方,然后再相加,得

$$\left(\sigma_a - \frac{\sigma_x + \sigma_y}{2}\right)^2 + \tau_a^2 = \left(\frac{\sigma_x - \sigma_y}{2}\right)^2 + \tau_{xy}^2 \qquad (13.15)$$

式(13.15)中,σ_x、σ_y 和 τ_{xy} 皆为已知量,所以这是一个以 σ_a 和 τ_a 为变量的圆的方程。若以横坐标为 σ,纵坐标为 τ,建立一个坐标系。则圆心的横坐标为$(\sigma_x + \sigma_y)/2$,纵坐标为零,圆的半径为 $\sqrt{\left(\dfrac{\sigma_x - \sigma_y}{2}\right)^2 + \tau_{xy}^2}$。这个圆称为应力圆,亦称莫尔圆(Mohr's Circle for Stresses)。

现以图 13.7(a)所示的平面应力状态为例来说明应力圆的作图法。单元体各面上应力正负号的规定与解析法一致。按一定的比例尺量取横坐标$\overline{OA} = \sigma_x$,纵坐标$\overline{AD} = \tau_{xy}$,确定 D 点。D 点的坐标代表单元体以 x 为法线的面上的应力。量取$\overline{OB} = \sigma_y$,$\overline{BD'} = \tau_{yx}$,确定 D' 点(因 τ_{yx} 为负,故 D' 点在横坐标轴的下方)。D' 点的坐标代表以 y 为法线的面上的应力。连接 D 和 D',与横坐标轴交于 C 点。由于 $\tau_{xy} = \tau_{yx}$,因此△$CAD \cong$△CBD',$\overline{CD} = \overline{CD'}$。以 C 点为圆心,以$\overline{CD}$(或$\overline{CD'}$)为半径作圆,如图 13.7(b)所示。此圆的圆心横坐标和半径分别为

$$\overline{OC} = \frac{1}{2}(\overline{OA} + \overline{OB}) = \frac{1}{2}(\sigma_x + \sigma_y)$$

$$\overline{CD} = \sqrt{\overline{CA}^2 + \overline{AD}^2} = \sqrt{\left(\frac{\sigma_x - \sigma_y}{2}\right)^2 + \tau_{xy}^2}$$

此圆称为应力圆。

可以证明,单元体任意斜截面上的应力 σ_a 和 τ_a 对应着应力圆周上的一个点的坐标。反之,应力圆周上的任意一点的坐标也对应着单元体某一斜截面的应力 σ_a 和 τ_a,即单元体斜截面上的应力与应力圆周上的点有着一一对应的关系。如欲通过应力圆确定图 13.7(a)所示斜截面上的应力,则在应力圆上,从 D 点(代表以 x 轴为法线的面上的应力)按逆时针方向沿应力圆周移到 E 点,且使$\overset{\frown}{DE}$弧所对的圆心角为实际单元体转过的 α 角的两倍,则 E 点的坐标就代表了以 n 为法线的斜截面上的应力,如图 13.7(b)所示。现证明如下。

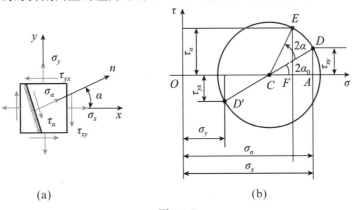

(a)　　　　　　　　　　(b)

图 13.7

E 点的横、纵坐标分别为

$$\overline{OF} = \overline{OC} + \overline{CE}\cos(2\alpha_0 + 2\alpha) = \overline{OC} + \overline{CE}\cos2\alpha_0\cos2\alpha - \overline{CE}\sin2\alpha_0\sin2\alpha$$

$$\overline{FE} = \overline{CE}\sin(2\alpha_0 + 2\alpha) = \overline{CE}\sin2\alpha_0\cos2\alpha + \overline{CE}\cos2\alpha_0\sin2\alpha$$

因为 $\overline{CE}$ 和 $\overline{CD}$ 同为圆周的半径，可以互相代替，故有

$$\overline{CE}\cos2\alpha_0 = \overline{CD}\cos2\alpha_0 = \overline{CA} = \frac{\sigma_x - \sigma_y}{2}$$

$$\overline{CE}\sin2\alpha_0 = \overline{CD}\sin2\alpha_0 = \overline{AD} = \tau_{xy}$$

将以上结果代入 $\overline{OF}$ 和 $\overline{FE}$ 的表达式中，并注意到 $\overline{OC} = \frac{1}{2}(\sigma_x + \sigma_y)$，得

$$\overline{OF} = \frac{\sigma_x + \sigma_y}{2} + \frac{\sigma_x - \sigma_y}{2}\cos2\alpha - \tau_{xy}\sin2\alpha \tag{13.16}$$

$$\overline{FE} = \frac{\sigma_x - \sigma_y}{2}\sin2\alpha + \tau_{xy}\cos2\alpha \tag{13.17}$$

与式(13.3)和式(13.4)比较，可见 $\overline{OF} = \sigma_\alpha$，$\overline{FE} = \tau_\alpha$。即 E 点的坐标代表法线倾角为 α 的斜截面上的应力。

应力圆是进行应力分析的重要工具，从应力圆上可以得到很重要信息。例如，从图 13.8 上可知：

(1)单元体上相互垂直的两个方向面间的夹角为 $90°$，这两个方向面在应力圆上对应的点间的圆弧形成的圆心角为 $180°$，两点的连线就构成应力圆的直径，这两点的横坐标之和的一半是圆心的横坐标，因此是一个定值。同时，这两点的纵坐标必定大小相等、符号相反，即相互垂直的方向面上切应力大小相等，方向相反。

(2)单元体上相互平行的两个方向面间的夹角为 $180°$，这两个方向面在应力圆上对应的点间的圆弧形成的圆心角为 $360°$，即在应力圆上这两个方向面对应的点重合，所以单元体上相互平行的两个方向面上的应力情况是完全一样的。

5. 利用应力圆确定主应力、主平面和最大切应力

应力圆与 σ 轴有两个交点 A_1 和 B_1，如图 13.7(b)所示，A_1 点的横坐标最大，B_1 点的横坐标最小，而这两点的纵坐标均为零，因而这两点的横坐标就是该点的两个主应力值。$\overset{\frown}{A_1B_1}$ 弧对应的圆心角为 $180°$，说明单元体的两个主平面相互垂直。从应力圆上不难看出

$$\sigma_1 = \overline{OA_1} = \overline{OC} + \overline{CA_1}, \quad \sigma_2 = \overline{OB_1} = \overline{OC} - \overline{CB_1}$$

因为 $\overline{OC}$ 为圆心至原点的距离，而 $\overline{CA_1}$ 和 $\overline{CB_1}$ 皆为应力圆半径，故有

$$\sigma_1/\sigma_2 = \frac{\sigma_x + \sigma_y}{2} \pm \sqrt{\left(\frac{\sigma_x - \sigma_y}{2}\right)^2 + \tau_{xy}^2} \tag{13.18}$$

从 D 点(代表法线为 x 轴的平面)顺时针转 $2\alpha_0$ 角至 A_1 点，如图 13.7(b)所示，所以 α_0 就是单元体从 x 轴向主平面的法线转过的角度。因为 D 点向 A_1 点是顺时针转动，因此 $\tan2\alpha_0$ 为负值，即

$$\tan2\alpha_0 = -\frac{\overline{AD}}{\overline{CA}} = -\frac{2\tau_{xy}}{\sigma_x - \sigma_y} \tag{13.19}$$

于是，再次得到式(13.7)和式(13.8)。

从应力圆不难看出，若 $\sigma_x \geqslant \sigma_y$，则 D 点在应力圆的右半个圆周上，所以和 A_1 点构成的圆心角的绝对值小于 D 点和 B_1 点构成的圆心角的绝对值，因此，式(13.7)中，绝对值较小的 α_0

对应着最大的正应力。

应力圆上 G_1 和 G_2 两点的纵坐标分别为最大值和最小值。它们分别代表单元体的最大和最小切应力。因为 $\overline{CG_1}$ 和 $\overline{CG_2}$ 都是应力圆的半径,故有

$$\left.\begin{array}{c}\tau_{max}\\\tau_{min}\end{array}\right\}=\pm\sqrt{\left(\frac{\sigma_x-\sigma_y}{2}\right)^2+\tau_{xy}^2} \tag{13.20}$$

这就是式(13.10)。又因为应力圆的半径也等于 $\frac{1}{2}(\sigma_1-\sigma_2)$,所以切应力的极值又可表示为

$$\left.\begin{array}{c}\tau_{max}\\\tau_{min}\end{array}\right\}=\pm\frac{1}{2}(\sigma_1-\sigma_2) \tag{13.21}$$

在应力圆上,由 A_1 到 G_1 所对的圆心角为逆时针转 $90°$,所以,在单元体内,由 σ_1 所在的主平面逆时针旋转 $45°$,即为最大切应力所在的截面。

若 $\tau_{xy}>0$,则 D 点(以 x 为法向的面上的应力)在 σ 轴上方的应力圆周上,所以 D 点到 G_1 点所对圆心角的绝对值小于 D 点到 G_2 点所对圆心角的绝对值。因此,若 $\tau_{xy}>0$,则式(13.11)所确定的两个值中,绝对值较小的 α_1 所确定的平面对应着最大切应力。

例 13.3　已知单元体的应力状态如图 13.8(a)所示。$\sigma_x=40$ MPa,$\sigma_y=-60$ MPa,$\tau_{xy}=-50$ MPa,试用图解法求主应力,并确定主平面的位置。

解　(1)作应力圆。按选定的比例尺,以 $\sigma_x=40$ MPa,$\tau_{xy}=-50$ MPa 为坐标确定 D 点。以 $\sigma_y=-60$ MPa,$\tau_{yx}=50$ MPa 为坐标确定 D' 点。连接 D 和 D' 点,与横坐标轴交于 C 点。以 C 为圆心,以 $\overline{CD}$ 为半径作应力圆,如图 13.8(b)所示。

(2)求主应力及主平面的位置。在图 13.8(b)的应力圆上,A_1 和 B_1 点的横坐标即为主应力值,按所用比例尺量出

$$\sigma_1=\overline{OA_1}=60.7 \text{ MPa}, \quad \sigma_3=\overline{OB_1}=-80.7 \text{ MPa}$$

另一个主应力 $\sigma_2=0$。

在应力圆上,由 D 点至 A_1 点为逆时针方向,且 $\angle DCA_1=2\alpha_0=45°$,所以在单元体中,从 x 轴以逆时针方向量取 $\alpha_0=22.5°$,从而确定了 σ_1 所在主平面的法线方向。而 D 至 B_1 点为顺时针方向,$\angle DCB_1=135°$,所以,在单元体中从 x 轴以顺时针方向量取 $\alpha_0=67.5°$,从而确定了 σ_3 所在主平面的法线方向。

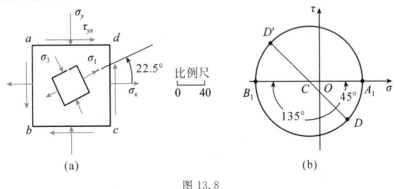

图 13.8

例 13.4　用图解法定性画出图 13.9(a)中 3、4、5 点的应力圆,并分析应力圆的特点。

解　点 3、4、5 的应力状态如图 13.9(a)所示。

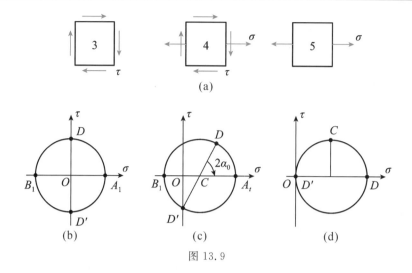

图 13.9

点 3 为纯剪切应力状态。以 $\sigma_x = 0$, $\tau_{xy} = \tau$ 在坐标系中确定 D 点(在 τ 轴上),而以 $\sigma_y = 0$, $\tau_{xy} = -\tau$ 确定 D' 点也在 τ 轴上,但是为负值。D 和 D' 的连线与 σ 轴交于原点 O,以 O 为圆心,以 $\overline{OD}$(或 $\overline{OD'}$)为半径,作出应力圆,如图 13.9(b)所示。该应力圆的特点是圆心与坐标原点重合。从图 13.9(b)可以看出

$$\sigma_1 = \tau, \quad \sigma_2 = 0, \quad \sigma_3 = -\tau, \quad \tau_{max} = \tau$$

对于点 4 的应力状态,同样根据 $\sigma_x = \sigma$, $\tau_{xy} = \tau$,在坐标系中确定 D 点,而根据 $\sigma_y = 0$, $\tau_{yx} = -\tau$,确定的 D' 点在 τ 轴上,连接 D、D' 交 σ 轴于 C 点,以 C 点为圆心,以 $\overline{CD}$ 为半径,作出应力圆如图 13.9(c)所示。该应力圆的特点是应力圆与 τ 轴相割,故必然有 $\sigma_1 > 0$, $\sigma_2 = 0$, $\sigma_3 < 0$。根据解析法,求得三个主应力分别为

$$\genfrac{}{}{0pt}{}{\sigma_1}{\sigma_3} = \frac{\sigma}{2} \pm \sqrt{\left(\frac{\sigma}{2}\right)^2 + \tau^2}, \quad \sigma_2 = 0$$

点 5 的应力状态是单向应力状态,$\sigma_x = \sigma$, $\sigma_y = 0$, $\tau_{xy} = \tau_{yx} = 0$,作出应力圆如图 13.9(d)所示。该应力圆的特点是应力圆与 τ 轴相切。

平面应力状态分析

知识拓展

在应力状态分析中,图解法和解析法各有其特点:

(1)图解法是一种形象直观的方法,通过绘制图形来表达应力状态。这种方法能够清晰地展示应力的分布和变化情况,对于理解应力状态有很好的帮助。然而,图解法的精度有限,对于复杂应力状态的描述可能不够准确。

(2)解析法是通过数学解析的方式来描述应力状态的方法。解析法具有精度高的优点,能够准确地描述应力状态。然而,解析法需要建立数学模型,对于复杂应力状态的描述可能比较复杂和困难。

在实际应用中,图解法和解析法常常结合使用。通过图解法直观地展示应力状态的分布和变化情况,结合解析法进行定量分析和计算,可以更全面地了解应力状态,为工程设计和分析提供更准确、可靠的数据支持。

13.3　空间应力状态

1. 空间(三向)应力状态的图解法

前面讨论了平面应力状态的应力分析,这一节对空间应力状态的应力进行分析。空间应力状态的分析比较复杂,这里只讨论当三个主应力 σ_1、σ_2 和 σ_3 已知时,单元体内的最大正应力和最大切应力。当研究单元体在复杂应力状态下的强度条件时,将要用到这些结果。

如图 13.10 所示,某一单元体处于三向主应力状态。取斜截面与 σ_1 平行,如图 13.11(a)所示。考虑截出部分三棱柱体的平衡,显然,沿 σ_1 方向自然满足平衡条件,故平行于 σ_1 诸斜面上的应力不受 σ_1 的影响,只与 σ_2、σ_3 有关。由 σ_2、σ_3 确定的应力圆周上的任意一点的横纵坐标表示平行于 σ_1 的某个斜面上的正应力和切应力。同理,由 σ_1、σ_3 确定的应力圆表示平行于 σ_2 诸平面上的应力情况;由 σ_1、σ_2 确定的应力圆表示平行于 σ_3 诸平面上的应力情况。这样做出的三个应力圆,称作三向应力圆,如图 13.11(b)所示。

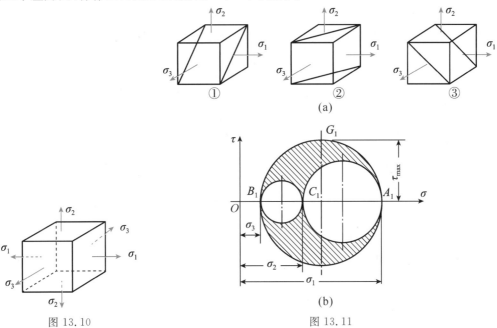

图 13.10　　　　　　　　　　　　　　　　图 13.11

2. 最大正应力和最大切应力

可以证明,对于三向应力状态任意斜截面上的应力,必然对应着图 13.11(b)所示三向应力圆阴影部分之内的一点或圆周上的点,该点的纵、横坐标即为斜截面上的正应力和切应力的数值。

从图 13.11(b)看出,画阴影线的部分内,横坐标的极大值为 A_1 点,而极小值为 B_1 点,G_1 点为纵坐标的极值。因此,单元体正应力的极值为

$$\sigma_{\max} = \sigma_1, \quad \sigma_{\min} = \sigma_3 \tag{13.22}$$

最大切应力为 σ_1、σ_3 所确定的应力圆半径,即

$$\tau_{\max} = \frac{\sigma_1 - \sigma_3}{2} \tag{13.23}$$

由于 G_1 点在由 σ_1 和 σ_3 所确定的应力圆周上,此圆周上各点的纵横坐标代表与 σ_2 轴平行的斜截面上的应力,所以单元体的最大切应力所在平面与 σ_2 轴平行,且外法线与 σ_1 轴及 σ_3 轴的夹角为 $45°$。

二向应力状态是三向应力状态的特殊情况,当 $\sigma_1 > \sigma_2 > 0$,而 $\sigma_3 = 0$ 时,按照式(13.23)得单元体的最大切应力为

$$\tau_{\max} = \frac{\sigma_1 - \sigma_3}{2} = \frac{\sigma_1}{2} \tag{13.24}$$

但是若按式(13.12)计算,则有

$$\tau_{\max} = \frac{\sigma_1 - \sigma_2}{2} \tag{13.25}$$

此结果显然小于 $\sigma_1/2$。这是因为在二向应力状态分析中,只考虑了平行于 σ_3 的各平面,在这类平面中,切应力的最大值是 $\dfrac{\sigma_1 - \sigma_2}{2}$。如果考虑所有的斜截面,则单元体最大切应力所在平面总是与 σ_2 平行,与 σ_1 及 σ_3 夹角为 $45°$,其值总是 $\dfrac{\sigma_1 - \sigma_3}{2}$。

例 13.5 单元体各面上的应力如图 13.12(a)所示,求主应力和最大切应力。

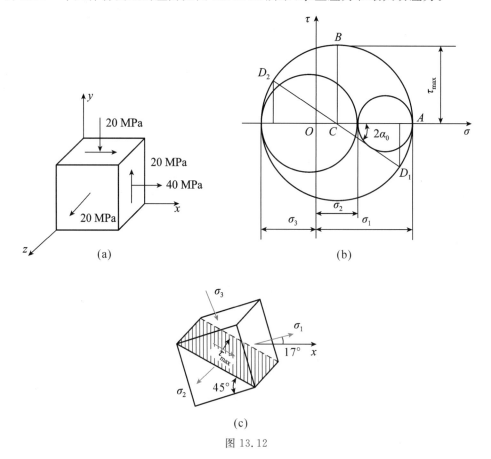

图 13.12

解 单元体正面上的应力 $\sigma_z = 20$ MPa,就是一个主应力,z 面为主平面。由于三个主平面相互垂直,所以,另两个主平面的法线方向与 z 轴垂直,在这些面上的应力与 σ_z 无关,于是

可依据 xOy 面上的应力情况,按平面应力状态分析方法求出另外两个主应力。

$$\begin{matrix}\sigma_{\max}\\\sigma_{\min}\end{matrix} = \frac{40+(-20)}{2} \pm \sqrt{\left(\frac{40+(-20)}{2}\right)^2+(-20)^2} = \begin{matrix}46\ \text{MPa}\\-26\ \text{MPa}\end{matrix}$$

所以

$$\sigma_1 = 46\ \text{MPa}, \quad \sigma_2 = 20\text{MPa}, \quad \sigma_3 = -26\text{MPa}$$

最大切应力为

$$\tau_{\max} = \frac{\sigma_1-\sigma_3}{2} - \frac{46-(-26)}{2}\ \text{MPa} - 36\ \text{MPa}$$

三向应力图和主单元体分别如图 13.12(b)、(c)所示。

3.广义胡克定律

在讨论轴向拉伸或压缩时,根据实验结果,曾得到线弹性范围内($\sigma \leqslant \sigma_p$),应力与应变成正比的关系,即

$$\sigma = E\varepsilon \ \text{或} \ \varepsilon = \frac{\sigma}{E} \tag{13.26}$$

这便是单向应力状态的胡克定律。此外,由于轴向变形还将引起横向变形,根据第 7 章的讨论,横向应变 ε'可表示为

$$\varepsilon' = -\mu\varepsilon = -\mu\frac{\sigma}{E} \tag{13.27}$$

纯剪切时,根据实验结果,得到线弹性范围内($\tau \leqslant \tau_p$),切应力与切应变成正比,即

$$\tau = G\gamma \ \text{或} \ \gamma = \frac{\tau}{G} \tag{13.28}$$

这便是剪切胡克定律。

一般情况下,描述一点处的应力状态需要 9 个应力分量,如图 13.13 所示。根据切应力互等定理,τ_{xy} 和 τ_{yx}、τ_{yz} 和 τ_{zy}、τ_{zx} 和 τ_{xz} 分别在数值上相等。所以 9 个应力分量中,只有 6 个是独立的。这种一般应力状态可看作是 3 组单向应力状态和 3 组纯剪切状态的组合。可以证明,对于各向同性材料,在小变形及线弹性范围内,线应变只与正应力有关,而与切应力无关;切应变只与切应力有关,与正应力无关。这样,可以利用单向应力状态和纯剪切应力状态的胡克定律,分别求出各应力分量所对应的应变,然后再进行叠加。例如,正应力 σ_x、σ_y、σ_z 单独作用,在 x 方向引起的线应变分别为$\frac{\sigma_x}{E}$、$-\mu\frac{\sigma_y}{E}$、$-\mu\frac{\sigma_z}{E}$,三个切应力都不会产生 x 方向线应变,于是,x

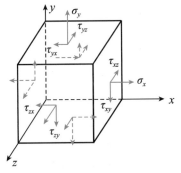

图 13.13

方向总的线应变为

$$\varepsilon_x = \frac{\sigma_x}{E} - \mu\frac{\sigma_y}{E} - \mu\frac{\sigma_z}{E} \qquad (13.29)$$

同理,可写出其余两个线应变 ε_x 和 ε_y,列于表 13.1。

表 13.1　正应力单独作用引起的线应变

线应变	σ_x	σ_y	σ_z
ε_x	$\frac{1}{E}\sigma_x$	$-\frac{\mu}{E}\sigma_y$	$-\frac{\mu}{E}\sigma_z$
ε_y	$-\frac{\mu}{E}\sigma_x$	$\frac{1}{E}\sigma_y$	$-\frac{\mu}{E}\sigma_z$
ε_z	$-\frac{\mu}{E}\sigma_x$	$-\frac{\mu}{E}\sigma_y$	$\frac{1}{E}\sigma_z$

根据表 13.1,得出 x、y 和 z 方向的线应变表达式为

$$\left.\begin{aligned}
\varepsilon_x &= \frac{1}{E}\big[\sigma_x - \mu(\sigma_y + \sigma_z)\big] \\
\varepsilon_y &= \frac{1}{E}\big[\sigma_y - \mu(\sigma_z + \sigma_x)\big] \\
\varepsilon_z &= \frac{1}{E}\big[\sigma_z - \mu(\sigma_x + \sigma_y)\big]
\end{aligned}\right\} \qquad (13.30)$$

根据剪切胡克定律,在 Oxy、Oyz、Ozx 三个面内的切应变分别是

$$\left.\begin{aligned}
\gamma_{xy} &= \frac{\tau_{xy}}{G} \\
\gamma_{yz} &= \frac{\tau_{yz}}{G} \\
\gamma_{zx} &= \frac{\tau_{zx}}{G}
\end{aligned}\right\} \qquad (13.31)$$

式(13.30)和式(13.31)称为广义胡克定律(Generalized Hook's Law)。

当单元体的六个面皆为主平面时,使 x、y 和 z 的方向分别与 σ_1、σ_2 和 σ_3 的方向一致。这时

$$\sigma_x = \sigma_1, \quad \sigma_y = \sigma_2, \quad \sigma_z = \sigma_3; \quad \tau_{xy} = 0, \quad \tau_{yz} = 0, \quad \tau_{zx} = 0$$

代入式(13.30)和式(13.31),广义胡克定律化为

$$\left.\begin{aligned}
\varepsilon_1 &= \frac{1}{E}\big[\sigma_1 - \mu(\sigma_2 + \sigma_3)\big] \\
\varepsilon_2 &= \frac{1}{E}\big[\sigma_2 - \mu(\sigma_3 + \sigma_1)\big] \\
\varepsilon_3 &= \frac{1}{E}\big[\sigma_3 - \mu(\sigma_1 + \sigma_2)\big]
\end{aligned}\right\} \qquad (13.32)$$

$$\gamma_{xy} = 0, \quad \gamma_{yz} = 0, \quad \gamma_{zx} = 0 \qquad (13.33)$$

式(13.32)和式(13.33)表明,在三个坐标平面内的切应变皆等于零,切应力不引起线应变。根据主应变的定义,ε_1、ε_2 和 ε_3 就是主应变,正值表示应变为伸长,负值表示应变为压缩,其方向与主应力方向一致。

广义胡克定律
应用举例

式(13.32)即主方向的广义胡克定律,当然,主方向的广义胡克定律也只适用于各向同性的线弹性材料。

13.4 材料的破坏形式

构件在承载时,在力的作用下会发生变形,当荷载超过构件的承载能力时构件会发生破坏。也就是说,不同材料的构件在各种应力状态下,可能出现不同的破坏现象。因此,在分析构件在复杂应力状态下的强度时,还应考虑材料的破坏形式,并以此为依据来建立材料在复杂应力状态下的强度条件。

1. 材料破坏的基本形式

根据前面的知识,铸铁拉伸或扭转时,在未发生明显塑性变形的情况下突然断裂,材料的这种破坏形式称为脆性断裂。而低碳钢在拉伸(压缩)和扭转时,当试件的应力达到屈服点后,就会发生明显的塑性变形,使其失去正常的承载能力,这种破坏形式称为塑性屈服。在常温、静载和一般应力状态下,脆性材料(如铸铁、高碳钢等)的破坏形式是脆性断裂;塑性材料(如低碳钢、中碳钢、铝、铜等)的破坏形式是塑性屈服。

实验研究的结果表明,金属材料具有两种极限抵抗能力:一种是抵抗脆性断裂的极限抗力,如铸铁在拉伸时用抗拉强度 σ_b 表示;另一种是抵抗塑性屈服的极限抗力,如低碳钢在拉伸时用屈服时的切应力 τ_s 表示。材料在受力后是否发生破坏,取决于构件的应力是否超过材料较弱的那种极限抗力。例如,杆件在轴向拉伸或压缩时,横断面上的拉应力或压应力最大,与轴线呈 45° 的斜截面上的切应力最大;圆轴扭转时,横截面上的切应力最大,与轴线呈 45° 角的斜截面上的拉应力最大。由于铸铁的抗拉能力最弱,抗压能力最强,抗剪能力居中,所以铸铁杆件拉伸或扭转时沿最大拉应力作用面断开,压缩破坏时沿接近最大切应力作用面(斜截面)剪断。而低碳钢的抗拉、抗压极限抗力大于剪切抗力,所以低碳钢杆件发生破坏时,无论拉伸、压缩或扭转均沿最大切应力作用面塑性滑移。

2. 应力状态对材料破坏形式的影响

材料的破坏形式是呈脆性断裂,还是呈塑性屈服,不仅由材料本身的性能所决定,还与材料的应力状态有很大关系。

实验证明,同一种材料在不同的应力状态下,会发生不同形式的破坏。也就是说不同的应力状态将影响材料的破坏形式。例如,铸铁在拉伸时,材料为单向拉应力状态,破坏形式表现为脆性断裂;而铸铁在压缩时,材料为单向压应力状态,破坏形式则为塑性变形。又如,如图 13.14(a)所示环形凹槽的低碳钢拉杆,由于凹槽处截面尺寸显著改变,从而产生应力集中。此时轴向变形急剧增大,并使其横向变形显著收缩,但是这种横向收缩将受到凹槽周围材料的牵制,所以在凹槽处的单元体,除轴向应力 σ_1 外,其侧面还同时存在主应力 σ_2 和 σ_3,处于三向拉伸应力状态,如图 13.14(b)所示。在这种情况下,拉杆在凹槽处将呈脆性断裂。这种相同材料因应力状态不同而产生不同破坏形式的现象是普遍存在的。很多试验证明,在三向拉伸应力状态下,即使是塑性材料也会发生脆性断裂。但是,若材料处于三向压缩状态(如大理石在各侧上受压缩),即便是脆性材料,也表现为极大的塑性。

由上述各例可知,压应力本身不能造成材料的破坏,对材料的破坏是由它所引起的切应力等因素在起作用,构件内的切应力将使材料产生塑性变形,在三向压缩应力状态下,脆性材料

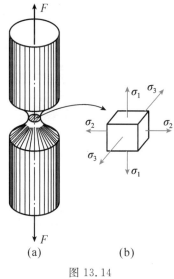

图 13.14

也会发生塑性变形；拉应力则易于使材料产生脆性断裂，而三向拉伸的应力状态则使材料发生脆性断裂的倾向最大。这说明材料所处的应力状态，对其破坏形式有很大影响。

此外，变形速度和温度等对材料的破坏形式也有较大的影响，在此不做介绍。

13.5 强度理论

1. 强度理论的概念

轴向拉伸和压缩时，杆件内部任一点处于单向应力状态；横力弯曲时，最大弯曲正应力发生在截面边缘上，危险点也处于单向应力状态。强度条件可表示为

$$\sigma_{\max} \leqslant [\sigma]$$

式中，许用应力$[\sigma]$是直接通过拉伸实验测出材料的失效应力（σ_s 或 σ_b），再除以安全系数 n 获得的。可见，在单向应力状态下，强度条件是以实验为基础的。

实际构件危险点的应力状态往往不是单向的。进行复杂应力状态的实验，要比单向拉伸或压缩实验困难得多。对于二向应力状态，常用的方法是把材料加工成薄壁圆筒，如图 13.15 所示，在内压力 p 作用下，筒壁为二向应力状态。如再配以轴向拉力 F，可使两个主应力之比等于各种预定的数值。除此之外，有时还在筒壁两端作用扭转力偶矩，这样还可得到更普遍的情况。尽管如此，也不能说，利用这种方法可以获得任意的二向应力状态（如周向应力为压应力的情况）的失效应力。此外，虽然还有其他一些实现复杂应力状态的实验方法，但完全实现实际中遇到的各种复杂应力状态并不容易。所以，不能直接通过实验方法来建立复杂应力状

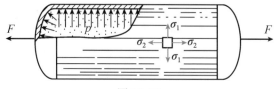

图 13.15

态下的强度条件,而要依据部分实验结果,根据失效的形式,推测材料失效的原因,从而建立强度条件。

各种材料因强度不足引起的失效现象是不同的。对于塑性材料,如低碳钢,以发生屈服为失效的标志。对于脆性材料,如铸铁,则以断裂失效为主。材料处于复杂应力状态时,其失效现象虽然比较复杂,但是,失效形式大致可以分为两类,一是屈服(Yield),二是断裂(Fracture)。人们在长期的生产实践中,综合分析材料强度的失效现象,提出了各种不同的假说。各种假说尽管各有差异,但它们都认为:材料之所以按某种方式失效(屈服或断裂),是由于应力、应变或应变能密度等诸因素中的某一因素引起的。按照这种假说,无论单向还是复杂应力状态,只要失效方式相同,造成失效的原因都是相同的,而与应力状态无关。通常把这类假说称为强度理论(Theory of Failure)。

由于轴向拉伸或压缩实验最容易实现,而且又能获得材料失效时的应力、应变和应变能密度等数值,利用强度理论可以由简单应力状态的实验结果,可以建立复杂应力状态的强度条件。

必须指出,强度理论既然是一种假说,那么它是否正确,在什么情况下适用,必须通过实践来检验。本章只介绍四种常用强度理论,这些都是在常温、静载条件下,适用于均匀、连续、各向同性材料的强度理论。当然,强度理论远不止这几种,而且,现有的各种强度理论还不能圆满地解决所有的强度问题,这方面还有待发展。

2. 常用的强度理论

强度失效的形式主要有两种,即屈服与断裂。故强度理论也应分为两类:一类是解释断裂失效的,其中有最大拉应力理论和最大伸长线应变理论;另一类是解释屈服失效的,其中有最大切应力理论和畸变能密度理论。

(1)第一强度理论——最大拉应力理论(Maximum Tensile Stress Theory)。这一理论认为:不论材料处在什么应力状态,引起材料脆性断裂的因素是最大拉应力 σ_1 达到了某个极限值。这个极限值可通过单向拉伸实验确定。在单向拉伸时,横截面上的拉应力达到强度极限 σ_b 时,材料发生断裂。所以,根据这一理论,在复杂应力状态下,只要最大拉应力 σ_1 达到 σ_b 时,就会发生脆性断裂。即断裂准则为

$$\sigma_1 = \sigma_b$$

考虑到一定的强度储备,引入安全因数,则第一强度理论的强度条件为

$$\sigma_1 \leqslant \frac{\sigma_b}{n} = [\sigma] \tag{13.34}$$

式中, σ_1 是构件危险点的第一主应力,且必须是拉应力。

利用第一强度理论可以很好地解释铸铁等脆性材料在轴向拉伸和扭转时的破坏现象。铸铁在单向拉伸时,沿最大拉应力所在的横截面发生断裂;在扭转时,沿最大拉应力所在的斜截面发生断裂。这些都与最大拉应力理论相一致。但是,这一理论没有考虑其他两个主应力的影响,且对于没有拉应力的应力状态(如单向压缩、三向压缩等)也无法应用。

(2)第二强度理论——最大伸长线应变理论(Maximum Tensile Strain Theory)。这一理论认为,不论材料处在什么应力状态,引起脆性断裂的因素是由于最大伸长线应变($\varepsilon_{max} = \varepsilon_1 > 0$)达到了某个极限值。这个极限应变可通过单向拉伸实验确定。在单向拉伸时,最大伸长线应变的方向为轴线方向,材料发生脆性断裂时,失效应力为 σ_b ,相应的最大伸长线应变为

σ_b/E。所以,根据这一强度理论可以预测:在复杂应力状态下,只要最大伸长线应变($\varepsilon_{max}=\varepsilon_1$)达到 σ_b/E 时,材料就发生脆性断裂。于是,这一理论的断裂准则为

$$\varepsilon_1 = \frac{\sigma_b}{E}$$

对于复杂应力状态,可由广义胡克定律式(13.32)求得

$$\varepsilon_1 = \frac{1}{E}[\sigma_1 - \mu(\sigma_2 + \sigma_3)]$$

于是,第二强度理论的强度条件为

$$\sigma_1 - \mu(\sigma_2 + \sigma_3) \leqslant [\sigma] \tag{13.35}$$

这一强度理论与石料、混凝土等脆性材料的轴向压缩实验结果相符合。这些材料在轴向压缩时,如在试验机与试块的接触面上加添润滑剂,以减小摩擦力的影响,试块将沿垂直于压力的方向裂开。裂开的方向就是 ε_1 的方向。铸铁在拉、压二向应力,且压应力较大的情况下,试验结果也与这一理论接近。但是,对于二向受压状态(试块压力垂直的方向上再加压力),这时的 ε_1 与单向受力时不同,强度也应不同。但混凝土、石料的实验结果却表明,两种受力情况的强度并无明显的差别。与此相似,按照这一理论,铸铁在二向拉伸时应比单向拉伸安全,但试验结果并不能证实这一点。

(3)第三强度理论——最大切应力理论(Maximum Shear Stress Theory)。这一理论认为:不论材料处在什么应力状态,引起材料屈服的因素是最大切应力 τ_{max} 达到了某个极限值。这个极限切应力值可通过单向拉伸实验确定。在单向拉伸时,当横截面上的拉应力到达屈服极限 σ_s 时,与轴线成 $45°$ 的斜截面上的最大切应力为 $\tau_{max}=\sigma_s/2$,此时材料出现屈服。可见 $\sigma_s/2$ 就是导致屈服的最大切应力的极限值。因此,在复杂应力状态下,只要最大切应力达到此极限值时,就会发生屈服,即

$$\tau_{max} = \frac{\sigma_s}{2}$$

将最大切应力 $\tau_{max}=(\sigma_1-\sigma_3)/2$,代入上式,得到屈服准则为

$$\sigma_1 - \sigma_3 = \sigma_s$$

因此,第三强度理论的强度条件为

$$\sigma_1 - \sigma_3 \leqslant [\sigma] \tag{13.36}$$

最大切应力理论较为满意地解释了塑性材料的屈服现象。低碳钢拉伸时在与轴线成 $45°$ 的斜截面上切应力最大,也正是沿这些截面的方向出现滑移线,表明这是材料内部沿这一方向滑移的痕迹。这一理论既解释了材料出现塑性变形的现象,又形式简单,概念明确,在工程实际中得到了广泛应用。但是,这一理论忽略了中间主应力 σ_2 的影响,且计算的结果与实验相比,偏于保守。

(4)第四强度理论——畸变能密度理论(Distortion Energy Density Theory)。构件受力后,其形状和体积等会发生改变,同时构件内部也积蓄了一定的应变能。因此,积蓄在单位体积内的应变能即应变能密度包括两个部分:因体积改变和因形状改变(畸变)而产生的应变能密度。

畸变能密度理论认为,使材料发生塑性屈服的主要原因,取决于畸变能密度。也就是说,无论材料处于何种应力状态,只要当其畸变能密度到达某一极限值时,就会引起材料的塑性屈服,而这个畸变能密度的极限值,则可通过简单拉伸实验来测定。

在这里,略去详细的推导过程,直接给出按这一理论而建立的破坏条件(或称屈服条件)和强度条件,分别为

$$\sqrt{\frac{1}{2}\left[(\sigma_1-\sigma_2)^2+(\sigma_2-\sigma_3)^2+(\sigma_3-\sigma_1)^2\right]}=\sigma_s \tag{13.37}$$

因此,第四强度理论的强度条件为

$$\sqrt{\frac{1}{2}\left[(\sigma_1-\sigma_2)^2+(\sigma_2-\sigma_3)^2+(\sigma_3-\sigma_1)^2\right]}\leqslant[\sigma] \tag{13.38}$$

几种塑性材料(钢、铜、铝)的薄管试验资料表明,第四强度理论比第三强度理论更符合实验结果。在纯剪切的情况下,按第三强度理论和第四强度理论的计算结果差别最大(相差 15%)。

综合上述讨论,四个强度理论的强度条件可写成统一的形式

$$\sigma_r\leqslant[\sigma] \tag{13.39}$$

式中,σ_r 称为相当应力(Equivalent Stress)。按照从第一强度理论到第四强度理论的顺序,相当应力分别为

$$\left.\begin{aligned}
\sigma_{r1}&=\sigma_1\\
\sigma_{r2}&=\sigma_1-\mu(\sigma_2+\sigma_3)\\
\sigma_{r3}&=\sigma_1-\sigma_3\\
\sigma_{r4}&=\sqrt{\frac{1}{2}\left[(\sigma_1-\sigma_2)^2+(\sigma_2-\sigma_3)^2+(\sigma_3-\sigma_1)^2\right]}
\end{aligned}\right\} \tag{13.40}$$

相当应力 σ_r 是危险点的三个主应力按一定形式的组合。

3. 强度理论的应用

第一、第二强度理论是解释断裂失效的强度理论,第三、第四强度理论是解释屈服失效的强度理论。因为一般情况下,脆性材料常发生断裂失效,故常用第一、第二强度理论;而塑性材料常发生屈服失效,所以常采用第三、第四强度理论。应当指出的是,材料强度失效的形式虽然与材料性质有关,但同时又与应力状态有关,同一种材料,在不同的应力状态下,失效的形式有可能不同,因此在选择强度理论时也应区别对待。例如,三向拉伸且三个主应力数值接近时,不论是脆性材料还是塑性材料,均以断裂的形式失效。故这时宜采用第一或第二强度理论。当三向压缩且三个主应力数值接近时,不论是脆性材料还是塑性材料,均以屈服的形式失效,故宜采用第三或第四强度理论。

例 13.6　试按第三和第四强度理论建立图 13.16 所示应力状态的强度条件。

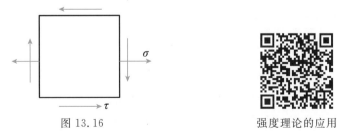

图 13.16　　　　　　　　　　　　强度理论的应用

解　(1)求主应力。在例 13.4 中已求出图 13.16 所示应力状态的主应力为

$$\begin{matrix}\sigma_1\\\sigma_3\end{matrix}=\frac{\sigma}{2}\pm\sqrt{\left(\frac{\sigma}{2}\right)^2+\tau^2},\quad \sigma_2=0$$

（2）求相当应力 σ_r。将主应力分别代入式（12.37）中的第三和第四式

$$\sigma_{r3} = \sigma_1 - \sigma_3 = \frac{\sigma}{2} + \sqrt{\left(\frac{\sigma}{2}\right)^2 + \tau^2} - \left[\frac{\sigma}{2} - \sqrt{\left(\frac{\sigma}{2}\right)^2 + \tau^2}\right] = \sqrt{\sigma^2 + 4\tau^2}$$

$$\sigma_{r4} = \sqrt{\frac{1}{2}\left[(\sigma_1 - \sigma_2)^2 + (\sigma_2 - \sigma_3)^2 + (\sigma_3 - \sigma_1)^2\right]} = \sqrt{\sigma^2 + 3\tau^2}$$

（3）强度条件。第三和第四强度理论的强度条件为

$$\sigma_{r3} = \sqrt{\sigma^2 + 4\tau^2} \leqslant [\sigma] \tag{13.41}$$

$$\sigma_{r4} = \sqrt{\sigma^2 + 3\tau^2} \leqslant [\sigma] \tag{13.42}$$

在横力弯曲、弯扭组合变形及拉（压）扭组合变形中，危险点多处于这种应力状态，会经常用到本例的结果。

例 13.7 图 13.17 所示摇臂，用 Q235 钢制成，承受载荷 $F = 3\ \text{kN}$ 作用。已知 $l = 60\ \text{mm}$，$h = 30\ \text{mm}$，$b = 20\ \text{mm}$，$\delta_1 = 2\ \text{mm}$，$\delta = 4\ \text{mm}$，$I_z = 2.92 \times 10^{-8}\ \text{m}^4$，$W_z = 1.94 \times 10^{-6}\ \text{m}^3$，$[\sigma] = 160\ \text{MPa}$，$[\tau] = 70\ \text{MPa}$。试校核截面 B 的强度。

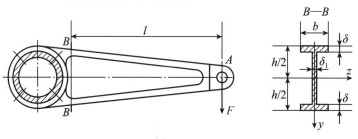

图 13.17

解 （1）截面 B 的内力计算。截面 B 的剪力与弯矩分别为

$$F_S = F = 3\ \text{kN}$$
$$M = Fl = 3 \times 0.06\ \text{kN} \cdot \text{m} = 0.18\ \text{kN} \cdot \text{m}$$

（2）最大弯曲正应力与最大弯曲切应力作用点的强度校核。最大弯曲正应力为

$$\sigma_{\max} = \frac{M}{W_z} = \frac{0.18 \times 10^3}{1.94 \times 10^{-6}}\ \text{Pa} = 92.8\ \text{MPa} < [\sigma]$$

最大弯曲切应力为

$$\tau_{\max} = \frac{F_S S_{z\max}^*}{I_z b} = \frac{F_S}{8 I_z \delta_1}\left[bh^2 - (b - \delta_1)(h - 2\delta)^2\right]$$

$$= \frac{3 \times 10^3}{8 \times 2.92 \times 10^{-8} \times 0.002} \times \left[0.02 \times 0.03^2 - (0.02 - 0.002) \times (0.03 - 2 \times 0.004)^2\right]\ \text{Pa}$$

$$= 59.6\ \text{MPa} < [\tau]$$

满足强度要求。

（3）腹板与翼缘交界处的强度校核。在腹板与翼缘的交界处，弯曲正应力与弯曲切应力都比较大，且为复杂应力状态。此处的正应力与切应力分别为

$$\sigma = \frac{M}{I_z}\left(\frac{h}{2} - \delta\right) = \frac{180}{2.92 \times 10^{-8}} \times \left(\frac{0.03}{2} - 0.004\right)\ \text{Pa} = 67.8\ \text{MPa}$$

$$\tau = \frac{F_S b \delta (h - \delta)}{2 I_z \delta_1} = \frac{3 \times 10^3 \times 0.02 \times 0.004 \times (0.03 - 0.004)}{2 \times 2.92 \times 10^{-8} \times 0.002}\ \text{Pa} = 53.4\ \text{MPa}$$

若选用第三强度理论校核，

$$\sigma_{r3} = \sqrt{\sigma^2 + 4\tau^2} = \sqrt{67.8^2 + 4 \times 53.4^2}\ \text{Pa} = 126.5\ \text{MPa} < [\sigma]$$

也满足强度要求。

（4）讨论。在截面的上、下边缘，弯曲正应力最大；在中性轴处，弯曲切应力最大；在腹板与翼缘的交界处，弯曲正应力与弯曲切应力都比较大，且为复杂应力状态。因此，应对上述三处都进行强度校核。

本章小结

本章讨论了应力状态理论、材料破坏的基本形式和强度理论，其目的是分析材料的破坏现象，解决复杂应力状态下构件的强度计算问题。本章的概念性较强，应着重掌握一点的应力状态、主应力等概念，熟悉平面应力状态的分析与计算，以及正确应用四个常用的强度理论。

（1）应力状态的概念和理论是解释材料破坏现象和建立强度条件的基础。一点的应力状态是指通过构件内一点各截面上的应力情况。可以用围绕该点所截取单元体三对正交平行截面上的应力表示。因此，研究点的应力状态首先就是要围绕该点截取各面上应力为已知（或可求）的单元体。对于杆件来说，因为横截面上的应力通常可以求出，所以首先应取单元体的一对平行平面为横截面，其他两对平行平面与其正交且应力可求。

（2）无论什么受力情况，通过受力构件的任意点，总可以找到三个相互垂直的主平面，都有三个主应力。三个主应力按代数值的大小排列，分别用 σ_1、σ_2 和 σ_3 表示，即 $\sigma_1 \geqslant \sigma_2 \geqslant \sigma_3$ 单元体最大切应力作用面与 σ_2 平行，其方向与 σ_1 及 σ_3 夹角为 $45°$，其值为 $\tau_{max} = \dfrac{\sigma_1 - \sigma_3}{2}$。

（3）平面应力状态下，应力圆与单元体的对应关系是点面对应、转向相同、夹角 2 倍。其具体含义是应力圆上某一点的坐标值对应着单元体某一截面上的正应力和切应力；应力圆上半径旋转方向与单元体上截面法线的旋转方向一致；应力圆半径转过的角度是单元体上截面法线旋转角度的两倍。

（4）强度计算的关键是正确确定危险截面和危险点，以及选择适合的强度理论。对于杆件，首先根据内力图确定危险截面的位置，再根据应力沿危险截面的分布规律确定危险点及相应单元体上的应力。要根据材料的破坏形式选择适用的强度理论，一般应力状态下的脆性材料，以及三向受拉应力状态下的塑性材料，破坏形式为脆性断裂，应选第一或第二强度理论；一般应力状态下的塑性材料，以及三向受压状态下的脆性材料，破坏形式为塑性屈服，应选第三或第四强度理论。

（5）强度理论的强度条件为 $\sigma_r \leqslant [\sigma]$，四种常用强度理论的相当应力表达式分别为

$\sigma_{r1} = \sigma_1$；

$\sigma_{r2} = \sigma_1 - \mu(\sigma_2 + \sigma_3)$；

$\sigma_{r3} = \sigma_1 - \sigma_3$；

$\sigma_{r4} = \sqrt{\dfrac{1}{2}\left[(\sigma_1 - \sigma_2)^2 + (\sigma_2 - \sigma_3)^2 + (\sigma_3 - \sigma_1)^2\right]}$。

思考题

1. "构件中 A 点的应力等于 80MPa",这种说法是否恰当？应怎样确切地描述一点的受力情况？

2. 单元体最大正应力作用面上,切应力为多少？单元体最大切应力作用面上,正应力是否一定为零？

3. 切应力互等定理是否只适合于两个相互垂直的截面上切应力的关系？在什么情况下,两个相互不垂直的截面上切应力也互等？

4. 如图 13.18(a)、(b)两种应力状态是否等价？说明为什么。

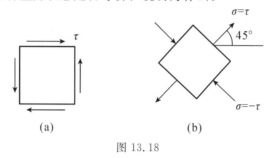

(a)　　　　　　(b)

图 13.18

5. 将沸水倒入厚玻璃杯中,玻璃杯内、外壁的受力情况如何？若因此发生破裂,试问破裂是从内壁开始,还是从外壁开始？请说明为什么。

6. 如图 13.19 所示,由二向应力状态解析法求得最大切应力 $\tau_{max} = \dfrac{\sigma_1 - \sigma_2}{2}$ 是否是单元体的最大切应力？并说明为什么。

7. 两单元体应力状态如图 13.20 所示,设 σ 与 τ 数值相等,按第三强度理论比较哪一个较危险？

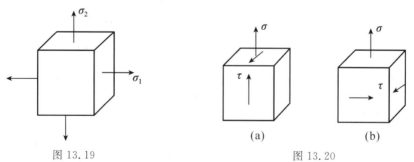

图 13.19　　　　　　　　　　　　　(a)　　　　　　(b)

图 13.20

习　题

一、判断题

1. 在正应力为 0 的截面上,切应力必具有最大值或最小值。（　　　）

2. 构件内任一点处,都存在一对互相垂直的截面,其切应力等于 0。（　　　）

3. 主应力即为最大正应力。( )

4. 单元体最大正应力面上的切应力恒等于 0。( )

5. 在有正应力作用的方向,必有线应变。( )

6. 因为塑性材料是由切应力引起屈服,故第一、第二强度理论不适用于塑性材料。( )

二、选择题

1. 如图 13.21 所示各点,属于单向应力状态的是( )。

  A. 点 a   B. 点 b   C. 点 c   D. 点 d

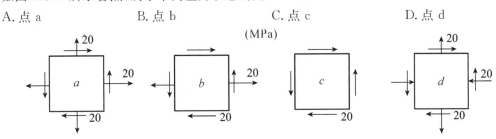

图 13.21

2. 如图 13.22 所示单元体属于( )。

  A. 单向应力状态   B. 二向应力状态   C. 三向应力状态   D. 纯剪切状态

3. 如图 13.23 所示各应力状态之间的关系为( )。

  A. 三种应力状态均相同   B. 三种应力状态均不同

  C. (b)和(c)相同   D. (a)和(c)相同

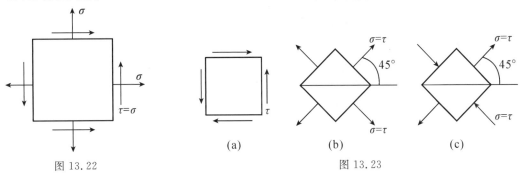

             (a)   (b)   (c)

图 13.22   图 13.23

4. 图 13.24 所示主应力单元体的最大切应力作用面为( )。

  A. (a)   B. (b)   C. (c)   D. (d)

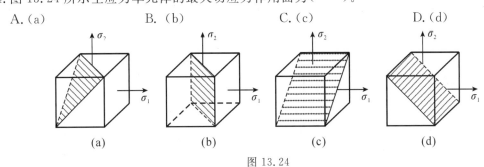

   (a)   (b)   (c)   (d)

图 13.24

5. 广义胡克定律适用范围是( )。

  A. 脆性材料   B. 塑性材料

C.材料为各向同性,且处于线弹性范围内　　　D.任何材料

6.纯剪态下,各向同性材料单元体的体积改变为(　　)。

A. 变大　　　　　　　　B. 变小　　　　　　　　C. 不变　　　　　　　　D. 不一定

三、填空题

1.某点的应力状态如图 13.25 所示,已知材料的弹性模量 E 和泊松比 μ,则该点沿 x 和 $\alpha=45°$ 方向的线应变分别为 $\varepsilon_x=$ ＿＿＿＿＿＿＿＿,$\varepsilon_{45°}=$ ＿＿＿＿＿＿＿＿。

2.某点的应力状态如图 13.26 所示,则三个主应力分别为 $\sigma_1=$ ＿＿＿＿＿＿＿＿,$\sigma_2=$ ＿＿＿＿＿＿＿＿, $\sigma_3=$ ＿＿＿＿＿＿＿＿。

3.如图 13.27 所示单元体的最大切应力 $\tau_{\max}=$ ＿＿＿＿＿＿＿＿。

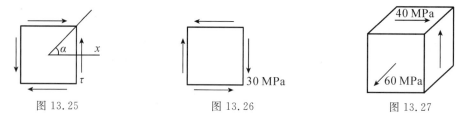

图 13.25　　　　　　　　　　图 13.26　　　　　　　　　　图 13.27

四、计算题

1.试用单元体表示图 13.28 中各构件 A 点的应力状态,并算出单元体各面上的应力数值。 (答:略)

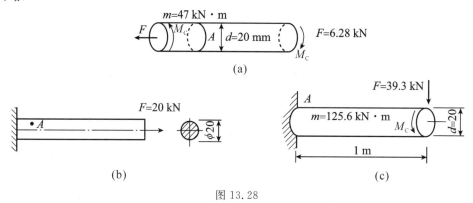

(a)

(b)　　　　　　　　　　(c)

图 13.28

2.试用解析法和图解法求图 13.29 所示各单元体斜截面 ab 上的应力(图中应力单位为 MPa)。

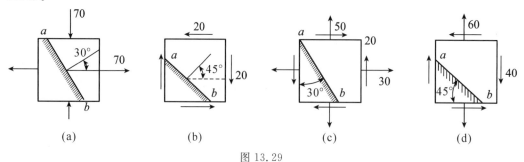

(a)　　　　　　(b)　　　　　　(c)　　　　　　(d)

图 13.29

〔答:(a)$\alpha=30°,\sigma_\alpha=35$ MPa,$\tau_\alpha=60.6$ MPa;

　　(b)$\alpha=45°,\sigma_\alpha=-20$ MPa,$\tau_\alpha=0$ MPa;

　　(c)$\alpha=30°,\sigma_\alpha=52.3$ MPa,$\tau_\alpha=-18.7$ MPa;

　　(d)$\alpha=45°,\sigma_\alpha=-10$ MPa,$\tau_\alpha=-30$ MPa)〕

3. 已知应力状态如图 13.30 所示。试用解析法及图解法求:(1)主应力的大小,主平面的方位;(2)在单元体上绘出主平面位置及主应力方向;(3)最大切应力。图中应力单位皆为 MPa。

〔答:(a)$\sigma_2=-3.8$ MPa,$\sigma_3=-26.2$ MPa,$\alpha_0=-31°43',\tau_{\max}=11.2$ MPa;

　　(b)$\sigma_2-120.7$ MPa,$\sigma_3=-20.7$ MPa,$\alpha_0=-22°30',\tau_{\max}=70.7$ MPa;

　　(c)$\sigma_1=30$ MPa,$\sigma_3=-30$ MPa,$\alpha_0=45°,\tau_{\max}=30$ MPa;

　　(d)$\sigma_1=62.4$ MPa,$\sigma_2=17.6$ MPa,$\alpha_0=63°26',\tau_{\max}=22.4$ MPa〕

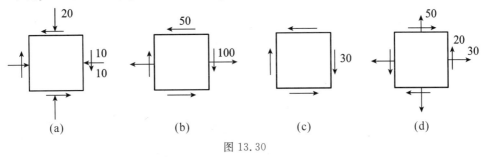

图 13.30

4. 矩形截面梁的尺寸如图 13.31 所示,已知载荷 $F=256$ kN。试求:(1)若以纵横截面截取单元体,求各指定点(1 至 5 点)的单元体各面上的应力;(2)用解析法求解点 2 处的主应力。

〔答:(1)略;(2)$\sigma_1=1.66$ MPa,$\sigma_2=0,\sigma_3=-21.66$ MPa〕

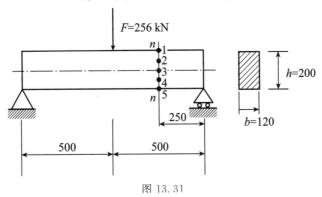

图 13.31

5. 如图 13.32 所示,木质悬臂梁的横截面是高为 200 mm,宽为 60 mm 的矩形。在 A 点木质纤维与水平线的倾角为 20°。试求通过 A 点沿纤维方向的斜面上的正应力和切应力。

(答:$\sigma_\alpha=0.16$ MPa,$\tau_\alpha=-0.19$ MPa)

6. 如图 13.33 所示的单元体为二向应力状态,应力单位为 MPa。试求主应力,并作应力圆。

(答:$\sigma_1=80$ MPa,$\sigma_2=40$ MPa,$\sigma_3=0$)

7. 在三向应力状态中,如果 $\sigma_1=\sigma_2=\sigma_3$,并且都是拉应力,它的应力圆是怎样的? 又如果都是压应力,它的应力圆又是怎样的?

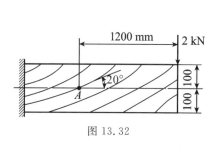

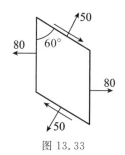

图 13.32   图 13.33

8. 过受力构件的某点,铅垂面上作用着正应力 $\sigma_x = 130$ MPa 和切应力 τ_{xy},已知该点处的主应力 $\sigma_1 = 150$ MPa,最大切应力 $\tau_{max} = 100$ MPa。试确定水平截面和铅垂截面的未知应力分量 σ_y,τ_{yx} 及 τ_{xy}。

（答：$\tau_{xy} = -\tau_{yx} = 60$ MPa,$\sigma_y = -30$ MPa,$\sigma_1 = 150$ MPa,$\sigma_3 = -50$ MPa）

9. 试求图 13.34 所示各单元体的主应力及最大切应力。图中应力单位均为 MPa。

[答：(a)$\sigma_1 = 51$ MPa,$\sigma_2 = 0$,$\sigma_3 = -41$ MPa,$\tau_{max} = -41$ MPa；

(b)$\sigma_1 = 80$ MPa,$\sigma_2 = 50$ MPa,$\sigma_3 = -50$ MPa,$\tau_{max} = 65$ MPa；

(c)$\sigma_1 = 57.7$ MPa,$\sigma_2 = 50$ MPa,$\sigma_3 = -27.7$ MPa,$\tau_{max} = 42.7$ MPa；

(d)$\sigma_1 = 25$ MPa,$\sigma_2 = 0$,$\sigma_3 = -25$ MPa,$\tau_{max} = 25$ MPa]

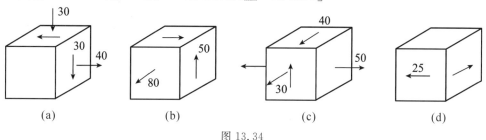

(a)   (b)   (c)   (d)

图 13.34

10. 如图 13.35 所示,这孔内恰好放一钢立方体而无间隙,这立方块受有 $F = 7$ kN 的压力。假设厚钢板为刚体,钢立方块的弹性模量 $E = 200$ GPa,泊松比 $\mu = 0.3$。试求立方体内的三个主应力。

（答：$\sigma_1 = \sigma_2 = -30$ MPa,$\sigma_3 = -70$ MPa）

11. 从钢构件内某点取出一单元体,如图 13.36 所示。已知 $\sigma = 30$ MPa、$\tau = 15$ MPa,材料弹性模量 $E = 200$ GPa,泊松比 $\mu = 0.3$。试求对角线 AC 的长度改变 Δl_{AC}。

（答：$\Delta l_{AC} = 9.29 \times 10^{-3}$ m）

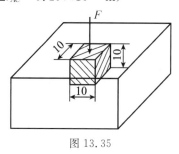

图 13.35

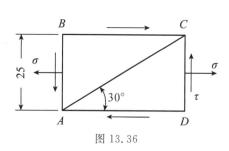

图 13.36

12. 图 13.37 所示为直径 $d=20$ mm 的钢制圆轴,两端承受外力偶矩 m_0。现用应变仪测得圆轴表面上与轴线成 $45°$ 方向的线应变 $\varepsilon=5.2\times10^{-4}$,若钢的弹性模量 $E=200$ GPa,$\mu=0.3$,试求圆轴承受的外力偶矩 m_0 的值。

(答:$m_0=125.7$ N·m)

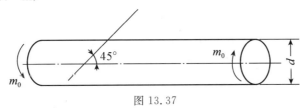

图 13.37

13. 一圆筒形容器承受内压 p,其内径 $d=800$ mm,壁厚 $\delta=20$ mm,材料的许用应力 $[\sigma]=130$ MPa。按第三和第四强度理论确定最大压强 p_{max}。

(答:按第三强度理论,$p_{max}=6.5$ MPa;按第四强度理论,$p_{max}=13.5$ MPa)

14. 已知危险点的应力状态如图 13.38 所示,测得该点处的应变 $\varepsilon_{0°}=\varepsilon_x=25\times10^{-6}$,$\varepsilon_{-45°}=140\times10^{-6}$,材料的弹性模量 $E=210$ GPa,$\mu=0.28$,$[\sigma]=70$ MPa。试用第三强度理论校核强度。

(答:$\sigma_{r3}=43.3$ MPa)

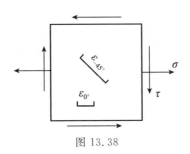

图 13.38

⊕拓⊕展⊕阅⊕读⊕

双剪统一强度理论[1][2]

　　为了建立能够适用于更广泛材料的统一强度理论,考虑作用于双剪单元体上的全部应力分量以及它们对材料破坏的不同影响,西安交通大学俞茂宏教授于 1990 年提出了一种反映中间主切应力以及相应面上的正应力的双剪统一强度理论,即当作用于双剪单元体上的两个较大剪应力及其面上的正应力影响函数到达某一极限值时,材料开始发生破坏,其数学表达式为

$$f = \tau_{13} + b\tau_{12} + \beta(\sigma_{13} + b\sigma_{12}) = C,\ 当\ \tau_{12} + \beta\sigma_{12} \geqslant \tau_{23} + \beta\sigma_{23} \qquad (a)$$

$$f = \tau_{13} + b\tau_{12} + \beta(\sigma_{13} + b\sigma_{12}) = C,\ 当\ \tau_{12} + \beta\sigma_{12} \leqslant \tau_{23} + \beta\sigma_{23} \qquad (b)$$

其中,b 为反映中间主剪应力作用的系数,β 为反映正应力对材料破坏的影响系数,C 为材料的强度参数。

　　双剪应力 τ_{13}、τ_{12} 或 τ_{23} 及其作用面上的正应力 σ_{13}、σ_{13} 或 σ_{13} 分别等于

① 袁海庆. 材料力学 第 3 版[M]. 武汉:武汉理工大学出版社,2014.03.

② 俞茂宏. 工程强度理论[M]. 北京:高等教育出版社,1999.06.

$$\begin{cases} \tau_{13} = \dfrac{1}{2}(\sigma_1 - \sigma_3) & \sigma_{13} = \dfrac{1}{2}(\sigma_1 + \sigma_3) \\[2mm] \tau_{12} = \dfrac{1}{2}(\sigma_1 - \sigma_2) & \sigma_{12} = \dfrac{1}{2}(\sigma_1 + \sigma_2) \\[2mm] \tau_{23} = \dfrac{1}{2}(\sigma_2 - \sigma_3) & \sigma_{13} = \dfrac{1}{2}(\sigma_2 + \sigma_3) \end{cases} \tag{c}$$

"双剪统一强度理论"的核心优势在于拥有统一的力学模型、数学建模方程和数学表达式，这使得该理论能够灵活应用于各种不同类型的材料。该理论实质上是一个综合性的屈服准则和破坏准则体系，其系列化的极限面设计巧妙地涵盖了从内边界到外边界的整个外凸区域。这一全面的覆盖范围使得该理论在材料科学领域具有广泛的适用性和极高的实用价值。

"双剪统一强度理论"不仅成功地将最大切应力理论、八面体剪应力理论（即米泽斯强度理论）、莫尔—库仑强度理论以及双剪强度理论融入其框架内，作为特例或线性逼近的体现，而且能够生成一系列前所未有的屈服准则和破坏准则。这一创新性的理论体系构成了一个全新的强度理论框架，展现出对不同材料和结构更为广泛和精准的适用性。通过这一理论，可以更加深入地理解和预测材料的力学行为，为工程设计和科学研究提供有力的理论支撑。

"双剪统一强度理论"作为一项具有划时代意义的中国原创性理论，已经在土木、水利、机械、航空、岩土等多个工程领域的研究中展现出其独特的价值。同时，这一理论也深入到了教育领域，被多种教科书采纳作为教学内容，为培养新一代工程师和科研人才提供了坚实的理论基础。该理论的核心优势在于其普适性，不仅能够适应各种不同类型的材料和结构，还能在实际应用中充分发挥材料和结构的强度潜力。这种潜力的挖掘对于提高工程结构的安全性和经济性具有不可估量的意义，为我国的工程建设事业注入了新的活力。此外，"双剪统一强度理论"的影响力已经超越了其最初的应用领域，成功扩展到了《广义塑性力学》、《结构塑性力学》和《计算塑性力学》等其他相关学科。这一跨学科的拓展不仅丰富了这些学科的理论体系，也为解决更复杂的工程问题提供了有力的工具。可以预见，随着这一理论的不断发展和完善，它将在更多领域展现出其巨大的应用潜力和经济价值。

第 14 章　组合变形构件的强度

课前导读

　　组合变形是指构件在外力作用下同时产生两种或两种以上的基本变形。叠加法是分析组合变形的基本方法。本章在拉压、扭转和弯曲等基本变形的强度计算基础上,主要介绍斜弯曲、弯曲与拉伸(或压缩)组合以及弯曲与扭转组合的受力特点和变形特点,重点阐述组合变形的内力分析、应力分析和强度的计算方法和步骤。

本章思维导图

14.1　概　述

　　到第 12 章为止,我们所研究过的构件,只限于有一种基本变形的情况,例如拉伸(或压缩)、剪切、扭转和弯曲。而在工程实际中的许多构件,往往存在两种或两种以上的基本变形。例如图 14.1(a)中悬臂吊车的横梁 AB,当起吊重物时,不仅产生弯曲,由于拉杆 BC 的斜向力作用,它还会发生压缩[见图 14.1(b)]。又如图 14.2(a)所示的齿轮轴,若将啮合力 F 向齿轮中心平移,则可简化成如图 14.2(b)所示的情况。载荷 F 使轴产生弯曲变形;矩为 M_C 和 M_D 的两个力偶则使轴产生扭转变形。这些构件都同时存在两种基本变形,前者是弯曲与压缩的组合;后者则是弯曲与扭转的组合。在外力作用下,构件若同时产生两种或两种以上基本变形的情况,就称为组合变形(Combined Deformation)。

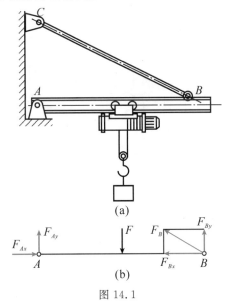

图 14.1

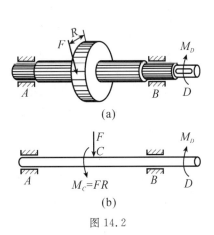

图 14.2

在线弹性变形范围内,由于我们所研究的又都是小变形构件,可以认为各载荷的作用彼此独立,互不影响,即任一载荷所引起的应力或变形不受其他载荷的影响。因此,对组合变形构件进行强度计算,可以应用叠加原理(Superposition Principle),采取先分解而后叠加的方法。其基本步骤:①将作用在构件上的载荷进行分解,得到与原载荷静力和变形等效的几组载荷,使构件在每组载荷作用下,只产生一种基本变形;②分别计算构件在每种基本变形情况下的应力;③在危险点单元体上,将各基本变形引起的正应力、切应力分别叠加,计算其主应力;④根据构件的材料和危险点的应力状态,确定可能的破坏形式,选择相适应的强度理论进行强度计算。

本章将讨论斜弯曲、弯曲与拉伸(或压缩)组合以及弯曲与扭转组合的构件强度问题。

组合变形杆件的分析过程,关键在于将复杂荷载分别转化成符合基本变形杆件受力特点的荷载,而杆件的变形与杆上所有荷载共同作用有关。这一分析问题的方法体现了逻辑思维中分析与综合的思维方法,分析是认识事物的必要阶段,综合是为了便于掌握事物的本质和规律。

14.2 斜弯曲

在前面曾经指出,对于横截面具有对称轴的梁,当外力作用在纵向对称平面内时,梁的轴线在变形后将变成一条位于纵向对称面内的平面曲线。这种变形形式称为对称弯曲。但当外力不作用在纵向对称平面内时,如图 14.3 所示,实验及理论研究表明,此时梁的挠曲线并不在梁的纵向对称平面内,即不属于平面弯曲,这种弯曲称为斜弯曲(Skew Bending)。

现以矩形截面悬臂梁为例,来说明斜弯曲的应力和变形的计算。

如图 14.4 所示悬臂梁,在自由端受集中力 F 作用,F 通过截面形心并与 y 轴成 φ 角。

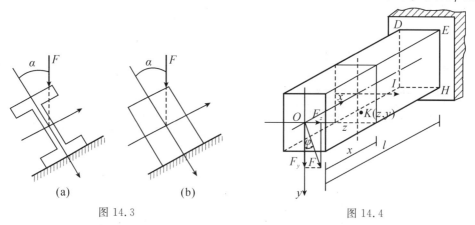

图 14.3   图 14.4

选取坐标系如图 14.4 所示,以梁轴线作为 x 轴,两个对称轴分别作为 y 轴和 z 轴。

1. 任意截面应力

将力 F 沿 y 轴和 z 轴分解为两个分量 F_y 和 F_z(这时的 y 和 z 代表的是方向),得

$$F_y = F\cos\varphi$$

$$F_z = F\sin\varphi$$

这两个分量分别引起沿铅垂面和水平面的对称弯曲。求此情况下距自由端为 x 的截面上任意点 K 的正应力，该点的坐标为 z 和 y（这时的 y 和 z 代表的是位置）。x 截面的弯矩 M_z 和 M_y（这时的 y 和 z 代表的是中性轴）：

$$M_z = F_y \cdot x = F\cos\varphi \cdot x = M\cos\varphi$$
$$M_y = F_z \cdot x = F\sin\varphi \cdot x = M\sin\varphi$$

任一点 K 的正应力可以应用第 11 章中计算公式进行计算，设 M_z 代表以 z 为中性轴的弯曲，引起的应力设为 σ'，M_y 代表以 y 为中性轴的弯曲，引起的应力设为 σ''，则有

以 z 轴为中性轴时的应力

$$\sigma' = \pm \frac{M_z}{I_z} y$$

以 y 轴为中性轴时的应力

$$\sigma'' = \pm \frac{M_y}{I_y} z$$

应力的正负号可以通过观察梁的变形来确定。拉应力取正号，压应力取负号。

应用叠加法，K 点的应力为

$$\sigma = \sigma' + \sigma'' = \pm \frac{M_z}{I_z} y \pm \frac{M_y}{I_y} z \tag{14.1}$$

2. 危险截面应力

强度计算时，须先确定危险截面，然后在危险截面上确定危险点。对斜弯曲来说，与之前对称弯曲一样，通常也是由最大正应力控制。所以，对如图 14.4 所示的悬臂梁来说，危险截面显然在固定端处，因为该处弯矩 M_z 和 M_y 的绝对值达到最大。至于要确定该截面上的危险点的位置，则对于工程中常用的具有凸角并且有两条对称轴的截面，如矩形、工字形等。根据对变形的判断，可知最大正应力发生在 ID 与 ED 相交的 D 点。

$$\sigma_{\max} = \sigma_{\max}^{ID} + \sigma_{\max}^{DE} = \frac{M_{z,\max}}{I_z} y_{\max} + \frac{M_{y,\max}}{I_y} z_{\max} = \sigma^D$$

最小正应力发生 IH 与 HE 的相交的 H 点。

$$\sigma_{\min} = \sigma_{\min}^{IH} + \sigma_{\min}^{HE} = -\frac{M_{z,\max}}{I_z} y_{\max} - \frac{M_{y,\max}}{I_y} z_{\max} = \sigma^H$$

3. 强度计算公式

若材料的抗拉与抗压强度相同，其强度条件就可以写为

$$\sigma_{\max} = \frac{M_{z,\max}}{W_z} + \frac{M_{y,\max}}{W_y} \leqslant [\sigma] \tag{14.2}$$

式中，$W_z = \dfrac{I_z}{y_{\max}}$，$W_y = \dfrac{I_y}{z_{\max}}$。

对于不易确定危险点的截面，如边界没有棱角而呈弧线的截面，如图 14.5 所示，则需要研究应力的分布规律，确定中性轴位置。为此，将斜弯曲正应力表达式改写为

$$\sigma = \frac{M_z}{I_z} y + \frac{M_y}{I_y} z = M\left(\frac{\cos\varphi_y}{I_z} + \frac{\sin\varphi_z}{I_y}\right) = 0 \tag{14.3}$$

式（14.3）表明，发生斜弯曲时，截面上的正应力是 y 和 z 的线性函数，所以它的分布规律是一个平面，如图 14.6 所示某简支梁截面应力情况。此应力平面与 y、z 坐标平面（即截面）相

交于一直线,在此直线上应力均等于零。所以该直线为中性轴。

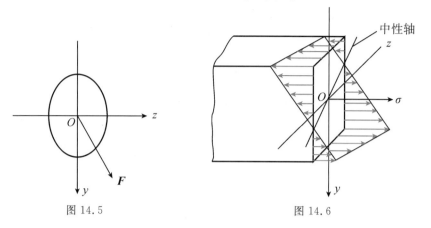

图 14.5　　　　　　　　　　　图 14.6

4. 变形

斜弯曲的变形计算也可以用叠加法,仍以图 14.4 所示的悬臂梁为例。设欲求自由端的挠度 f,方法是先分别求出两个平面内对称弯曲的挠度,如 y 方向的挠度 f_y 为

$$f_y = \frac{F_y \cdot l^3}{3EI_z} = \frac{F\cos\varphi \cdot l^3}{3EI_z}$$

z 方向的挠度 f_z 为

$$f_z = \frac{F_z \cdot l^3}{3EI_y} = \frac{F\cos\varphi \cdot l^3}{3EI_y}$$

总挠度为上述两个挠度的几何和,如图 14.7 所示,其大小为

$$f = \sqrt{f_y^2 + f_z^2} \tag{14.4}$$

将 f_y 和 f_z 的值代入式(14.4)即可求得 f 值。

此外,总挠度 f 的方向与 F 力的方向并不一致,即荷载平面不与挠曲线平面重合,如图 14.8 所示。

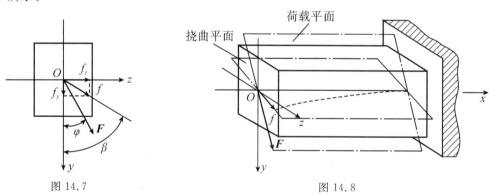

图 14.7　　　　　　　　　　　图 14.8

例 14.1　如图 14.9 所示的工字形简支钢梁,跨中受集中力 F 作用。设工字钢的型号为 22b,已知 $F=20$ kN,$E=2.0\times10^5$ MPa,$\varphi=15°$,$l=4$ m。试求:危险被面上的最大正应力、最大挠度。

解　(1)计算最大正应力。先把荷载沿 z 轴和 y 轴分解为两个分量:

$$F_y = F\cos\varphi$$

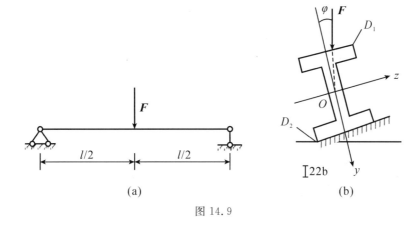

图 14.9

$$F_z = F\sin\varphi$$

危险截面在跨中,按简支梁计算其最大弯矩分别为

$$M_{z,\max} = \frac{1}{4} F_y \cdot l = \frac{1}{4} Fl\cos\varphi$$

$$M_{y,\max} = \frac{1}{4} F_z \cdot l = \frac{1}{4} Fl\sin\varphi$$

根据上述两个弯矩的方向,可知最大应力发生在 D_1 和 D_2 两点,如图 14.9(b)所示。其中 D_1 点产生最大压应力,D_2 点产生最大拉应力。两点应力的绝对值相等,所以计算一点即可,如计算 D_2 点的应力:

$$\sigma_{\max} = \frac{M_{z,\max}}{W_z} + \frac{M_{y,\max}}{W_y}$$

由型钢表查得:$W_z = 325 \text{ cm}^3 = 325 \times 10^3 \text{ mm}^2$,$W_y = 42.7 \text{ cm}^3 = 42.7 \times 10^7 \text{ mm}^3$,代入上式,得

$$\sigma_{\max} = \frac{M_{z,\max}}{W_z} + \frac{M_{y,max}}{W_y} = \frac{Fl}{4}\left(\frac{\cos\varphi}{W_z} + \frac{\sin\varphi}{W_y}\right)$$

$$= \frac{20 \times 10^3 \times 4 \times 10^3}{4}\left(\frac{\cos 15°}{325 \times 10^3} + \frac{\sin 15°}{42.7 \times 10^3}\right) \text{ MPa} = 180.7 \text{ MPa}$$

(2)计算最大挠度。先分别计算出沿 z 轴和 y 轴方向的挠度分量:

$$f_z = \frac{F_z l^3}{48EI} = \frac{F\sin\varphi l^3}{48EI_y}$$

$$f_y = \frac{F_y l^3}{48EI} = \frac{F\sin\varphi l^3}{48EI_z}$$

由型钢表查得,$I_y = 239 \text{ cm}^4$,$I_z = 3570 \text{ cm}^4$,$\sin 15° = 0.259$,$\cos 15° = 0.966$。根据式(14.4)得总挠为

$$f_y = \frac{F \cdot \cos\varphi \cdot l^3}{48EI_z} = \frac{20 \times 10^3 \times 0.966 \times 4^3 \times 10^9}{48 \times 2 \times 10^5 \times 3570 \times 10^4} \text{ mm} = 3.6 \text{ mm}$$

$$f_z = -\frac{F \cdot \cos\varphi \cdot l^3}{48EI_y} = -\frac{20 \times 10^3 \times 0.259 \times 4^3 \times 10^9}{48 \times 2 \times 10^5 \times 239 \times 10^4} \text{ mm} = -14.45 \text{ mm}$$

设总挠度与 y 轴的夹角为 β。读者可思考计算,其数值不等于 φ。

(3)作为比较,设力 F 的方向与 y 轴重合,即发生的是绕 z 轴的对称弯曲,现在求此情况

下的最大正应力 σ_{max} 和最大挠度 f。

此时 D_1 点和 D_2 点的应力仍是最大的,其值为

$$\sigma_{max}' = \frac{M}{W_z} = \frac{Fl}{4W_z} = \frac{20 \times 10^3 \times 4 \times 10^3}{4 \times 325 \times 10^3} \text{ MPa} = 61.5 \text{ MPa}$$

将斜弯曲时的最大应力与此应力进行比较,得

$$\frac{\sigma_{max}}{\sigma_{max}'} = \frac{180.7}{61.5} = 3$$

而最大挠度 f' 为

$$f' = \frac{Fl^3}{48EI_z} = \frac{20 \times 10^3 \times 4^3 \times 10^9}{48 \times 2 \times 10^6 \times 3570 \times 10^4} \text{ mm} = 3.74 \text{ mm}$$

将斜弯曲时的最大挠度 f 与此 f' 进行比较,得

$$\frac{f}{f'} = \frac{15}{3.74} = 4$$

知识拓展

从上例中可见,当 I_z 比 I_y 大得多时,力的作用方向只要与主惯性轴稍有偏离,则最大应力和最大挠度比没有偏离时的对称弯曲会增大很多,如上例中力 F 仅偏离 $15°$,而最大应力和最大挠度分别为对称弯曲时的 3 倍和 4 倍,所以对于两个主惯性矩相差较大的梁,应尽量避免斜弯曲的发生。

14.3 弯曲与拉伸(或压缩)的组合

在外力作用下,构件同时产生弯曲和拉伸(或压缩)变形的情况,称为弯曲与拉伸(或压缩)的组合变形。图 14.1 所示悬臂吊的横梁同时受到横向载荷和纵向载荷的作用,这是弯曲与拉伸(或压缩)组合变形构件的一种受力情况。在工程实际中,常常还遇到另一种情况,即载荷与杆件的轴线平行,但不通过横截面的形心,此时杆件的变形也是弯曲与拉伸(或压缩)的组合,这种情况通常称为偏心拉伸(或偏心压缩)。载荷的作用线至横截面形心的垂直距离称为偏心距。例如图 14.10(a)中的开口链环和图 14.11(a)中的厂房柱子,如果将其上的载荷 F 向杆件

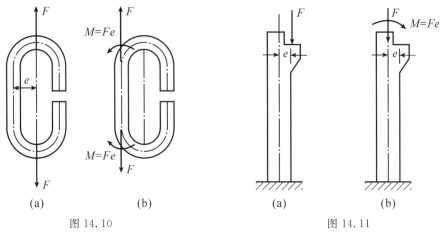

(a)　　　　　(b)　　　　　(a)　　　　　(b)

图 14.10　　　　　　　　　　图 14.11

横截面的形心平移,则作用于杆件上的外力可视为两部分:一个轴向力 F 和一个矩为 $M = Fe$ 的力偶[见图 14.10(b)、14.11(b)]。轴向力 F 将使杆件产生轴向拉伸(或压缩);力偶 M 将使杆件产生弯曲。

必须指出,对于变形体而言,力线平移定理(3.1 节)的应用是有条件的。由于横截面的尺寸与杆件的长度相比甚小,根据圣维南原理(7.3 节),将轴向力向横截面的形心平移简化,用静力等效力系代替,并不影响离该截面稍远处的应力和变形,即不仅静力等效,而且也满足变形等效的条件。

现在讨论弯曲与拉伸(或压缩)组合变形构件的应力和强度计算。

设一矩形截面杆,一端固定,一端自由[见图 14.12(a)],作用于自由端的集中力 F 位于杆的纵向对称面 Oxy 内,并与杆的轴线成一夹角。将外力 F 沿 x 轴和 y 轴方向分解,得到两个分力[见图 14.12(b)]:

$$F_x = F\cos\varphi$$
$$F_y = F\sin\varphi$$

其中,分力 F_x 为轴向外力,在此力的单独作用下,杆将产生轴向拉伸,此时,任一横截面上的轴力 $F_N = F_x$。因此,杆横截面上各点将产生数值相等的拉应力,其值为

$$\sigma' = \frac{F_N}{A}$$

正应力 σ' 在横截面上均匀分布,如图 14.12(c)所示。

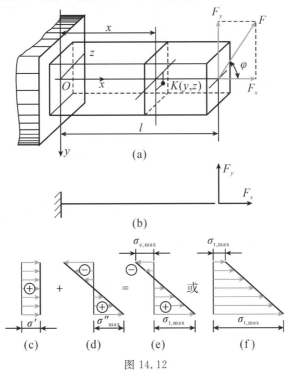

图 14.12

分力 F_y 为垂直于杆轴线的横向外力,在此力的单独作用下,杆将在 Oxy 平面内发生平面弯曲,任一横截面的弯矩为

$$M = F_y(l - x)$$

此时在横截面上任一点 K 的弯曲应力为

$$\sigma'' = \frac{My}{I_z}$$

σ'' 沿截面高度方向的变化规律如图 14.12(d) 所示。

由此可见,这是一个弯曲与拉伸组合变形的杆件。设在外力作用下杆件的变形很小,这时可应用叠加原理,将拉伸正应力 σ' 与弯曲正应力 σ'' 按代数值叠加后,得到横截面上的总应力为

$$\sigma = \sigma' + \sigma'' = \frac{F_N}{A} + \frac{My}{I_z} \tag{14.5}$$

设横截面上、下边缘处的最大弯曲应力大于(或小于)拉伸正应力,则总应力 σ 沿截面高度方向的变化规律如图 14.12(e)[或图 14.12(f)] 所示。

由于在固定端处横截面上的弯矩最大,因此,该截面为危险截面。从图 14.12(e) 可知,构件的危险点位于危险截面的上边缘或下边缘处。在下边缘处由于 σ' 和 σ'' 均为拉应力,故总应力为两者之和,由此得最大拉应力为

$$\sigma_{t,max} = \frac{F_N}{A} + \frac{M_{max}}{W_z} \tag{14.6}$$

在上边缘,由于 σ' 为拉应力,而 σ'' 为压应力,故总应力为两者之差,由此得最大压应力为

$$\sigma_{c,max} = \frac{F_N}{A} - \frac{M_{max}}{W_z} \tag{14.7}$$

得到了危险点处的总应力后,即可根据材料的许用应力建立强度条件:

$$\sigma_{t,max} = \frac{F_N}{A} + \frac{M_{max}}{W_z} \leqslant [\sigma_t] \tag{14.8}$$

$$\sigma_{c,max} = \left| \frac{F_N}{A} - \frac{M_{max}}{W_z} \right| \leqslant [\sigma_c] \tag{14.9}$$

式中,$[\sigma_t]$ 和 $[\sigma_c]$ 分别为材料拉伸和压缩时的许用应力。

一般情况下,对于抗拉与抗压能力不相等的材料,如铸铁和混凝土等,需用以上两式分别校核构件的强度;对于抗拉与抗压能力相等的材料,如低碳钢,则只需校核构件应力绝对值最大处的强度即可。

对于单向偏心拉伸的杆件(见图 14.10),上述公式仍然成立,只需将式中的最大弯矩 M_{max} 改为因载荷偏心而产生的弯矩 $M = Fe$ 即可。若外力 F 的轴向分力 F_x 为压力或单向偏心压缩时(见图 14.11),上述公式中的第一项 $\frac{F_N}{A}$ 应取负号。

还应指出,在上面的分析中,对于受横向力作用的杆件,横截面上除有正应力外,还有因剪力而产生的切应力,由于其数值一般较小,可不考虑。

例 14.2 悬臂吊车如图 14.13(a) 所示,横梁用 25a 工字钢制成,梁长 $l = 4$ m,斜杆与横梁的夹角 $\alpha = 30°$,电葫芦重 $G_1 = 4$ kN,起重量 $G_2 = 20$ kN,材料的许用应力 $[\sigma] = 100$ MPa。试校核横梁的强度。

解 (1)外力计算。取横梁 AB 为研究对象,其受力图如图 14.13(b) 所示。梁上载荷为 $F = G_1 + G_2 = 24$ kN,右端斜杆的拉力 F_B 可分解为 F_{Bx}、F_{By} 两个分力。横梁在横向力 F_{Ay} 和 F_{By} 作用下产生弯曲;同时在 F_{Ax} 和 F_{Bx} 作用下产生轴向压缩。这是一个弯曲与压缩组合的构件。

当载荷移动到梁跨的中点时,可近似地认为梁处于危险状态。此时,由平衡方程

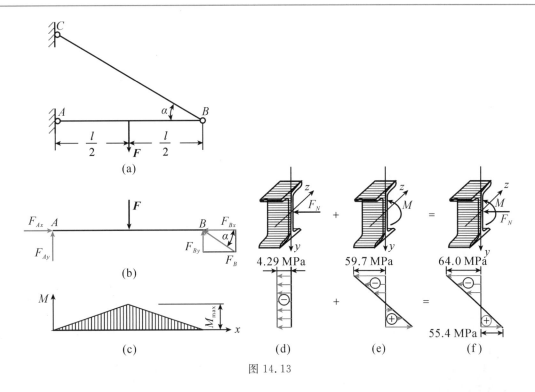

图 14.13

$$\sum M_A = 0, \quad F_{By} \cdot l - F \cdot \frac{l}{2} = 0$$

得

$$F_{By} = \frac{F}{2} = 12 \text{ kN}$$

而

$$F_{Bx} = \frac{F_{By}}{\tan 30°} = \frac{12}{0.577} \text{ kN} = 20.8 \text{ kN}$$

又由平衡方程 $\sum F_y = 0$ 和 $\sum F_x = 0$，得

$$F_{Ay} = 12 \text{ kN}$$
$$F_{Ax} = 20.8 \text{ kN}$$

拉弯组合变形应用实例

（2）内力和应力计算。根据横梁的受力情形，和上面求得的数值，可以绘出横梁的弯矩图如图 14.13(c)所示。在梁跨的中点截面上的弯矩最大，其值为

$$M_{\max} = \frac{Fl}{4} = \frac{24000 \times 4}{4} \text{ N} \cdot \text{m} = 24000 \text{ N} \cdot \text{m}$$

从型钢表上套得 25a 工字钢的截面面积和抗弯截面系数分别为

$$A = 48.5 \text{ cm}^2 = 48.5 \times 10^{-4} \text{ m}^2$$
$$W_z = 402 \text{ cm}^3 = 402 \times 10^{-6} \text{ m}^3$$

所以最大弯曲应力为

$$\sigma_{B\max} = \frac{M_{\max}}{W_z} = \frac{24000}{402 \times 10^{-6}} \text{ Pa} \approx 59.7 \times 10^6 \text{ Pa} \approx 59.7 \text{ MPa}$$

此横截面上正应力的分布如图 14.13(e)所示，梁危险截面的上边缘处受最大压应力、下

边缘处受最大拉应力作用。

横梁各横截面所受的轴向压力均为

$$F_N = F_{Bx}$$

则各横截面上的压应力均为

$$\sigma_c = -\frac{F_N}{A} = -\frac{F_{Bx}}{A} = \frac{-20800}{48.5 \times 10^{-4}} \text{ Pa}$$

$$= -4.29 \times 10^6 \text{ Pa} = -4.29 \text{ MPa}$$

并均匀分布于横截面上,如图 14.13(d)所示。

故梁跨中点横截面上、下边缘处的总正应力分别为[见图 14.13(f)]

$$\sigma_{c,\max} = -\frac{F_N}{A} - \frac{M_{\max}}{W_z} = -4.29 \text{ MPa} - 59.7 \text{ MPa} = -64 \text{ MPa}$$

$$\sigma_{t,\max} = -\frac{F_N}{A} + \frac{M_{\max}}{W_z} = -4.29 \text{ MPa} + 59.7 \text{ MPa} = +55.4 \text{ MPa}$$

(3)强度校核。由于工字钢的抗拉与抗压能力相同,故只校核正应力绝对值最大处的强度即可,即

$$|\sigma_{c,\max}| = 64 \text{ MPa} < [\sigma]$$

由计算可知,此悬臂吊车的横梁是安全的。

例 14.3 如图 14.14(a)所示的钻床,钻孔时受到压力 $F = 15$ kN。已知偏心矩 $e = 400$ mm,铸铁立柱的许用拉应力 $[\sigma_t] = 35$ MPa,许用压应力 $[\sigma_c] = 120$ MPa,试计算铸铁立柱所需的直径。

解 (1)计算内力。立柱在力 F 作用下产生偏心拉伸。将立柱假想地截开,取上段为研究对象[见图 14.14(b)],由平衡方程不难求得立柱的轴力和弯矩分别为

$$F_N = F = 15000 \text{ N}$$

$$M = Fe = 15000 \text{ N} \times 0.4 \text{ m} = 6000 \text{ N} \cdot \text{m}$$

(2)选择立柱直径。由于铸铁的许用拉应力

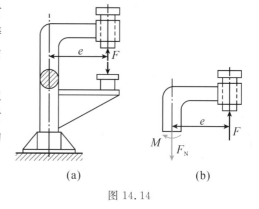

图 14.14

$[\sigma_t]$ 小于许用压应力 $[\sigma_c]$,因此,应根据最大拉应力 $\sigma_{t,\max}$ 来进行强度计算。由式(14.8)

$$\sigma_{t,\max} = \frac{F_N}{A} + \frac{Fe}{W_z} \leqslant [\sigma_t]$$

得

$$\frac{15000}{\dfrac{\pi d^2}{4}} + \frac{6000}{\dfrac{\pi d^3}{32}} \text{ N/m}^2 \leqslant 35 \times 10^6 \text{ N/m}^2$$

解此方程就能得到立柱的直径 d。但因这是一个三次方程,求解较繁。因此,在设计计算中常采用一种简便的方法。一般在偏心距较大的情况下,偏心拉伸(或压缩)杆件的弯曲正应力是主要的,所以可先按弯曲强度条件求出立柱的一个近似直径,然后将此直径的数值稍微增大,再代入偏心拉伸的强度条件式(14.8)中进行校核,如数值相差较大,再作调整,如此逐步逼近,最后可求得满足此方程的直径。

在此题中,先考虑弯曲强度条件

$$\frac{M}{W_z} \leqslant [\sigma]$$

即

$$\frac{6000 \text{ N} \cdot \text{m}}{\dfrac{\pi d^3}{32}} \leqslant 35 \times 10^6 \text{N/m}^2$$

由此解得立柱的近似直径

$$d = 0.12 \text{ m}$$

将其稍加增大,现取 $d = 125$ mm,再代入偏心拉伸的强度条件校核,得

$$\sigma_{\text{t,max}} = \frac{15000 \text{ N}}{\dfrac{3.14 \times 0.125^2}{4} \text{ m}^2} + \frac{6000 \text{ N} \cdot \text{m}}{\dfrac{3.14 \times 0.125^3}{32} \text{ m}^3}$$

$$= 32.5 \times 10^6 \text{ Pa} = 32.5 \text{ MPa} < [\sigma_{\text{t}}] = 35 \text{ MPa}$$

满足强度条件,最后选用立柱直径 $d = 125$ mm。

例 14.4　一带槽钢板受力如图 14.15(a)所示,已知钢板宽度 $b = 80$ mm,厚度 $\delta = 10$ mm,边缘上半圆形槽的半径 $r = 10$ mm,已知拉力 $F = 80$ kN,钢板许用应力$[\sigma] = 140$ MPa。试对此钢板进行强度校核。

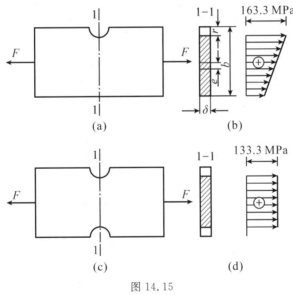

图 14.15

解　由于钢板在截面 1—1 处有一半圆槽,因而外力 F 对此截面为偏心拉伸,其偏心距之值为

$$e = \frac{b}{2} - \frac{b-r}{2} = \frac{r}{2} = \frac{10}{2} \text{ mm} = 5 \text{ mm}$$

截面 1—1 的轴力和弯矩分别为

$$F_{\text{N}} = F = 80 \text{ kN} = 80000 \text{ N}$$

$$M = Fe = 80000 \text{ N} \times 0.005 \text{ m} = 400 \text{ N} \cdot \text{m}$$

轴力 F_{N} 和弯矩 M 在半圆槽底部的 a 点处都引起拉应力[见图 14.15(b)],此处即为危险点。

由式(14.8)得最大拉应力为

$$\sigma_{t,max} = \frac{F}{\delta(b-r)} + \frac{Fe}{\dfrac{\delta(b-r)^2}{6}}$$

$$= \frac{80000 \text{ N}}{0.01 \text{ m} \times (0.08 - 0.01)\text{m}} + \frac{6 \times 400\text{N} \cdot \text{m}}{0.01 \text{ m} \times (0.08 - 0.01)^2 \text{ m}^2}$$

$$= 163.3 \times 10^6 \text{ Pa} = 163.3 \text{ MPa} > [\sigma]$$

计算结果表明,钢板在截面1—1处的强度不够。

从上面的分析可知,造成钢板强度不够的原因,是由于偏心拉伸而引起的弯矩 Fe,使截面1—1的应力显著增加。为了保证钢板具有足够的强度,在允许的条件下,可在槽的对称位置再开一槽[见图14.15(c)]。这样就避免了偏心拉伸,而使钢板变为轴向拉伸了。此时截面1—1上的应力(图14.15(d))为

$$\sigma = \frac{F}{\delta(b-2r)} = \frac{80000 \text{ N}}{0.01 \text{ m} \times (0.08 - 2 \times 0.01)} \text{ m}$$

$$= 133.3 \text{ MPa} < [\sigma] = 140 \text{ MPa}$$

由此可知,虽然钢板被两个槽所削弱,使横截面面积减少了,但由于避免了载荷的偏心,因而使截面1—1的实际应力比有一个槽时大为降低,保证了钢板的强度。但须注意,开槽时应使截面变化缓和些,以减小应力集中。

知识拓展

　　三峡大坝,这座巍峨耸立于长江之上的水利巨构,不仅承载着自身巨大的重量,也抵挡着四周巨大的水压。在其设计过程中,工程师们以无私的奉献精神和坚如磐石的信念,一次次攻克技术难题,终将这座彰显国家实力的大国重器完美呈现在世人面前。他们夜以继日的辛勤付出,用汗水和智慧为大坝注入了丰富的科技含量,使之不仅成为一座坚实的水利工程,更成为中华民族治水智慧和水电文化的璀璨结晶。

14.4　弯曲与扭转的组合

机械中一般有扭转变形的构件,例如齿轮轴等,在扭转的同时,往往还有弯曲变形。当弯曲的影响不能忽略时,就应按弯曲与扭转的组合变形问题来计算。本节将讨论圆杆在弯曲与扭转组合变形时的强度计算。下面以一个典型的弯曲与扭转组合的圆杆来说明。

设有一圆截面直杆 AB,一端固定,另一端自由;在自由端 B 处安装有一圆轮,并于轮缘处作用一集中力 F,如图14.16(a)所示,现在研究杆 AB 的强度。为此,将力 F 向 B 端面的形心平移,得到一横向力 F 和矩为 $M_B = FR$ 的力偶,此时杆 AB 的受力情况可简化为如图14.16(b)所示,横向力和力偶分别使杆 AB 发生平面弯曲和扭转。

作出杆 AB 的扭矩图和弯矩图[见图14.16(c)、(d)],由图14.9(d)可见,AB 杆左端截面的弯矩最大,所以此处为危险截面。危险截面上弯曲正应力和扭转切应力的分布规律如图14.16(e)所示。由图可见,在 a 和 b 两点处,弯曲正应力和扭转切应力同时达到最大值,均为危险点,其上的最大弯曲正应力 σ_a 和最大扭转切应力 τ_a 分别为

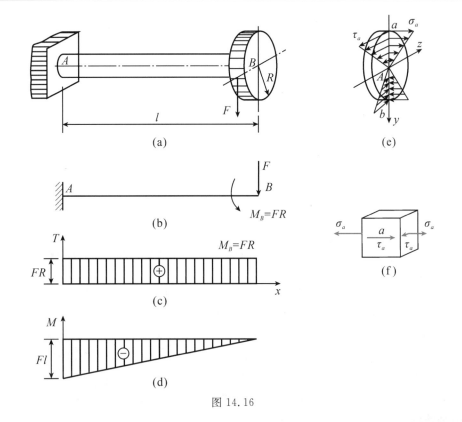

图 14.16

$$
\left.\begin{aligned}
\sigma_a &= \frac{M}{W_z} \\
\tau_a &= \frac{T}{W_p}
\end{aligned}\right\} \tag{14.9}
$$

弯扭组合变形应用实例

式中,M 和 T 分别为危险截面的弯矩和扭矩;W_z 和 W_p 分别为抗弯截面系数和抗扭截面系数。如在 a,b 两危险点中的任一点,例如 a 点处取出一单元体,如图 14.16(f)所示。现求单元体的主应力,将 $\sigma_y = 0$、$\sigma_x = \sigma_a = 0$ 和 $\tau_x = \tau_a$ 代入式(13.8),可得

$$
\left.\begin{aligned}
\sigma_1 \\
\sigma_3
\end{aligned}\right. = \frac{\sigma_a}{2} \pm \sqrt{\left(\frac{\sigma_a}{2}\right)^2 + \tau_a^2} \tag{14.10}
$$

另一主应力

$$
\sigma_2 = 0
$$

求得主应力后,即可根据强度理论进行强度计算。

机械中的轴一般都用塑性材料制成,因此应采用第三或第四强度理论。如用第三强度理论,其强度条件为

$$
\sigma_{r3} = \sigma_1 - \sigma_3 \leqslant [\sigma]
$$

将主应力代入上式,可得用正应力和切应力表示的强度条件为

$$
\sigma_{r3} = \sqrt{\sigma_a^2 + 4\tau_a^2} \leqslant [\sigma] \tag{14.11}
$$

若将式(14.9)代入上式,并注意到对于圆截面杆,由 $W_p = 2W_z$ 可得以弯矩、扭矩和抗弯截面

系数表示的强度条件为

$$\sigma_{r3} = \frac{\sqrt{M^2 + T^2}}{W_z} \leqslant [\sigma] \tag{14.12}$$

如用第四强度理论,则将各主应力代入式(13.9)的第四式

$$\sigma_{r4} = \sqrt{\frac{1}{2}\left[(\sigma_1 - \sigma_2)^2 + (\sigma_2 - \sigma_3)^2 + (\sigma_3 - \sigma_1)^2\right]}$$

可得按第四强度理论建立的强度条件为

$$\sigma_{r4} = \sqrt{\sigma_a^2 + 3\tau_a^2} \leqslant [\sigma] \tag{14.13}$$

若将式(14.9)代入,则得

$$\sigma_{r4} = \frac{\sqrt{M^2 + 0.75T^2}}{W_z} \leqslant [\sigma] \tag{14.14}$$

以上公式同样适用于空心圆截面杆,只需以空心圆截面杆的抗弯截面系数代替实心圆截面杆的抗弯截面系数即可。

式(14.11)至式(14.14)为弯曲与扭转组合变形圆截面杆的强度条件。对于拉伸(或压缩)与扭转组合变形的圆截面杆,其横截面上也同时作用有正应力和切应力,在危险点处取出的单元体,其应力状态同弯曲与扭转组合时的情况相同,因此也可得出式(14.11)和式(14.13)的强度条件,但其中的弯曲应力 σ_a 应改为拉伸(或压缩)应力,而式(14.12)和式(14.14)不再适用。

例 14.5　图 14.17(a)所示的手摇绞车,已知轴的直径 $d = 30$ mm,卷筒直径 $D = 360$ mm,两轴承间的距离 $l = 800$ mm,轴的许用应为$[\sigma] = 80$ MPa。试按第三强度理论计算绞车能起吊的最大安全载荷 F。

解　(1)外力分析。将载荷 F 向轮心平移,得到作用于轮心的横向力 F 和一个附加的力偶,其矩为 $M_C = \frac{1}{2}FD$,它们代替了原来载荷的作用,且分别与轴承的约束力和转动绞车的力矩 M_A 相平衡。由此得到轴的计算简图如图 14.17(b)所示。

(2)作内力图。绞车轴的弯矩图和扭矩图如图 14.17(c)、(d)所示,由图可见,危险截面在轴的中点 C 处,此截面的弯矩和扭矩分别为

$$M = \frac{1}{4}Fl = \frac{1}{4}F \times 0.8 \text{ m} = 0.2F \text{ N} \cdot \text{m}$$

$$T = \frac{1}{2}FD = \frac{1}{2}F \times 0.36 \text{ m} = 0.18F \text{ N} \cdot \text{m}$$

(3)求许用载荷。因轴是塑性材料制成的,可采用第三强度理论,即由式(14.12)得

$$\sigma_{r3} = \frac{\sqrt{M^2 + T^2}}{W_z} \leqslant [\sigma]$$

由此解得

$$F \leqslant 788 \text{ N}$$

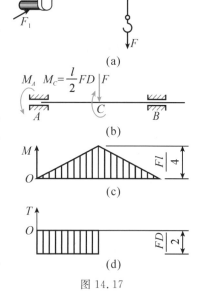

图 14.17

即许用载荷不超过 788 N。

例 14.6　一齿轮轴 AB 如图 14.18(a)所示。已知轴的转速 $n=265$ r/min,由电动机输入的功率 $P=10$ kW;两齿轮节圆直径为 $D_1=396$ mm, $D_2=1688$ mm;齿轮啮合力与齿轮节圆切线的夹角 $\alpha=20°$;轴直径 $d=50$ mm,材料为 45 钢,其许用应力 $[\sigma]=50$ MPa。试校核轴的强度。

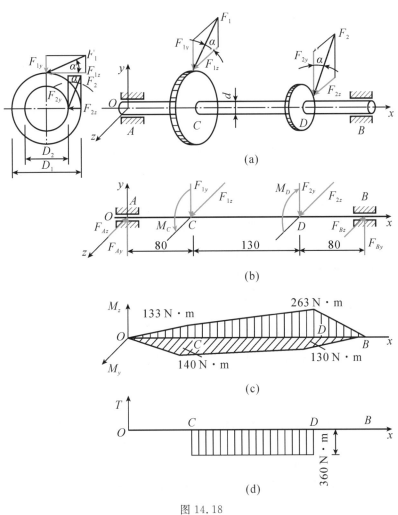

图 14.18

解　此轴的受力情况比较复杂,各啮合力和轴承约束力都需要简化到两个互相垂直的平面上来处理。

（1）计算外力。取一空间坐标系 $Oxyz$,将啮合力 F_1、F_2 分解为切向力和径向力:F_{1z}、F_{1y} 和 F_{2y}、F_{2z} 它们分别平行于 y 轴和 z 轴。再将两个切向力分别向齿轮中心平移,亦即将 F_{1z}、F_{2y} 平行移至轴上,同时加一附加力偶,其矩分别为

$$M_C = F_{1z} \times \frac{D_1}{2}, \quad M_D = F_{2y} \times \frac{D_2}{2}$$

简化结果,轴的计算简图如图 14.18(b)所示。由图可见,M_C 和 M_D 使轴产生扭转,F_{1y}、F_{2y} 和 F_{1z}、F_{2z} 则分别使轴在平面 Oxy 和 Oxz 内发生弯曲。

下面进一步计算有关数据。由式(9.1)可得

$$M_C = M_D = 9550 \frac{\{P\}_{kW}}{\{n\}_{r/min}} = \left(9550 \times \frac{10}{265}\right) \text{N} \cdot \text{m} = 360 \text{ N} \cdot \text{m}$$

$$M_C = F_{1z} \cdot \frac{D_1}{2}$$

则

$$F_{1z} = \frac{2M_C}{D_1} = \frac{2 \times 360 \text{ N} \cdot \text{m}}{0.396 \text{ m}} = 1818 \text{ N}$$

因

$$M_D = F_{2y} \cdot \frac{D_2}{2}$$

所以

$$F_{2y} = \frac{2M_D}{D_2} = \frac{2 \times 360 \text{ N} \cdot \text{m}}{0.168 \text{ m}} = 4286 \text{ N}$$

又由图 14.18(a)所示切向力和径向力的三角关系,有

$$F_{1y} = F_{1z}\tan 20° = 1818 \text{ N} \times 0.364 = 662 \text{ N}$$
$$F_{2z} = F_{2y}\tan 20° = 4286 \text{ N} \times 0.364 = 1560 \text{ N}$$

(2)作内力图、并确定危险截面。根据上面的简化结果,需分别画出轴在两互相垂直平面内的弯矩图和扭矩图,为此,须先计算轴的支座约束力。

在 Oxz 平面内,由平衡方程可求得轴承 A、B 处的支座约束力为

$$F_{Az} = 747 \text{ N}, \quad F_{Bz} = 1631 \text{ N}$$

然后可画出平面 Oxz 内的弯矩 M_y 图,如图 14.18(c)中的水平图形。

同样,可求得在平面 Oxy 内轴承 A、B 处的支座约束力为

$$F_{Ay} = 1662 \text{ N}, \quad F_{By} = 3286 \text{ N}$$

在平面 Oxy 内的弯矩 M_z 图,如图 14.18(c)中的铅垂图形。

根据图 14.18(b)所示的外力偶,画出轴的扭矩图,如图 14.18(d)所示。

由弯矩图和扭矩图上可见,在 CD 段内各截面的扭矩相同,而最大弯矩则可能出现在截面 C 或 D 上。截面 C、D 上的弯矩为该截面上两个方向弯矩的合成。对于圆截面轴而言,无论合成弯矩所在平面的方向如何,并不影响使用弯曲正应力公式来计算弯曲应力,因为合成弯矩的所在平面仍然是圆轴的纵向对称面。与力的合成原理相同,合成弯矩 M 的数值等于两互相垂直平面内的弯矩平方和的开方,即

$$M = \sqrt{M_y^2 + M_z^2}$$

矢量 M 作用线即为中性轴。

代进数值后,求得截面 C 和 D 的合成弯矩分别为

$$M_C = \sqrt{140^2 + 133^2} \text{ N} \cdot \text{m} = 193 \text{ N} \cdot \text{m}$$
$$M_D = \sqrt{130^2 + 263^2} \text{ N} \cdot \text{m} = 293 \text{ N} \cdot \text{m}$$

由比较可知,在截面 D 上的合成弯矩最大(可以证明 CD 段其他截面的合成弯矩均小于 M_D)。又从扭矩图知,此处同时存在的扭矩为

$$T = 360 \text{ N} \cdot \text{m}$$

（3）强度校核。对于塑性材料制成的轴,应采用第三或第四强度理论进行计算,用第三理论,则由式（14.12）可得

$$\sigma_{r3} = \frac{\sqrt{M_D^2 + T^2}}{W_z} = \frac{(\sqrt{293^2 + 360^2}) \text{ N} \cdot \text{m}}{0.1 \times 0.05^3 \text{ m}^3} = 37.1 \times 10^6 \text{ Pa} = 37.1 \text{ MPa}$$

$$< [\sigma] = 50 \text{ MPa}$$

如采用第四强度理论,则由式（14.14）可得

$$\sigma_{r4} = \frac{\sqrt{M_D^2 + 0.75 T^2}}{W_z} = \frac{(\sqrt{293^2 + 0.75 \times 360^2}) \text{ N} \cdot \text{m}}{0.1 \times 0.05^3 \text{ m}^3} = 34.2 \times 10^6 \text{ Pa}$$

$$= 34.2 \text{ MPa} < [\sigma] = 50 \text{ MPa}$$

计算可知,不论是根据第三强度理论,还是第四强度理论,轴的强度都是足够的。与上述相当应力对应的危险点即为 D 截面上离中性轴（矢量 M_D 作用线）最远的周边点 a 和 b（见图 14.19）。

必须指出,上述轴的计算是按静载荷情况来考虑的。这样处理在轴的初步设计或估算时经常采用。实际上,由于轴的转动,轴是在周期变化的交变应力作用下工作的,因此,有时还须进一步校核在交变应力作用下的强度。这在机械零件课程中将另有详述,本书不再讨论。

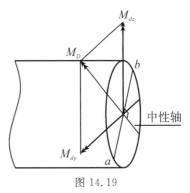

图 14.19

此外,在工程设计中,对于一些组合变形构件的强度问题,也常采用一种简化的计算方法。这就是当某一种基本变形起主导作用时,可将次要的基本变形忽略不计,而将构件简化为某种单一的基本变形;同时适当地增大安全因数或降低许用应力。例如,轧钢机中主动轧辊的辊身是弯曲与扭转组合变形的问题,但在实际计算中,可加大安全因数而只按弯曲强度来考虑。又如拧紧螺栓时,是拉伸与扭转的组合变形问题,有时则降低许用应力而只按拉伸强度来计算。如果构件所产生的几种基本变形都比较重要而不能忽略时,这就应作为组合变形构件的问题来处理了。

例 14.7　带轮传动轴 AB 如图 14.20（a）所示,轮轴直径 $d = 28$ mm。已知轮 C 胶带处于铅垂位置,直径 $D_1 = 250$ mm,轮 D 胶带处于水平位置,直径 $D_2 = 100$ mm,轴受到胶带张力作用。若轴的许用应力 $[\sigma] = 140$ MPa,试按第三强度理论校核轴的强度。

解　（1）外力分析。将两个带轮的张力向轮心简化,得传动轴 AB 的计算简图如图 14.20（b）所示。由图可见,轴的 CD 段将发生弯扭组合变形。

（2）内力分析。根据轴的计算简图,作出轴在铅垂平面、水平平面的弯矩图与扭矩图,分别如图 14.20（c）、（d）、（f）所示。C、D 两截面的合弯矩值分别为

$$M_C = \sqrt{M_y^2 + M_z^2} = \sqrt{96^2 + 120^2} \text{ N} \cdot \text{m} = 153.7 \text{ N} \cdot \text{m}$$

$$M_D = \sqrt{M_y^2 + M_z^2} = \sqrt{48^2 + 240^2} \text{ N} \cdot \text{m} = 244.8 \text{ N} \cdot \text{m}$$

用同样的方法也可以求出其他截面上的合成弯矩。合成弯矩图如图 14.20（e）所示。

（3）应力分析,确定危险截面。由内力图可以看出,轮 D 处截面左侧的扭矩和其他截面相同,但弯矩最大,故该截面为危险截面。其内力为

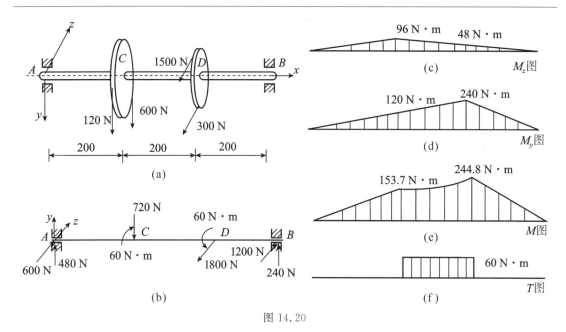

图 14.20

$$M_D = 244.8 \ \text{N} \cdot \text{m}$$

$$T = 60 \ \text{N} \cdot \text{m}$$

（4）校核强度。按第三强度理论[见式（14.12）]对轴进行校核

$$\sigma_{r3} = \frac{1}{W} \sqrt{M^2 + T^2} = \frac{32}{\pi \times 28^3 \times 10^{-9}} \sqrt{244.8^2 + 60^2}$$

$$= 117.1 \times 10^6 \ \text{Pa} = 117.1 \ \text{MPa} < [\sigma]$$

该轴满足强度条件。

例 14.8　图 14.21（a）所示的直角曲拐，受铅垂载荷 F_1 和水平载荷 F_2 作用，已知轴 AB 的直径 $d = 40 \ \text{mm}$，材料的许用应力 $[\sigma] = 160 \ \text{MPa}$，试按第四强度理论校核轴 AB 的强度。

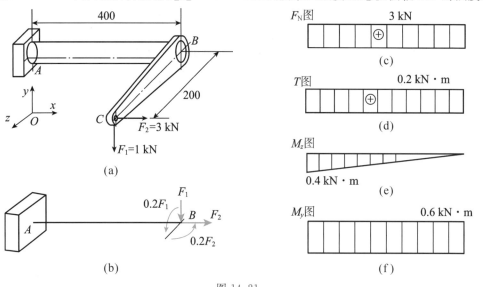

图 14.21

解 (1)外力分析。将外力向 AB 轴简化,计算简图如图 14.21(b)所示,可见轴 AB 发生轴向拉伸、扭转和弯曲的组合变形。

(2)内力分析。内力图如图 14.21 所示。由内力图可知 A 截面为危险截面,该截面上的内力有轴力 $F_N=3$ kN,扭矩 $T=0.2$ kN·m,弯矩 $M=\sqrt{M_z^2+M_y^2}=\sqrt{0.4^2+0.6^2}$ kN·m = 0.72 kN·m。

(3)应力分析,确定危险点的应力。在 A 截面上,合弯矩对应的最大正应力与拉应力叠加就是危险点的正应力

$$\sigma=\frac{F_N}{A}+\frac{M}{W}=\frac{3\times10^3}{\dfrac{\pi\times40^2}{4}\times10^{-6}}+\frac{0.72\times10^3}{\dfrac{\pi\times40^3}{32}\times10^{-9}}\ \text{Pa}=117.1\ \text{MPa}$$

扭转切应力 $\quad\tau=\dfrac{T}{W_t}=\dfrac{0.2\times10^3}{\dfrac{\pi\times40^3}{16}\times10^{-9}}\ \text{Pa}=15.9\ \text{MPa}$

(4)强度校核。采用第四强度理论[见式(14.14)]得

$$\sigma_{r4}=\sqrt{\sigma^2+3\tau^2}=\sqrt{117.1^2+3\times15.9^2}\ \text{MPa}=120.3\ \text{MPa}<[\sigma]$$

AB 轴满足强度条件。

本章小结

(1)杆件由几种基本变形组成的变形称为组合变形。可根据载荷分解为哪几种基本变形的载荷,或引起哪几种基本变形的内力来判断组合变形的类型。

(2)在线弹性和小变形条件下,解决组合变形问题的基本方法是"先分解后叠加"。正确将组合变形分解为几种基本变形,以及将各基本变形计算的结果正确叠加是本章的重点。

(3)对组合变形进行分解时,依据静力等效和变形等效的原理,首先对不通过横截面形心的横向力或纵向力向横截面形心平移,得到平移后的力和相应的绕轴线或绕中性轴的力偶;对作用于纵向对称平面过横截面形心的斜向力要分解为横向力和轴向力。然后按各基本变形所受载荷的特点,即可将组合变形分解为几种基本变形。

(4)组合变形杆件内任一点单元体各面上的应力为相应各基本变形引起的正、切应力分别叠加的结果。

(5)组合变形强度计算的关键是确定危险截面和危险点。根据内力图和横截面尺寸的变化情况确定危险截面,一般发生在内力分布峰值处或较小截面尺寸处;根据各基本变形引起的应力沿危险截面的分布规律确定危险点,一般常位于危险截面的周边。因此熟练掌握各基本变形内力和应力的分析与计算,即成为解决这一关键的基础。

(6)分析组合变形强度问题的步骤:①将作用于杆件的载荷分解为几种基本变形的载荷。②计算各基本变形载荷引起的内力,确定危险截面。③计算危险截面上的应力,并叠加之,确定危险点。④计算危险点的相当应力。对弯拉(或压)组合变形的杆件,因危险点处于单向应力状态,可将两种基本变形引起的正应力按代数值叠加,求出总应力,即为相当应力(四种强度理论相同);对弯扭组合变形等,因危险点处于复杂应力状态,须按所选不同强度理论计算相当应力。⑤进行强度计算。单向应力状态的强度条件为 $\sigma_{max}\leqslant[\sigma]$,复杂应力状态的强度条件为

$\sigma_r \leqslant [\sigma]$。

（7）通过本章学习，应用"先分解后叠加"的方法，同样可分析本章未提到的双向弯曲、双向偏心拉压、拉（压）扭或拉（压）弯扭等组合变形问题。

思考题

1. 如何判断构件的变形类型？试分析图 14.22 所示杆件各段的变形类型。

2. 用叠加法计算组合变形杆件的内力和应力时，其限制的条件是什么？为什么必须满足这些条件？

3. 矩形截面杆某截面上的内力如图 14.23 所示，试画出该截面可能出现的几种应力分布情况，并写出与这些情况相应的 M、F 和 h 值之间应满足的关系式。

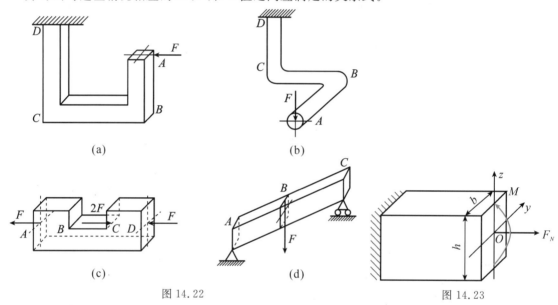

| (a) | (b) |
| (c) | (d) |

图 14.22   图 14.23

4. 一圆截面杆的两个横截面所受弯矩分别如图 14.24(a)、(b)所示，试确定各自的中性轴方位及弯曲正应力最大点的位置。

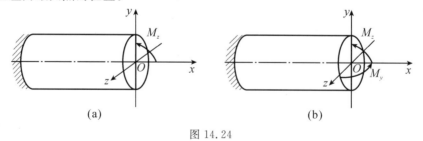

(a)   (b)

图 14.24

5. 试判断图 14.25 所示各杆危险截面及危险点的位置，并画出危险点的应力状态。

6. 拉伸与扭转组合变形同弯曲与扭转组合变形的内力、应力和强度条件有什么不同（圆截面杆）？

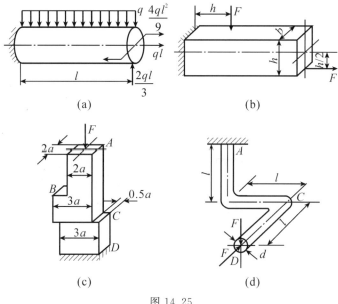

图 14.25

习　题

一、填空题

1.计算组合变形的基本原理是_____。

2.位于空旷地带的烟囱,受荷载作用后可能的组合变形形式是_____。

二、判断题

1.斜弯曲区别于平面弯曲的基本特征是斜弯曲问题中荷载是沿斜向作用的。(　　)

2.梁发生斜弯曲变形时,挠曲线不在外力作用面内。(　　)

3.拉(压)与弯曲组合变形中,若不计横截面上的剪力则各点的应力状态为单轴应力。(　　)

三、选择题

1.图 14.26 中,梁的最大拉应力发生在(　　)点。

　　A.A 点　　　　　　　B.B 点　　　　　　　C.C 点　　　　　　　D.D 点

2.如图 14.27 所示,矩形截面拉杆中间开一深度为 $h/2$ 的缺口,与不开口的拉杆相比,开口处的最大应力的增大倍数有四种答案(　　)。

　　A.2 倍　　　　　　　B.4 倍　　　　　　　C.8 倍　　　　　　　D.16 倍

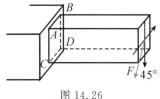

图 14.26

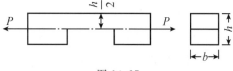

图 14.27

3.三种受压杆件如图 14.28 所示,设杆 1、杆 2 和杆 3 中的最大压应力(绝对值)分别用 σ_{max1}、σ_{max2} 和 σ_{max3} 表示,它们之间的关系为(　　)。

A. $\sigma_{max1} < \sigma_{max2} < \sigma_{max3}$ B. $\sigma_{max1} < \sigma_{max2} = \sigma_{max3}$

C. $\sigma_{max1} < \sigma_{max3} < \sigma_{max2}$ D. $\sigma_{max1} = \sigma_{max3} < \sigma_{max2}$

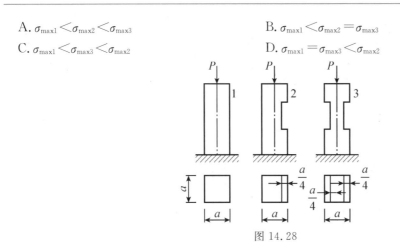

图 14.28

四、计算题

1. 如图 14.29 所示,斜杆 AB 的横截面为 (100×100) mm^2 的正方形,若 $F = 3$ kN,试求该杆横截面上的最大拉应力和最大压应力。

(答:$\sigma_{t,max} = 6.75$ MPa,$\sigma_{c,max} = -6.99$ MPa)

2. 若在正方形截面短柱的中间处开一个槽,如图 14.30(b) 所示,使横截面面积减小为原截面面积[图 14.22(b)]的一半,试问最大压应力将比不开槽时增大几倍?

(答:7 倍)

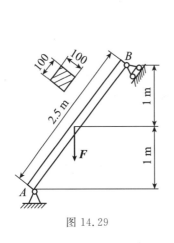

图 14.29

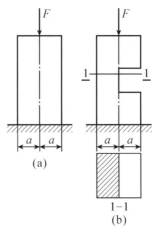

图 14.30

3. 一轴上装有两个圆轮如图 14.31 所示,F_1、F_2 两力分别作用于两轮上并处于平衡状,圆轴直径 $d = 110$ mm,$[\sigma] = 60$ MPa。试按第四强度理论确定许用载荷。

(答:$[F_1] = 3.03$ kN,$[F_2] = 2[F_1]$)

4. 如图 14.32 所示铁道路标的圆信号板,装在外径 $D = 60$ mm 的空心圆柱上。若信号板上作用的最大风载的压强 $p = 2$ kPa,已知 $[\sigma] = 60$ MPa,试按第三强度理论选定空心圆柱的壁厚 δ。

(答:$\delta = 2.64$ mm)

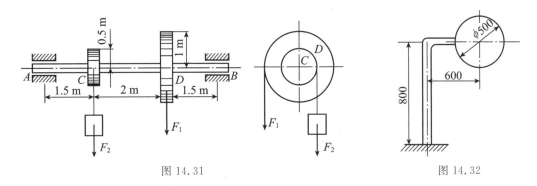

图 14.31　　　　　　　　　　　　　　　　　　　图 14.32

5. 如图 14.33 所示,已知一牙轮钻机的钻杆为无缝钢管,外直径 $D = 152$ mm,内直径 $d = 120$ mm,许用应力 $[\sigma] = 100$ MPa。钻杆的最大推进压力 $F = 180$ kN,扭矩 $T = 17.3$ kN·m,试按第三强度理论校核钻杆的强度。

（答 $:\sigma_{max} = 159$ MPa）

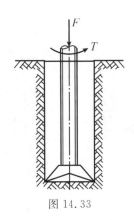

图 14.33

拓展阅读

新世界七大奇迹——港珠澳大桥[1][2]

　　港珠澳大桥被英国《卫报》誉为"新世界七大奇迹"之一,以其巍峨壮观的身姿,连接着香港特别行政区、广东省珠海市和澳门特别行政区。作为一项超大型跨海交通工程,它总长约 55 公里,设计使用寿命高达 120 年,历经 6 年的前期筹划和 9 年的精心建设,最终在 2018 年 10 月 24 日开通运营,迎来了世界各地的瞩目。

　　这座大桥不仅是世界上总体跨度最长、钢结构桥体最长、海底沉管隧道最长的跨海大桥,更代表着公路建设史上技术最复杂、施工难度最大、工程规模最庞大的里程碑。它的建设历程也是一段攻坚克难、精益求精的历程。早在 20 世纪 80 年代,随着香港、澳门与内地经济联系的不断增强,人们就开始构想建设这座大桥,但真正的建设和设计过程却充满了挑战。无数次的规划和论证,无数次的试验和失败,最终都在工程师们的创新精神和毅力下得以克服,终于在 2009 年开始了建设。

　　港珠澳大桥的整体结构巧妙而独特,由桥隧组合、人工岛和连接线等部分组成。桥隧组合

　　① 陈露晓.中国之光　说说那些重要的科技成就[M].北京:万卷出版有限责任公司,2022.
　　② 白云,侯文蔵.旅途上的桥　世界桥梁建筑漫谈[M].北京:机械工业出版社,2022.

是主体工程,长达近6公里的沉管隧道和近30公里的桥梁相互衔接,构成了大桥的主要通行部分。人工岛则巧妙地支撑着桥隧组合,同时也成为大桥的标志性景点,吸引了无数游客前来参观。连接线则将大桥与三地的高速公路网络紧密相连,为人们的出行提供了极大的便利。

在设计上,港珠澳大桥充分体现了环保、耐久、安全、经济和美观的原则。采用高性能材料和先进工艺,确保了大桥的耐久性和安全性;同时注重环保,尽量减少了对环境的影响。大桥的线条流畅、造型优美,与周围的自然环境和谐相融,成为珠江口上一道亮丽的风景线。港珠澳大桥的设计独特且富有创意,桥隧组合的方案既满足了通航需求,又缩短了行车距离,提高了交通效率。沉管隧道技术的运用更是展现了中国在隧道建设领域的领先实力。人工岛的设计则增加了大桥的观光价值和使用功能,为人们提供了更多的休闲和旅游选择。技术参数方面,大桥的总长度达到了近55公里,桥面宽度为双向6车道,设计时速高达100公里/时,这些都使得大桥在交通运输方面具有极高的效率和便利性。

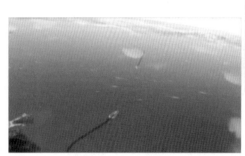

新世界七大奇迹

江海直达船航道桥　　　　九州航道桥

青州航道桥

港珠澳大桥对称结构

除了作为一座桥梁工程,港珠澳大桥还承载着丰富的文化内涵和时代意义。它见证了中国桥梁建设从跟跑到并跑再到领跑的历程,体现了中国工匠精神的传承和发扬。同时,作为连接三地的重要通道,它也促进了不同文化的交流与融合,推动了粤港澳大湾区的文化繁荣和发展。大桥的建设还彰显了中国的开放包容和国际合作精神,为世界各国人民提供了更多的交流和合作机会,成为中国对外开放和国际交流的重要窗口之一。如今,港珠澳大桥已经成为中国桥梁建设史上的一座丰碑,为世界桥梁建设提供了新的思路和借鉴。

第 15 章　压杆稳定

课前导读

前面对压杆的研究,是从强度的观点出发的,即认为只要满足压缩强度条件,就可以保证压杆的正常工作。这样考虑对于短粗压杆来说是正确的,但对于细长压杆并不适用。真实的情况是,当作用在细长压杆上的轴向压力达到或超过一定限度时,细长杆件可能突然变弯,即产生失稳现象。杆件失稳往往产生很大的变形,甚至导致静定结构变成几何可变体系,进而发生灾难性的坍塌事故。因此,对于轴向受压杆件,除应考虑强度与刚度外,还应考虑其稳定性问题。

本章思维导图

本章讨论压杆稳定问题,首先介绍压杆的稳定性概念;然后基于挠曲线近似微分方程,推导细长压杆的临界力计算公式——欧拉公式,并讨论非细长压杆的临界应力计算公式;最后介绍压杆稳定性校核。

15.1　压杆稳定的概念

在绪论中曾经指出,衡量构件是否具有足够的承载能力,要从强度、刚度和稳定性三个方面考虑。稳定性是指构件在外力作用下保持其原有平衡状态的能力。例如,一根细长杆件受压,设压力与杆件轴线相重合,开始其轴线为直线,当压力逐渐增大至某一数值时,杆件将突然变弯,即产生失稳,此时杆件会产生很大的弯曲变形而丧失承载能力。在细长压杆失稳时,应力并不一定很高,有时甚至低于比例极限。可见这种形式的失效,并非强度不足,而是稳定性不够,因此,对于轴向受压杆件,除应考虑其强度与刚度问题外,还应考虑稳定性问题。

为了讨论压杆的稳定性,我们先借助刚性小球处于三种平衡位置的情形来说明物体平衡状态的稳定性。在图 15.1(a)中,小球在凹面内的 O 点处于平衡,若用外加干扰力使其偏离原有的平衡位置,然后再把干扰力去掉,小球还能回到原来的平衡位置,因此,小球原有的平衡状态是稳定平衡。在图 15.1(c)中,小球在凸面上的 O 点处于平衡,当用外加干扰力使其偏离原有的平衡位置后,小球将继续下滚,不再回到原来的平衡位置,因此,小球原有的平衡状态是不稳定平衡。在图 15.1(b)中,小球在平面上的 O 点处于平衡,当用外加干扰力使其偏离原有的平衡位置后,再把干扰力去掉,小球将在新的位置 O_1 点再次处于平衡,既没有恢复原位的趋

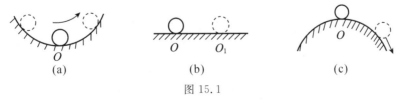

(a)　　　　　　　　(b)　　　　　　　　(c)

图 15.1

势,也没有继续偏离的趋势。因此,我们称小球原有的平衡状态为随遇平衡。

轴向细长压杆也存在类似情况。我们用一微小侧向干扰力使处于直线平衡状态的压杆偏离原有的平衡位置,如图 15.2(a)所示,当压力 F 较小时,杆件偏离原来的平衡位置后,再去掉侧向干扰力,压杆将在直线平衡位置左右摆动,最终将恢复到原来的直线平衡位置,如图 15.2(b)所示。所以,该杆原有直线平衡状态是稳定平衡。当压力 F 超过某一极限值 F_{cr} 时,只要有一轻微的侧向干扰,杆件偏离原来的平衡位置后,压杆不仅不能恢复直线形状,而且将继续弯曲,因此,该杆原有直线平衡状态是不稳定平衡。介于二者之间,存在一种临界状态,当压力正好等于 F_{cr} 时,若去掉侧向干扰力,压杆将在微弯状态下达到新的平衡,既不恢复原状,也不再继续弯曲,该状态称为临界状态,如图 15.2(c)所示。

可以看出,细长压杆的直线平衡状态是否稳定,与压力 F 的大小密切相关。当压力 F 逐渐增大到 F_{cr} 时,压杆将从稳定平衡过渡到不稳定平衡,也就是说,轴向压力的量变,将引起压杆原来直线平衡状态的质变。因此,压力 F_{cr} 称为压杆的临界力,或称临界载荷。当外力达到临界力时,压杆就开始丧失稳定。

工程结构中有很多受压的细长杆,如千斤顶的丝杠,如图 15.3 所示;磨床液压装置的活塞杆,如图 15.4 所示;托架中的压杆,如图 15.5 所示;还有内燃机、空气压缩机、蒸汽机的连杆也是受压杆件,桁架结构中的抗压杆、建筑物中的立柱也都是压杆。

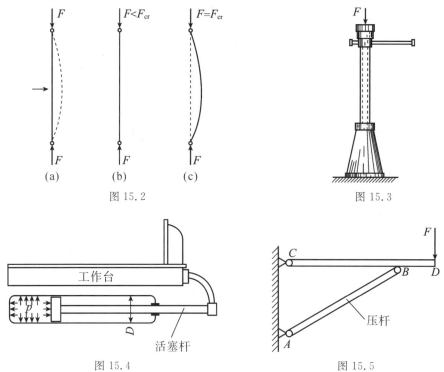

图 15.2

图 15.3

图 15.4

图 15.5

除压杆外,薄壁杆与某些杆系结构等也存在稳定性问题。例如,狭长的矩形截面梁,在横向载荷作用下,会出现侧向弯曲和绕轴线的扭转,如图 15.6 所示;受外压作用的圆柱形薄壳,当外压过大时,其形状可能突然变成椭圆,如图 15.7 所示;薄壳在轴向压力或扭矩作用下,会出现局部皱褶,如图 15.8 所示,这些都是稳定性问题。本章只讨论受压杆件的稳定性,暂不讨论其他形式的稳定问题。

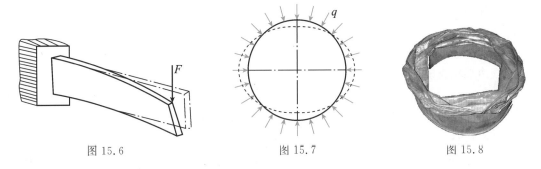

图 15.6　　　　　　　　图 15.7　　　　　　　　图 15.8

显然,解决压杆稳定问题的关键是确定临界压力。如果将作用在压杆上的轴向工作压力,控制在由临界压力所确定的某一许可范围内,则压杆不至于失稳。

15.2　细长压杆的临界力

由上述分析可知,对确定的压杆来说,判断其是否会丧失稳定,主要是判断轴向压力 F 是否达到临界力 F_{cr}。因此,根据压杆的不同条件来确定其相应的临界力,是求解压杆稳定问题的关键。本节首先讨论细长压杆的临界力。

1. 两端铰支细长压杆的临界力

设细长压杆的两端为球铰支座,如图 15.9 所示,轴线为直线,压力 F 与轴线重合。选取坐标系如图 15.9 所示,距原点为 x 的任意截面的挠度为 w,弯矩 M 的绝对值为 Fw。若只取轴向压力 F 的绝对值,则 w 为正时,M 为负;w 为负时,M 为正,即 M 与 w 的符号相反,所以

$$M(x) = -Fw \tag{15.1}$$

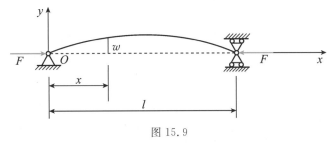

图 15.9

对于微小的弯曲变形,挠曲线近似微分方程为

$$\frac{\mathrm{d}^2 w}{\mathrm{d}x^2} = \frac{M(x)}{EI} = -\frac{Fw}{EI} \tag{15.2}$$

由于两端是球铰支座,允许杆件在任意纵向平面内发生弯曲变形,杆件的微小弯曲变形一定发生于抗弯能力最弱的纵向平面内,所以式(15.2)中的 I 应该是横截面的最小惯性矩。引用记号

$$k^2 = \frac{F}{EI} \tag{15.3}$$

则式(15.2)可改写为

$$\frac{\mathrm{d}^2 w}{\mathrm{d}x^2} + k^2 w = 0 \tag{15.4}$$

此微分方程的通解为

$$w = A\sin kx + B\cos kx \qquad (15.5)$$

式中，A、B 为积分常数。

压杆两端铰支的边界条件是

$$x = 0 \text{ 时}, w = 0 \qquad (15.6)$$

$$x = l \text{ 时}, w = 0 \qquad (15.7)$$

将式(15.6)代入式(15.5)，得 $B=0$，于是

$$w = A\sin kx \qquad (15.8)$$

将式(15.7)代入式(15.8)，有

$$A\sin kl = 0 \qquad (15.9)$$

在式(15.9)中，积分常数 A 不能等于零，否则将有 $w=0$，这意味着压杆处于直线平衡状态，与事先假设压杆处于微弯状态相矛盾。所以只能有

$$\sin kl = 0 \qquad (15.10)$$

由式(15.10)解得

$$k = \frac{n\pi}{l} \qquad (15.11)$$

将式(15.11)代入式(15.3)，得

$$k^2 = \frac{n^2\pi^2}{l^2} = \frac{F}{EI}$$

或

$$F = \frac{n^2\pi^2 EI}{l^2} \qquad (n = 0, 1, 2, \cdots) \qquad (15.12)$$

因为 n 可取 $0, 1, 2, \cdots$ 中任一个整数，所以式(15.12)表明，使压杆保持曲线形态平衡的压力，在理论上是多值的。而这些压力中，使压杆保持微小弯曲的最小压力才是临界力。取 $n=0$，则 $F=0$，表示杆件上无压力，这不是我们要讨论的情况。这样，只有取 $n=1$，才使压力为最小值，于是得到两端铰支细长压杆临界压力的计算公式

$$F_{cr} = \frac{\pi^2 EI}{l^2} \qquad (15.13)$$

式(15.13)又称为两端铰支细长压杆的欧拉公式。

在此临界力作用下，$k = \dfrac{\pi}{l}$，则式(15.13)可写成

$$w = A\sin\frac{\pi x}{l} \qquad (15.14)$$

可见，两端铰支细长压杆在临界力作用下处于微弯状态时的挠曲线是一条半波正弦曲线。将 $x = \dfrac{l}{2}$ 代入式(15.14)，可得压杆跨度中点处挠度，即压杆的最大挠度为

$$w_{x=\frac{l}{2}} = A\sin\left(\frac{\pi}{l} \cdot \frac{l}{2}\right) = A = w_{\max}$$

式中，A 为微小位移值，却是一个未确定的量。

在式(15.2)中采用了挠曲线的近似微分方程式，如果采用挠曲线的精确微分方程式，可得到最大挠度 $w_{\max}$ 与压力 F 之间的理论关系，如图15.10所示的 OAB 曲线。此曲线表明，当压

力小于临界力 F_{cr} 时，F 与 w_{max} 之间的关系是直线 OA，说明压杆一直保持直线平衡状态，当压力超过临界压力 F_{cr} 时，压杆挠度急剧增加。

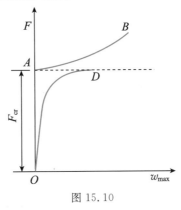

图 15.10

在以上的讨论中，假设压杆轴线是理想直线，压力作用线与轴线重合，压杆材料均匀连续，这是一种理想情况，称为理想压杆。但工程实际中的压杆并非如此，压杆的轴线难以避免有一些初弯曲，压力也无法保证没有偏心，材料也经常有不均匀或存在缺陷的情况。实际压杆与理想压杆不符的因素，就相当于作用在杆件上的压力有一个微小的偏心距 e。试验结果表明，实际压杆的 F 与 w_{max} 的关系如图 15.10 中的曲线 OD 所示，偏心距愈小，曲线 OD 愈靠近 OAB。

例 15.1　两端铰支细长压杆，长度 $l = 1500$ mm，横截面为圆形，直径 $d = 50$ mm，材料为 Q235 钢，弹性模量 $E = 206$ GPa。试确定其临界力。

解　计算截面惯性矩

$$I = \frac{\pi d^4}{64} = \frac{\pi}{64} \times 0.05^4 \text{ m}^4 = 307 \times 10^{-9} \text{ m}^4$$

利用欧拉公式计算临界力

$$F_{cr} = \frac{\pi^2 EI}{l^2} = \frac{\pi^2 \times 206 \times 10^9 \times 307 \times 10^{-9}}{1.5^2} \text{ N} = 277 \times 10^3 \text{ N} = 277 \text{ kN}$$

由此可知，若轴向压力达到 277 kN 时，此压杆就会丧失稳定。

2. 其他支座条件下细长压杆的临界力

前面导出的式(15.13)是两端铰支压杆的临界力计算公式。当压杆的约束情况改变时，压杆的挠曲线近似微分方程和边界条件也随之改变，因此临界力的公式也不相同。仿照前面推导两端铰支细长压杆临界压力的方法，也可以求出其他支座条件下压杆的临界力计算公式。该方法的步骤：列弯矩方程；写出挠曲线的近似微分方程；求方程的通解并应用边界条件求非零解，进而求得临界压力公式。限于篇幅，这里不再作一一推导。

我们也可以利用两端铰支细长压杆的临界力公式，以两端铰支细长压杆的挠曲线形状（半波正弦曲线）为基本情况，将其他支座条件下失稳挠曲线形状与其对比，则可以得到其他支座条件下细长压杆的临界力计算公式

$$F_{cr} = \frac{\pi^2 EI}{(\mu l)^2} \tag{15.15}$$

式(15.5)称为欧拉公式的普遍形式。其中，μ 为不同支座条件下细长压杆的长度因数，μl 表示把长为 l 的压杆折算成两端铰支压杆后的长度，称为相当长度。

(知)(识)(拓)(展)

通过引入不同长度因数,欧拉公式整合了在各种约束条件下压杆的临界压力公式,实现了公式的统一。这一方法体现了对复杂多样客观事物的深刻理解和灵活应用。在学习过程中,应该注重对同类事物的归纳与总结,这样能够帮助我们更加深入地了解知识的内在联系,从而更好地掌握和运用所学知识。

表 15.1 各种支座条件下等截面细长压杆临界力的计算公式

支撑情况	两端铰支	一端固定、另一端自由	两端固定	一端固定、另一端铰支
失稳时挠曲线形状	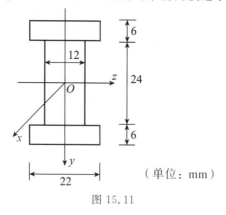			
临界力 F_{cr}	$F_{cr}=\dfrac{\pi^2 EI}{l^2}$	$F_{cr}=\dfrac{\pi^2 EI}{(2l)^2}$	$F_{cr}=\dfrac{\pi^2 EI}{(0.5l)^2}$	$F_{cr}=\dfrac{\pi^2 EI}{(0.7l)^2}$
相当长度 μl	l	$2l$	$0.5l$	$0.7l$
长度因数 μ	1	2	0.5	0.7

表 15.1 给出了几种常见支座条件下等截面细长压杆临界力计算公式。必须指出,表中所列的 μ 值是在理想的杆端约束条件下得到的,工程问题中压杆的约束情况可能比较复杂,计算时需要根据实际约束情况进行分析。例如,杆端与其他弹性构件固接的压杆,由于弹性构件也将发生变形,所以压杆的端截面是介于自由和铰支座之间的弹性支座。此外,压杆上的载荷也有多种形式。例如,压力可能沿轴线分布而不是集中于两端,又如在弹性介质中的压杆,还将受到介质的阻抗力。上述各种情况,也可用不同的长度因数 μ 来反映,这些复杂约束的长度因数可以从有关设计手册中查得。总之,约束越强,μ 值越小,临界力越大,杆件越不容易失稳。

例 15.2 如图 15.11 所示,由 A3 钢加工成的工字型截面压杆。$E=210$ GPa,两端为柱形铰,长度为 $l=2$ m,在 xOy 平面内失稳时,杆端约束情况接近于两端铰支,$\mu_z=1$。在 xz 平

（单位：mm）

图 15.11

面内失稳时,杆端约束情况接近于两端固定,$\mu_y = 0.5$。求压杆的临界力 F_{cr}。

解　在 xOy 平面内失稳时,z 为中性轴,$\mu_z = 1$,对应的惯性矩是

$$I_z = \frac{1}{12} \times 12 \times 24^3 \times 10^{-12} + 2\left(\frac{1}{12} \times 22 \times 6^3 + 22 \times 6 \times 15^2\right) \times 10^{-12} \ \text{m}^4 = 7.4 \times 10^{-8} \ \text{m}^4$$

$$F_{cr1} = \frac{\pi^2 E I_z}{(\mu_z l)^2} = \frac{\pi^2 \times 210 \times 10^9 \times 7.4 \times 10^{-8}}{(2)^2} \ \text{N} = 38.3 \times 10^3 \ \text{N} = 38.3 \ \text{kN}$$

在 xOz 平面内失稳时,y 为中性轴,$\mu_y = 0.5$,对应的惯性矩是

$$I_y = \frac{1}{12} \times 24 \times 12^3 + 2\left(\frac{1}{12} \times 6 \times 22^3\right) \ \text{m}^4 = 1.41 \times 10^{-8} \ \text{m}^4$$

$$F_{cr2} = \frac{\pi^2 E I_y}{(\mu_y l)^2} = \frac{\pi^2 \times 210 \times 10^9 \times 1.41 \times 10^{-8}}{(0.5 \times 2)^2} \ \text{N} = 29.2 \times 10^3 \ \text{N} = 29.2 \ \text{kN}$$

$$F_{cr} = \min\{F_{cr1}, F_{cr2}\} = 29.2 \ \text{kN}$$

压杆的临界力 $F_{cr} = 29.2$ kN。

15.3　压杆的临界应力

1. 临界应力和柔度

当压杆处于临界状态时,用临界力 F_{cr} 除以压杆的横截面面积 A,可以得到压杆横截面上的平均应力,这一应力称为压杆的临界应力,用符号 σ_{cr} 表示,即

$$\sigma_{cr} = \frac{F_{cr}}{A} = \frac{\pi^2 E I}{(\mu l)^2 A} \tag{15.16}$$

式(15.16)中,如果将惯性矩表示为 $I = i^2 A$,其中 i 为截面的惯性半径,其量纲为长度。这样式(15.16)可以写成

$$\sigma_{cr} = \frac{\pi^2 E}{\left(\dfrac{\mu l}{i}\right)^2}$$

引用记号

$$\lambda = \frac{\mu l}{i} \tag{15.17}$$

则有

$$\sigma_{cr} = \frac{\pi^2 E}{\lambda^2} \tag{15.18}$$

式(15.18)即为细长压杆临界应力的欧拉公式,它是欧拉公式的另一种表达形式。其中,λ 称为压杆的柔度或长细比,是一个无量纲量,它集中反映了压杆的长度、约束条件、截面尺寸和形状等因素对临界应力的影响。可以看出,若 λ 越大,则临界应力就越小,压杆越容易丧失稳定性;反之,若 λ 越小,则临界应力就越大,压杆就不易丧失稳定性。因此,柔度 λ 是反应压杆稳定性的重要参数。

知识拓展

压杆首先会在其柔度最大的平面上失去稳定性,这类似于常说的"木桶效应"。一个木桶能装多少水,并不取决于组成它的最长木板,而是取决于最短的那块。每个人也一样都应思考

一下自己的"短板"所在,并尽早补足,从而提高自己的综合素质,培养学生全面发展的意识。同样地,在团队协作中,团队的整体效能往往受限于其最薄弱的环节。因此,加强团队精神建设至关重要。

2. 欧拉公式的适用范围

由于欧拉公式是根据压杆的挠曲线近似微分方程建立的,而该微分方程只有在材料服从胡克定律的条件下才成立。因此,使用欧拉公式的前提条件是压杆内的应力不超过材料的比例极限 σ_p,即

$$\sigma_{cr} = \frac{\pi^2 E}{\lambda^2} \leqslant \sigma_p \ \text{或} \ \lambda \geqslant \pi \sqrt{\frac{E}{\sigma_p}} \tag{15.19}$$

可见,只有当压杆的实际柔度 λ 大于或等于 $\pi \sqrt{\dfrac{E}{\sigma_p}}$ 时,才能使用欧拉公式,若用 λ_p 表示这一极限值,即

$$\lambda_p = \pi \sqrt{\frac{E}{\sigma_p}} \tag{15.20}$$

则式(15.19)也可以写成

$$\lambda \geqslant \lambda_P$$

这就是欧拉公式(15.15)或(15.18)的适用范围。满足 $\lambda \geqslant \lambda_p$ 条件的压杆称为细长杆或大柔度杆。柔度不在此范围内的压杆不能使用欧拉公式。

式(15.20)表明,λ_p 与材料的性质有关,不同的材料有不同的 λ_p。对于常用的 Q235 钢,弹性模量 $E = 206$ GPa,比例极限 $\sigma_p = 200$ MPa,则 $\lambda_p = \sqrt{\dfrac{\pi^2 \times 206 \times 10^9}{200 \times 10^6}} \approx 100$,也就是说,对用 Q235 钢制成的压杆,只有当 $\lambda \geqslant 100$ 时,才可以使用欧拉公式。同理,对 $E = 70$ GPa,$\sigma_p = 175$ MPa 的铝合金来说,由式(15.20)求得 $\lambda_p = 62.8$,表示由这类铝合金制成的压杆,只有当 $\lambda \geqslant 62.8$ 时,才能使用欧拉公式计算其临界力。

3. 中、小柔度压杆的临界应力公式

在工程中常用的压杆,其柔度往往小于 λ_p,压杆为非细长压杆,欧拉公式已不适用,此时问题属于非弹性稳定问题。在工程中,对于此类压杆的临界应力计算,一般采用以试验结果为依据的经验公式。目前已有不少的经验公式,如直线公式和抛物线公式等。限于篇幅,这里只介绍使用比较简单方便的直线公式。

直线公式把临界应力 σ_{cr} 和压杆的柔度 λ 表示为以下的直线公式:

$$\sigma_{cr} = a - b\lambda \tag{15.21}$$

式中,a、b 为与材料性质有关的常数,单位为 MPa。

在使用直线公式(15.21)时,柔度 λ 存在一个最低界限值 λ_s。其值与压杆材料的压缩极限力有关。这是因为,压杆的稳定性随柔度 λ 的减小而逐渐提高,当柔度 λ 小于一定数值 λ_s 时,压杆受压将不会发生失稳弯曲破坏,而会因为压应力达到强度问题中的压缩极限应力 σ^0(对于塑性材料是屈服极限 σ_s,对于脆性材料是强度极限 σ_b)而失效。此时,强度问题成为主要问题,杆件的承载能力是由抗压强度决定的。这类压杆称为短粗杆或小柔度压杆,其"临界应力"就是材料的极限应力。在式(15.21)中,令 $\lambda = \lambda_s$,$\sigma_{cr} = \sigma^0$,可得

$$\lambda_{\mathrm{s}} = \frac{a - \sigma^{0}}{b} \tag{15.22}$$

式中，λ_{s} 为可使用直线公式时压杆柔度 λ 的最小值。

显然，直线公式的适用范围为柔度 λ 介于 λ_{s} 与 λ_{p} 之间的压杆，称此类压杆为中长杆或中柔度杆。λ_{s} 与 λ_{p} 一样，也是与材料性质有关的常数。表 15.2 中列出了一些常用材料的 a、b 和 λ_{s}、λ_{p} 值。

表 15.2　一些常用材料的 a、b 和 λ_{p}、λ_{s} 值

材料	a/MPa	b/MPa	λ_{p}	λ_{s}
Q235 钢	304	1.12	100	61.6
45 钢	461	2.568	86	41.3
铸铁	332.2	1.454	80	
松木	28.7	0.19	59	

4. 临界应力总图

根据压杆的柔度值可将压杆分为三类，并分别按不同的公式计算临界应力。

(1) $\lambda \geqslant \lambda_{\mathrm{p}}$ 的压杆属于细长杆或大柔度杆，按欧拉公式计算其临界应力；

(2) $\lambda_{\mathrm{s}} \leqslant \lambda < \lambda_{\mathrm{p}}$ 的压杆属于中长杆或中柔度杆，按经验公式计算其临界应力；

(3) $\lambda < \lambda_{\mathrm{s}}$ 的压杆属于短粗杆或小柔度杆，按强度问题处理，临界应力就是屈服极限 σ_{s} 或强度极限 σ_{b}。

压杆的临界应力随着压杆柔度 λ 的变化情况可用图 15.12 的曲线表示，称为临界应力总图。由图 15.12 还可以看到，随着柔度的增大，压杆的破坏性质由强度破坏逐渐向失稳破坏转化。

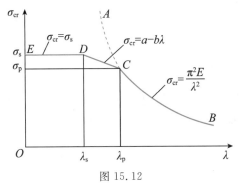

图 15.12

稳定计算中，无论是欧拉公式还是经验公式，都是以杆件的整体变形为基础的，局部削弱（如螺钉孔等）对杆件的整体变形影响很小，所以以计算临界应力时，可采用未经削弱的横截面面积 A 和惯性矩 I。但是在做压缩强度计算时，应该使用削弱后的横截面面积。

例 15.3　用 20a 工字钢制成的压杆，下端固定，上端自由，如图 15.13 所示。材料为 Q235 钢，$E = 206$ GPa，$\sigma_{\mathrm{p}} = 200$ MPa，压杆长度 $l = 1.2$ m。试求此压杆的临界力。

解　(1) 计算柔度 λ。由附录 B 中型钢表查得 20a 工字钢的惯性半径 $i_{\mathrm{y}} = 2.12$ cm，$i_{\mathrm{z}} = 8.15$ cm，截面面积 $A = 35.5$ cm^{2}。压杆在惯性半径最小的纵向平面内抗弯刚度最小，柔度最

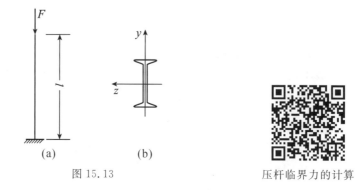

图 15.13　　　　　　　　　　　　压杆临界力的计算

大,临界力最小,因此压杆失稳一定发生在压杆柔度最大的纵向平面内。

$$\lambda_{\max} = \frac{\mu l}{i_y} = \frac{2 \times 1.2}{2.12 \times 10^{-2}} = 113.2$$

（2）计算临界应力。对于 Q235 钢,$\lambda_p = 100$,因为 $\lambda_{\max} > \lambda_p$,属于细长杆,可以使用欧拉公式计算临界应力,即

$$\sigma_{cr} = \frac{\pi^2 E}{\lambda_{\max}^2} = \frac{\pi^2 \times 206 \times 10^9}{113.2^2} \text{ MPa} = 158.5 \times 10^6 \text{ Pa} = 158.5 \text{ MPa}$$

压杆的临界压力

$$F_{cr} = A\sigma_{cr} = 35.55 \times 10^{-4} \times 158.5 \times 10^6 \text{ N} = 563.4 \times 10^3 \text{ N} = 563.4 \text{ kN}$$

例 15.4　矩形截面连杆,尺寸如图 15.14 所示,材料为 Q235 钢,弹性模量 $E = 206$ GPa,$\sigma_p = 200$ MPa,$\sigma_s = 235$ MPa,试求连杆的临界力。

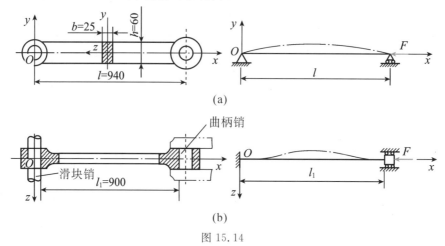

图 15.14

解　根据图 15.14 中连杆端部的约束情况,在 xOy 平面内两端可视为铰支;在 xOz 平面内两端可视为固定。又因压杆为矩形截面,所以 $I_y \neq I_z$。首先应分别算出杆件在两个平面内的柔度,以判断连杆将在哪个平面内失稳,然后再根据柔度值选用相应的公式计算临界力。

（1）计算柔度 λ。在 xOy 平面内,$\mu = 1$,z 轴为中性轴,即

$$i_z = \sqrt{\frac{I_z}{A}} = \frac{h}{2\sqrt{3}} = \frac{6}{2\sqrt{3}} \text{ cm} = 1.732 \text{ cm}$$

$$\lambda_z = \frac{\mu l}{i_z} = \frac{1 \times 94}{1.732} = 54.3$$

在 xOz 平面内，$\mu = 0.5$，y 轴为中性轴

$$i_y = \sqrt{\frac{I_y}{A}} \text{ cm} = \frac{b}{2\sqrt{3}} \text{ cm} = \frac{2.5}{2\sqrt{3}} \text{ cm} = 0.722 \text{ cm}$$

$$\lambda_y = \frac{\mu l}{i_y} = \frac{0.5 \times 90}{0.722} = 62.3$$

可以看出 $\lambda_y > \lambda_z$，$\lambda_{max} = \lambda_y = 62.3$。连杆将在 xOz 平面内绕 y 失稳。

（2）计算临界力。对于 Q235 钢，$\lambda_p = 100$，$\lambda_{max} < \lambda_p$，不能用欧拉公式计算临界力。这里采用直线公式，查表 15.2 可知，Q235 钢，$a = 304 \text{ MPa}$，$b = 1.12 \text{ MPa}$

$$\lambda_s = \frac{a - \sigma_s}{b} = \frac{304 - 235}{1.12} = 61.6$$

所以，$\lambda_s < \lambda_{max} < \lambda_p$，属于中长杆，因此临界应力

$$\sigma_{cr} = a - b\lambda_{max} = 304 - 1.12 \times 62.3 \text{ MPa} = 234.2 \text{ MPa}$$

连杆的临界压力

$$F_{cr} = A\sigma_{cr} = 60 \times 25 \times 10^{-6} \times 234.2 \times 10^6 \text{ N} = 351.3 \times 10^3 \text{ N} = 351.3 \text{ kN}$$

15.4　压杆的稳定计算

由 15.3 节的讨论可知，对于不同柔度的压杆总可以计算出它的临界应力，将临界应力乘以压杆横截面面积，就得到压杆的临界力。临界力是压杆保持稳定平衡的极限压力值，因此，为了保证压杆在轴向压力 F 作用下不致失稳，必须满足下列条件：

$$F \leqslant \frac{F_{cr}}{n_{st}} = [F]_{st} \tag{15.23}$$

或

$$\sigma \leqslant \frac{\sigma_{cr}}{n_{st}} = [\sigma]_{st} \tag{15.24}$$

式中，n_{st} 为规定的稳定安全因数；$[F]_{st}$ 为压杆的稳定许用压力；$[\sigma]_{st}$ 为稳定许用应力。

工程上常用安全因数表示压杆的稳定性条件。压杆的临界力 F_{cr} 与压杆实际承受的轴向压力 F 的比值 n，称为压杆的工作安全因数，它应该大于规定的稳定安全因数 n_{st}。因此压杆的稳定性条件也可表示为

$$n = \frac{F_{cr}}{F} \geqslant n_{st} \tag{15.25}$$

通常，n_{st} 规定的比强度安全因数高，原因是一些难以避免的因素，如压杆的初弯曲、材料不均匀、压力偏心以及支座缺陷等，都严重地影响压杆的稳定性，降低了临界应力。而同样这些因素，对杆件强度的影响不那么严重。关于规定的稳定安全因数 n_{st}，一般可在设计手册或规范中查到。

例 15.5　螺旋千斤顶如图 15.15 所示，起重丝杠长度 $l = 37.5 \text{ cm}$，内径 $d = 4 \text{ cm}$，材料为 45 钢。最大起重量 $F = 80 \text{ kN}$，规定的稳定安全因数 $n_{st} = 4$。试校核丝杠的稳定性。

解　（1）计算丝杠的柔度 λ。丝杠可简化为下端固定，上端自由的压杆，如图 15.15（b）

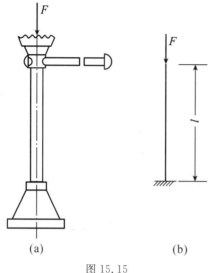

(a)   (b)

图 15.15

压杆稳定性校核

所示。

$$i = \sqrt{\frac{I}{A}} = \sqrt{\frac{\pi d^4/64}{\pi d^2/4}} = \frac{d}{4} = 1 \text{ cm}$$

$$\lambda = \frac{\mu l}{i} = \frac{2 \times 37.5}{1} = 75$$

由表 15.2 中查得，45 钢的 $\lambda_s = 41.3$，$\lambda_p = 86$，所以丝杠的柔度 λ 满足：$\lambda_s < \lambda < \lambda_p$，属于中柔度杆，故应该用直线公式计算其临界应力。

（2）计算临界力 F_{cr}，校核稳定性。由表 15.2 查得：$a = 461$ MPa，$b = 2.568$ MPa，则丝杠的临界力及临界力为

$$\sigma_{cr} = a - b\lambda = 461 - 2.568 \times 75 \text{ Pa} = 268.4 \times 10^6 \text{ Pa} = 268.4 \text{ MPa}$$

$$F_{cr} = \sigma_{cr} A = 268.4 \times 10^6 \times \frac{\pi \times 0.04^2}{4} \text{ N} = 337.1 \times 10^3 \text{ N} = 337.1 \text{ kN}$$

此丝杠的工作安全因数为

$$n = \frac{F_{cr}}{F} = \frac{337}{80} = 4.21 > n_{st} = 4$$

所以千斤顶丝杠满足稳定要求。

例 15.6　某平面磨床的工作台液压驱动装置如图 15.16 所示。已知活塞直径 $D = 65$ mm，油压 $p = 1.2$ MPa，活塞杆长度 $l = 1250$ mm，两端视为铰支。材料为碳钢，$\sigma_p = 220$ MPa，$E = 210$ GPa。取 $n_{st} = 6$，试设计活塞杆直径 d。

解　（1）计算临界压力 F_{cr}。活塞杆承受的轴向压力

$$F = \frac{\pi}{4} D^2 p = \frac{\pi}{4} \times (65 \times 10^{-3})^2 \times 1.2 \times 10^6 \text{ N} = 3.98 \times 10^3 \text{ N} = 3.98 \text{ kN}$$

活塞杆工作时不失稳的临界力值为

$$F_{cr} = n_{st} F = 6 \times 3.98 \text{ kN} = 23.88 \text{ kN}$$

（2）设计活塞杆直径。因为直径未知，无法求出活塞杆的柔度，不能判定用什么公式计算临界力。因此，计算时可先按欧拉公式计算活塞杆直径，然后检查是否满足欧拉公式的条件。

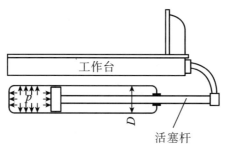

图 15.16

$$F_{cr} = \frac{\pi^2 EI}{(\mu l)^2} = \frac{\pi^2 E \frac{\pi d^4}{64}}{(l)^2} \text{ N} = 23.88 \text{ kN}$$

$$d = \sqrt[4]{\frac{64 \times 23.88 \times 10^3 \times 1.25^2}{\pi^3 \times 210 \times 10^9}} \text{ m} = 0.0246 \text{ m} = 24.6 \text{ mm}$$

取 $d = 25$ mm，然后检查是否满足欧拉公式的条件

$$\lambda = \frac{\mu l}{i} = \frac{\mu l}{d/4} = \frac{1 \times 1250}{25/4} = 200$$

$$\lambda_p = \pi \sqrt{\frac{E}{\sigma_p}} = \pi \sqrt{\frac{210 \times 10^9}{220 \times 10^6}} = 97$$

由于 $\lambda > \lambda_p$，所以前面用欧拉公式进行的试算是正确的，也就是说压杆直径最后确定为 $d = 25$ mm。

例 15.7　简易吊车如图 15.17（a）所示，AB 杆由钢管制成，材料为 Q235 钢，$E = 210$ GPa，两端铰接，规定的稳定安全因数 $n_{st} = 2$，$F = 20$ kN，试校核 AB 杆的稳定性。

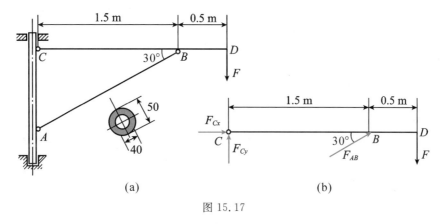

(a)　　　　　　　　　　　　　　(b)

图 15.17

解　（1）求 AB 杆所承受的轴向压力。CD 梁受力如图 15.17（b）所示，由 CD 杆的平衡方程

$$\sum M_C = 0, \quad F_{AB} \times 1500 \times \sin 30° - 2000F = 0$$

得

$$F_{AB} = 53.3 \text{ kN}$$

（2）计算杆 AB 的柔度 λ。

$$i = \sqrt{\frac{I}{A}} = \frac{1}{4}\sqrt{D^2 + d^2} = \frac{1}{4} \times \sqrt{50^2 + 40^2}\ \text{mm} = 16\ \text{mm}$$

$$\lambda = \frac{\mu l}{i} = \frac{1 \times \dfrac{1500}{\cos 30°}}{16} = \frac{1 \times 1732}{16} = 108$$

（3）校核压杆 AB 稳定性。因 $\lambda = 108 > \lambda_p = 100$，属于大柔度杆，可由欧拉公式计算临界力：

压杆稳定性计算

$$F_{cr} = \frac{\pi^2 EI}{(\mu l)^2} = \frac{\pi^2 E \dfrac{\pi}{64}(D^4 - d^4)}{l^2}$$

$$= \frac{\pi^2 \times 210 \times 10^9 \times \pi \times (50^4 - 40^4) \times 10^{-12}}{64 \times 1732^2 \times 10^{-6}}\ \text{N}$$

$$= 125 \times 10^3\ \text{N} = 125\ \text{kN}$$

AB 杆的工作稳定安全因数为

$$n = \frac{F_{cr}}{F_{AB}} = \frac{125}{53.3} = 2.34 > n_{st} = 2$$

计算结果表明杆 AB 是稳定的。

15.5 提高压杆稳定性的措施

如前所述，压杆的临界力或临界应力越高，其稳定性就越高。因此，要想提高压杆的稳定性，关键在于提高压杆的临界压力或临界应力。由压杆的临界应力图可以看出，压杆的临界应力与材料的力学性能和压杆的柔度有关，而柔度（$\lambda = \dfrac{\mu l}{i}$）又综合了压杆的长度、约束情况和横截面的惯性半径等影响因素。所以，我们应从这几方面入手，讨论如何提高压杆的稳定性。

1. 合理选择截面

细长杆与中柔度杆的临界应力均与柔度 λ 有关，柔度越小，临界应力越大。压杆的柔度为

$$\lambda = \frac{\mu l}{i} = \mu l \sqrt{\frac{A}{I}}$$

因此，对于一定长度与支座条件的压杆，在横截面面积保持一定的情况下，应选择惯性矩较大的截面形状，以提高临界力。例如，空心圆环截面要比实心圆截面合理，如图 15.18 所示。同理，由四根角钢组成的起重臂如图 15.19（a）所示，其四根角钢分散放置在截面的四角，如图 15.19（b）所示，而不是集中地放置在截面形心的附近，如图 15.19（c）所示。当然，也不能因为要取得较大的 I 和 i，就无限制地增加环形截面的直径并减小其壁厚，这将使其变成薄壁圆管，而引起局部失稳，发生局部折皱。

如果压杆在各个纵向平面内相当长度 μl 相同，应使截面对任一根形心轴的 i 相等，或接近相等。这样，压杆在任意一个纵向平面内的柔度 λ 都相等或接近相等，于是在任意一个纵向平面内有相等或接近相等的稳定性。例如，圆形、环形或如图 15.19（b）所示的截面，都能满足这一要求。如果压杆在不同的纵向平面内的相当长度 μl 并不相同，例如，发动机的连杆在摆动平面内两端可简化为铰支座，如图 15.15（a）所示，$\mu_1 = 1$，而在垂直于摆动平面的平面内两

端可简化为固定端,如图 15.15(b)所示,$\mu_2 = \dfrac{1}{2}$。这就要求连杆截面对两个形心主惯性轴 z

和 y 有不同的 i_z 和 i_y,使得在两个主惯性平面内的柔度 $\lambda_1 = \dfrac{\mu_1 l_1}{i_z}$ 和 $\lambda_2 = \dfrac{\mu_2 l_2}{i_y}$ 接近相等,这样,

连杆在两个主惯性平面内仍然可以有接近相等的稳定性。

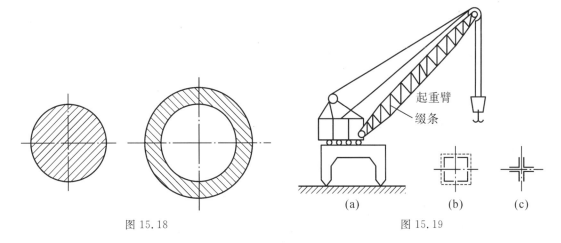

图 15.18　　　　　　　　　　　　　　　图 15.19

2. 改变压杆的约束条件

从 15.2 节的讨论看出,改变压杆的支座条件,会直接影响临界力的大小。例如,长度为 l

且两端铰支的压杆,其 $\mu=1$,$F_{cr}=\dfrac{\pi^2 EI}{l^2}$。若在这一压杆的中点增加一个中间支座,或者把两

端改为固定端(见图 15.20)。则相当长度变为 $\mu l = \dfrac{l}{2}$,临界力变为

$$F_{cr} = \frac{\pi^2 EI}{\left(\dfrac{l}{2}\right)^2} = \frac{4\pi^2 EI}{l^2}$$

可见临界力变为原来的四倍。一般来说增加压杆的约束,使其更不容易发生弯曲变形,可以提高压杆的稳定性。

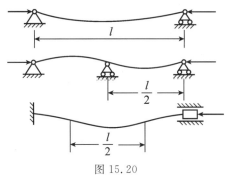

图 15.20

3. 合理选择材料

细长压杆的临界力由欧拉公式计算,故临界力与材料的弹性模量 E 有关。然而,各种钢材的弹性模量 E 大致相等,因此对于细长杆,选用优质钢材或低碳钢并无很大差别。对于中

等柔度的压杆,无论是根据经验公式还是理论分析,都说明临界力与材料的强度有关,优质钢材在一定程度上可以提高临界力的数值。至于柔度很小的短杆,本来就是强度问题,选择优质钢材自然可以提高强度。

本章小结

(1)学习本章时,应理解好压杆稳定的概念。所谓压杆的稳定性,是指压杆在轴向力作用下,维持原有平衡状态的能力,这与刚度和强度的概念有着本质区别。检验压杆是否稳定的静力学准则就是对原有的平衡状态施加一个小的扰动,如消除扰动,压杆仍能恢复到原来的平衡形式,则压杆原来的状态是稳定的;反之,则是不稳定的。

(2)临界力是判断压杆是否处于稳定平衡的重要依据。临界力是一个数值,它既不是外力,也不是内力,它是压杆保持直线形状稳定平衡所能承受的最大的压力(再大一点,压杆就会失稳);或者说,它是压杆丧失直线形状稳定平衡所需要的最小压力(再小一点,压杆就不再失稳)。临界力只与压杆截面、材料、支座条件有关,是反应其承载能力的力学量。确定压杆的临界力是解决压杆稳定性问题的关键,也是本章的重点。

(3)压杆的临界力计算,因压杆的柔度不同分为两类,即

对于大柔度杆($\lambda \geqslant \lambda_p$)

$$F_{cr} = \frac{\pi^2 EI}{(\mu l)^2} \text{ 或 } F_{cr} = \sigma_{cr} A = \frac{\pi^2 E}{\lambda^2} A$$

对于中柔度杆($\lambda_s \leqslant \lambda < \lambda_p$)

$$F_{cr} = (a - b\lambda)A$$

至于$\lambda < \lambda_s$的小柔度杆则无失稳问题,应该按强度问题考虑。

(4)压杆的柔度$\lambda = \frac{\mu l}{i}$是计算临界力的一个重要参数,它综合反映了压杆长度、横截面的形状和尺寸以及支座条件对临界力的影响。由于压杆在不同纵向对称面失稳,其对应的惯性矩I及长度因数μ可能不同,因而柔度值也可能不相同,在计算柔度时一定注意这一点。压杆失稳将发生在与最大柔度相对应的纵向对称面内。

(5)压杆的稳定计算常采用安全因数法,其稳定条件为

$$n = \frac{F_{cr}}{F} \geqslant n_{st}$$

应用这一稳定条件除可校核压杆的稳定性外,还可确定压杆的许可载荷,或确定压杆所需的截面尺寸。

(6)压杆稳定校核的步骤

①计算压杆的柔度$\lambda = \frac{\mu l}{i}$,其中$\mu$由压杆的支座条件确定,而$i = \sqrt{\frac{I}{A}}$。

②计算临界应力σ_{cr}:当$\lambda \geqslant \lambda_p$时,选用欧拉公式,$\sigma_{cr} = \frac{\pi^2 E}{\lambda^2}$;当$\lambda_s \leqslant \lambda < \lambda_p$时,选用经验公式,$\sigma_{cr} = a - b\lambda$;当$\lambda < \lambda_s$时,按压杆强度问题处理。

其中临界柔度$\lambda_p = \pi \sqrt{\frac{E}{\sigma_p}}$,$\lambda_s = \frac{(a - \sigma_s)}{b}$,或查相关表格。

③计算临界压力 F_{cr};根据公式 $F_{cr}=\sigma_{cr}A$ 进行计算。

④稳定性计算。

$$F \leqslant \frac{F_{cr}}{n_{st}}$$

或

$$n = \frac{F_{cr}}{F} \geqslant n_{st}$$

思考题

1.构件的强度、刚度和稳定性有什么区别?

2.压杆因丧失稳定而产生的弯曲变形与梁在横力作用下产生的弯曲变形有何区别?

3.为什么直杆受轴向压力作用有失稳问题,而受轴向拉力作用就无失稳问题呢?

4.有人说铸铁抗压性能好,它可以用作各种压杆,这种说法对吗?

5.欧拉公式在什么范围内适用? 如果把中长杆误判为细长杆,应用欧拉公式计算临界力,会导致什么后果?

6.两根细长压杆的材料、长度、横截面面积和约束情况均相同,两截面形状如图 15.21 所示,试比较两杆的临界应力。

7.压杆由四个相同的等边角钢组合而成。假设压杆在各个纵向平面内的相当长度相同,从稳定性角度考虑,压杆的截面采用图 15.22 所示的哪种排列方式较合理? 为什么?

8.如图 15.23 所示,两矩形截面压杆的材料、长度、截面尺寸和约束情况均相同,但杆(b)钻有直径为 d 的小孔。试比较两杆的强度和稳定性。

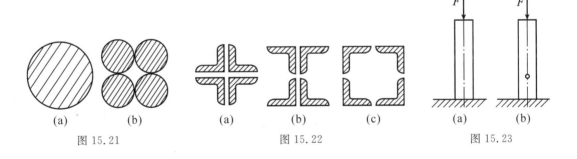

图 15.21　　　　　　　图 15.22　　　　　　　图 15.23

习　题

一、填空题

1.圆形横截面细长压杆的杆长、材料和杆端约束保持不变,若仅将其直径缩小一半,则压杆的临界压力为原压杆的_____。

2.大柔度压杆和中柔度压杆一般是因_____而失效,小柔度压杆是因_____而失效。

3.两根细长压杆,横截面积相等,其中一个形状为正方形,另一个为圆形,其他条件均相同,则横截面为_____的柔度大,横截面为_____的临界力大。

4.两根材料和约束相同的圆截面压杆,长分别为 l_1 和 l_2,$l_2=2l_1$,若两杆的临界力相等,则它

们的直径比 $d_1/d_2 =$ _____。

二、判断题

1.压杆的临界压力(或临界应力)与作用载荷大小有关。(　　)

2.两根材料、长度、截面面积和约束条件都相同的压杆,其临界压力也一定相同。(　　)

3.压杆的临界应力值与材料的弹性模量成正比。(　　)

4.细长压杆,若其长度系数增加一倍,F_{cr} 增加到原来的 4 倍。(　　)

5.两根一端固定一端自由的细长压杆,若它们的材料、横截面积均相同,一杆的长度是另一杆的 2 倍,则在相同的轴力作用下,长杆一定先失稳。(　　)

6.计算细长杆的临界应力时,如果误用了中长杆的经验公式,计算的临界应力是偏危险的。

(　　)

三、计算题

1.如图 15.24 所示,细长压杆均为圆截面杆、其直径 d 均相同,材料是 Q235 钢,$E = 210$ GPa。其中:图 15.24(a)为两端铰支;图 15.24(b)为一端固定,另一端铰支;图 15.24(c)为两端固定。试判别哪一种情形的临界力最大,哪种临界力最小? 若圆杆直径 $d = 160$ mm,试求最大的临界力 F_{cr}。

(答:$F_{cr} = 3292$ kN)

2.如图 15.25 所示矩形截面细长压杆,其约束情况为下端在 xy 和 xz 平面内均为固定,上端在 xy 平面内可视为固定端,在 xz 平面内可视为自由端。从稳定性角度考虑,截面合理的高、宽比 h/b 应为多少?

(答:$h/b = 4$)

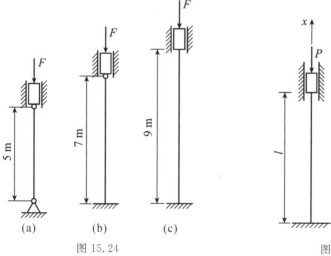

图 15.24

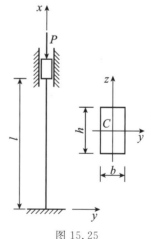

图 15.25

3.如图 15.26 所示为某型飞机起落架中承受轴向压力的斜撑杆(两端视为铰支)。杆为空心圆管,外径 $D = 52$ mm,内径 $d = 44$ mm,长度 $l = 950$ mm。材料的 $\sigma_b = 1600$ MPa,$\sigma_p = 1200$ MPa,$E = 210$ GPa。试求斜撑杆的临界应力 σ_{cr} 和临界力 F_{cr}。

(答:$\sigma_{cr} = 663$ MPa,$F_{cr} = 400$ kN)

4. 立柱如图 15.27(a)所示,上端铰支,下端固定,柱长 $l=1.5$ m。材料为 Q235 钢,弹性模量 $E=210$ GPa,已知临界应力的直线公式 $\sigma_{cr}=(304-1.12\lambda)$ MPa。试在下列两种情况下确定临界力值:

(1)截面为圆形,直径 $d_1=40$ mm,如图 15.27(b)所示;

(2)截面为圆环形,面积与上述圆形面积相同,且 $d_2/D_2=0.6$,如图 15.27(c)所示。

[答:(1)$F_{cr}=236$ kN;(2)$F_{cr}=280.6$ kN]

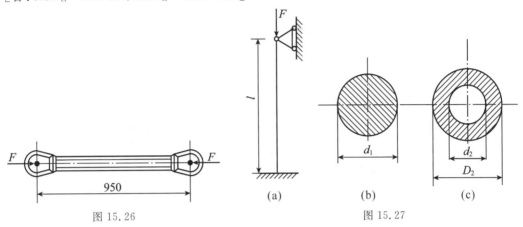

图 15.26

图 15.27

5. 三根圆截面压杆,直径均为 $d=160$mm,材料为 Q235 钢,$E=200$ GPa,$\sigma_s=240$ MPa。两端均为铰支,长度分别为 l_1、l_2 和 l_3,且 $l_1=2l_2=4l_3=5$ m。试求各杆的临界力 F_{cr}。

(答:$F_{cr1}=2540$ kN;$F_{cr2}=4702$ kN;$F_{cr3}=4825$ kN)

6. 在图 15.28 所示铰接杆系 ABC 中,AB 和 BC 皆为细长压杆,且截面相同,材料相同。若杆件因在 ABC 平面内失稳而失效,并规定 $0<\theta<\dfrac{\pi}{2}$。试确定 F 为最大值时的 θ 角。

[答:$\theta=\arctan(\cot^2\beta)$]

7. 在图 15.29 所示结构中,AB 为圆截面杆,直径 $d=80$ mm,BC 杆为正方形截面杆,边长 $a=70$ mm,两材料均为 Q235 钢,$E=210$ GPa。它们可以各自独立发生弯曲而互不影响,已知 A 端固定,B、C 为球铰,$l=3$ m,规定的稳定安全因数 $n_{st}=2.5$。试求此结构的许可载荷 $[F]$。

(答:$[F]=167.8$ kN)

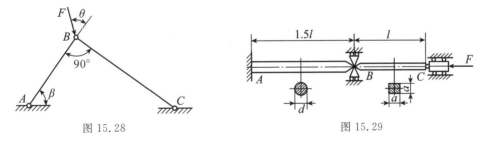

图 15.28

图 15.29

8. 如图 15.30 示托架,AB 杆的直径 $d=4$ cm,长度 $l=80$ cm,两端铰支,材料为 Q235 钢。

(1)试根据 AB 杆的稳定条件确定托架的临界力 F_{cr};

(2)若实际载荷 $F=70$ kN,AB 杆规定的稳定安全因数 $n_{st}=2$,试问此托架是否安全?

[答:(1)F_{cr}=118.7 kN;(2)n=1.69<n_{st},托架不安全]

9. 如图 15.31 所示简易支架,AC 杆与 BC 杆均为圆截面杆,材料为 Q235 钢,E=210 GPa。设 F=100 kN,许用应力$[\sigma]$=180 MPa,规定的稳定安全因数 n_{st}=2,试确定两杆的直径。

(答:d_{AC}=25 mm,d_{BC}=40 mm)

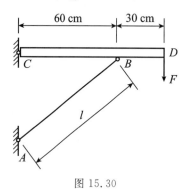

图 15.30　　　　　　　　　　　图 15.31

10. 如图 15.32 所示,工字形截面杆在温度 T=20 ℃时进行安装,此时杆不受力。试求当温度升高到多少度时,杆将失稳? 已知工字钢的弹性模量 E=210 GPa,线膨胀系数 α=12.5×10^{-6}℃$^{-1}$。

(答:T=T_0+ΔT=20+39.43 ℃=59.43 ℃)

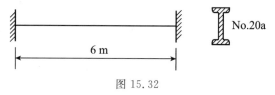

图 15.32

11. 如图 15.33 所示结构中 1 杆为圆杆,直径 d_1=10 cm,材料弹性模量 E_1=120 GPa,比例极限 σ_p=180 MPa,2 杆为钢圆杆,直径 d_2=5 cm,材料为 Q235 钢,许用应力$[\sigma]$=160 MPa,E_2=200 GPa,横梁 AD 可视为刚性的,规定的稳定安全因数 n_{st}=3。试求外力 F 的许可值。

[答:$[F]$=227.6 kN]

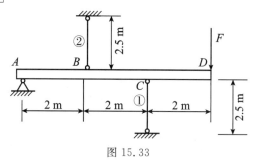

图 15.33

12. 如图 15.34 所示,矿井采空区在冲填前为防止顶板陷落,常用木柱支撑,若木柱为红松,弹性模量 E=10 GPa,直径 d=150 mm,规定的稳定安全因数 n_{st}=3,试求木柱所允许承受的顶板最大压力。

（答：$F_{cr}=207$ kN，$[F]=51.7$ kN）

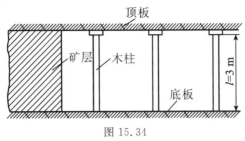

图 15.34

13. 万能实验机的结构如图 15.35(a)所示，已知四根立柱的长度 $l=3$ m，钢材的弹性模量 $E=$ 210 GPa，压杆的柔度界限值 $\lambda_p=100$。立柱失稳以后的弯曲变形曲线如图 15.35(b)所示。若载荷 F 的最大值为 1000 kN，规定的稳定安全因数 $n_{st}=4$。试按稳定条件设计立柱的直径。

（答：$d=97$ mm）

14. 已知图 15.36 所示千斤顶的最大起重量 $F=120$ kN，丝杠直径 $d=52$ mm，总长 $l=$ 600 mm，衬套高度 $h=100$ mm，丝杠用 Q235 钢制成，若规定的稳定安全因数 $n_{st}=4$，试校核该千斤顶的稳定性。

（答：$[F]=115.6$ kN）

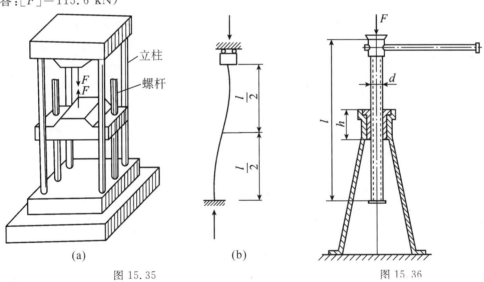

(a)　　　　(b)

图 15.35　　　　　　图 15.36

拓展阅读

魁北克大桥与闻名于世的"工程师之戒"[1][2]

　　1907 年 8 月 29 日的下午，加拿大圣劳伦斯河上，魁北克大桥正在施工。按计划，这座悬臂桥主跨长达 548.6 米，将一举击败当时的跨度纪录保持者——主跨 521 米的英国福斯桥，创造新的悬臂梁桥跨度纪录。

①　肖峰．从魁北克大桥垮塌的文化成因看工程文化的价值[J]．自然辩证法通讯，2006，(05)：12-17．
②　交通运输部职业资格中心．桥梁工程注册结构工程师[M]．北京：北京交通大学出版社，2019.04.

当时大桥南北两端已各自完工,就等中间的悬跨完成组装,一个震撼全球的大桥即将诞生。下午 5:30,收工的哨声适时响起。工人们放下手头的工作,三三两两有说有笑地从架上向岸边走去。突然一声巨响,南端铺跨处两根下弦杆突然被压弯,整个南端的结构都被牵动了。仅坚持 15 秒,南端整个完工部分连带着中间的悬吊跨一同跨了下来,19000 吨的钢材落入河中。随之坠入河中的还有在桥上工作的 86 人,最终仅有 11 人获救。尽管没有完成组装,但是大桥一举"震撼全球"的"梦想"依然实现了,整件事震撼了工程界,更是惊动了政府。在加拿大政府反复调查研究后,好几年前埋下的恶果终于重见天日,背后的故事着实令人唏嘘。

魁北克大桥完全垮塌　　　　　　　　　　　　　　工程师之戒

调查结果显示,事故是因大桥的设计师高估了弦杆的承载能力,未考虑压杆稳定问题,最终弦杆失稳引起事故。工程师们对大桥进行重新计算后发现,大桥的实际承重与设计承重相比增加了近 20%。另外,魁北克大桥下弦杆出于美观考虑,设计成微弯,不仅制造难度更高,同时也降低了屈曲强度,这直接导致了桥梁的垮塌。同时,在施工过程中,魁北克大桥公司与加拿大铁路运河部都过分信赖权威而放宽规定也是导致大桥垮塌的重要原因。大桥的总设计师更是过分轻视了造桥工作,不仅很少来现场指导,也拒绝了另请顾问担负检查工作的建议。这样看来,几乎每个环节都存在失误,而每个牵涉其中的人又都有机会制止悲剧的发生。

加拿大政府不甘心失败,又在原桥墩上重建魁北克大桥。这次吸取了上一次垮塌的经验,只是纠正措施明显矫枉过正:新桥的上部结构重量是旧桥的两倍半,受力的部分都显得过于笨重,过重的结构在合龙时出现了问题,一个支点突然断裂,其他支点受力倍增顿时全部扭曲变形,整跨重达 5200 吨的钢材就这样落入水中而损失掉,连带着 13 名工作人员的生命也就此终止。

之后加拿大政府又组织了第三次重新组装,大桥终于在 1917 年合龙,这座世界上跨度最大的悬臂桥也终于完工。客观来说,事故发生也有部分原因是对压杆的稳定性能了解不够,大桥的两次垮塌也促进了大量研究压杆及组合压杆稳定性工作的开展。从这个角度来说,所有工程师都应该时刻保持清醒和谨慎,因为没有研究清楚的问题还有很多,而这些问题隐藏在桥梁建设各个环节中。

两度垮塌毁损,88 人丧命,各种已知的、未知的错误行为酿成的这起悲剧使魁北克大桥成了教科书里著名的失败案例。大桥垮塌后的废弃钢材被当地大学买走,做成工程师之戒赠予一批批莘莘学子,不断提醒他们何为严谨,何为责任。

第 16 章　工程力学实验

课前导读

　　工程力学实验是工程力学课程的重要组成部分。许多力学结论和理论公式的验证,材料的力学性能测定,都依赖于实验。工程上,有很多实际构件的形状和受力情况较为复杂,此时,应力分析在理论上难以解决,就需要通过实验来解决。通过对工程力学实验课的学习,学生一方面可以加深对理论知识和教学内容的理解;另一方面可以培养其科学研究能力、创新思维能力和实践动手能力。本章将介绍工程力学实验的内容、标准、方法、要求和工程力学中的 5 个基本实验。

本章思维导图

16.1　工程力学实验的内容

工程力学实验包括以下三方面的内容。

1. 材料的力学性能测定

材料的力学性能(Mechanical Properties of Materials)是指材料在外力作用下表现出来的变形、破坏等方面的特性。材料的各项强度指标(如屈服极限、强度极限、疲劳极限、冲击韧度等)以及材料的弹性常数(如弹性极限、弹性模量、泊松比等)都是设计构件的基本参数和依据,而这些参数一般要通过实验来测定。随着材料科学的发展,各种新型合金材料、复合材料不断出现,力学性能的测定是研究每一种新型材料的首要任务。本章中介绍的金属材料的拉伸、压缩、扭转实验均属于这类实验。

2. 验证已建立的理论

　　工程力学的一些理论都是在简化和假设的基础上推导的,如梁的弯曲理论就以平面假设为基础。用实验验证这些理论的正确性和适用范围,有助于加深对理论的认识和理解。至于对新建立的理论和公式,用实验来验证更是必不可少的。实验是验证、修正和发展理论的必要手段。

3. 应力分析实验

　　某些情况下,如构件几何形状不规则或受力复杂等,应力计算并无适用理论。这时,用诸如电测法、光弹性法等实验应力分析方法直接测定构件的应力,便成为有效的方法。经过简化后得出的理论计算或数值计算,其结果的可靠性更有赖于实验应力分析的验证。本章介绍了其中最基本的电测法。本章介绍的弯曲正应力实验、弯扭组合变形实验均属于这类实验。

16.2　工程力学实验的标准、方法和要求

　　材料的力学性能如强度指标中的屈服极限、强度极限、冲击韧性等,虽是材料的固有属性,

但往往与试样的形状、尺寸、表面加工精度、加载速度、周围环境(温度、介质等)等有关。为使实验结果能相互比较,国家标准对试样的取材、形状、尺寸、加工精度、实验手段和方法以及数据处理等都作了统一规定。我国国家标准的代号是 GB。本章所介绍的实验涉及不少国家标准,如《金属材料 拉伸实验 第 1 部分:室温实验方法》(GB/T 228.1—2010)、《金属材料 室温压缩实验方法》(GB/T 7314—2017)、《金属材料 室温扭转实验方法》(GB/T 10128—2007)等。其他国家也有各自的标准,如美国标准的代号为 ASTM,国际标准的代号为 ISO。国际间需要做仲裁实验时,以国际标准为依据。随着科学技术、经济的发展和国际贸易的扩大,采用国际标准已成为世界性的发展趋势,我国在标准化与国际接轨方面也做了大量的工作。

在常温、静载荷条件下,工程力学实验所涉及的物理量并不多,主要是测量作用在试样上的载荷和试样的变形。载荷一般较大,加力设备也相对较大,而变形则很小,绝对变形可以小到千分之一毫米,因而变形测量设备必须精密。对于破坏性实验,如材料强度指标的测定,考虑到材料质地的不均匀性,应采用多根试样进行实验,然后综合多根试样的结果,得出材料的性能指标。对于非破坏性实验,如构件的变形测量,因为要借助于二次仪表读数,为减小测量系统引入的误差,一般也要进行多次重复测量,然后综合多次测量的数据得到所需结果。在多次测量同一物理量时,每次所得数据并不完全相同,这是因为测量仪器的精度有限,再加上实验时客观因素复杂,不可避免地产生误差。由统计理论可知,多次测量同一物理量时,所得各次数据的算术平均值为最优值,亦即最接近真值的值。故在实验中对同一物理量作多次测量时,取测量结果的算术平均值作为该物理量的最佳值。

实验应力分析除了前面提到的电测法及光弹性法外,还有激光全息光弹性法、散斑干涉法、云纹法、声弹法等。采用何种方法取决于实验的目的和对实验精度的要求。一般来说,如仅需了解构件某一局部的应力分布,电测法比较合适;如需了解构件的整体应力分布,则以光弹性法为宜。有时也可把几种方法联合使用,如可用光弹性法判定构件危险截面的位置,再使用电测法测出危险截面的局部应力分布。

处理实验数据时,首先应剔除明显不合理的数据,其次要注明测量单位,如 cm 或 mm 等,同时还要注意仪器本身的精度和有效数位。正常状态下,仪器所给的最小读数应当在允许误差范围之内,即仪器的最小刻度应当代表仪器的精度。例如,百分表(或千分尺)最小刻度是 0.01 mm,其精度即为百分之一毫米。但在实际测量时应估读到最小刻度的十分位,如 0.128 mm,最后一位数字 8 就是估读出来的,所以这三位数字都是有效的。数据计算应注意有效数字的运算法则,在工程力学实验中,作为数据运算的中间步骤应保留 4 位有效数字以上,最后计算结果一般只保留 3 位有效数字,并按相应的规定进行修约。

实验过程可分为三大部分。

第一部分:实验前的准备工作。实验课前应按要求复习有关的理论知识,预习相关的实验内容,完成预习报告。做好实验中使用的仪器、设备的准备工作,初步了解其操作规程及操作注意事项。在正式开始实验之前,要经过教师检查。

第二部分:实验操作并测取数据。遵守实验室的规章制度。操作之前,应注意检查仪器、设备是否处于完好状态。实验过程中,严格按照操作规程进行操作,认真观察实验现象,记录好实验数据。实验完毕,要检查数据是否齐全,并清理设备,恢复至初始状态。

第三部分:书写实验报告。实验报告是反映实验工作及实验结果的书面综合资料。实验报告要独立完成,做到图表清晰、数据完整,结论简明,并有讨论和分析。

一份完整的实验报告应包括下列内容:

(1)实验名称、实验日期、实验者及同组人姓名。

(2)实验内容、目的及原理。

(3)实验仪器、设备(名称、型号、精度等)及实验所用试样。

(4)实验原始数据及图表。

(5)实验数据处理。在计算中,所用到的公式均应明确列出,并注明公式中各种符号所代表的意义。

(6)实验结果的分析与讨论。

16.3　金属材料的拉伸实验

拉伸实验是测定材料在静载荷作用下力学性能的最基本和最重要的实验之一。这不仅是因为拉伸实验简便易行,易于分析,且测试技术较为成熟,更重要的是,工程设计所选用的材料的强度、塑性和弹性等力学性能指标,大多数是以拉伸实验为主要依据的。本实验选用两种典型材料——低碳钢和铸铁,作为常温、静载下塑性材料和脆性材料的代表,分别进行拉伸实验。

1. 实验目的

(1)了解实验设备——微机控制电子万能材料实验机的工作原理,初步掌握其操作规程。

(2)测定低碳钢的屈服极限 σ_s、强度极限 σ_b、断后伸长率 δ 和断面收缩率 ψ。

(3)测定铸铁的强度极限 σ_b。

(4)观察低碳钢和铸铁在拉伸过程中的各种现象,比较两种材料的拉伸力学性能。

2. 实验设备

(1)微机控制电子万能材料实验机。

(2)游标卡尺。

3. 试样

由于试样的形状和尺寸对实验结果有一定影响,为便于互相比较,应按统一规定加工成标准试样。图 16.1(a)和(b)分别表示横截面为圆形和矩形的拉伸试样。l_0 是测量试样伸长量的长度,称为原始标距。按现行国家标准《金属材料　拉伸实验　第 1 部分:室温实验方法》(GB/T 228.1—2010)的规定,拉伸试样分为比例试样和非比例试样两种。比例试样的标距 l_0 与原始横截面面积 A_0 的关系规定为

$$l_0 = k \sqrt{A_0} \tag{16.1}$$

式中,系数 k 的值取为 5.65 时称为短试样,取为 11.3 时称为长试样。对横截面直径为 d_0 的圆截面比例试样,$l_0 = 5d_0$ 时为短试样,$l_0 = 10d_0$ 时为长试样。非比例试样的 l_0 和 A_0 不受上述关系的限制。本实验采用 $d_0 = 10$ mm 左右的圆截面长比例试样。

试样的表面粗糙度应符合国标规定。试样两端较粗部分为加持段,为装入实验机夹头中传递拉力之用。在图 16.1 中,均匀段长度 l 称为试样的平行长度,为保证试样标距范围内横截面的拉应力均匀分布,圆截面试样的平行长度不得小于 $l_0 + d_0$。同时为保证由平行长度到试样头部的缓和过渡,减少应力集中,要有足够大的过渡圆弧半径 R。试样头部的形状和尺寸与实验机的夹具结构有关,应保证拉力通过试样轴线,不产生附加弯矩。为了测定断后伸长率

δ,要在试样上标记出原始标距 l_0,可采用划线法或打点法。

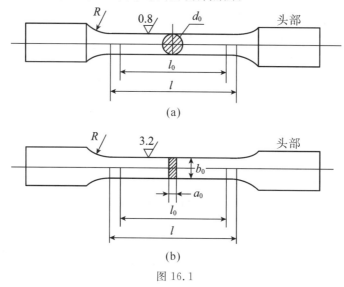

图 16.1

4. 实验原理及方法

材料的拉伸过程可用试件的变形(伸长量)Δl 和载荷 F 的关系来描述。将试件安装在实验机的上、下夹头内,启动实验机,缓慢对试件施加拉力。同时,与实验机相连的微机显示器上会自动绘制出试件的拉伸曲线($F - \Delta l$ 曲线),如图 16.2 所示。

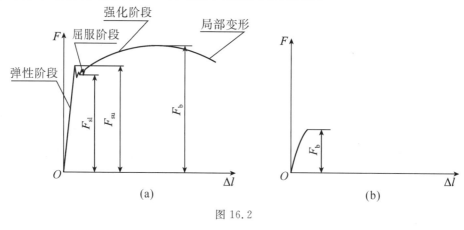

图 16.2

(1)屈服极限 σ_s 及抗拉强度 σ_b 的测定。如图 16.2(a)所示。低碳钢试样的拉伸曲线分为4 个阶段:弹性阶段、屈服阶段、强化阶段和局部变性阶段。当加载到屈服阶段时,低碳钢的拉伸曲线呈小锯齿形。首次下降前的最高载荷 F_{su} 所对应的应力称为上屈服极限,它受加载速度和试样形状的影响,一般不作为强度指标。同样,载荷首次下降的最低点(初始瞬时效应)也不作为强度指标。通常将初始瞬时效应之后的最低载荷 F_{sl} 对应的应力称为下屈服极限,工程上均以下屈服极限作为屈服极限。屈服极限 σ_s 由试样的初始横截面面积 A_0 除 F_{sl} 得到,即

$$\sigma_s = \frac{F_{sl}}{A_0} \tag{16.2}$$

屈服阶段过后,材料进入强化阶段,试样又恢复了抵抗继续变形的能力。载荷到达最大值

F_b 以前,试样标距内的变形是均匀的。当载荷到达最大值 F_b 时,试样某一局部的截面开始缩小,出现颈缩现象,此后颈缩部分横截面面积迅速减小,使试样伸长所需要的拉力也相应减小,直至试样被拉断。以试样的初始横截面面积 A_0 除 F_b 得强度极限 σ_b,即

$$\sigma_b = \frac{F_b}{A_0} \tag{16.3}$$

铸铁试样的拉伸曲线比较简单,如图 16.2(b)所示,既没有明显的直线阶段,也没有屈服和颈缩现象。它的整个拉伸过程时间很短,试样在较小的拉力下就被拉断,并且断裂时的变形也很小,其抗拉强度远小于低碳钢的抗拉强度。铸铁拉断时的最大应力 σ_b 即为其强度极限,它是衡量铸铁强度的唯一指标。铸铁断口与轴线方向垂直,断面平齐,为闪光的结晶状组织,是一种典型的脆状断口。以铸铁试样的初始横截面面积 A_0 除其拉断时的最大载荷 F_b 可得其强度极限 σ_b。

(2)断后伸长率 δ 及断面收缩率 ψ 的测定。试样的标距原长为 l_0,拉断后将两段试样紧密地对接在一起,量出拉断后的标距长 l_1,断后伸长率应为

$$\delta = \frac{l_1 - l_0}{l_0} \times 100\% \tag{16.4}$$

试件拉断后的塑性变形在整个长度上的分布是非均匀的,断口附近塑性变形最大,因此断口发生在不同位置时,量取的 l_1 也会不同。为具可比性,在实验前将试件标距部分等分成 10 个小格,如图 16.3(a)所示。当断口发生于 l_0 的两端或在 l_0 之外时,实验无效,应重作;当断口距最邻近标距端点的距离大于 $l_0/3$ 时,直接测量断后标距;当断口距最邻近标距端点的距离小于或等于 $l_0/3$ 时,需采用断口移中的方法。具体方法如下:

在长段上从拉断处 O 取基本等于短段的格数,得 B 点,此时若长段剩余格数为偶数,取剩余格数的一半得 C 点,如图 16.3(b)所示,移位后的断后标距 l_1 为

$$l_1 = AO + OB + 2BC \tag{16.5}$$

若长段剩余格数为奇数,取剩余格数减 1 后的一半得 C 点,加 1 后的一半得 C_1 点,如图 16.3(c)所示,移位后的断后标距 l_1 为

$$l_1 = AO + OB + BC + BC_1 \tag{16.6}$$

试样拉断后,设缩颈处的最小横截面面积为 A_1,由于断口不是规则的圆形断口,应在两个相互垂直的方向上量取最小截面的直径,以其平均值作为断口直径 d_1 来计算 A_1,则断面收缩率为

$$\psi = \frac{A_0 - A_1}{A_0} \times 100\% \tag{16.7}$$

5. 实验步骤

(1)划标距 l_0。用划线机在低碳钢试样的标距范围内每隔 10 mm 划一标记,将标距分为 10 格。线条要清晰、牢固,不因变形前后发生脱落与消失,影响测试准确性。铸铁是脆性材料,无需刻划标距。

(2)测量试样原始尺寸。用游标卡尺分别在低碳钢和铸铁试样标距范围内的两端和中间部位的三处测量试样直径,每处分别沿互相垂直的两个方向各测一次,取平均值,三处平均值中取最小值来计算原始横截面面积 A_0。用游标卡尺测量低碳钢试样的原始标距长度 l_0。

(3)实验机准备。为保证设备的正常运行,应严格按照电子万能实验机的操作规程进行实

验。先打开计算机实验软件界面,再开启实验机。

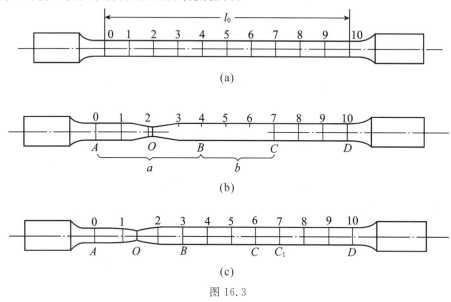

(a)

(b)

(c)

图 16.3

(4)安装试样。先将试样安装在实验机上夹具中,再移动中横梁调整下夹具至适当位置,将试样下端安装在下夹具中。

(5)进行实验。缓慢匀速进行加载,直至试样被拉断。低碳钢试样需记录其屈服载荷 F_{sl} 和最大载荷 F_b,铸铁试样只需记录其最大载荷 F_b。实验时,注意观察拉伸曲线的变化以及试样的变形情况。

(6)测量断后尺寸。取下试样,观察破坏后断口的特点。将低碳钢拉断后的两段试样紧密地对接在一起,测量断后标距长度 l_1 及断口直径 d_1。

(7)实验机恢复原状,进行数据处理与分析。

6. 思考题

(1)根据低碳钢和铸铁的拉伸曲线比较两种材料的力学性质。

(2)从不同的断口特征说明金属材料的两种基本破坏形式。

(3)材料相同,直径相等的长比例试样 $l_0 = 10d_0$ 和短比例试样 $l_0 = 5d_0$,其断后伸长率 δ 是否相同?

金属材料的拉伸
操作演示

16.4　金属材料的压缩实验

实验表明,工程中常用的塑性材料,其受压与受拉时所表现出的强度、刚度等力学性能大致是相同的。但很多诸如铸铁和混凝土等脆性材料的抗压性能和抗拉性能差异很大。为合理选用工程材料,测定材料受压时的力学性能是十分重要的。因此,压缩实验同拉伸实验一样,也是测定材料在静载荷作用下的力学性能的最基本、最常用的实验之一。

1. 实验目的

(1)测定压缩时低碳钢的屈服极限 σ_s 和铸铁的强度极限 σ_b。

(2)观察低碳钢和铸铁压缩时的变形和破坏现象,并进行比较。

2. 实验设备

(1)微机控制电子万能材料实验机。

(2)游标卡尺。

3. 试样

低碳钢和铸铁等金属材料的压缩试样,一般制成圆柱形,如图 16.4 所示。当试样受压时,其上、下端面与实验机支承垫之间产生很大的摩擦力(见图 16.5),阻碍试样上部和下部的横向变形,这不仅影响实验结果,导致测得的抗压强度较实际偏高,而且还可能改变断裂形式。为了减少摩擦力,可在试件两端面涂以润滑剂。注意到增加试样高度,可减小摩擦力对试样中部的影响,但若高度太大,又会存在稳定性问题。综合考虑上述因素,通常规定金属材料压缩实验所用的试样高度 h_0 与直径 d_0 的比值:

$$1 \leqslant h_0/d_0 \leqslant 3 \tag{16.8}$$

此外,为了保证试样承受的是轴向压力,加工时,试样上、下两端面必须严格平行,并且要与试样轴线垂直。同时,其端面还应制作得很光滑,以减小摩擦力的影响。

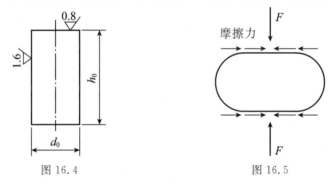

图 16.4　　　　　　　　　　　图 16.5

4. 实验原理及方法

目前常用的压缩实验方法是两端平压法。低碳钢在压缩过程中并不像拉伸时那样有明显的屈服阶段,因此在测定屈服载荷时要特别小心观察。实验开始后,缓慢匀速加载,$F - \Delta l$ 曲线在开始的一段都是斜直线,说明低碳钢材料处于弹性阶段。继续加载到一定值后,材料发生屈服,实验力上升速度将会减慢,甚至出现瞬间停滞或略微下降的现象,此时的压缩曲线出现了如图 16.6 所示的几种情况。在图 16.6(a)中,屈服阶段载荷是恒定的,则屈服载荷 F_s 就是屈服平台的恒定压缩力;在图 16.6(b)中,载荷出现了一个波峰波谷,此时屈服载荷为屈服阶段的最低压缩力;若屈服阶段的曲线出现多个波峰、波谷,如图 16.6(c)所示时,应取第一个波

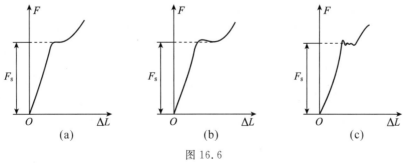

(a)　　　　　　　　　(b)　　　　　　　　　(c)

图 16.6

谷之后的最低压缩力为压缩屈服载荷。根据屈服载荷 F_s，计算低碳钢压缩时的屈服极限 σ_s：

$$\sigma_s = \frac{F_s}{A_0} \tag{16.9}$$

经过屈服阶段后继续加载，随着压力的增大，低碳钢试样越压越扁，横截面面积越压越大，最后直至被压成饼状而不断裂，所以无法测出最大载荷及其强度极限。

铸铁试样的压缩曲线如图 16.7 所示。可以看出，随着荷载的增加，破坏前试样也会产生较大的变形，直至被压成"微鼓形"之后突然发生断裂破坏，破坏的最大载荷即为断裂载荷，因此仅能测得其强度极限。记录最大载荷 F_b，则强度极限 σ_b 可由式（16.3）得到。观察铸铁试样受压破坏情况，发现破坏断面与试样轴线大致成 45°角，如图 16.7 所示。因此，可知上述破坏是由最大剪应力引起的。

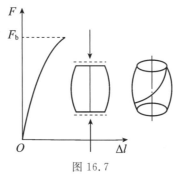

图 16.7

5. 实验步骤

（1）测量试样尺寸。用游标卡尺分别在低碳钢和铸铁试样两端和中间部位的三处截面测量直径，每处分别沿互相垂直的两个方向各测一次，取平均值，三处平均值中取最小值作为初始直径 d_0，用来计算原始横截面面积 A_0。

（2）实验机准备。为保证设备的正常运行，应严格按照电子万能实验机的操作规程进行实验。先打开计算机实验软件界面，再开启实验机。

（3）将试样两端擦干净并涂以润滑剂，然后准确地放在实验机圆形垫块的中心处。确保试样对中，使其承受单向压力。移动中横梁调整实验区间的高度，减少空行程。注意当压盘离试样上表面还有一定缝隙时停止，切不可使二者接触受力。

（4）缓慢匀速进行加载。对于低碳钢试样，注意观察压缩曲线的变化，判断和记录屈服载荷 F_s。屈服阶段后继续进行加载，将试样压成鼓形即可停止（注意压缩载荷不能超过实验机的最大载荷）。对于铸铁，加载至试样断裂即可停止，记录其最大载荷 F_b。

（5）取下试样，实验机恢复原状。观察铸铁试样破坏断口，分析破坏原因。

6. 思考题

（1）为什么铸铁试样在压缩时沿着与轴线大致成 45°的斜截面破坏？

（2）为什么无法测出低碳钢的抗压强度？

（3）比较铸铁的抗拉强度和抗压强度，分析脆性材料的力学性能特点。

知识拓展

脆性材料抗拉强度低，塑性性能差，但抗压能力强，且价格低廉，宜于作为抗压构件的材料。相比之下,塑性材料抗拉强度高,更适于作为抗拉构件的材料。在工作中也应该找准自己的定位,善于发现自己的优点,扬长避短,才能最大程度发挥优势,实现自我价值。

16.5　金属材料的扭转实验

工程中,以扭转为主要变形的构件很多。扭转实验可用于测定塑性材料和脆性材料的剪切变形及断裂的许多力学性能指标,如剪切弹性模量、剪切屈服极限、剪切强度极限等。因此,对工程材料进行扭转实验,测定其扭转载荷下的机械性能,对工程构件的设计和选材具有重要意义。同时,由于圆柱试件在扭转实验时,整个长度上的塑性变形始终是均匀的,其截面及标距长度基本保持不变,不会出现静拉伸时试件上发生的颈缩现象,因此,可用扭转实验精确地测定高塑性材料的变形抗力和变形能力,而这在单向拉伸或压缩实验上是难以做到的。

1. 实验目的

(1)了解微机控制电子扭转实验机的工作原理,初步掌握其操作方法。

(2)测定低碳钢的剪切屈服极限 τ_s 和剪切强度极限 τ_b。

(3)测定铸铁的剪切强度极限 τ_b。

(4)观察低碳钢和铸铁受扭时的变形和破坏现象,分析扭转破坏原因。

2. 实验设备

(1)微机控制电子扭转实验机。

(2)游标卡尺。

3. 试样

按国家标准规定,扭转试样一般采用 $d_0 = 10$ mm、$l_0 = 100$ mm 或 $l_0 = 50$ mm 的圆截面试样,如图 16.8 所示。试样两端的加持段铣削为平面,这样可有效防止实验时试样在实验机夹头中打滑。本实验采用 $d_0 = 10$ mm、$l_0 = 100$ mm 的圆截面标准试样。

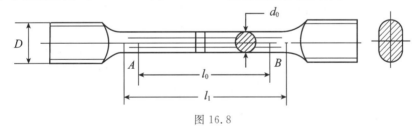

图 16.8

4. 实验原理及方法

材料的扭转过程可用试样的变形(扭转角 φ)和载荷(扭矩 T)的关系来描述。为方便观察试样的扭转变形,可在试样表面画一条纵向直线。首先将试样安装在扭转实验机上,开动机器,给试样施加扭矩。同时,与实验机相连接的微机显示器上会自动绘制出试样的扭转曲线(T-φ 曲线)。低碳钢的扭转曲线如图 16.9 所示。

从图 16.9 中可以看出,低碳钢的扭转曲线由弹性阶段、屈服阶段和强化阶段构成,但屈服阶段和强化阶段不像拉伸实验中那么明显。在低碳钢受扭的最初阶段,即比例极限范围内,扭矩 T 与扭转角 φ 成正比关系,横截面上的剪应力呈线性分布,最大剪应力发生在横截面边缘处,在圆心处剪应力为零,如图 16.10(a)所示。超过比例极限后,扭矩 T 与扭转角 φ 的比例关

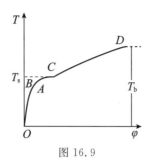

图 16.9

系开始破坏,随着 T 的增大,横截面边缘点处的剪应力首先到达剪切屈服极限 τ_s。由于试件横截面上的应力分布不均匀,当边缘应力达到屈服时,心部并未屈服,仍为弹性的。截面上形成环形塑性区,剪应力的分布也不再是线性的,如图 16.10(b)所示。此后,随着扭矩的继续增大,扭转变形增加,塑性区逐步向中心扩展,直到全截面几乎都是塑性区为止,这时截面上各点达到理想屈服状态,如图 16.10(c)所示。试件屈服过程中,在 $T\text{-}\varphi$ 曲线上出现屈服平台,曲线基本为平直线或轻微上、下波动,取最小值为屈服扭矩 T_s。假定截面上各点的应力都达到屈服极限 τ_s,根据静力平衡条件,τ_s 与 T_s 的关系为

$$T_s = \int_A \rho\tau_s \mathrm{d}A = \int_A \rho\tau_s \cdot 2\pi\rho\mathrm{d}\rho = 2\pi\tau_s\int_0^{\frac{d}{2}} \rho^2 \mathrm{d}\rho = \frac{4}{3}W_t\tau_s \qquad (16.10)$$

则剪切屈服极限

$$\tau_s = \frac{3}{4}\frac{T_s}{W_t} \qquad (16.11)$$

式中,$W_t = \dfrac{\pi D^3}{16}$,为试件的抗扭截面模量。

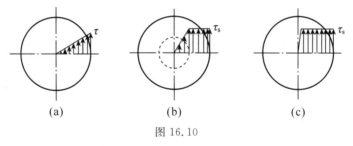

图 16.10

屈服阶段过后,材料进入强化阶段。继续给试样加载,随扭矩的缓慢上升,试样变形非常明显,可看到试样上的纵向画线逐步变成了螺旋线。直到扭矩达到极限扭矩值 T_b,试样发生断裂。低碳钢的剪切强度极限公式如下

$$\tau_b = \frac{3}{4}\frac{T_b}{W_t} \qquad (16.12)$$

铸铁试样受扭时,从开始受扭,直到破坏,变形很小。其 $T\text{-}\varphi$ 曲线如图 16.11 所示,呈非线性,但可近似地认为是一直线,因此其剪切强度极限 τ_b 仍可近似地用圆轴受扭时的弹性应力公式计算,即

$$\tau_b = \frac{T_b}{W_t} \qquad (16.13)$$

试样受扭时,材料处于纯剪切应力状态,在试样的横截面上作用有剪应力 τ,同时在与轴

线成±45°的斜截面上,会出现与剪应力大小相等的主应力 $\sigma_1 = \tau$、$\sigma_3 = -\tau$ 的作用,如图 16.12 所示。由于低碳钢的抗剪能力比抗拉和抗压能力差,试样将会从最外层开始,沿横截面发生剪断破坏,如图 16.13(a)所示。而铸铁的抗拉能力弱于抗剪和抗压能力,故试样将会在与杆轴成 45°的螺旋面上发生拉断破坏,如图 16.13(b)所示。

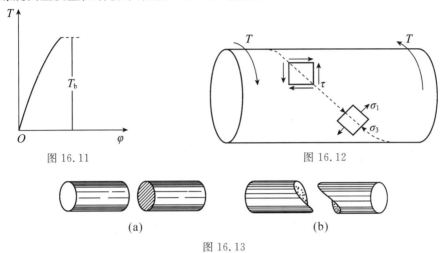

| 图 16.11 | 图 16.12 |

图 16.13

5. 实验步骤

(1)测量试样直径 d_0。用游标卡尺分别在低碳钢和铸铁试样标距范围两端和中间部位的三处截面测量直径,每处分别沿互相垂直的两个方向各测一次,取平均值,三处平均值中取最小值作为计算值,用来计算抗扭截面模量 W_t。

(2)实验机准备。先打开计算机上的扭转实验程序,进入扭转控制程序主界面,再打开扭转实验机电源开关。单击扭转控制程序主界面上的"联机"按钮,使机器处于待用状态。

(3)安装试样。将试样一端安装在实验机的固定夹头中,调整主动夹头到适当位置,再将试样另一端安装在主动夹头中。安装时注意试样一定要对中。用粉笔在试样上沿轴线方向画一条直线,以便观察扭转变形情况。

(4)进行实验。实验前先将扭矩、扭转角清零,单击控制程序界面上的"开始"键开始实验。试样破坏后实验机自动停止,记录低碳钢试样的屈服扭矩 T_s、极限扭矩 T_b,铸铁试样的极限扭矩 T_b 以及各自对应的扭转角 φ。对于低碳钢试样,在弹性阶段内用慢速缓慢加载,进入强化阶段之后,可加快加载速度,直到试样破坏。

低碳钢和铸铁拉伸、压缩、扭转破坏的断口样貌及破坏原因分析

(5)取下试样,实验机恢复原状。观察试样破坏断口,分析破坏原因。

6. 思考题

(1)为什么低碳钢试样扭转破坏是平齐断口,而铸铁试样是与轴线成 45°角的螺旋断裂面?

(2)根据低碳钢和铸铁的拉伸、压缩和扭转三种实验结果,分析总结两种材料的力学性能。

16.6 电测法基本原理

电测应力分析又称应变电测法,简称电测法(Electrical Measuring Method),它是以电阻应变片为敏感元件,将测点的应变转换为应变片的电阻变化。通过测量应变片的电阻改变量,从而确定构件表面测点的应变,再进一步利用应力-应变关系,如单向胡克定律或广义胡克定律,即可求出测点的应力。电测应力分析具有测量灵敏度和精度高,轻便灵活,频率响应好,测量范围广,能在高温、高压、远距离、高速旋转等特殊环境下进行测量,便于与计算机连接并进行数据采集与处理等优点,因而在工程中被广泛使用,是实验应力分析中的重要方法之一。

当然,电测法也有局限性。例如,一般情况下,只便于测量构件表面有限点的应变。又如,在应力集中的部位,若应力梯度很大,则测量结果误差较大。

1. 电阻应变片

应变片(Strain Gauge)主要是根据电阻丝的电阻应变效应的物理原理而工作的。金属丝在受到轴向拉伸时,其电阻增加;压缩时,其电阻减小,即电阻值随着变形而发生变化,这一现象称为电阻应变效应(Resistance Strain Effect)。实验结果表明,在一定变形范围内,电阻丝的电阻改变率$\dfrac{\Delta R}{R}$与应变$\varepsilon = \dfrac{\Delta l}{l}$成正比,即

$$\frac{\Delta R}{R} = k_{\mathrm{s}} \cdot \varepsilon \tag{16.14}$$

式中,k_{s}为比例常数,称为电阻丝的灵敏系数。

如将单根电阻丝粘贴在构件的表面上,使它随同构件有相同的变形,从式(16.14)看出,若能测出电阻丝的电阻改变率,便可求得电阻丝的应变,也就是求得了构件在粘贴电阻丝处沿电阻丝方向的应变。由于在弹性范围内变形很小,电阻丝的电阻改变量ΔR也就很小。为提高测量精度,希望增大电阻改变量,这就要求增加电阻丝的长度。但同时又希望金属丝这一传感元件尽可能小,以便较准确地反映出一点的应变。为解决这一矛盾,把金属电阻丝往复绕成栅状,这就成为电阻应变片。与单根电阻丝相似,电阻应变片也有类似于式(16.14)的关系:

$$\frac{\Delta R}{R} = k \cdot \varepsilon \tag{16.15}$$

式中,k为比例常数,也称为电阻应变片的灵敏系数(Resistance Strain Gauge Factor),它是电阻应变片的重要技术参数。

实际使用的应变片,是把由电阻丝往复绕成的敏感栅用黏结剂固定在绝缘基底上,两端加焊引出线,并加盖覆盖层而成的,如图16.14(a)所示。电阻应变片的灵敏系数k不但与电阻丝的材料有关,还与电阻丝的往复回绕形状、基底和黏结层等因素有关,故与单根电阻丝是不相同的。k的数值一般由制造厂用实验的方法测定,并在成品上标明。

常温应变片有丝绕式应变片、箔式应变片和半导体应变片等。丝绕式应变片如图16.14(a)所示,是用直径为$0.02 \sim 0.05$ mm的康铜丝或镍铬丝绕成栅状(敏感栅),用专用的绝缘胶把它固定在基底与覆盖层中。基底和覆盖层用绝缘薄纸或胶膜,引出线为直径0.25 mm左右的镀银铜线,用来焊接测量导线。这种应变片敏感栅的横向部分呈圆弧形,其横向效应较大,故测量精度较差,而且端部圆弧部分制造困难,形状不易保证,同一批应变片中,其性能离散性较大,且由于耐温、耐湿性能不好,基本已被其他类型的应变片所取代。

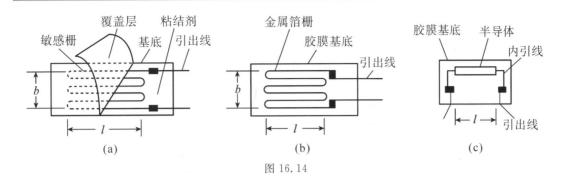

图 16.14

箔式应变片如图 16.14(b)所示,用厚为 0.003～0.01 mm 的康铜或镍铬箔片,涂以底胶,利用光刻技术腐蚀成栅状,再焊上引出线,涂以覆盖层。这种应变片尺寸准确,同批应变片的电阻值、灵敏系数分散度很小;可制成各种形状和小标距的应变片,以适应不同的测量需求;散热面积大,可通过较大电流;基底有良好的化学稳定性和良好的绝缘性,适宜长期测量和高压液下测量,并可作为传感器的敏感元件。因此,在工程上得到广泛的应用。

应变片的粘贴方法

半导体应变片如图 16.14(c)所示,它的敏感栅为半导体材料,其突出优点就是灵敏系数高,用数字欧姆表就能测出它的电阻变化,可作为高灵敏度传感器的敏感元件。但是也存在应变片阻值、电阻温度系数的分散性及非线性较大的问题。

此外,还有多种专用应变片,如高温应变片、残余应力应变片、应力集中应变片、裂纹扩展片、应变花等。

2. 应变电桥

应变片的作用是将应变转换成应变片的电阻变化。但是,在构件的弹性变形范围内,这个电阻变化量是很小的,是一般测量电阻的仪器所不能达到的。因此,必须要用专门的仪器——电阻应变仪来测量。

电阻应变测量电路有很多种,最常用的是四臂电桥(惠斯顿电桥)。惠斯顿电桥根据其供电电源的类型又可分为直流电桥和交流电桥两种。现以图 16.15 所示的直流电桥来说明。

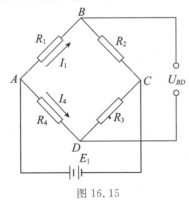

图 16.15

图中四个桥臂 AB、BC、CD 和 DA 的电阻分别为 R_1、R_2、R_3 和 R_4。在对角节点 A、C 上接电压为 E_1 的直流电源后,另一对角节点 B、D 为电桥输出端,输出端电压为 U_{BD},则有

$$U_{BD} = U_{AB} - U_{AD} = I_1 R_1 - I_4 R_4 \qquad (16.16)$$

由欧姆定律可知

$$E_1 = I_1(R_1 + R_2) = I_4(R_3 + R_4) \qquad (16.17)$$

故有

$$I_1 = \frac{E_1}{R_1 + R_2}, \quad I_4 = \frac{E_1}{R_4 + R_3} \qquad (16.18)$$

将式(16.18)代入式(16.16)后整理可得

$$U_{BD} = E_1 \frac{R_1 R_3 - R_2 R_4}{(R_1 + R_2)(R_3 + R_4)} \qquad (16.19)$$

当电桥平衡时，$U_{BD} = 0$。于是，由式(16.19)得到电桥的平衡条件为 $R_1 R_3 = R_2 R_4$。

设电桥四个桥臂的电阻改变量分别为 ΔR_1、ΔR_2、ΔR_3 和 ΔR_4，代入式(16.19)，电桥输出端的电压为

$$U_{BD} + \Delta U_{BD} = E_1 \frac{(R_1 + \Delta R_1)(R_3 + \Delta R_3) - (R_2 + \Delta R_2)(R_4 + \Delta R_4)}{(R_1 + \Delta R_1 + R_2 + \Delta R_2)(R_3 + \Delta R_3 + R_4 + \Delta R_4)} \qquad (16.20)$$

在电测法中，若电桥的四个桥臂均为粘贴在构件上的电阻应变片，构件受力后，电阻应变片的电阻变化 $\Delta R_i (i = 1, 2, 3, 4)$ 与 R_i 相比，一般是非常微小的。因此，式(16.20)中 ΔR_i 的高次项可以省略。在分母中 ΔR_i 相对于 R_i 也可省略。于是得到

$$U_{BD} + \Delta U_{BD} = E_1 \frac{(R_1 R_3 + R_1 \Delta R_3 + R_3 \Delta R_1) - (R_2 R_4 + R_2 \Delta R_4 + R_4 \Delta R_2)}{(R_1 + R_2)(R_3 + R_4)} \qquad (16.21)$$

由式(16.21)减去式(16.19)，得

$$\Delta U_{BD} = E_1 \frac{R_1 \Delta R_3 + R_3 \Delta R_1 - R_2 \Delta R_4 - R_4 \Delta R_2}{(R_1 + R_2)(R_3 + R_4)} \qquad (16.22)$$

这就是因桥臂电阻变化而引起的电桥输出端的电压变化。如电桥的四个臂为相同的四枚电阻应变片，其初始电阻都相等，即 $R_1 = R_2 = R_3 = R_4 = R$，则式(16.22)化为

$$\Delta U_{BD} = \frac{E_1}{4} \left(\frac{\Delta R_1}{R} - \frac{\Delta R_2}{R} + \frac{\Delta R_3}{R} - \frac{\Delta R_4}{R} \right) \qquad (16.23)$$

式(16.23)代表电桥的输出电压与各桥臂电阻改变量的一般关系式，称为电桥输出公式。根据式(16.15)，式(16.23)可写成

$$\Delta U_{BD} = \frac{E_1 k}{4} (\varepsilon_1 - \varepsilon_2 + \varepsilon_3 - \varepsilon_4) \qquad (16.24)$$

式中，ε_1、ε_2、ε_3 和 ε_4 为构件在四个应变片粘贴处的相应应变值。

式(16.24)是电阻应变仪的基本关系式。它表明由应变片感受到的 $(\varepsilon_1 - \varepsilon_2 + \varepsilon_3 - \varepsilon_4)$，通过电桥可以线性地转变为电压的变化 ΔU_{BD}。只要对输出电压 ΔU_{BD} 进行标定，就可以用仪表指示出所测定的 $(\varepsilon_1 - \varepsilon_2 + \varepsilon_3 - \varepsilon_4)$。式(16.23)和式(16.24)还表明，各桥臂电阻的相对增量（或应变 ε）对电桥输出电压的影响是线性叠加的，但叠加的方式是相邻桥臂符号相异，相对桥臂符号相同。显然，不同符号的应变按照不同的顺序组桥，会产生不同的测量效果。电测应力分析中合理地利用这一性质，用合适的方式组成电桥，有利于提高测量灵敏度并降低测量误差。公式是在桥臂电阻改变很小，即小应变条件下得出的，在弹性变形范围内，其误差低于 0.5%，可见有足够的精度。

（1）几种常见的桥路接法。

①全桥测量电路。如上文所述，测量时，将粘贴在构件上的四个相同规格的电阻应变片同时接入测量电桥的情况，称为全桥测量电路。全桥测量电路的输出电压与桥臂的电阻变化（或应变）之间的关系见式（16.23）和式（16.24）。

②半桥测量电路。有时电桥四个臂中只有 R_1 和 R_2 为粘贴于构件上参与机械变形的电阻应变片，其余两臂则为电阻应变仪内部的标准电阻，不参与机械变形，这种情况称为半桥测量电路。设电阻应变片的初始电阻为 $R_1 = R_2 = R$，构件受力后，其各自的电阻变化为 ΔR_1、ΔR_2。至于电阻应变仪内部的标准电阻则为 $R_3 = R_4 = R'$，且 $\Delta R_3 = \Delta R_4 = 0$。这里可以认为 R' 与 R 不相等。仿照导出式（16.23）和式（16.24）的相同步骤，可以得出半桥测量电路的输出电压与桥臂的电阻变化及应变之间的关系

$$\Delta U_{BD} = \frac{E_1}{4}\left(\frac{\Delta R_1}{R} - \frac{\Delta R_2}{R}\right) = \frac{E_1 k}{4}(\varepsilon_1 - \varepsilon_2) \tag{16.25}$$

与式（16.23）和式（16.24）比较，可见半桥测量电路可以看作是全桥测量电路中 $\Delta R_3 = \Delta R_4 = 0$（$\varepsilon_3 = \varepsilon_4 = 0$）的特殊情况。

③1/4 桥测量电路。若电桥四个臂中只有 R_1 为粘贴于构件上参与机械变形的电阻应变片，其余三臂均为不参与机械变形的标准电阻，这种情况称为 1/4 桥测量电路。1/4 桥测量电路的输出电压与桥臂的电阻变化及应变之间的关系为

$$\Delta U_{BD} = \frac{E_1}{4}\frac{\Delta R_1}{R} = \frac{E_1 k}{4}\varepsilon_1 \tag{16.26}$$

（2）温度补偿。实测时应变片粘贴在构件上，若环境温度发生变化，因应变片的线膨胀系数与构件的线膨胀系数并不相同，且应变片电阻丝的电阻也会随温度变化而改变，所以测得的应变将包含温度变化的影响，不能真实反映构件因受载荷引起的应变。消除应变片温度变化影响的措施称为温度补偿（Temperature Compensation）。最常用的温度补偿方法是桥路补偿法，它是利用桥路的加减特性来进行补偿的。其方法有补偿块法和工作片补偿法两种。

①补偿块法。以图 16.16 为例，把粘贴在受载荷构件上的应变片称为工作片，作为 R_1。以相同的应变片粘贴在材料和温度都与构件相同的补偿块上，作为 R_2，称为补偿片。此时，工作片的应变为

$$\varepsilon_1 = \varepsilon_{1P} + \varepsilon_t \tag{16.27}$$

式中，ε_{1P} 为因载荷引起的应变；ε_t 为温度变化引起的应变。

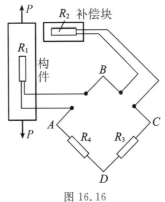

图 16.16

补偿片不受力,只有温度应变,并且因为材料和温度都与构件相同,产生的温度应变也与构件一样,即补偿片的应变为

$$\varepsilon_2 = \varepsilon_t \tag{16.28}$$

以 R_1 和 R_2 组成测量电路的半桥,电桥的另外两臂 R_3 和 R_4 为仪器内部的标准电阻,不感受应变。将式(16.27)和式(16.28)代入式(16.25)中得

$$\Delta U_{BD} = \frac{E_1 k}{4}(\varepsilon_1 - \varepsilon_2) = \frac{E_1 k}{4}(\varepsilon_{1P} + \varepsilon_t - \varepsilon_t) = \frac{E_1 k}{4}\varepsilon_{1P} \tag{16.29}$$

可见在输出电压中已消除了温度的影响。此时应变仪的读数只剩下由于工作片受载荷引起的应变值,即 $\varepsilon_r = \varepsilon_{1P}$。式中,$\varepsilon_r$ 为应变仪所测得的应变值。

事实上,按以上方式接温度补偿片的测量桥路就是 1/4 桥测量电路,也叫单臂测量电路。必须注意,工作片和温度补偿片的电阻值、灵敏系数及电阻温度系数应相同。

②工作片补偿法。测量时如果在被测构件上能找到应变符号相反、比例关系已知、温度条件相同的两个点,在这两点上各粘贴一个应变片,接在相邻桥臂上,也可实现温度补偿。这种方法不需要专门的补偿块和补偿片,叫做工作片补偿法。

以图 16.17 为例,应变片 R_1 和 R_2 都贴在轴向受拉构件上,且相互垂直,并按半桥接线。两枚应变片的应变分别是

$$\varepsilon_1 = \varepsilon_{1P} + \varepsilon_t \tag{16.30}$$

$$\varepsilon_2 = \varepsilon_{2P} + \varepsilon_t \tag{16.31}$$

当应力不超过比例极限时,有 $\varepsilon_{2P} = -\mu\varepsilon_{1P}$。代入式(16.31),有

$$\varepsilon_2 = -\mu\varepsilon_{1P} + \varepsilon_t \tag{16.32}$$

这里 μ 为泊松比。故应变仪的读数

$$\varepsilon_r = \varepsilon_1 - \varepsilon_2 = (1 + \mu)\varepsilon_{1P} \tag{16.33}$$

$$\varepsilon_{1P} = \frac{\varepsilon_r}{1 + \mu} \tag{16.34}$$

这里的温度影响也已自动消除,并且这种方法提高了测量精度。

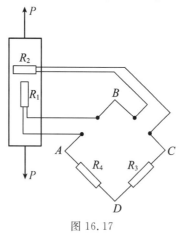

图 16.17

上述工作片补偿法实际上就是半桥测量电路。所以,在采用相邻半桥测量电路时,由于两枚工作片处在相同的温度下,电桥的加减特性自动消除了温度的影响,无须另接温度补偿片。

采用全桥测量时,四个应变片都是工作片,由于它们处在相同的环境温度下,温度对应变片的影响相互抵消,也不需要再另接温度补偿片。

16.7　梁的弯曲正应力实验

1. 实验目的

(1)测定梁在纯弯曲时横截面上的正应力及其分布情况,并与理论值进行比较,验证梁的弯曲正应力公式。

(2)了解电测法的基本原理,初步掌握用电阻应变仪测量静态应力的基本方法。

2. 实验设备

(1)BZ8001 多功能力学实验台。

(2)XL2118A 静态电阻应变仪。

(3)游标卡尺、直尺。

3. 实验原理及方法

弯曲梁实验装置如图 16.18 所示。实验梁是采用碳钢制成的矩形截面梁,其弹性模量 $E=210$ GPa。在实验梁的 C、D 处用矩形环通过两个拉杆与下端的加载下梁连接。加载下梁跨中上端采用蜗轮蜗杆升降机构,转动手轮使加载下梁产生向下的位移,实现对实验梁的 C、D 处加载,使 C、D 两点处作用两个集中荷载 $F/2$,实验梁的受力简图如图 16.19 所示。由梁的内力分析可知,CD 段上剪力为零,弯矩 $M=\dfrac{F \cdot a}{2}$,因此梁的 CD 段发生纯弯曲。

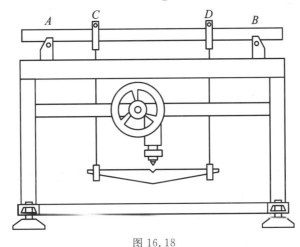

图 16.18

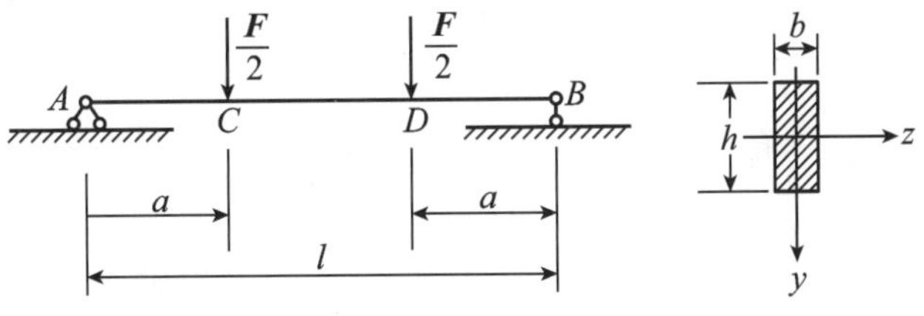

图 16.19

根据平面假设和纵向纤维间无挤压的假设,可得到纯弯曲梁的正应力计算公式

$$\sigma = \frac{M \cdot y}{I_z} \qquad (16.35)$$

式中,M 为作用在横梁上的弯矩;I_z 为横截面对中性轴的惯性矩;y 为欲求应力点至中性轴的距离。

为了测量梁纯弯曲时横截面上的应力分布规律,在梁 CD 段一横截面的侧面和上、下表面,沿梁的高度等距离布置 5 个测点,如图 16.20 所示。在这 5 个测点处沿平行于梁轴线方向分别贴上 5 个电阻应变片。其中应变片 3—3 位于中性层上;应变片 1—1、5—5 在梁的上、下表面,距中性层的距离为 $y_1 = y_5 = \frac{h}{2}$,应变片 2—2、4—4 到中性层的距离为 $y_2 = y_4 = \frac{h}{4}$。梁发生弯曲时,贴在梁上的电阻应变片会随着纵向纤维发生伸长或缩短,导致应变片电阻值的变化,通过静态电阻应变仪将读得各测点的应变值 $\varepsilon_{实}$。由胡克定律可求出各点的实测应力,即 $\sigma_{实} = E \cdot \varepsilon_{实}$。

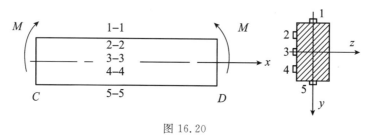

图 16.20

为减小实验过程中的测量误差,本实验采取增量法进行加载。每次增加等量的载荷 ΔF,测定各测点相应的应变增量一次。计算各测点应变增量的平均值 $\overline{\Delta\varepsilon_{实}}$,依次求出各点的应力增量

$$\Delta\sigma_{实} = E \cdot \overline{\Delta\varepsilon_{实}} \qquad (16.36)$$

将各测点的实测应力 $\Delta\sigma_{实}$ 与理论公式计算出的应力值 $\Delta\sigma_{理} = \frac{\Delta M \cdot y}{I_z}$ 加以比较,从而验证公式的正确性。

4. 实验步骤

(1)用游标卡尺和直尺测量并记录纯弯曲梁的有关参数:截面宽度 b、高度 h、支点间的梁长度 l,以及载荷作用点到支点的距离 a。

(2)拟定加载方案。估算最大实验载荷时,使它对应的最大弯曲正应力为材料屈服极限 σ_s 的 0.7~0.8 倍。即实验最大荷载 $F_{max} \leqslant (0.7 \sim 0.8)\dfrac{bh^2}{3a}\sigma_s$。初始载荷 $F_0 \approx 0.1F_{max}$,可分为四级或五级加载,每级加载增量为 ΔF。本实验取初始载荷 $F_0 = 500$ N,最大载荷 $F_{max} = 2500$ N,$\Delta F = 500$ N。

(3)按 1/4 桥接线法,将五个电阻应变片分别接入应变仪的五个通道的 A、B 端子上。公共补偿片接在公共补偿端子上,检查并记录各测点的顺序。

(4)将传感器连接到应变仪测力部分的信号输入端,打开电阻应变仪,检查实验梁处于无载荷状态,并进行各测点的预调平衡(即清零)。

(5)根据拟定的加载方案分级进行加载,每加载一级,记录各测点的应变读数,直至五级测

完。检查测试数据,有误重做。

(6)实验完毕,将力卸载到零,实验台和仪器恢复原状。进行实验结果处理和分析。

5. 实验结果分析

将实验中测得的数据填入表 16.1 中。

表 16.1　实验数据记录

载荷 F/N	应变仪读数/$\mu\varepsilon$									
	测点 1		测点 2		测点 3		测点 4		测点 5	
	ε_1	$\Delta\varepsilon_1$	ε_2	$\Delta\varepsilon_2$	ε_3	$\Delta\varepsilon_3$	ε_4	$\Delta\varepsilon_4$	ε_5	$\Delta\varepsilon_5$
-500										
-1000										
-1500										
-2000										
-2500										
$\overline{\Delta\varepsilon_\text{实}}$										

(1)根据实验记录计算各测点应变增量的平均值 $\overline{\Delta\varepsilon_\text{实}}$,求出对应的应力增量 $\Delta\sigma_\text{实}=E\cdot\overline{\Delta\varepsilon_\text{实}}$。

(2)根据公式 $\Delta\sigma_\text{理}=\dfrac{\Delta M\cdot y}{I_z}$,计算出对应增量载荷作用下各测点的应力增量理论值 $\Delta\sigma_\text{理}$。

(3)比较各测点的 $\Delta\sigma_\text{实}$ 与 $\Delta\sigma_\text{理}$,并按下式计算相对误差

$$e=\frac{\Delta\sigma_\text{理}-\Delta\sigma_\text{实}}{\Delta\sigma_\text{理}}\times100\% \tag{16.37}$$

在梁的中性层处,因 $\Delta\sigma_\text{理}=0$,故只需要计算绝对误差。

(4)分别画出梁截面应力的实验值和理论值沿截面高度的分布曲线并进行对比。

6. 思考题

(1)试分析实验结果与理论结果之间存在差别的原因。

(2)采用增量法进行加载的目的是什么?

(3)1/4 桥测量时,为什么需要温度补偿片? 对补偿片的选择和粘贴有什么要求?

16.8　弯扭组合变形的主应力和内力测定

在机械和结构中,经常会遇到承受弯曲、扭转组合变形的构件,如传动轴。本实验是以薄壁圆管在弯扭组合变形时的受力情况为例,介绍用电测法确定构件上一点的应力状态以及弯扭组合变形下圆管的弯矩和扭矩的方法。

1. 实验目的

(1)测定薄壁圆管在弯扭组合变形下一点处的主应力大小及方向。

(2)测定薄壁圆管在弯扭组合变形下的弯矩和扭矩。

(3)学习电阻应变花的应用,进一步掌握电测法。

2. 实验设备

(1)BZ8001 多功能力学实验台。

(2)XL2118A 静态电阻应变仪。

3. 实验原理及方法

弯扭组合变形实验装置如图 16.21 所示。实验时,转动手轮,通过与蜗杆升降机构连接的钢丝对扇形加力架的顶端加载,顶端作用力传递至薄壁圆管上,使其发生弯扭组合变形。

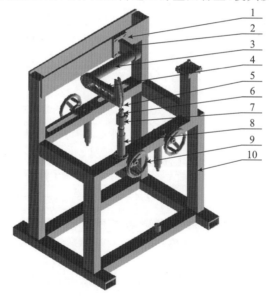

1. 紧固螺钉;2. 固定支座;3. 薄壁圆管;4. 扇形加力架;5. 钢丝;

6. 钢丝接头;7. 拉力传感器;8. 蜗杆升降机构;9. 手轮;10. 台架主体。

图 16.21

薄壁圆管试件采用无缝钢管制成,其外径 $D=55$ mm,内径 $d=51$ mm,弹性模量 $E=206$ GPa。薄壁圆管的受力简图如图 16.22 所示。截面 I—I 为被测截面。在被测截面的上、下表面各贴一枚 45°直角应变花(该应变花是由三个夹角成 45°的应变片组成,应变花的中间应变片与圆管轴线方向一致,称为 0°片,另外两个应变片分别与圆管轴线成 ±45°夹角,称 45°

片与−45°片），以供不同的实验目的选用。布片情况如图 16.23 所示。

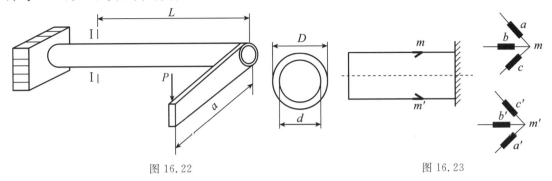

图 16.22　　　　　　　　　　　　　　　　图 16.23

（1）确定主应力和主方向。弯扭组合下，圆管的表面处于平面应力状态。若在 xOy 平面内，沿 x、y 方向的线应变分别为 ε_x、ε_y，切应变为 γ_{xy}，根据应变分析理论，沿与 x 轴成 α 角的方向 n（从 x 到 n 逆时针的 α 为正）的线应变 ε_α 为

$$\varepsilon_\alpha = \frac{\varepsilon_x + \varepsilon_y}{2} + \frac{\varepsilon_x - \varepsilon_y}{2}\cos 2\alpha - \frac{1}{2}\gamma_{xy}\sin 2\alpha \tag{16.38}$$

ε_α 随 α 的变化而变化，在两个互相垂直的主方向上，ε_α 达到极值，称为主应变。主应变由式（16.39）计算

$$\left.\begin{array}{c}\varepsilon_1 \\ \varepsilon_3\end{array}\right\} = \frac{\varepsilon_x + \varepsilon_y}{2} \pm \frac{1}{2}\sqrt{(\varepsilon_x - \varepsilon_y)^2 + \gamma_{xy}^2} \tag{16.39}$$

两个互相垂直的主方向 α_0 由式（16.40）确定

$$\tan 2\alpha_0 = -\frac{\gamma_{xy}}{\varepsilon_x - \varepsilon_y} \tag{16.40}$$

对于线弹性各向同性材料，主应变 ε_1、ε_3 和主应力 σ_1、σ_3 的方向一致，并由下列胡克定律相联系

$$\begin{cases}\sigma_1 = \dfrac{E}{1-\mu^2}(\varepsilon_1 + \mu\varepsilon_3) \\[3mm] \sigma_3 = \dfrac{E}{1-\mu^2}(\varepsilon_3 + \mu\varepsilon_1)\end{cases} \tag{16.41}$$

实测时，由 a、b、c 三枚应变片组成直角应变花，并把它粘贴在圆管 Ⅰ—Ⅰ 截面的上表面 m 点，如图 16.24 所示。选定如图 16.24 所示的坐标轴，则 a、b、c 三枚应变片的 α 角分别是 $-45°$、$0°$、$45°$。将其代入式（16.38），可得出该点沿这三个方向的线应变分别为

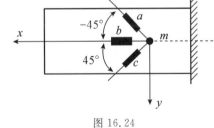

图 16.24

$$\varepsilon_{-45°} = \frac{\varepsilon_x + \varepsilon_y}{2} + \frac{\gamma_{xy}}{2}$$

$$\varepsilon_{0°} = \varepsilon_x$$

$$\varepsilon_{45°} = \frac{\varepsilon_x + \varepsilon_y}{2} - \frac{\gamma_{xy}}{2}$$

由以上三式可解出

$$\varepsilon_x = \varepsilon_{0°}, \quad \varepsilon_y = \varepsilon_{45°} + \varepsilon_{-45°} - \varepsilon_{0°}, \quad \gamma_{xy} = \varepsilon_{-45°} - \varepsilon_{45°} \tag{16.42}$$

由于 $\varepsilon_{0°}$、$\varepsilon_{45°}$、$\varepsilon_{-45°}$ 可直接由电阻应变仪测定,所以 ε_x、ε_y、γ_{xy} 可由测量结果求出。将它们代入式(16.39),可得实测的主应变公式

$$\left.\begin{array}{c}\varepsilon_1\\\varepsilon_3\end{array}\right\} = \frac{\varepsilon_{-45°} + \varepsilon_{45°}}{2} \pm \frac{\sqrt{2}}{2}\sqrt{(\varepsilon_{-45°} - \varepsilon_{0°})^2 + (\varepsilon_{45°} - \varepsilon_{0°})^2} \qquad (16.43)$$

把 ε_1、ε_3 代入胡克定律式(16.41),便可确定 m 点的主应力。将式(16.42)代入式(16.40)即可得到实测主应变的方向,即主应力的方向

$$\tan 2\alpha_0 = \frac{\varepsilon_{45°} + \varepsilon_{-45°}}{2\varepsilon_{0°} - \varepsilon_{-45°} - \varepsilon_{45°}} \qquad (16.44)$$

由式(16.44)可解出两个相差 $\frac{\pi}{2}$ 的 α_0,确定两个互相垂直的主方向。

(2)测定弯矩。在圆管 I—I 截面的下表面 m' 点上,粘贴一枚与 m 点相同的应变花,其三枚应变片为 a'、b'、c',相对位置如图 16.23 所示。圆管虽为弯扭组合变形,但 m 和 m' 两点沿 x 方向只有因弯曲引起的拉伸和压缩应变,且两者数值相等符号相反。因此,将 m 点的应变片 b 与 m' 点的应变片 b' 按半桥接线,可得

$$\varepsilon_r = (\varepsilon_b + \varepsilon_t) - (-\varepsilon_b + \varepsilon_t) = 2\varepsilon_b \qquad (16.45)$$

式中,ε_t 为温度应变;ε_b 为 m 点因弯曲引起的沿 x 方向的应变;ε_r 为应变仪的读数。

因此求得最大弯曲应力为

$$\sigma = E\varepsilon_b = \frac{E\varepsilon_r}{2} \qquad (16.46)$$

还可由式(16.47)计算最大弯曲应力,即

$$\sigma = \frac{M \cdot D}{2I} = \frac{32MD}{\pi(D^4 - d^4)} \qquad (16.47)$$

式中,I 为惯性矩。

令式(16.46)和式(16.47)相等,便可求得弯矩

$$M = \frac{E\pi(D^4 - d^4)}{64D}\varepsilon_r \qquad (16.48)$$

(3)测定扭矩。当圆管受纯扭转时,m 点的应变片 a 和 c 以及 m' 点的应变片 a' 和 c' 都沿主应力方向。又因主应力 σ_1 和 σ_3 数值相等,符号相反,故四枚应变片的应变绝对值相同,且 ε_a 与 $\varepsilon_{a'}$ 同号,与 ε_c、$\varepsilon_{c'}$ 异号。将 m 点的应变片 a 和 c 以及 m' 点的应变片 a' 和 c' 按全桥测量电路接线,则

$$\varepsilon_r = \varepsilon_a - \varepsilon_c + \varepsilon_{a'} - \varepsilon_{c'} = \varepsilon_1 - (-\varepsilon_1) + \varepsilon_1 - (-\varepsilon_1) = 4\varepsilon_1 \qquad (16.49)$$

$$\varepsilon_1 = \frac{\varepsilon_r}{4} \qquad (16.50)$$

这里 ε_1 即为扭转时的主应变。将式(16.50)代入广义胡克定律,得出

$$\sigma_1 = \frac{E}{1-\mu^2}(\varepsilon_1 + \mu\varepsilon_3) = \frac{E}{1-\mu^2}[\varepsilon_1 + \mu(-\varepsilon_1)] = \frac{E}{4(1+\mu)}\varepsilon_r \qquad (16.51)$$

还因纯剪切时的主应力 σ_1 与切应力 τ 相等,故有

$$\sigma_1 = \tau = \frac{T \cdot D}{2I_p} = \frac{16TD}{\pi(D^4 - d^4)} \qquad (16.52)$$

式中,I_p 为极惯性矩。

由式(16.51)与式(16.52)便可求得扭矩

$$T = \frac{E\varepsilon_r}{4(1+\mu)} \cdot \frac{\pi(D^4 - d^4)}{16D} \tag{16.53}$$

以上是纯扭转时的情况,当前圆管虽受弯扭组合,但由于全桥测量,由弯矩引起的应变将互相抵消,在应变仪的读数中并不反映。故上述测定扭矩的方法亦可用于弯扭组合的情况。

4. 实验步骤

(1)选定 m 测点上的应变花,按 1/4 桥测量接线法,将应变花的三个应变片分别接入应变仪的三个通道的 A、B 端子上,公共温度补偿片接在公共补偿端子上。

(2)将传感器连接到应变仪测力部分的信号输入端,打开应变仪,确定被测圆管处于无载荷状态,并进行各测点的预调平衡(即清零)。

(3)逆时针转动加载手轮,采用增量法分级进行加载。本实验取初始载荷 $F_0 = 300$ N,最大载荷 $F_{max} = 1200$ N,以 $\Delta F = 300$ N 为间隔,分四级加载。在每级载荷下,逐点记录电阻应变仪的应变读数,直至四级测完,卸去载荷。

(4)取 m 和 m' 两点 0°方向的应变片 b 和 b',按半桥测量接线法接至应变仪测量通道上,重新预调平衡,重复步骤(3)。

(5)取 m 和 m' 两点 $\pm 45°$ 方向的应变片 a、c、a'、c',按全桥测量接线法接至应变仪测量通道上,重新预调平衡,重复步骤(3)。

(6)实验完毕,实验台和仪器恢复原状。进行实验结果处理和分析。

5. 实验结果分析

将实验中测得的数据填入表 16.2 与表 16.3 中。

表 16.2　实验数据记录表一

载荷 F/N	应变仪读数/$\mu\varepsilon$					
	应变片 a		应变片 b		应变片 c	
	$\varepsilon_{-45°}$	$\Delta\varepsilon_{-45°}$	ε_0	$\Delta\varepsilon_0$	$\varepsilon_{45°}$	$\Delta\varepsilon_{45°}$
−300						
−600						
−900						
−1200						
$\overline{\Delta\varepsilon}$						

表 16.3　实验数据记录表二

载荷 F/N	应变仪读数/$\mu\varepsilon$			
	测弯矩 M		测扭矩 T	
	ε_{Mr}	$\Delta\varepsilon_{Mr}$	ε_{Tr}	$\Delta\varepsilon_{Tr}$
-300				
-600				
-900				
-1200				
$\overline{\Delta\varepsilon_r}$				

(1)按表 16.2 记录的数据分别计算 m 点处三个应变片的应变增量平均值 $\overline{\Delta\varepsilon}$,应用式(16.43)、式(16.41)、式(16.44)计算出 m 点的主应力大小及方向。

(2)按表 16.3 记录的数据分别计算出测量弯矩和扭矩时的 $\overline{\Delta\varepsilon_{Mr}}$、$\overline{\Delta\varepsilon_{Tr}}$,应用式(16.48)、式(16.53)计算 Ⅰ—Ⅰ 截面上的弯矩和扭矩。

电测法应用

6. 思考题

(1)在所做过的电测实验中,用到过几种电桥接法,各有何特点?

(2)测定由弯矩、扭矩引起的应变时,除文中所述之外,还有哪些接线方法?

知识拓展

测定薄壁圆管在弯扭组合变形下的弯矩和扭矩时,除了上文所述的测量方法外,还有其他的贴片及接线方法。在实验中要打开思维,勤于思考,探索解决问题的多种方法,提高自主实验能力和创新意识。在学习和工作中也应该有意识地培养开放性思维和勇于探索的创新精神。

本章小结

本章首先介绍了工程力学实验的内容、标准、方法和要求,进而详细介绍了工程力学中的 5 个基本实验。重点介绍了每个实验的方法、原理以及相关的实验设备。实验教学与理论教学相比,其显著的特点是实践性强,要接触较多的仪器、设备。为了使实验能够顺利进行,达到良好的学习效果,要求在实验前学生一定要做好预习、分组等准备工作;实验时严格遵守仪器、设备的操作规程以及实验室的规章制度;实验后认真书写实验报告。

通过对本章的学习以及实际操作,学生应当掌握测定工程材料力学性能的基本方法、电测应力分析的基本原理及其应用,并掌握相应仪器设备的操作方法和分析实验结果、处理实验数据的能力。

拓展阅读

阿丽亚娜 5 型火箭事故

1996 年 6 月 4 日,阿丽亚娜 5 型火箭在法属圭亚那库鲁航天中心首次发射。当火箭离开发射台升空 37 s,距地面约 4000 m 时,天空中传来两声巨大的爆炸声,并出现一团橘黄色的巨大火球,火箭在发射区上空炸裂成无数金属残片和燃烧的碎块,撒落在直径约 2000 m 的地面上。与阿丽亚娜 5 型火箭一同化为灰烬的还有 4 颗昂贵的太阳风观察卫星。这是世界航天史上又一大悲剧。

阿丽亚娜 5 型火箭由欧洲航天局研制,火箭高 52.7 m,质量 740 t,研制费用为 70 亿美元,研制时间 1985 年至 1996 年,参研人员约 1 万人。事故原因其实非常简单:阿丽亚娜 5 型火箭采用了阿丽亚娜 4 型火箭的初始定位软件,软件不适应物理环境的变化。

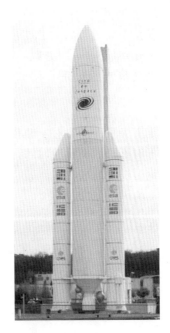

阿丽亚娜 5 型运载火箭基于前一代 4 型火箭开发。5 型火箭起飞推力15900 kN,质量 740 t,4 型火箭起飞推力 5400 kN,质量 474 t;5 型火箭加速度等于 21.5g(g 为重力加速度),4 型火箭加速度等于 11.4g。在 4 型火箭系统中,对一个水平速率的测量值使用了 16 位的变量及内存,因为在 4 型火箭系统中反复验证过,这一值不会超过 16 位的变量。而 5 型火箭的开发人员简单复制了这部分程序,没有对新火箭进行数值的验证。4 型火箭体量较小,所以性能参数也远低于 5 型。新的阿丽亚娜 5 型火箭在显著升级之后,飞行速度超出了系统工程师当初编写代码时的取值区间,结果发生了致命的数值溢出,导致惯性导航系统对火箭控制失效,程序只能进入异常处理模块,引爆自毁,造成了不可挽回的巨大后果。

这起航天悲剧的发生,究其根本原因,是火箭开发人员缺乏科学严谨的态度和一丝不苟的精神,过于依赖经验数据,不能实事求是。科研工作需要认真务实、一丝不苟的态度,每一项工作都需要精确计算和反复实验验证。"竹中一滴曹溪水,涨起西江十八滩",小小的误差可能会带来巨大的损失。

同样,在实验过程中,也一定要尊重事实、严谨认真。实事求是地获取并记录实验数据,既不能过于依赖经验数据,也不能为了迎合理论结果而篡改数据。当实验数据与理论结果相差较大时,要以严谨的科学态度客观分析数据,查找原因。只有在尊重实验结果的基础上,才能发现问题,从而进一步探索正确的结论或规律。作为工科学生,以后的工作中会面临很多实际工程,一定要遵循实事求是、严谨认真的科学态度,莫让"经验主义"成为"工作隐患"。

附录Ⅰ 平面图形的几何性质

在材料力学中,经常会遇到一些与横截面形状和尺寸有关的几何量,比如面积、形心、静矩、惯性矩等。这些几何量统称为截面图形的几何性质。本附录介绍几种常用几何性质的定义、相关定理与计算方法。

Ⅰ.1 静矩和形心

一、静矩

任意平面图形如图Ⅰ.1所示,其面积为 A。y 轴和 z 轴为图形所在平面内的任意直角坐标轴。在坐标为 (y,z) 处取一微面积 dA,zdA、ydA 分别称为微面积对 y 轴、z 轴的静矩。遍及整个面积 A 的积分

$$S_y = \int_A z\, dA, \quad S_z = \int_A y\, dA \tag{Ⅰ.1}$$

分别定义为平面图形对 y 轴和 z 轴的静矩。由式(Ⅰ.1)可见,静矩是对某一坐标轴而言的,同一图形对不同的坐标轴,静矩也不相同。静矩的数值可能为正,可能为负,也可能为零。静矩的量纲是长度的三次方。

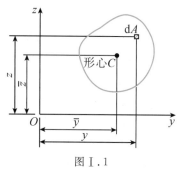

图Ⅰ.1

二、形心及其坐标

设均质等厚薄板中面的形状与图Ⅰ.1的平面图形相同。显然,在 Oyz 坐标系中,上述均质薄板的重心与平面图形的形心有相同的坐标 $\bar{y}$ 和 $\bar{z}$。由静力学的力矩定理可知,薄板重心的坐标 $\bar{y}$ 和 $\bar{z}$ 分别是

$$\bar{y} = \frac{\int_A y\, dA}{A}, \quad \bar{z} = \frac{\int_A z\, dA}{A} \tag{Ⅰ.2}$$

这就是确定平面图形的形心坐标的公式。

利用式(Ⅰ.1)可以把式(Ⅰ.2)改写成

$$\bar{y} = \frac{S_z}{A}, \quad \bar{z} = \frac{S_y}{A} \tag{Ⅰ.3}$$

所以,把平面图形对 z 轴和 y 轴的静矩,除以图形的面积 A,就得到图形形心的坐标 $\bar{y}$ 和 $\bar{z}$。把式(Ⅰ.3)改写为

$$S_y = A \cdot \bar{z}, \quad S_z = A \cdot \bar{y} \tag{Ⅰ.4}$$

这表明,平面图形对 y 轴和 z 轴的静矩,分别等于图形面积 A 乘以图形的形心坐标 $\bar{z}$ 和 $\bar{y}$。

由式(Ⅰ.3)和式(Ⅰ.4)看出,若 $S_z=0$ 或 $S_y=0$,则 $\bar{y}=0$ 或 $\bar{z}=0$。可见,若图形对某一坐标轴的静矩等于零,则该坐标轴必然通过图形的形心;反之,若某一坐标轴通过形心,则图形对于该轴的静矩等于零。通过形心的坐标轴称为形心轴。

例Ⅰ.1　如图Ⅰ.2中抛物线的方程为 $z = h(1 - \frac{y^2}{b^2})$。计算由抛物线、$y$ 轴和 z 轴所围成的平面图形对 y 轴和 z 轴的静矩 S_y 和 S_z,并确定图形的形心 C 的坐标。

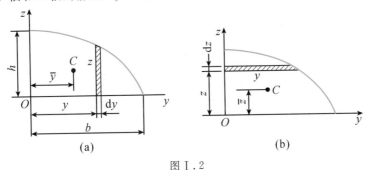

图Ⅰ.2

解　取平行于 z 轴的狭长条作为微面积 dA[见图Ⅰ.2(a)],则有

$$dA = z\,dy = h(1 - \frac{y^2}{b^2})\,dy$$

图形的面积及对 z 轴的静矩分别为

$$A = \int_A dA = \int_0^b h(1 - \frac{y^2}{b^2})\,dy = \frac{2bh}{3}$$

$$S_z = \int_A y\,dA = \int_0^b yh(1 - \frac{y^2}{b^2})\,dy = \frac{b^2 h}{4}$$

代入式(Ⅰ.3),得

$$\bar{y} = \frac{S_z}{A} = \frac{3}{8}b$$

取平行于 y 轴的狭长条作为微面积,如图Ⅰ.2(b)所示,仿照上述方法,即可求出

$$S_y = \frac{4bh^2}{15}, \quad \bar{z} = \frac{2}{5}h$$

三、组合图形的静矩和形心坐标

当一个平面图形是由若干个简单图形(例如矩形、圆形、三角形等)组成时,由静矩的定义可知,图形各组成部分对某一轴的静矩的代数和,等于整个图形对同一轴的静矩,即

$$S_z = \sum_{i=1}^{n} A_i \bar{y}_i, \quad S_y = \sum_{i=1}^{n} A_i \bar{z}_i \tag{I.5}$$

式中，A_i 和 $\bar{y}_i$、$\bar{z}_i$ 分别表示第 i 个简单图形的面积及形心坐标；n 为组成该平面图形的简单图形的个数。

若将式（I.5）代入式（I.3），则得组合图形形心坐标的计算公式

$$\bar{y} = \frac{\sum\limits_{i=1}^{n} A_i \bar{y}_i}{\sum\limits_{i=1}^{n} A_i}, \quad \bar{z} = \frac{\sum\limits_{i=1}^{n} A_i \bar{z}_i}{\sum\limits_{i=1}^{n} A_i} \tag{I.6}$$

例 I.2　试确定图 I.3 所示平面图形的形心 C 的位置。

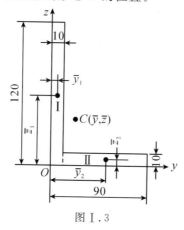

图 I.3

解　将图形分为 I、II 两个矩形，如图取坐标系。两个矩形的形心坐标及面积分别为
矩形 I

$$\bar{y}_1 = \frac{10}{2} \text{ mm} = 5 \text{ mm}$$

$$\bar{z}_1 = \frac{120}{2} \text{ mm} = 60 \text{ mm}$$

$$A_1 = 10 \times 120 \text{ mm}^2 = 1200 \text{ mm}^2$$

矩形 II

$$\bar{y}_2 = \left(10 + \frac{80}{2}\right) \text{ mm} = 50 \text{ mm}$$

$$\bar{z}_2 = \frac{10}{2} \text{ mm} = 5 \text{ mm}$$

$$A_2 = 10 \times 80 \text{ mm}^2 = 800 \text{ mm}^2$$

应用式（I.6），得形心 C 的坐标（$\bar{y}$、$\bar{z}$）为

$$\bar{y} = \frac{A_1 \bar{y}_1 + A_2 \bar{y}_2}{A_1 + A_2} = \frac{1200 \times 5 + 800 \times 50}{1200 + 800} \text{ mm} = 23 \text{ mm}$$

$$\bar{z} = \frac{A_1 \bar{z}_1 + A_2 \bar{z}_2}{A_1 + A_2} = \frac{1200 \times 60 + 800 \times 5}{1200 + 800} \text{ mm} = 38 \text{ mm}$$

形心 $C(\bar{y}, \bar{z})$ 的位置如图 I.3 所示。

例 I.3　如图 I.4 为某横截面尺寸，试确定该截面形心的位置。

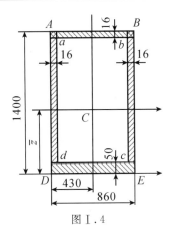

图 I.4

解　该截面有一个垂直对称轴 z，其形心必然在这一对称抽上，因而只需确定形心在 z 轴上的位置。把截面图形看成是由矩形 $ABED$ 减去矩形 $abcd$，并以 $ABED$ 的面积为 A_1，$abcd$ 的面积为 A_2，以底边 DE 作为参考坐标轴 y。

$$A_1 = 1.4 \times 0.86 \ \text{m}^2 = 1.204 \ \text{m}^2$$

$$\bar{z}_1 = \frac{1.4}{2} \ \text{m} = 0.7 \ \text{m}$$

$$A_2 = (0.86 - 2 \times 0.016) \times (1.4 - 0.05 - 0.016) \ \text{m}^2 = 1.105 \ \text{m}^2$$

$$\bar{z}_2 = \left[\frac{1}{2}(1.4 - 0.05 - 0.016) + 0.05 \right] \text{m} = 0.717 \ \text{m}$$

由式（I.6）可得，整个截面图形的形心 C 的坐标 $\bar{z}$ 为

$$\bar{z} = \frac{A_1 \bar{z}_1 - A_2 \bar{z}_2}{A_1 - A_2} = \frac{1.204 \times 0.7 - 1.105 \times 0.717}{1.204 - 1.105} \ \text{m} = 0.51 \ \text{m}$$

I.2　惯性矩　惯性积　惯性半径

一、惯性矩、惯性半径

任意平面图形如图 I.5 所示，其面积为 A，y 轴和 z 轴为图形所在平面内的任意一对直角坐标轴。在坐标为 (y,z) 处取微面积 $\mathrm{d}A$，$z^2 \mathrm{d}A$ 和 $y^2 \mathrm{d}A$ 分别称为微面积 $\mathrm{d}A$ 对 y 轴和 z 轴的惯性矩，而遍及整个平面图形面积 A 的积分

$$\left. \begin{array}{l} I_y = \displaystyle\int_A z^2 \mathrm{d}A \\[2mm] I_z = \displaystyle\int_A y^2 \mathrm{d}A \end{array} \right\} \tag{I.7}$$

分别定义为平面图形对 y 轴和 z 轴的惯性矩。

在式（I.7）中，由于 y^2、z^2 总是正值，所以 I_y、I_z 也恒为正值。惯性矩的量纲是长度的四次方。

工程上，有时把惯性矩写成图形面积与某一长度平方的乘积，即

$$I_y = A i_y^2, \quad I_z = A i_z^2 \tag{I.8}$$

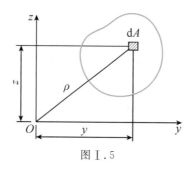

图Ⅰ.5

或改写为

$$i_y = \sqrt{\frac{I_y}{A}}, \quad i_z = \sqrt{\frac{I_z}{A}} \qquad （Ⅰ.9）$$

式中，i_y、i_z 分别称为图形对 y 轴和 z 轴的惯性半径，其量纲为长度。

如图Ⅰ.5所示，微面积 $\mathrm{d}A$ 到坐标原点的距离为 ρ，定义

$$I_\rho = \int_A \rho^2 \mathrm{d}A \qquad （Ⅰ.10）$$

为平面图形对坐标原点的极惯性矩。其量纲仍为长度的四次方。由图Ⅰ.5可以看出

$$I_\rho = \int_A \rho^2 \mathrm{d}A = \int_A (y^2 + z^2) \mathrm{d}A = \int_A z^2 \mathrm{d}A + \int_A y^2 \mathrm{d}A = I_y + I_z \qquad （Ⅰ.11）$$

所以，图形对于任意一对互相垂直轴的惯性矩之和，等于它对该两轴交点的极惯性矩。

二、惯 性 积

在图Ⅰ.5所示的平面图形中，定义 $yz\mathrm{d}A$ 为微面积 $\mathrm{d}A$ 对 y 轴和 z 轴的惯性积。而积分式

$$I_{yz} = \int_A yz\mathrm{d}A \qquad （Ⅰ.12）$$

定义为图形对 y 轴、z 轴的惯性积。惯性积的量纲为长度的四次方。

由于坐标乘积 yz 可能为正或负，因此，I_{yz} 的数值可能为正，可能为负，也可能等于零。若坐标轴 y 或 z 中有一个是图形的对称袖，例如图Ⅰ.6中的 z 轴。这时，如在 z 轴两侧的对称位置处，各取微面积 $\mathrm{d}A$，显然，两者的 z 坐标相同，y 坐标数值相等而符号相反。因而两个微

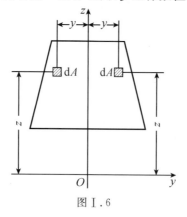

图Ⅰ.6

面积的惯性积数值相等,而符号相反,它们在积分中相互抵消,最后导致

$$I_{yz} = \int_A yz\mathrm{d}A = 0$$

所以,两个坐标轴中只要有一个轴为图形的对称轴,则图形对这一对坐标轴的惯性积等于零。

例 I.4　试计算矩形对其对称轴 y 和 z(见图 I.7)的惯性矩。矩形的高为 h,宽为 b。

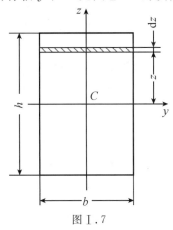

图 I.7

解　先求对 y 轴的惯性矩。取平行于 y 轴的狭长条作为微面积 $\mathrm{d}A$。则

$$\mathrm{d}A = b\mathrm{d}z$$

$$I_y = \int_A z^2\mathrm{d}A = \int_{-\frac{h}{2}}^{\frac{h}{2}} bz^2\mathrm{d}z = \frac{bh^3}{12}$$

用完全相同的方法可以求得

$$I_z = \frac{hb^3}{12}$$

若图形是高为 h 宽为 b 的平行四边形(见图 I.8),它对形心轴 y 的惯性矩仍然是 $I_y = \dfrac{bh^3}{12}$。

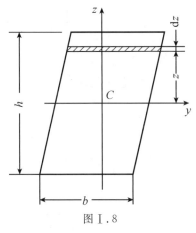

图 I.8

例 I.5　计算圆形对其形心轴的惯性矩。

解　取图 I.9 中的阴影部分作为微面积 $\mathrm{d}A$,则

$$\mathrm{d}A = 2y\mathrm{d}z = 2\sqrt{R^2 - z^2}\mathrm{d}z$$

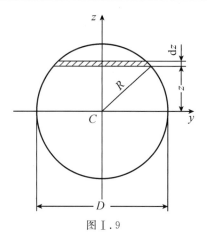

图 I.9

$$I_y = \int_A z^2 \, \mathrm{d}A = \int_{-R}^{R} 2z^2 \sqrt{R^2 - z^2} \, \mathrm{d}z = \frac{\pi R^4}{4} = \frac{\pi D^4}{64}$$

z 轴和 y 轴都与圆的直径重合,由于对称性,必然有

$$I_y = I_z = \frac{\pi D^4}{64}$$

由式(Ⅰ.11),显然可以求得

$$I_\rho = I_y + I_z = \frac{\pi D^4}{32}$$

式中,I_ρ 是圆形对圆心的极惯性矩。

对于图 Ⅰ.10 所示的圆环形图形,由式(3.13a)知

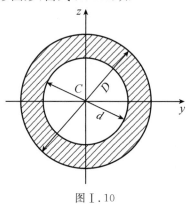

图 Ⅰ.10

$$I_\rho = \frac{\pi}{32}(D^4 - d^4)$$

又由式(Ⅰ.11)并根据图形的对称性

$$I_y = I_z = \frac{1}{2}I_\rho = \frac{\pi}{64}(D^4 - d^4)$$

对于例 Ⅰ.4、Ⅰ.5 中的矩形、圆形及环形,由于 y 轴及 z 轴均为其对称轴,所以其惯性积 I_{yz} 均为零。

三、组合图形的惯性矩及惯性积

根据惯性矩及惯性积定义可知,由若干简单图形组成的组合图形对某坐标轴的惯性矩等于每个简单图形对同一轴的惯性矩之和;组合图形对于某一对正交坐标轴的惯性积等于每个简单图形对同一对轴的惯性积之和。用公式可表示为

$$
\left.
\begin{aligned}
I_y &= \sum_{i=1}^{n} (I_y)_i \\
I_z &= \sum_{i=1}^{n} (I_z)_i \\
I_{yz} &= \sum_{i=1}^{n} (I_{yz})_i
\end{aligned}
\right\} \qquad (\text{I}.13)
$$

式中,$(I_y)_i$、$(I_z)_i$、$(I_{yz})_i$ 分别为第 i 个简单图形对 y 轴和 z 轴的惯性矩和惯性积。

例如可以把图 I.10 所示环形图形,看作是由直径为 D 的实心圆减去直径为 d 的圆,由式(I.13),并应用例 I.5 所得结果即可求得

$$
I_y = I_z = \frac{\pi}{64}(D^4 - d^4)
$$

例 I.6 两圆直径均为 d,而且相切于矩形之内,如图 I.11 所示。试求阴影部分对 y 轴的惯性矩。

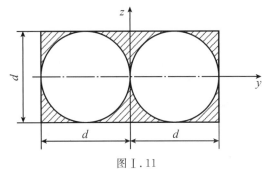

图 I.11

解 显然,由组合图形对某坐标轴的惯性矩的计算公式,图中阴影部分对 y 轴的惯性矩 I_y 等于矩形对 y 轴的惯性矩 $(I_y)_1$ 减去两个圆形对 y 轴的惯性矩 $(I_y)_2$。

$$
(I_y)_1 = \frac{2d d^3}{12} = \frac{d^4}{6}
$$

$$
(I_y)_2 = 2 \times \frac{\pi d^4}{64} = \frac{\pi d^4}{32}
$$

故得

$$
I_y = (I_y)_1 - (I_y)_2 = \frac{(16 - 3\pi)d^4}{96}
$$

I.3 平行移轴公式

同一平面图形对于平行的两对不同坐标轴的惯性矩或惯性积虽然不同,但当其中一对轴

是图形的形心轴时,它们之间却存在着比较简单的关系。下面推导这种关系的表达式。

在图Ⅰ.12中,设平面图形的面积为A,图形形心C在任一坐标系Oyz中的坐标为$(\bar{y},\bar{z})$,y_C、z_C轴为图形的形心轴,并分别与y轴、z轴平行。取微面积dA,它在两坐标系中的坐标分别为y、z及y_C、z_C,由图Ⅰ.12可知

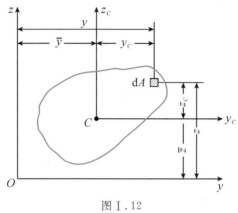

图Ⅰ.12

$$y = y_C + \bar{y}, \quad z = z_C + \bar{z} \tag{a}$$

平面图形对于形心轴y_C、z_C的惯性矩及惯性积为

$$\left.\begin{array}{l} I_{y_C} = \displaystyle\int_A z_C^2 dA \\[2mm] I_{z_C} = \displaystyle\int_A y_C^2 dA \\[2mm] I_{y_C z_C} = \displaystyle\int_A y_C z_C dA \end{array}\right\} \tag{b}$$

平面图形对于y轴、z轴的惯性矩及惯性积为

$$I_y = \int_A z^2 dA = \int_A (z_C + \bar{z})^2 dA = \int_A z_C^2 dA + 2\bar{z}\int_A z_C dA + \bar{z}^2 \int_A dA$$

$$I_z = \int_A y^2 dA = \int_A (y_C + \bar{y})^2 dA = \int_A y_C^2 dA + 2\bar{y}\int_A y_C dA + \bar{y}^2 \int_A dA \tag{c}$$

$$I_{yz} = \int_A yz\, dA = \int_A (y_C + \bar{y})(z_C + \bar{z})dA = \int_A y_C z_C dA + \bar{z}\int_A y_C dA + \bar{y}\int_A z_C dA + \overline{yz}\int_A dA$$

以上三式中的$\displaystyle\int_A z_C dA$及$\displaystyle\int_A y_C dA$分别为图形对形心轴$y_C$和$z_C$的静矩,其值等于零。$\displaystyle\int_A dA = A$,再应用式(b),则上三式简化为

$$\left.\begin{array}{l} I_y = I_{y_C} + \bar{z}^2 A \\[2mm] I_z = I_{z_C} + \bar{y}^2 A \\[2mm] I_{yz} = I_{y_C z_C} + \overline{yz} A \end{array}\right\} \tag{Ⅰ.14}$$

式(Ⅰ.14)即为惯性矩和惯性积的平行移轴公式。在使用这一公式时,要注意$\bar{y}$和$\bar{z}$是图形的形心在yz坐标系中的坐标,所以它们是有正负的。利用平行移轴公式可使惯性矩和惯性积的计算得到简化。

例Ⅰ.7 试计算图Ⅰ.13所示图形对其形心轴y_C的惯性矩$(I_y)_C$。

解 把图形看作由两个矩形Ⅰ和Ⅱ组成。图形的形心必然在对称轴上。为了确定$\bar{z}$,取

通过矩形 Ⅱ 的形心且平行于底边的参考轴为 y 轴

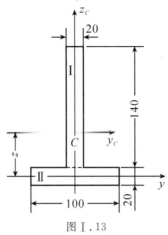

图 Ⅰ.13

$$\bar{z} = \frac{A_1 z_1 + A_2 z_2}{A_1 + A_2}$$

$$= \frac{0.14 \times 0.02 \times 0.08 + 0.1 \times 0.02 \times 0}{0.14 \times 0.02 + 0.1 \times 0.02} \text{ m} = 0.0467 \text{ m}$$

形心位置确定后,使用平行移轴公式,分别计算出矩形 Ⅰ 和 Ⅱ 对 y_c 轴的惯性矩

$$(I_{y_C})_1 = \left[\frac{1}{12} \times 0.02 \times 0.14^3 + (0.08 - 0.0467)^2 \times 0.02 \times 0.14\right] \text{m}^4 = 7.69 \times 10^{-6} \text{ m}^4$$

$$(I_{y_C})_2 = \left[\frac{1}{12} \times 0.1 \times 0.02^3 + 0.0467^2 \times 0.1 \times 0.02\right] \text{m}^4 = 4.43 \times 10^{-6} \text{ m}^4$$

整个图形对 y_c 轴的惯性矩为

$$I_{y_C} = (I_{y_C})_1 + (I_{y_C})_2 = (7.69 \times 10^{-6} + 4.43 \times 10^{-6}) \text{ m}^4 = 12.12 \times 10^{-6} \text{ m}^4$$

例 Ⅰ.8 计算图 Ⅰ.14 所示三角形 OBD 对 y、z 轴和形心轴 y_C、z_C 的惯性积。

解 三角形斜边 BD 的方程式为

$$y = \frac{(h-z)b}{h}$$

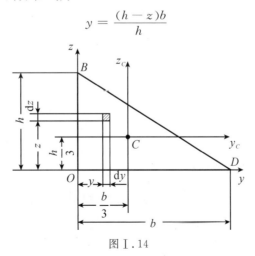

图 Ⅰ.14

取微面积

$$dA = dydz$$

三角形对 y、z 轴的惯性积 I_{yz} 为

$$I_{yz} = \int_A yz\,dA = \int_0^h z\,dz \int_0^b y\,dy$$

$$= \frac{b^2}{2h^2} \int_0^h z(h-z)^2\,dz = \frac{b^2 h^2}{24}$$

三角形的形心 C 在 Oyz 坐标系中的坐标为 $\left(\dfrac{b}{3}, \dfrac{h}{3}\right)$，由式（Ⅰ.14）得

$$I_{y_C z_C} = I_{yz} - \left(\frac{b}{3}\right)\left(\frac{h}{3}\right)A$$

$$= \frac{b^2 h^2}{24} - \left(\frac{b}{3}\right)\left(\frac{h}{3}\right)\left(\frac{bh}{2}\right) = -\frac{b^2 h^2}{72}$$

Ⅰ.4 转 轴 公 式

当坐标轴绕原点旋转时，平面图形对于具有不同转角的各坐标轴的惯性矩或惯性积之间存在某种确定的关系，下面来推导这种关系。

设在图Ⅰ.15 中，平面图形对于 y 轴、z 轴的惯性矩 I_y、I_z 及惯性积 I_{yz} 均为已知，y 轴、z 轴绕坐标原点 O 转动 α 角（逆时针转向为正）后得新的坐标轴 y_α、z_α。现在讨论平面图形对 y_α 轴、z_α 轴的惯性矩 I_{y_α}、I_{z_α} 及惯性积 $I_{y_\alpha z_\alpha}$ 与已知的 I_y、I_z 及 I_{yz} 之间的关系。

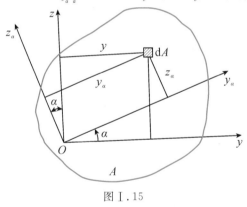

图Ⅰ.15

在图Ⅰ.15 所示的平面图形中任取微面积 dA，新旧坐标的关系为

$$\left.\begin{aligned} y_\alpha &= z\sin\alpha + y\cos\alpha \\ z_\alpha &= z\cos\alpha - y\sin\alpha \end{aligned}\right\} \tag{a}$$

根据定义，平面图形对 y_α 轴的惯性矩为

$$I_{y_\alpha} = \int_A z_\alpha^2\,dA = \int_A (z\cos\alpha - y\sin\alpha)^2\,dA$$

$$= \cos^2\alpha \int_A z^2\,dA + \sin^2\alpha \int_A y^2\,dA - 2\sin\alpha\cos\alpha \int_A yz\,dA \tag{b}$$

注意等号右侧三项中的积分分别为

$$\int_A z^2 \mathrm{d}A = I_y 、 \quad \int_A y^2 \mathrm{d}A = I_z 、 \quad \int_A yz \mathrm{d}A = I_{yz}$$

将以上三式代入式(b)并考虑到三角函数关系

$$\cos^2 \alpha = \frac{1}{2}(1 + \cos 2\alpha), \quad \sin^2 \alpha = \frac{1}{2}(1 - \cos 2\alpha)$$

$$2\sin\alpha\cos\alpha = \sin 2\alpha$$

可以得到

$$I_{y_\alpha} = \frac{I_y + I_z}{2} + \frac{I_y - I_z}{2}\cos 2\alpha - I_{yz}\sin 2\alpha \tag{I.15}$$

同理,将(a)代入 I_{z_α}、$I_{y_\alpha z_\alpha}$ 表达式可得

$$I_{z_\alpha} = \frac{I_y + I_z}{2} - \frac{I_y - I_z}{2}\cos 2\alpha + I_{yz}\sin 2\alpha \tag{I.16}$$

$$I_{y_\alpha z_\alpha} = \frac{I_y - I_z}{2}\sin 2\alpha + I_{yz}\cos 2\alpha \tag{I.17}$$

式(I.15)、式(I.16)及式(I.17)即为惯性矩及惯性积的转轴公式。

把式(I.15)与式(I.16)相加得

$$I_{y_\alpha} + I_{z_\alpha} = I_y + I_z \tag{I.18}$$

式(I.18)表明,当 α 角改变时,平面图形对互相垂直的一对坐标轴的惯性矩之和始终为一常量。由式(I.11)可见,这一常量就是平面图形对于坐标原点的极惯性矩 I_p。

例 I.9 计算图 I.16 所示矩形对轴 $y_0 z_0$ 的惯性矩和惯性积,形心在原点 O。

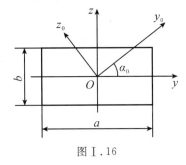

图 I.16

解 矩形对 y 轴、z 轴的惯性矩和惯性积分别为

$$I_y = \frac{ab^3}{12}, \quad I_z = \frac{ba^3}{12}, \quad I_{yz} = 0$$

由转轴公式得

$$\begin{aligned}
I_{y_0} &= \frac{I_y + I_z}{2} + \frac{I_y - I_z}{2}\cos 2\alpha_0 - I_{yz}\sin 2\alpha_0 \\
&= \frac{ab(a^2 + b^2)}{24} + \frac{ab(b^2 - a^2)}{24}\cos 2\alpha_0
\end{aligned}$$

$$\begin{aligned}
I_{z_0} &= \frac{I_y + I_z}{2} - \frac{I_y - I_z}{2}\cos 2\alpha_0 + I_{yz}\sin 2\alpha_0 \\
&= \frac{ab(a^2 + b^2)}{24} - \frac{ab(b^2 - a^2)}{24}\cos 2\alpha_0
\end{aligned}$$

$$I_{y_0 z_0} = \frac{I_y - I_z}{2} \sin 2\alpha_0 + I_{yz} \cos 2\alpha_0$$

$$= \frac{ab(b^2 - a^2)}{24} \sin 2\alpha_0$$

从本例的结果可知,当矩形变为正方形时,即在 $a = b$ 时,惯性矩与角 α_0 无关,其值为常量,而惯性积为零。这个结论可推广于一般的正多边形,即正多边形对形心轴的惯性矩的数值恒为常量,与形心轴的方向无关,并且对以形心为原点的任一对直角坐标轴的惯性积为零。

Ⅰ.5　主惯性轴　主惯性矩　形心主惯性轴及形心主惯性矩

由上述转轴公式可知,惯性矩 I_{y_α}、I_{z_α} 及惯性积 $I_{y_\alpha z_\alpha}$ 随 α 角的改变而变化,它们都是 α 的函数。将式(Ⅰ.15)对 α 取导数,并令其为零,即

$$\frac{\mathrm{d}I_{y_\alpha}}{\mathrm{d}\alpha} = -2\left[\frac{I_y - I_z}{2}\sin 2\alpha + I_{yz}\cos 2\alpha\right] = 0$$

设 $\alpha = \alpha_0$ 时,$\dfrac{\mathrm{d}I_{y_\alpha}}{\mathrm{d}\alpha} = 0$,得

$$\tan 2\alpha_0 = -\frac{2I_{yz}}{I_y - I_z} \tag{Ⅰ.19}$$

由式(Ⅰ.19)可以求出相差 $90°$ 的两个角 α_0 和 $\alpha_0 \pm 90°$,从而确定了一对坐标轴 y_{α_0}、z_{α_0}。因为平面图形对互相垂直的一对坐标轴的惯性矩之和为常量,所以,图形对这一对轴中的一个轴的惯性矩为最大值 $I_{\max}$,而对另一个轴的惯性矩为最小值 $I_{\min}$。由式(Ⅰ.17)容易看出,图形对这两个轴的惯性积为零。惯性矩有极值,惯性积为零的轴,称为主惯性轴,对主惯性轴的惯性矩称为主惯性矩。

将式(Ⅰ.19)用余弦函数和正弦函数表示,即

$$\cos 2\alpha_0 = \frac{1}{\sqrt{1 + \tan^2 2\alpha_0}} = \frac{(I_y - I_z)}{\sqrt{(I_y - I_z)^2 + 4I_{yz}^2}}$$

$$\sin 2\alpha_0 = -\frac{1}{\sqrt{1 + \cot^2 2\alpha_0}} = \frac{-2I_{yz}}{\sqrt{(I_y - I_z)^2 + 4I_{yz}^2}}$$

并代入式(Ⅰ.15)及式(Ⅰ.16),得主惯性矩计算公式为

$$\begin{array}{c} I_{\max} \\ I_{\min} \end{array} = \frac{I_y + I_z}{2} \pm \sqrt{\left(\frac{I_y - I_z}{2}\right)^2 + I_{yz}^2} \tag{Ⅰ.20}$$

通过形心的主惯性轴称为形心主惯性轴,对形心主惯性轴的惯性矩称为形心主惯性矩。如果把平面图形看成杆件的横截面,在杆件弯曲理论中有重要的意义。截面对于对称轴的惯性积为零,截面形心又必然在对称轴上,所以截面的对称轴就是形心主惯性轴,它与杆件轴线确定的纵向对称面就是形心主惯性平面。

例Ⅰ.10　试确定图Ⅰ.17所示图形的形心主惯性轴的位置,并计算形心主惯性矩。

解　过两矩形的边缘取参考坐标系,如图Ⅰ.17所示。

(1)求形心 $C(\bar{y}, \bar{z})$

$$\bar{y} = \frac{A_1 \bar{y}_1 + A_2 \bar{y}_2}{A_1 + A_2} = \frac{70 \times 10 \times 45 + 10 \times 120 \times 5}{70 \times 10 + 10 \times 120} \text{ mm} = 20 \text{ mm}$$

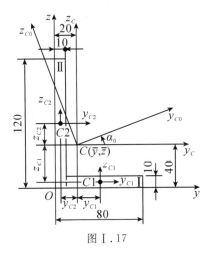

图 I.17

$$\bar{z} = \frac{A_1\bar{z}_1 + A_2\bar{z}_2}{A_1 + A_2} = \frac{70 \times 10 \times 5 + 10 \times 20 \times 60}{70 \times 10 + 10 \times 120}\ \text{mm} = 40\ \text{mm}$$

(2)求图形对形心轴的惯性矩及惯性积。过形心 C 取 $y_C C z_C$ 坐标系与 yOz 平行,并过两矩形的形心平行于 yOz 分别取 $y_{C1} C1 z_{C1}$ 及 $y_{C2} C2 z_{C2}$ 坐标系。首先求矩形 I、II 对 y_C、z_C 轴的惯性矩及惯性积。矩形 I、II 的形心 C_1、C_2 在 $y_C C z_C$ 坐标系上的坐标分别为

$$\bar{y}_{C1} = 25\ \text{mm}, \quad \bar{z}_{C1} = -35\ \text{mm}$$
$$\bar{y}_{C2} = -15\ \text{mm}, \quad \bar{z}_{C2} = 20\ \text{mm}$$

矩形 I

$$I_{y_C}^1 = I_{y_{C1}}^1 + (\bar{z}_{C1})^2 A_1$$
$$= \left[\frac{70 \times 10^3}{12} + (-35)^2 \times 700\right]\ \text{mm}^4 = 8.63 \times 10^5\ \text{mm}^4$$
$$I_{z_C}^1 = I_{z_C}^1 + (\bar{y}_{C1})^2 A$$
$$= \left[\frac{10 \times 70^3}{12} + 25^2 \times 700\right]\ \text{mm}^4 = 7.23 \times 10^5\ \text{mm}^4$$
$$I_{y_C z_C}^1 = I_{y_{C1} z_{C1}}^1 + (\bar{y}_{C1})(\bar{z}_{C1}) A_1$$
$$= [0 + 25 \times (-35) \times 700]\ \text{mm}^4 = -6.13 \times 10^5\ \text{mm}^4$$

矩形 II

$$I_{y_C}^2 = I_{y_{C2}}^2 + (\bar{z}_{C2})^2 A_2$$
$$= \left[\frac{10 \times 120^3}{12} + 20^2 \times 1200\right]\ \text{mm}^4 = 19.2 \times 10^5\ \text{mm}^4$$
$$I_{z_C}^2 = I_{z_{C2}}^2 + (\bar{y}_{C2})^2 A$$
$$= \left[\frac{120 \times 10^3}{12} + (-15)^2 \times 1200\right]\ \text{mm}^4 = 2.8 \times 10^5\ \text{mm}^4$$
$$I_{y_C z_C}^2 = I_{y_{C2} z_{C2}}^2 + (\bar{y}_{C2})(\bar{z}_{C2}) A$$
$$= [0 + (-15) \times 20 \times 1200]\ \text{mm}^4 = -3.6 \times 10^5\ \text{mm}^4$$

图形由矩形 I、II 组合而成,因此,图形对 y_C、z_C 轴的惯性矩及惯性积为

$$I_{y_C} = (8.63 \times 10^5 + 19.2 \times 10^5)\ \text{mm}^4 = 2.783 \times 10^5\ \text{mm}^4$$

$$I_{z_C} = (7.23 \times 10^5 + 2.8 \times 10^5)\ \text{mm}^4 = 1.003 \times 10^5\ \text{mm}^4$$

$$I_{y_C z_C} = (-6.13 \times 10^5 - 3.6 \times 10^5)\ \text{mm}^4 = -9.73 \times 10^5\ \text{mm}^4$$

（3）求形心主轴位置及形心主惯性矩。

$$\tan 2\alpha_0 = \frac{-2I_{y_C z_C}}{I_{y_C} - I_{z_C}} = \frac{-2 \times (-9.73 \times 10^5)}{2.783 \times 10^5 - 1.003 \times 10^5} = 1.093$$

由此得

$$2\alpha_0 = 47.6° \text{ 或 } 227.6°$$

$$\alpha_0 = 23.8° \text{ 或 } 113.8°$$

即形心主惯性轴 y_{C0} 及 z_{C0} 与 y_C 轴的夹角分别为 $23.8°$ 及 $113.8°$，如图 I.17 所示。以 α_0 角两个值分别代入式（I.15），求出图形的主惯性矩为

$$I_{y_{C0}} = 3.21 \times 10^6\ \text{mm}^4$$

$$I_{z_{C0}} = 5.74 \times 10^5\ \text{mm}^4$$

也可按式（I.20）求得形心主惯性矩为

$$\begin{aligned}
\frac{I_{\max}}{I_{\min}} &= \frac{I_{y_C} + I_{z_C}}{2} \pm \sqrt{\left(\frac{I_{y_C} - I_{z_C}}{2}\right)^2 + (I_{y_C z_C})^2} \\
&= \left[\frac{2.783 \times 10^6 + 1.003 \times 10^6}{2}\right] \pm \sqrt{\left(\frac{2.783 \times 10^6 - 1.003 \times 10^6}{2}\right)^2 + (-9.73 \times 10^5)^2}\ \text{mm}^4 \\
&= \frac{3.21 \times 10^6}{5.74 \times 10^5}\ \text{mm}^4
\end{aligned}$$

当确定主惯性轴位置时，设 α_0 是由式（I.19）所求出的两个角度中的绝对值最小者，若 $I_y > I_z$，则 α_0 是 I_y 与 $I_{\max}$ 之间的夹角；若 $I_y < I_z$，则 α_0 是 I_z 与 $I_{\max}$ 之间的夹角。例如，本例中，由 $\alpha_0 = 23.8°$ 所确定的形心主惯性轴，对应着最大的形心主惯性矩 $I_{\max} = I_{y_{C0}} = 3.21 \times 10^6\ \text{mm}^4$。

思考题

1. 横截面的哪些几何量对杆件变形时的强度和刚度有影响，试举例说明。
2. 若截面图形对某轴的静距为零，则该轴一定是截面的形心轴吗？
3. 若平面图形的两个坐标轴中只有一个为对称轴，那么图形对该坐标系的惯性积是多少？
4. 极惯性距与惯性距有何关系？
5. 如何确定杆件的主惯性平面，它对平面弯曲有何意义？
6. 薄圆环的平均半径为 r，厚度为 $\delta(r \gg \delta)$，试证薄圆环对任意直径的惯性矩为 $I = \pi r^3 \delta$，对圆心的极惯性矩为 $I = 2\pi r^3 \delta$。
7. 试证明正方形及正三角形截面的任一形心轴均为形心主惯性轴，并由此推出该结论的一般性条件。
8. 求证图 I.18 三角形 I 及 II 的 I_{yz} 相等，且等于矩形 I_{yz} 的一半。

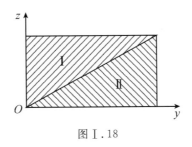

图Ⅰ.18

习 题

一、填空题

1. 如图Ⅰ.19 所示 $B \times H$ 的矩形中挖掉一个 $b \times h$ 的矩形,则此平面图形的 $W_z =$ _____。

2. 如图Ⅰ.20 所示 3 种截面的截面积相等,高度相同,则图_____所示截面的 W_z 最大,图 _____所示截面的 W_z 最小。

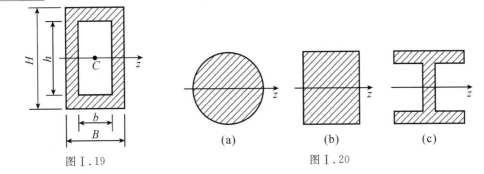

图Ⅰ.19　　　　　　　　　　　(a)　　　　　(b)　　　　　(c)

图Ⅰ.20

3. 如图Ⅰ.21 所示,在边长为 $2a$ 的正方形中部挖去一个边长为 a 的正方形,则该图形对 y 轴 的惯性矩为_____。

4. 如图Ⅰ.22 所示箱形截面对对称轴 z 的惯性矩 $I_z =$ _____,弯曲截面系 $W_z =$ _____。

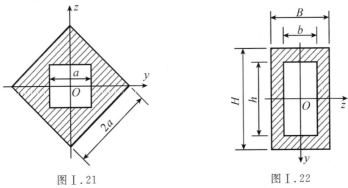

图Ⅰ.21　　　　　　　　　　图Ⅰ.22

二、选择题

1. 平面图形对一组相互平行轴的惯性矩中,对形心轴的惯性矩(　　)。

　 A. 最大　　　　　　　　B. 最小　　　　　　　　C. 在最大和最小之间　　　　　 D. 0

2. 如图Ⅰ.23(a)、(b)所示两截面,其惯性矩的关系为(　　)。

A. $(I_y)_a > (I_y)_b$，$(I_z)_a = (I_z)_b$ B. $(I_y)_a = (I_y)_b$，$(I_z)_a > (I_z)_b$

C. $(I_y)_a = (I_y)_b$，$(I_z)_a < (I_z)_b$ D. $(I_y)_a < (I_y)_b$，$(I_z)_a = (I_z)_b$

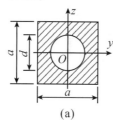
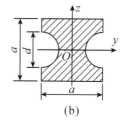

(a)   (b)

图 I.23

3. 关于主轴的概念，如下说法正确的是（   ）。

    A. 平面图形有无限对形心主轴   B. 平面图形不一定存在主轴

    C. 平面图形只有一对正交主轴   D. 平面图形只有一对形心主轴

三、计算题

1. 确定下列图形形心的位置，如图 I.24 所示。

$$\left[答：(a) \bar{y}_C = 0，\bar{z}_C = \frac{h(2a+b)}{3(a+b)}；(b) \bar{y}_C = 0，\bar{z}_C = 0.261\ m；(c) \bar{y}_C = \bar{z}_C = \frac{5}{6}a \right]$$

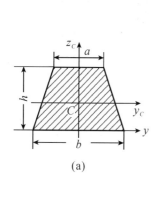
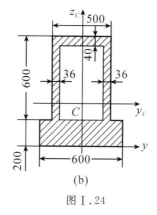
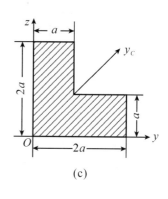

(a)   (b)   (c)

图 I.24

2. 试用积分法求图 I.25 所示图形的惯性矩 I_y 值。

$$\left[答：(a) I_y = \frac{bh^3}{12}；(b) I_y = \frac{2ah^3}{15} \right]$$

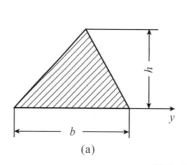
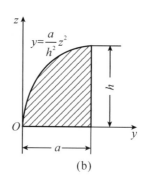

(a)   (b)

图 I.25

3. 计算图 I.25 图中(a)、(b)所示平面图形对形心轴 y_C 的惯性矩。

$$\left[答: (a) I_{y_C} = \frac{(a^2 + 4ab + b^2)h^3}{36(a+b)}; (b) I_{y_C} = 1.19 \times 10^{-2} \text{ m}^4 \right]$$

4. 计算图 I.26 所示半圆形对形心轴 y_C 的惯性矩。

$$\left[答: I_{y_C} = \frac{\pi d^4}{128} - \frac{\pi d^2}{8} \left(\frac{2d}{3\pi} \right)^2 \right]$$

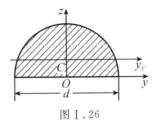

图 I.26

5. 计算图 I.27 所示图形对 y、z 轴的惯性积 I_{yz}。

$$\left[答: (a) I_{yz} = 7.75 \times 10^4 \text{ mm}^4; (b) I_{yz} = \frac{R^4}{8} \right]$$

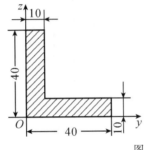
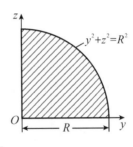

图 I.27

6. 计算图 I.28 所示图形对 y 轴、z 轴的惯性矩 I_y、I_z 及惯性积 I_{yz}。

$$\left[答: (a) I_y = \frac{bh^3}{3}, I_z = \frac{hb^3}{3}, I_{yz} = -\frac{b^2 h^2}{4}; \right.$$

$$\left. (b) I_y = \frac{bh^3}{12}, I_z = \frac{bh(3b^2 - 3bc + c^2)}{12}, I_{yz} = \frac{bh^2(3b - 2c)}{24} \right]$$

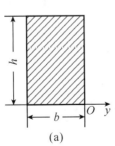
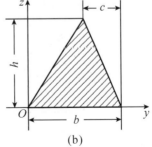

(a)   (b)

图 I.28

7. 确定图 I.29 所示平面图形的形心主惯性轴的位置,并求形心主惯性矩。

$$\left[答: (a) \bar{y}_C = 0, \bar{z}_C = 2.86r, I_{y_C} = 10.47r^4, I_{z_C} = 2.06r^4; \right.$$

$(b)\bar{y}_C=0,\bar{z}_C=103$ mm$,I_{y_C}=3.91\times10^{-5}$ mm$^4,I_{z_C}=2.34\times10^{-5}$ mm^4]

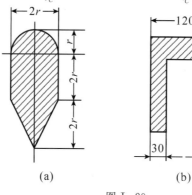

(a)　　　　　　　(b)

图Ⅰ.29

8. 试确定图Ⅰ.30所示图形通过坐标原点O的主惯性轴的位置,并计算主惯性矩。

　〔答:$(a)\alpha_0=34.5°,I_{y_0}=11.30\times10^4$ mm$^4,I_{z_0}=88.7\times10^4$ mm^4;

　　　　$(b)\alpha_0=-13°30'$或$76°30',I_{y_0}=76.1\times10^4$ mm$^4,I_{z_0}=19.9\times10^4$ mm^4〕

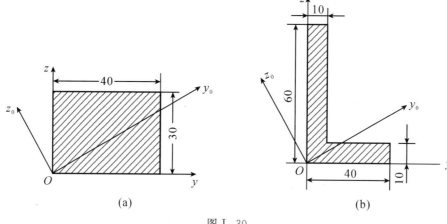

(a)　　　　　　　　　　(b)

图Ⅰ.30

9. 求图Ⅰ.31所示三角形的形心主惯性矩,并确定形心主惯性轴的位置。

　（答:$\alpha_0=-16°51'$或$73°9',I_{y_0}=6.198\times10^3$ mm$^4,I_{z_0}=38.25\times10^3$ mm^4）

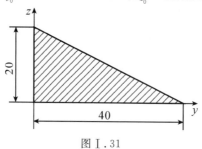

图Ⅰ.31

浅谈截面几何性质与构件承载能力[①]

材料力学所研究的各种杆件中,其横截面都是具有一定几何形状的平面图形,例如矩形、圆形、工字形、槽形等。实践证明,构件的强度、刚度、稳定性均与横截面的一些几何性质有关。为了说明截面几何性质与构件的承载能力,下面介绍两个简单的小实验。

我们若将一张硬纸条平放在两个支点上(见图1),然后再在纸条上加一个不大的重物 G,纸条就会发生显著的弯曲变形。如果把这张纸条折成如图2所示的槽形,然后再平放在上述两个支点上,再放上相同的重物 G,就会发现这张折成槽形的纸条的弯曲变形与原来的比较起来要小得多。由此可见,虽然杆件的截面面积相同,但因截面形状不同,其抵抗弯曲变形的能力就大不相同。

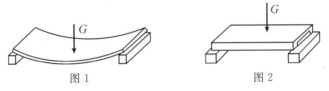

图1　　　　　　　　　　　图2

我们再用扁平直尺平放在两个支点上(见图3),然后在其中加上一个不大的力 F,直尺就会发生明显的弯曲变形。如果把直尺的截面改为竖放(见图4),仍加上一个同样的力 F,则直尺的变形很小,甚至把力 F 增加一倍或几倍,弯曲变形也比上述那样平放时的变形要小得多。这说明,对于同样的截面形状和尺寸的杆件,因为放置方式的不同,其承载能力也是大不相同的。

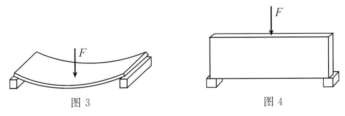

图3　　　　　　　　　　　图4

通过以上两个小实验,并由材料力学理论分析证明:杆件截面的形状和尺寸,以及截面的放置方式,是影响杆件承载能力的重要因素之一。杆件的尺寸和形状对承载能力的影响,主要是通过杆件截面的某些几何性质来反映的。因此,我们要研究构件的强度、刚度、稳定性问题,就必须掌握截面的几何性质及其计算。在我们掌握了平面图形的几何性质的变化规律以后,就能够帮助我们在设计杆件截面时选用合理的截面形状和尺寸,使杆件各部分的材料能够充分地或比较充分地发挥作用。

---

① 顾志荣,吴永生.材料力学(上册)[M].上海:同济大学出版社,1998.

附录Ⅱ 型钢表

型钢表请扫二维码